W0260425

# ABRISS DER DAUERMAGNETKUNDE

VON

DR.-ING. JOHANNES FISCHER
O. PROFESSOR AN DER TECHNISCHEN HOCHSCHULE
KARLSRUHE

MIT 175 ABBILDUNGEN

SPRINGER-VERLAG BERLIN HEIDELBERG GMBH
1949

ISBN 978-3-642-85488-0 ISBN 978-3-642-85487-3 (eBook)
DOI 10.1007/978-3-642-85487-3


Ursprünglich erschienen bei Springer-Verlag OHG., Berlin · Gottingen and Heidelberg 1949
Softcover reprint of the hardcover 1st edition 1949

Einband: Großbuchbinderei Sigloch, Stuttgart/Künzelsau

*MEINER MUTTER*
*ZU IHREM 70. GEBURTSTAG*

# Vorwort.

Diese Schrift verfolgt das Ziel, eine quantitative Beschreibung der magnetischen Felder, Zustände, Vorgänge und Eigenschaften zu geben, die bei der Anwendung von Dauermagneten auftreten, und damit die Mittel für die Gestaltung und Vorausbestimmung dauermagnetischer Geräte darzustellen und vollständiger zu machen. Ihr Inhalt ist daher weder allein eine Formenlehre der magnetostatischen Felder, noch ausschließlich eine Sammlung von Zahlenwerten und Eigenschaften und eine Technologie der Dauermagnetbaustoffe, auch nicht nur eine Wiedergabe oder Weiterführung der mikrophysikalischen Theorie des Ferromagnetismus. Aber aus allen diesen Gebieten ist das beigezogen, was dazu dienen kann, dem genannten Ziel näher zu kommen. Wie die Darstellung im einzelnen angelegt und aufgebaut ist, wird in dem Abschnitt „Einführung" vorausgreifend ausgeführt.

Der behandelte Gegenstand befindet sich gegenwärtig noch in mehr als einer Richtung im Fluß der Entwicklung. Die Folgen der jüngst vergangenen Weltereignisse auf viele deutsche Büchereien und die Folgen jahrelanger Abgeschlossenheit von der Entwicklung in anderen Ländern sind heute noch nicht überwunden. Die hieraus sich ergebenden Mängel belasten auch die hier vorgelegte Arbeit. Auf ein Literaturverzeichnis wurde darum ganz verzichtet; die im Text an vielen Stellen angeführten Literaturangaben darf der Leser nur als Hinweise auf die wichtigsten Veröffentlichungen, nicht als vollständige Nachweise auffassen. Die Niederschrift ist, bis auf einige Nachträge, im November 1946 beendet worden.

Der Verfasser möchte an dieser Stelle in besonderer Dankbarkeit der Jahre anregender, fruchtbarer, freundschaftlicher Zusammenarbeit mit Herrn Dr.-Ing. *F. Blamberg* gedenken, in denen der Verfasser viele praktischen Erfahrungen zum Gegenstand dieser Schrift, und nicht nur zu diesem allein, erworben hat. Ebenso sei dem Verlag aufrichtiger Dank abgestattet für die Sorgfalt, die auf Gestaltung und Ausstattung dieses Buches verwendet worden ist.

Karlsruhe, im März 1949. *Johannes Fischer.*

# Inhaltsverzeichnis.

## Inhaltsverzeichnis.

# Bemerkungen zur Schreibweise.

Die Formelzeichen sollen durchweg physikalische Größen darstellen, nicht unbenannte Maßzahlen, soweit nicht eine andere Auffassung ausdrücklich angegeben wird oder aus der Definition des Formelzeichens als Verhältniszahl hervorgeht. Die Maßzahl ist der Quotient der Größe und der gewählten Einheit. Für die Rechnung ist also jedes Formelzeichen, das eine Größe darstellt, zu verstehen als Produkt: Zahlenwert mal Einheit. Mit den Einheitenzeichen wird gerechnet wie mit den anderen Größen. Die Einheiten und Einheitenzeichen sind mit aufrechten Antiquabuchstaben gedruckt.

Vektoren sind mit Frakturbuchstaben, Skalare mit Antiquabuchstaben gedruckt. Die Vektoreigenschaft ist nur dort hervorgehoben, wo sie unmittelbar von Bedeutung ist. Der Betrag eines Vektors, ebenso die Komponente eines Vektors in bezug auf eine bestimmte Richtung wird als Skalar mit lateinischem Buchstaben geschrieben. Das vektorielle Produkt wird durch eckige Klammern ausgedrückt. $\mathfrak{n}$ und $\mathfrak{t}$ sind normal und tangential gerichtete Vektoren vom Betrag eins; an einer Unstetigkeitsfläche ist $\mathfrak{n}_{1/2}$ der von Gebiet 1 nach Gebiet 2 weisende Normalenvektor vom Betrag eins. In den Abbildungen bedeutet $\odot$ einen zur Zeichenebene normalen, nach vorn (auf den Beschauer zu) gerichteten, und $\oplus$ einen zur Zeichenebene normalen, nach hinten (vom Beschauer weg) gerichteten Pfeil.

$d$ (gewöhnliches) Differentialzeichen, $\int\ldots d\mathfrak{r}$ und $\int\ldots ds$ Linienintegral, $\int\ldots d\mathfrak{f}$ und $\int\ldots df$ Flächenintegral, $\int\ldots d\tau$ Raumintegral, $\oint\ldots d\mathfrak{r}$ Randintegral, $\oint\ldots d\mathfrak{f}$ Hüllenintegral.

Die Gleichungen und ebenso die Abbildungen und die Tabellen sind abschnittsweise durchgezählt. In den Verweisungen ist zu der Nummer der Gleichung, der Abbildung oder der Tabelle jeweils die Nummer des Abschnittes angegeben. Die Abschnittsnummer steht auf jeder Seite oben außen, die Seitenzahl unten außen.

# Einführung.

Den praktischen Physiker und Ingenieur beschäftigt der Bau und die Gestaltung von Dauermagneten aus Baustoffen mit gegebenen magnetischen und mechanischen Eigenschaften, den Metallurgen, Legierungstechniker und Technologen die experimentelle Auffindung und technische Herstellung von Dauermagnetbaustoffen mit günstigen magnetischen und mechanischen Eigenschaften, den theoretischen Physiker die Bestätigung und die Vorhersage dieser Eigenschaften und ihr Zusammenhang mit anderen physikalischen Vorgängen, gegenwärtig hauptsächlich mit solchen der kleinsten Teile der stofflichen Körper. Der Gegenstand dieses Buches ist nicht ein Bericht über die Verfahren zur Herstellung von Dauermagnetbaustoffen und über legierungstechnische Zusammenhänge und Erfahrungen, es enthält auch nicht eine Sammlung magnetischer Meßverfahren, schließlich besteht sein Inhalt nicht in der Wiedergabe der mikrophysikalischen Theorie der ferromagnetischen Eigenschaften der Stoffe. Das hauptsächliche Ziel dieses Buches ist es vielmehr, zu einer beschreibenden Theorie der Dauermagnete, ihrer Zustände, Vorgänge und Felder, und damit zu Folgerungen für die günstige Gestaltung dauermagnetischer Kreise zu führen. Dabei wird von den grundlegenden magnetischen Begriffen, Zustandsgrößen, Eigenschaften und Meßverfahren ausgegangen werden, die magnetischen und mechanischen Eigenschaften der gegenwärtig wichtigsten Dauermagnetbaustoffe werden für die Aufgaben dieses Buches herangezogen und an gegebener Stelle im einzelnen behandelt werden, außerdem werden die gegenwärtig vorliegenden Ergebnisse der mikrophysikalischen Theorie mitgeteilt und in den Zusammenhang gestellt werden.

Wie weit ist heute die Entwicklung dieses zu behandelnden Gebietes abgeschlossen? Am wenigsten erwarten wir umstoßende neue Erkenntnisse für die Bildung der grundlegenden Begriffe und Vorstellungen. Auf diesen ist unmittelbar die Formenlehre der magnetischen Felder aufgebaut, die uns in ihrer Anwendung auf dauermagnetische Kreise im wesentlichen beschäftigen wird. Dagegen ist es zu erwarten, daß die Bemühungen weiter gehen werden, die Dauermagnetbaustoffe zu verbessern und neue aufzufinden, und ebenso hat auch die mikrophysikalische Theorie auf dem Gebiet der Dauermagnetbaustoffe noch wesentliche und lohnende Aufgaben vor sich. Diese beiden Gebiete aber, die technische Stoffkunde und die mikrophysikalische Theorie, werden wohl kaum jemals die allgemeinen Aussagen über die magnetischen Zustände und Vorgänge im großen, die Gesetze über die Gestaltung und Eigenschaften der makroskopischen Felder wesentlich verändern. Wir können daher mit einem hohen Grade von Wahrscheinlichkeit annehmen, daß die beschreibende Theorie der magnetischen Felder, Zustände und Vorgänge im großen auch durch künftige Erkenntnisse zwar ergänzt, aber nicht umgestoßen werden wird. Aus dieser Lehre von den Erscheinungen im großen leiten sich aber unmittelbar die Regeln und Gesetze für die Gestaltung und Vorausberechnung dauermagnetischer Kreise ab. Durch Fortschritte der Stoffkunde und der Mikrophysik wird sich also der Inhalt dieser Regeln kaum ändern, nur die Zahlen, die in ihre Formeln eingesetzt werden müssen, können andere werden, und die Regeln selbst werden an den Stellen, an denen sie dessen bedürfen, ergänzt und vervollkommnet werden, verbesserte und neue Berechnungsverfahren werden gefunden werden.

## Einführung.

Kennzeichnend für den Bau und die Gestaltung von Dauermagneten sind einige besondere Umstände: 1. Die Permeabilität (magnetische Durchlässigkeit) der Dauermagnetbaustoffe, verglichen mit ungesättigtem, weichem Eisen, ist sehr gering, die Streuung der magnetischen Felder daher sehr groß. Man kann fast immer nur mit örtlichen Mittelwerten der magnetischen Zustandsgrößen rechnen und muß zufrieden sein, wenn im Ergebnis eine Genauigkeit von der Größe der Hundertstel erreicht wird. Nicht größer ist aber auch im Mittel die Genauigkeit, mit der die magnetischen Eigenschaften der Baustoffe durch Messungen festgestellt und bei der technischen Herstellung dieser Stoffe wiederholt werden können; schon aus diesem Grund wäre in vielen Fällen eine Verfeinerung der Rechenmethoden nutzlos. Im allgemeinen sind also im gegenwärtigen Zustand der Entwicklung in der Dauermagnetkunde die dargebotene und die geforderte Genauigkeit von der gleichen Größenordnung der Prozent. 2. Die Herstellung einzelner Dauermagnete und ihre Abänderung fordert fast stets einen erheblichen Aufwand an technischen Hilfsmitteln, Arbeit und Zeit: manche Dauermagnete müssen gegossen werden, andere werden durch Pressen hergestellt, viele sind im fertigen Zustand mechanisch schlecht bearbeitbar. Besser als bloßes Erraten und genauer als bloßes Schätzen ist daher eine jede, wenn auch rohe Vorausberechnung. Eine solche schränkt von vorneherein das tastende Probieren durch Herstellung und Abänderung von Mustern ein. Allerdings kann mit den heute vorhandenen Hilfsmitteln in vielen Fällen schon eine recht genaue Vorausbestimmung geleistet werden. Die Handhabung dieser Mittel setzt Kenntnis und Anschauung der magnetischen Zustände, Vorgänge und Eigenschaften voraus. Daher besteht die erste Aufgabe darin, eine beschreibende Theorie der dauermagnetischen Zustände, Vorgänge und Felder zu bieten. Aus ihr entwickelt sich die praktische, ingenieurmäßige Zielsetzung, aus den durch Messungen festgestellten Eigenschaften der Dauermagnetbaustoffe einerseits und den allgemeinen Grundgesetzen magnetischer Felder andererseits günstige Verhältnisse (Bauformen, Abmessungen, Ausnutzungen) dauermagnetischer Geräte mit beschränkter Genauigkeit vorauszubestimmen, damit man mit einem kleinsten Aufwand an Baustoffen, Zeit und Arbeit bei der Herstellung einzelner Muster wie auch größerer Auflagen auskommt.

*Die Darstellung in dieser Schrift* ist im wesentlichen in vier Teilen angelegt.

Der *erste* Teil soll den Leser einführen in die Begriffsbestimmungen und die physikalischen Gesetze der magnetischen Feldgrößen, in der Form und Ausdrucksweise, die weiterhin verwendet wird. Bedenkt man zum Beispiel, daß für die Permeabilität vier verschiedene Definitionen erforderlich, für die Magnetisierung zwei verschiedene Definitionen gebräuchlich sind, so wird man dieses Kapitel nicht für überflüssig halten, auch wenn es an sich Bekanntes wiederholt. Die Gleichungen sind durchweg so geschrieben, daß eine Bezugnahme auf eine besondere Einheitenwahl (auf ein besonderes Maßsystem) in ihrer Form nicht zum Ausdruck kommen soll. Die Zeichen sollen, soweit sie nicht ausdrücklich anders erklärt sind, Größen bedeuten, mit denen in Gleichungen wie mit benannten Zahlen gerechnet wird. Der Faktor $4\pi$ ist so gesetzt, wie es der rationalen Zuordnung zwischen Vektorfluß und erzeugender Menge entspricht. In dem ursprünglichen (nicht rationalen) elektromagnetischen cgs-Einheiten-System (und im symmetrischen, sogenannten *Gauß*ischen System), das besonders in älteren Darstellungen sehr verbreitet ist, wird von der nicht rationalen Zuordnung ausgegangen, und die beiden magnetischen Feldgrößen: Feldstärke (Erregung) und Induktion (Flußdichte) sind Größen derselben Art (im Vakuum miteinander identisch). Mit einer solchen Einschränkung wird nach Meinung des Verfassers das Verständnis eher erschwert, als erleichtert[1]. Um aber den Zugang und Übergang zu den Darstellungen zu erleichtern, die sich von vorneherein an eine besondere Einheitenwahl gebunden haben, ist der Abschnitt über Einheiten und Einheitenbeziehungen besonders ausführlich gehalten[2].

Der *zweite* Teil, der die magnetischen Eigenschaften besonders der eisenartigen Stoffe behandelt, bedarf keiner so eingehenden Rechtfertigung. Erforderlich war es, neben den Erscheinungen der Hysteresis die reversiblen Zustände und Vorgänge, deren Kenntnis wir besonders den Untersuchungen von *R. Gans* verdanken, eingehender zu behandeln, als dies sonst gewöhnlich geschieht. Sie ermöglichen es, stabile permanente magnetische Zustände praktisch herzustellen, die besonders von verschiedenen Schülern *F. Emdes* untersucht worden sind. Die Unterscheidung zwischen dem remanenten, instabilen und dem permanenten, stabilen magnetischen Zustand hat zudem beachtenswerte praktische Folgen für die Bemessung, Herstellung und Benutzung von Dauermagneten. Wir können gegenwärtig einen Magneten mit einfachen Hilfsmitteln um so genauer berechnen, je mehr er sich entweder der Idealform des Ringmagneten mit kleinem Luftschlitz oder der anderen Idealform des homogen magnetisierten Rotationsellipsoides nähert. Die physikalischen Vorstellungen und die Berechnungsgrundlagen beider Fälle wurden daher einander gegenübergestellt. Ferner wurde die mikrophysikalische Deutung der diamagnetischen, der paramagnetischen und der ferromagnetischen Eigenschaften so weit gegeben, als dies ohne ausgedehnte Voraussetzungen der engeren Atomphysik möglich ist. Schließlich wurden in einem besonderen Abschnitt die Eigenschaften der magnetischen Felder von Dauermagneten als Quellenfelder oder Wirbelfelder und ihre Energiebeziehungen möglichst elementar dargestellt.

Der *dritte* Teil enthält die quantitative Beschreibung der magnetischen Verhältnisse der Dauermagnete und die aus ihnen abzuleitenden Regeln für deren Gestaltung. Er stellt nicht nur eine Berichterstattung über die Ergebnisse anderer dar, sondern bringt eine Anzahl, wie der Verfasser hofft, neuer Gedankengänge, Zusammenhänge und Ergebnisse. Für die Berechnung dauermagnetischer Kreise mit kleinen Luftspalten zum Beispiel war durch die Untersuchungen von *W. Breitling* in Frage gestellt, ob die bisherige Berechnungsweise mit Hilfe der Hysteresiskurve berechtigt ist; für die Berechnung stabilisierter, permanenter Magnete andererseits wußte man bisher im wesentlichen nur, daß die permanente Permeabilität klein, die Permanenz groß sein solle, ohne daß man angeben konnte, wie denn die günstigste Zustandskurve und der beste Arbeitspunkt gefunden werden könne. Diese Fragen sind nun sowohl für kleine wie für große Stabilisierungsintervalle gelöst. Neu ist ferner die beschreibende Theorie der permanentmagnetischen Zustandskurve mit der sich als notwendig erweisenden Unterscheidung zwischen reversibler und permanenter Permeabilität. Auch der Ersatz der Hysteresiskurven im II. Quadranten durch einfache analytische Kurven wurde bis-

[1] Dieses auch im Gebrauch der Einheiten. Es ist zum Beispiel nicht ohne weiteres leicht verständlich, wenn man angegeben findet, daß die Sättigung von reinem Eisen 1700 Gauß betrage. Bezeichnen $[M]_m$ und $[B]_m$ die ursprünglichen (nicht rationalen) elektromagnetischen cgs-Einheiten der Magnetisierung $\mathfrak{M}$ und der Induktion $\mathfrak{B}$, so steht die Induktionseinheit $[B]_m = 1$ Gauß zur Magnetisierungseinheit $[M]_m$ im Verhältnis $1:4\pi$. Daher ist die Sättigungsmagnetisierung von reinem Eisen $1700\,[M]_m$, die Sättigungsinduktion ist 21000 Gauß $= 1700 \cdot 4\pi$ Gauß. Entsprechendes gilt in graphischen Darstellungen von Magnetisierungskurven für die Bezifferung der Magnetisierungsachse.

[2] Zum Beispiel wäre die Unterscheidung zwischen den Größen der „internationalen“ und der „absoluten“ Einheiten bei dem heutigen Stand der Genauigkeit in der Dauermagnetkunde gewiß nicht nötig gewesen. Sie wird daher auch in der weiteren Abhandlung nicht gebraucht, doch ist ihre Kenntnis nützlich für das Verständnis weiterer Zusammenhänge.

her noch nicht in dem hier behandelten Umfang geübt: hierbei war nicht die Aufgabe gestellt, ein Kurvenstück von zufälliger Größe und Lage mit einem Abschnitt einer analytischen Kurve zur Deckung zu bringen, vielmehr sollte geprüft werden, ob mit ausreichender Genauigkeit die ganze Hysteresiskurve zwischen Remanenzpunkt und Koerzitivkraftpunkt durch eine Kurve zweiten Grades ersetzt werden kann, und auf welche Weise die Konstanten der analytischen Kurve aus einfach abzulesenden Gegebenheiten der Hysteresiskurve bestimmt werden können. Ist nämlich dieser Ersatz mit ausreichender Genauigkeit und Einfachheit möglich, so beherrscht man durch die analytische Darstellung die Beschreibung der remanenten Magnete ebenso vollkommen, wie man mit den permanenten Zustandsgeraden die Beschreibung der permanenten Magnete in der Hand hat, und man kann nicht nur die günstigsten Verhältnisse bequem analytisch, also allgemein ausdrücken, sondern auch Einblicke gewinnen, die auf anderem Wege kaum möglich sind, zum Beispiel in die Permeabilitäts- und Energieverhältnisse im Innern des Dauermagneten. Die Lösung dieser Aufgabe gelingt offenbar mit einer für viele praktische Fälle ausreichenden Genauigkeit.

Der *vierte* Teil enthält zwei verschiedene Gegenstände: zunächst einen summarischen Bericht über die mikrophysikalische Theorie der ferromagnetischen Erscheinungen, soweit sie für die Deutung der Eigenschaften von Dauermagneten wichtig ist. Die Vollendung der Theorie, die wir *R. Becker* und seiner Schule verdanken, ist für unsere Vorstellungen vom Bau und von der Wirkungsweise der eisenartigen Stoffe so fruchtbar, daß die Kenntnis ihrer Grundzüge auch für den Praktiker von Nutzen ist. Der zweite Gegenstand ist eine Zusammenstellung der Eigenschaften der wichtigsten Dauermagnetbaustoffe in Zahlen und Kurven. Es ist möglich, daß diese Sammlung Lücken und Mängel aufweist, die durch die Zeitereignisse und ihre Folgen verursacht sind. Eine wesentliche, aber keineswegs die einzige Grundlage bilden die umfangreichen Meßergebnisse, die *H. Neumann* schon vor einigen Jahren veröffentlicht hat. In einem weiteren Abschnitt werden Aussagen der Spannungstheorie und gemessene makrophysikalische Eigenschaftswerte der Dauermagnetlegierungen miteinander verglichen und die Übereinstimmung beider zahlenmäßig nachgeprüft. Einige Eigenschaften, die an Dauermagnetbaustoffen ganz allgemein rein empirisch gefunden werden, konnten dabei in Zusammenhang mit der Theorie gebracht werden, so daß Beobachtung und Theorie einander gegenseitig stützen. Eine praktische Regel über den Zusammenhang zwischen remanenter und permanenter Zustandskurve läßt sich gleichfalls aus der Theorie ableiten und aus den Meßwerten bestätigen. Ein letzter Abschnitt schließlich enthält eine Auswahl technischer Anwendungen und Ausführungen von Dauermagneten.

# A. Grundgrößen: ihre Begriffsbestimmungen, Meßverfahren, Beziehungen, Einheiten.

Bei den Größen, die zur Beschreibung der magnetischen Erscheinungen gebraucht werden, herrscht in den Begriffsbestimmungen, in den Namengebungen durch Worte der Sprache, in den Bezeichnungen durch Formelzeichen und schließlich in den Einheiten, durch die magnetische Größen und Eigenschaften zu messen und auszudrücken sind, weniger Einheitlichkeit und größere Viele fältigkeit, als es wünschenswert wäre. Theoretische Darstellung und praktische Meßtechnik haben oft recht verschiedene Ausdrucksweisen. Unsere erste Aufgabe ist es daher, die Sprache festzulegen, in der wir uns verständigen wollen.

Der beklagte Mangel hat natürlich zum Teil darin seinen Grund, daß die Größen, die zur Darstellung der magnetischen Erscheinungen gebraucht werden, uns im allgemeinen etwas weniger anschaulich sind, als manche elektrischen Größen, unter denen wir zum Beispiel mit den Worten Strom und Spannung, Stromstoß und Spannungsstoß deutliche Begriffe und Anschauungen verbinden, sie in ihren Formelzeichen wiedererkennen und von der Größe ihrer Einheiten und damit von vorkommenden Werten solcher Größen eine Vorstellung haben. Wir werden daher die Begriffsbildungen der magnetischen Größen unmittelbar an bekannte elektrische Größen und Meßverfahren anschließen, mit denen sie auf das engste durch die beiden Grundgleichungen der Elektrodynamik verknüpft sind. Die Definitionen, die wir so erhalten werden, werden nicht die umfassendsten und allgemeinsten sein, die denkbar sind, jedoch werden sie für unsere Zwecke ausreichend scharf sein.

## 1. Die magnetische Wirkung elektrischer Leitungsströmung, magnetische Feldstärke, Durchflutungsgesetz.

Wir betrachten als erstes eine mit $z$ Drahtwindungen gleichmäßig und dicht bewickelte dünne Ringspule. Ein durch den Draht fließender Gleichstrom von der Stärke $i$ umkreist also $z$-mal den Ring. In diesem Fall sind in allen Punkten des Ringraumes besondere Kraftwirkungen vorhanden. Sie sind nachweisbar mittels kleiner Eisenteilchen, die sich unter dem Einfluß der magnetischen Kraftwirkungen ausrichten. Abb. 1.1 zeigt das Ergebnis eines solchen Versuches an einer Ringspule, Abb. 1.2 an einer Zylinderspule. Dieser besondere magnetische Zustand des Raumes wird „magnetisches Feld“ benannt. Zur Ausmessung in jedem Raumpunkt kann im Grundsatz eine sehr kleine, kurze, frei bewegliche Magnetnadel dienen, wenn deren Eigenschaften durch das auszumessende magnetische Feld nicht geändert werden. In jedem Raumpunkt wird auf sie ein Drehmoment ausgeübt, durch das Größe und Richtung des magnetischen Kraftfeldes eindeutig bestimmt ist: bringen wir die frei bewegliche Magnetnadel an dem auszumessenden Punkt in eine solche Stellung, daß sich diese unter Einwirkung des magnetischen Zustandes nicht mehr ändert, so stimmt ihre Richtung mit der des magnetischen Feldes überein; die Drehkraft, die die Nadel zurücktreibt, wenn man sie aus dieser Richtung ablenkt, ist proportional zur Stärke des magnetischen Feldes. Untersucht man auf diese Weise das magnetische Feld der Ringspule (zunächst unter der Voraussetzung, daß eine raumerfüllende Substanz an den magnetischen Wirkungen gänzlich unbeteiligt oder nicht vorhanden ist), so findet man: seine Stärke ist proportional zum Gleichstrom $i$

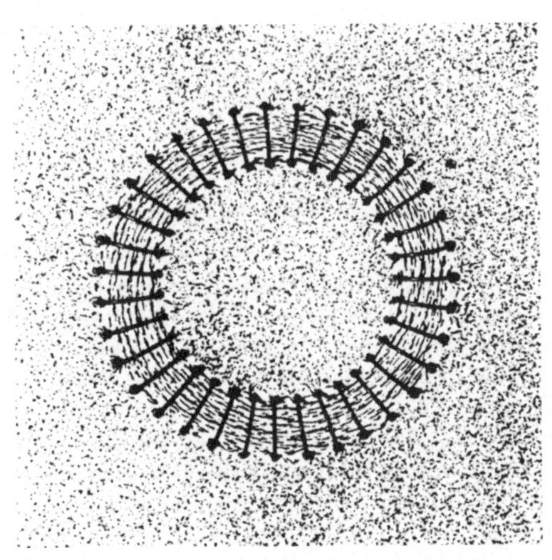

Abb. 1.1. Magnetisches Feld einer Ringspule[1].

[1] Nach *R. W. Pohl*, Einführung in die Elektrizitätslehre. Springer, Berlin, verschiedene Auflagen.

und zur Dichte der Wicklung, also zur Anzahl der Windungen auf die Längeneinheit $z/l$, wenn $l$ die Höhe des aufgeschnittenen und gerade gestreckten Ringkörpers, also die mittlere Länge des Feldes ist. Andere einflußnehmende Faktoren werden nicht gefunden. Man definiert daher eine erste Zustandsgröße für die Stärke des magnetischen Kraftfeldes:

$$\textit{magnetische Erregung oder Feldstärke} \quad H = \frac{i\,z}{l}. \tag{1.1}$$

Als gerichtete Größe ist die magnetische Erregung oder Feldstärke ein Vektor $\mathfrak{H}$ von der Größe $H = |\mathfrak{H}|$. Die Stromstärke $i$ wird mit dem Strommesser gemessen, der zum Beispiel in Ampere (A), geeicht ist, die Länge $l$ mit dem Längenmaßstab, der zum Beispiel in cm geeicht ist; ein natürliches und anschauliches Maß für die magnetische Erregung ist daher die Einheit 1 Ampere/cm (A/cm) oder 1 Ampere/m (A/m). Die Ringspule hat außerhalb des Ringraumes kein magnetisches Feld. Die Definition (1.1) bleibt für die gerade Zylinderspule gültig, wenn sie nur hinreichend lang ist; nur in der Nachbarschaft der Enden wird dieser Ausdruck nicht mehr zutreffend. Der mittlere Bereich, in dem er anwendbar ist, ist schon bei der nicht sehr langen Spule der Abb. 1.2 offenbar beträchtlich.

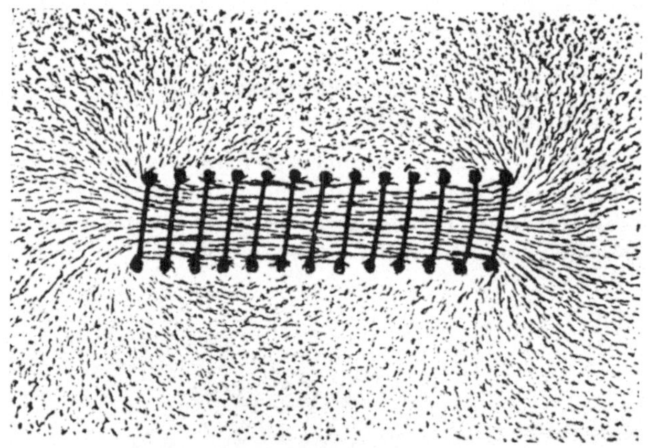

Abb. 1. 2. Magnetisches Feld einer Zylinderspule[1].

Die gefundene Beziehung ist ein besonderer Fall eines viel allgemeineren Gesetzes, das elektrischen Leitungsstrom und magnetisches Feld miteinander in Verbindung bringt. Um es zu erkennen, betrachten wir einen kreisförmigen Weg im Innern des felderfüllten Raumes parallel zur Leitlinie des Ringes. Jedes Element $ds$ dieses Weges ist gleichgerichtet mit der an seiner Stelle vorhandenen Feldstärke $H_s$. An einem beliebigen Punkt des Weges beginnend und zu diesem wieder zurückkehrend bilden wir für alle Wegelemente das Produkt $H_s \cdot ds$. Das gesuchte Gesetz sagt aus, daß die Summe der unendlich vielen Produkte dieser Art, über den ganzen geschlossenen Weg genommen, in jedem Fall gleich ist der algebraischen Summe aller Leitungsströme, die von dem Weg umschlungen werden oder die der Weg umschlingt:

$$\oint H_s\,ds = \Sigma\, i\,. \tag{1.2}$$

In der Tat deckt diese Aussage unsere bisherigen Erfahrungen: auf dem kreisförmigen Weg im Ringraum hat die magnetische Feldstärke für alle Wegelemente denselben Betrag $H_s$, daher ist $\oint H_s ds = H_s \oint ds = H_s l$, und die Summe der Ströme ist $\Sigma i = z\,i$, der Versuchsbefund $H = z\,i/l$ ist also in Einklang mit (1.2). Legen wir den geschlossenen Integrationsweg, wie Abb. 1.3 zeigt, teils in das Innere des Ringraumes, teils in den Außenraum, so liefert, wenn Austritt und Eintritt des angegebenen Integrationsweges zusammenfallen, nur der Weg im Spuleninnern den schon erwähnten Beitrag zum Umlaufintegral, der Weg im Außen-

[1] Nach *R. W. Pohl*, zitiert auf S. 5.

raum bringt keinen Anteil, denn er umschlingt keinen Strom. Daher ist im Außenraum der Ringspule kein magnetisches Feld vorhanden: $H_a = 0$, in Übereinstimmung mit dem Feldbild Abb. 1.1. Schneiden wir die dünne Ringspule auf und biegen sie zu einer dünnen, geraden Zylinderspule, so bleiben die bisherigen Aussagen erhalten: Auf einem Weg, der durch die Zylinderspule geht und sich im Außenraum schließt, tragen die Elemente des Weges im Außenraum außerordentlich wenig bei, da das Feld im Außenraum um so schwächer ist, je länger die dünne Zylinderspule ist. Wir betrachten schließlich einen langen, geraden, vom Strom $i$ durchflossenen Draht, der senkrecht durch eine Kreisfläche vom Radius $r$ tritt. Wir wählen den Kreisumfang als Integrationsweg. Auch hier ist jedes Wegelement gleichgerichtet mit der an seiner Stelle herrschenden Feldstärke. Wir wenden (1.2) auf diese Anordnung an und finden

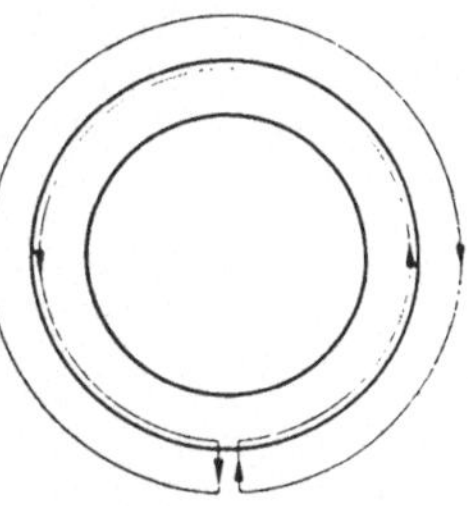

Abb. 1.3. Ringspule und Integrationsweg.

$$\left\{\begin{aligned} &\oint H(s)\,ds = H(s)\oint ds = H(s)\cdot 2\pi s = i\,;\\ &H(s) = \frac{i}{2\pi s}\,, \end{aligned}\right. \qquad (1.3)$$

gleichfalls im Einklang mit der experimentellen Erfahrung.

Wir haben bisher nur Wege betrachtet, auf denen jedes Element die gleiche Richtung hat, wie die an ihm herrschende Feldstärke. Wir verlassen diese Voraussetzung und stellen uns in jedem Fall eine beliebig gekrümmte, auch aus der Ebene heraustretende, jedoch geschlossene Kurve vor: Dann haben wir an jedem Wegelement das geforderte Produkt genau so zu bilden, wie die Arbeit $dA$ einer am Wegelement $ds$ angreifenden Kraft $K$ gebildet wird, die nicht in die Richtung des Wegelementes fällt, also als $H\cdot ds\cdot\cos(H, ds)$ analog zu $K\cdot ds\cdot\cos(K, ds)$. Hätten wir an Stelle des Kreisweges im Ringkörper oder um den einzelnen geraden Draht eine beliebig gebogene, geschlossene Raumkurve gewählt, so hätten wir jedes Linienelement dieser Kurve in ein Kreisbogenelement und zwei dazu senkrechte Anteile zerlegen können, die keinen Beitrag ergeben. Wir schreiben dieses Arbeitsprodukt in der Ausdrucksweise der Vektorenrechnung $\mathfrak{H}\,d\mathfrak{r}$; dann lautet die allgemeinere Form des Gesetzes (1.2):

$$\oint \mathfrak{H}\,d\mathfrak{r} = \Sigma i \quad \text{Durchflutungsgesetz:} \qquad (1.4)$$

*Die magnetische Umlaufspannung entlang dem Rand einer beliebigen Fläche ist gleich der elektrischen Durchflutung dieser Fläche.* Als magnetische Umlaufspannung ist das oben erklärte Linienintegral entlang einer geschlossenen Kurve bezeichnet, das die linke Seite der Gleichung darstellt, als elektrische Durchflutung die algebraische Summe aller Ströme, die durch die umrandete Fläche fließen. Elektrischer Strom und magnetisches Feld sind gleichbedeutend, jede der beiden Erscheinungen kennzeichnet die andere. Elektrische Durchflutung und magnetische Feldrichtung sind einander rechtswendig zugeordnet, wie Drehung und Fortschreitungssinn einer Rechtsschraubenlinie. Abb. 1.4. Liegt in einem magnetischen Feld die geschlossene Kurve so, daß keine elektrischen Ströme umschlungen werden, so gilt für diese Kurve

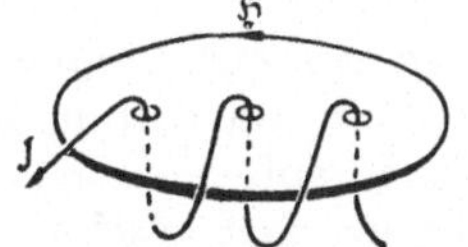


Abb. 1.4. Verkettung des magnetischen Feldes mit einer Durchflutung $3i$. Rechtswendige Zuordnung von magnetischer Feldstärke $\mathfrak{H}$ und elektrischer Leitungsströmung zu einander. In der Zeichnung steht J für die Stromstärke $i$.

$$\oint \mathfrak{H}\,d\mathfrak{r} = 0\,. \qquad (1.5)$$

Als „magnetische Spannung“ zwischen zwei Raumpunkten $a$ und $b$ bezeichnen wir das Linienintegral

$$\int_{a}^{b} \mathfrak{H}\, d\mathfrak{r} = V \Big|_{a}^{b} . \tag{1.6}$$

Gilt (1.5), so ist die magnetische Spannung nur von den Endpunkten des Weges abhängig, nicht von dessen Verlauf, denn man kann zwei Wege, die denselben Anfangs- und denselben Endpunkt haben, zu einem geschlossenen Weg vereinigen. Felder mit dieser Eigenschaft (1.5) werden wirbelfrei genannt. Wirbel

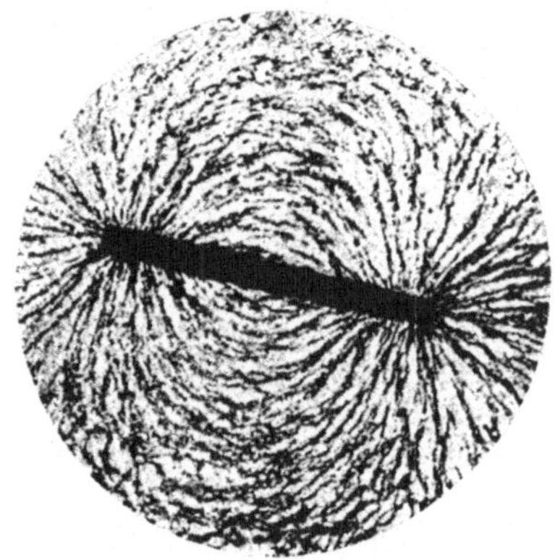

Abb. 1. 5. Magnetisches Feld eines Stabmagneten[1].

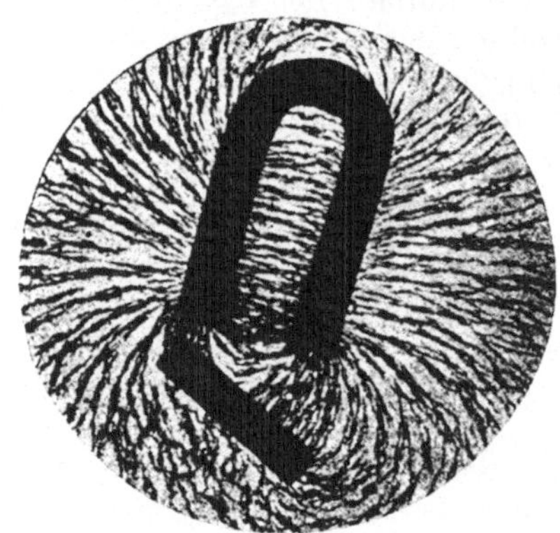

Abb. 1. 6. Magnetisches Feld eines Hufeisenmagneten[1].

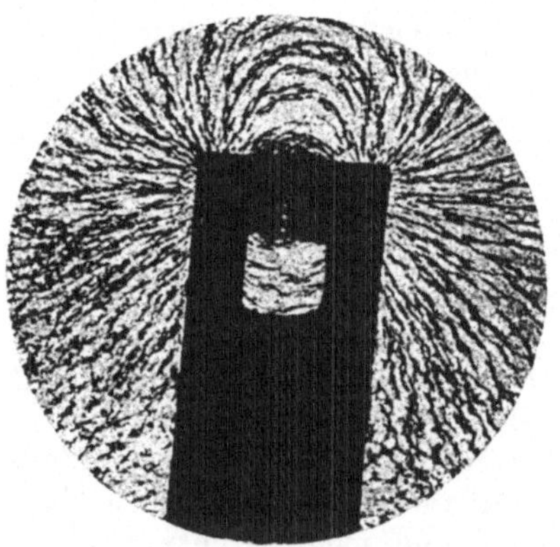

Abb. 1. 7. Magnetisches Feld eines Magneten mit kleinem Luftspalt[1].

des magnetischen Feldes befinden sich also offenbar im Innern von stromdurchflossenen Leitern. Das Feld eines Dauermagneten bei Abwesenheit von Leitungsströmen ist wirbelfrei. Die Abb. 1.5, 6, 7 zeigen mit Eisenteilchen aufgenommene Feldbilder eines Stabmagneten, eines Hufeisenmagneten und eines fast geschlossenen Magneten mit kleinem Luftspalt.

Das magnetische Feld in der Umgebung eines festen Körpers können wir bis an seine Oberfläche messend verfolgen. Können wir etwas über die Fort-

[1] Nach *G. Mie*, Lehrbuch der Elektrizität und des Magnetismus. 2. Auflage. Enke, Stuttgart, 1941.

setzung des Feldes durch die Oberfläche ins Innere aussagen? In dieser Absicht legen wir einen geschlossenen Weg, dessen einer Teil von der Länge $l$ unmittelbar außen an der Oberfläche des festen Körpers verläuft, während ein anderer, gleich großer Wegteil unmittelbar innen unter der Oberfläche liegt; beide Teile mögen einander so dicht benachbart sein, daß die zwei die Oberfläche durchstoßenden Wegteile von der Länge $\delta$ gegenüber den anderen nicht ins Gewicht fallen: $\delta \ll l$. Abb. 1.8. Entlang dem Weg im Außenraum 1 ist die Tangentialkomponente $H_{1t}$ von $\mathfrak{H}_1$ gleichgerichtet mit dem Weg, der Anteil zur magnetischen Umlaufspannung ist $H_{1t} l$; auf dem gleich langen Weg im Innenraum 2 wird mit der Tangentialkomponente $H_{2t}$ von $\mathfrak{H}_2$ der Anteil $H_{2t} l$; die beiden durchstoßenden Wegteile $\delta$ tragen nichts bei. Ohne Vorhandensein von Leitungsströmung gilt (1.5), daher ist $H_{1t} l - H_{2t} l = 0$ oder

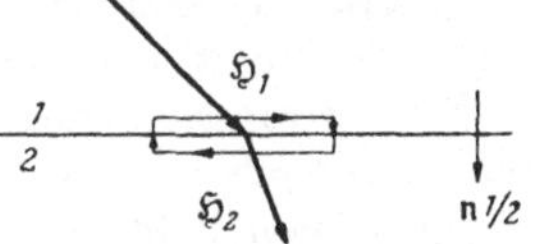

Abb. 1.8 Magnetische Erregung an einer Sprungfläche.

$$H_{1t} = H_{2t}\,, \tag{1.7}$$

*an einer Sprungfläche ist*, bei Abwesenheit von Leitungsströmung, *die Tangentialkomponente der magnetischen Erregung stetig.* Diese für unsere späteren Untersuchungen wichtige Aussage ist also eine unmittelbare Folge des Durchflutungsgesetzes (1.4). Ist andererseits auf der Grenzfläche (Abb. 1.8) ein Strombelag (ein Flächenstrom) der Stärke $g$ vorhanden, so umfaßt der Integrationsweg die Durchflutung $g l$, und es kommt an Stelle von (1.7) zustande

$$H_{2t} = H_{1t} + g \tag{1.8}$$

als Sonderfall der allgemeineren Beziehung

$$\mathfrak{g} = [\mathfrak{n}_{1/2}(\mathfrak{H}_2 - \mathfrak{H}_1)]\,. \tag{1.9}$$ [1]

Die Tangentialkomponente der magnetischen Feldstärke wird beim Übergang von der Substanz 1 in die Substanz 2 durch die Normalkomponente des Strombelages vermindert oder vermehrt, je nachdem die Tangentialkomponente in der ersten Substanz dem Strombelag im Sinne der Rechtsschraube oder im entgegengesetzten Sinn zugeordnet ist[1].

Die magnetische Feldstärke in jedem Punkt eines gegebenen, ausgedehnten, unveränderlichen magnetischen Feldes können wir also im Prinzip mit Hilfe einer genügend kleinen, beweglichen, langen dünnen (stabförmigen) Zylinderspule bestimmen, die auf ihrer Länge $l$ eine Anzahl $z$ Windungen trägt: nachdem sie an den zu untersuchenden Feldpunkt verbracht ist, kann dort eine Stellung und eine Stromstärke $i$ in ihren Drahtwindungen gefunden werden, bei dem ihr Inneres feldfrei ist; in diesem Fall liegt ihre Achse in Richtung des auszumessenden Feldes, und $H = zi/l$ ist dessen Stärke in dem betrachteten Feldpunkt.

## 2. Die elektrische Wirkung magnetischer Flußänderung; magnetische Flußdichte oder Induktion; Induktionsgesetz.

An Stelle der langen, dünnen, stabförmigen Spule, die im vorangegangenen Abschnitt vorgestellt wurde, betrachten wir nunmehr eine kurze, weite, niedrige, scheibenförmige, gleichfalls starre Spule mit $z$ Drahtwindungen. Wir nennen sie weiterhin Probespule. Sie möge sich in einem gegebenen magnetischen Feld befinden, von dem sie einen Teil umfaßt. Man spricht bei dieser Anordnung von dem magnetischen Fluß $\Psi$, der von der Spule umfaßt wird. Wie er genauer und eindeutig bestimmt wird, wird sogleich zu zeigen sein. Die Enden der $z$ Draht-

[1] Näheres hierzu siehe zum Beispiel in: J. Fischer, Einführung in die klassische Elektrodynamik. Springer. Berlin 1936, hier S. 61 ... 62.

windungen seien mit einem Spannungsstoßmesser verbunden, mit einem Gerät also, mit dem das Zeitintegral der an seinen Klemmen herrschenden, zeitlich veränderlichen elektrischen Spannung $u$ gemessen wird:

$$\Delta P = \int_0^t u\,dt\,, \tag{2.1}$$

vgl. Abb. 2.1, und das zweckmäßig in Voltsekunden (Vs) geeicht ist. Abb. 2.2 veranschaulicht schematisch die Anordnung für $z=1$.

Wir verändern nun das am Ort der Probespule vorhandene magnetische Feld: entweder dadurch, daß die Probespule in dem zeitlich unveränderlichen magnetischen Feld bewegt wird, oder dadurch, daß bei ruhender Probespule das magnetische Feld zeitlich geändert wird. Für den weiteren Gedankenversuch nehmen wir an, daß das magnetische Feld von einer großen, gleichstromdurchflossenen Zylinderspule hervorgebracht wird, in deren homogenem Feld sich die scheibenförmige Probespule befindet. Es soll entweder die Probespule von dieser Stelle weg an einen weit entfernten,feldfreien Ort bewegt werden, oder es soll bei ruhender Probespule der erregende Gleichstrom der Zylinderspule, zu dem das magnetische Feld nach (1.1, 4) in jedem Punkt proportional ist, um einen

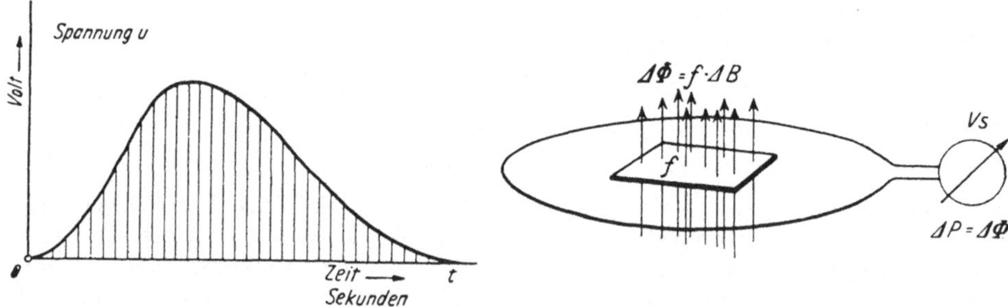


Abb. 2. 1. Anzeige eines Spannungsstoßmessers (Voltsekundenmeters).

Abb. 2. 2. Schematische Anordnung zum Induktionsgesetz.

gemessenen Betrag geändert, zum Beispiel ausgeschaltet werden. Wir beobachten, daß bei jeder so vorgenommenen Änderunng des magnetischen Flusses der Probespule ein Ausschlag $\Delta P$ des elektrichen Spannungsstoßmessers auftritt. Die Änderung des magnetischen Feldes hat also offenbar eine elektrische Wirkung. Um dieses Naturgesetz genauer zu erkennen, führen wir den beschriebenen Versuch unter verschiedenen Bedingungen aus und stellen fest: 1. Bei festgehaltenem Feldpunkt ist der Ausschlag $\Delta P$ des Spannungsstoßmessers von der Lage der Probespule zur Feldrichtung abhängig. Der Ausschlag ist am größten, wenn die Normale $\mathfrak{n}$ der Grund- (oder Deckel-) Fläche der scheibenförmigen Probespule parallel ist zur Richtung des Feldes $\mathfrak{H}$ im untersuchten Feldpunkt, er verschwindet in jeder dazu senkrechten Stellung der Probespule, und er ist allgemein proportional zu $\cos(\mathfrak{n}, \mathfrak{H})$. 2. Wird der Versuch mit verschiedenen Probespulen ausgeführt, die sonst gleich gestaltet sind, aber verschiedene Windungszahlen haben, so findet man, daß $\Delta P$ proportional zur Windungszahl $z$ der Probespule ist. 3. Indem man den Versuch mit Probespulen von verschiedener Größe $f$ der Grundfläche durchführt, findet man, daß $\Delta P$ proportional zu $f$ ist. 4. Führt man den Versuch bei verschiedenen Größen $H$ des von der Zylinderspule erregten magnetischen Feldes (also bei verschiedenen Stärken des Stromes $i$ in den Windungen der Zylinderspule), so findet man, daß der Ausschlag $\Delta P$ zu $H$ proportional ist. –

Um alle diese Versuchserfahrungen zu berücksichtigen, muß man also den Ausschlag des Spannungsstoßmessers darstellen als

$$\Delta P = \cos(\mathfrak{n}, \mathfrak{H})\, z f \cdot \Delta B\,. \tag{2.2}$$

Hierin ist offenbar $B$ eine neue, das magnetische Feld kennzeichnende Zustandsgröße, die wir *magnetische Flußdichte* oder *magnetische Induktion* nennen. Sie ist, ebenso wie $\mathfrak{H}$, eine gerichtete Größe $\mathfrak{B}$. In dem geschilderten Versuch hatten wir $\mathfrak{B}$ gleichgerichtet mit $\mathfrak{H}$ und ihren Betrag $B$ proportional zu $H$ gefunden. Wir stellen nun die Fläche der Probespule durch einen Vektor $\mathfrak{f}$ dar, der die Richtung $\mathfrak{n}$ der rechtswendig zugeordneten Flächennormalen und den Betrag $f$ hat: $\mathfrak{f} = \mathfrak{n} f$; dann ist

$$\Delta P/z = \mathfrak{f} \cdot \Delta \mathfrak{B}\,, \tag{2.2a}$$

und der Skalar

$$\Phi = \mathfrak{B}\mathfrak{f} = B f \cos(\mathfrak{n}, \mathfrak{B}) = B_n f = \Psi/z \tag{2.3}$$

ist der *magnetische Fluß* des homogenen magnetischen Feldes, der durch die Fläche $f$ tritt, deren Kontur durch 1 Drahtwindung gebildet wird. Also ist

$$\Delta P/z = \Delta\Phi = \Delta\Psi/z\,, \tag{2.2b}$$

in Worten: der Ausschlag des Spannungsstoßmessers, bezogen auf $z = 1$ Windung der scheibenförmigen Probespule, ist gleich der Änderung des umschlungenen magnetischen Flusses $\Phi$. Abb. 2.2.

Wir verlassen nun die bisher gemachte Voraussetzung, daß das magnetische Feld homogen sei. Zur Untersuchung eines von Punkt zu Punkt in seiner Stärke sich ändernden magnetischen Feldes müßten die Versuche mit einer äußerst kleinen Probespule gemacht werden, die die äußerst kleine Fläche $df$ hat. Den magnetischen Fluß durch eine ausgedehnte Fläche $f$ in einem inhomogenen Feld würden wir dann finden als die Summe der Beiträge aller Flächenelemente:

$$\Phi = \int B\, df \cos(\mathfrak{B}, d\mathfrak{f}) = \int B_n\, df = \int \mathfrak{B}\, d\mathfrak{f}\,. \tag{2.4}$$

Ein natürliches und anschauliches Maß für die magnetische Flußdichte oder Induktion ist 1 Voltsekunde/cm² (Vs/cm²), da nach (2.2) magnetische Flußänderungen als elektrische Spannungsstöße, also in Voltsekunden (Vs) gemessen werden. Handlichere Zahlen ergeben sich oft mit der Einheit 1 mVs/(dm)² = $10^{-5}$ Vs/cm²: Bildet eine Drahtwindung ein Quadrat von 10 cm Seitenlänge, so zeigt der angeschlossene Spannungsstoßmesser 1 mVs an, wenn der durchsetzende magnetische Fluß um die angegebene Größe geändert wird. — 1 Vs/cm² = $10^4$ Vs/m² = $10^5$ mVs/(dm)².

In der von uns durch das Experiment gefundenen Tatsache, daß elektrischer Spannungsstoß und magnetische Flußänderung gleichbedeutend sind — im gleichen Sinne wie magnetisches Feld und elektrischer Leitungsstrom gleichbedeutend sind — kommt ein Gesetz zum Ausdruck, das sich etwas allgemeiner formulieren läßt. Die Anzeige des Spannungsstoßmessers infolge der magnetischen Feldänderung läßt sich dadurch erklären, daß entlang der Drahtwindung an jedem Längenelement eine tangential gerichtete elektrische Feldstärke vorhanden ist. Drahtwindung und Spannungsstoßmesser bilden miteinander eine geschlossene, die Fläche $f$ umrandende Umlaufskurve $\mathfrak{r}$. Der Augenblickswert der elektrischen Umlaufspannung $\oint \mathfrak{E}\, d\mathfrak{r}$ ist dann offenbar gleichbedeutend mit der Geschwindigkeit der Änderung des magnetischen Flusses, und zwar, wie genauere Betrachtung zeigt, mit dessen Abnahme, die treffend „magnetischer Schwund" genannt wird:

$$\oint \mathfrak{E}\, d\mathfrak{r} = -\frac{d\Phi}{dt} = -\int \frac{d\mathfrak{B}}{dt}\, d\mathfrak{f} \qquad \text{Induktionsgesetz.} \tag{2.5}$$

Ist $R$ der elektrische Widerstand der berandenden geschlossenen Drahtschleife, so setzt sich die Tangentialkomponente des elektrischen Feldes an der Drahtoberfläche, die im Fall einer magnetischen Flußänderung auftritt, stetig ins Innere des Leiters fort und bringt dort den elektrischen Leitungsstrom hervor, der dem *Ohm*schen Gesetz entspricht. Der Augenblickswert der Umlaufspannung ist daher

$$i R = -\frac{d\Phi}{dt}, \tag{2.6}$$

daher mißt der Spannungsstoßmesser

$$\Delta P = \int_0^{\Delta t} u\, dt = R \int_0^{\Delta t} i\, dt = -\int_0^{\Delta \Phi} d\Phi = -\Delta \Phi ,$$

wie oben gefunden wurde.

Man steht aber in Übereinstimmung mit jeder Erfahrung, wenn man dem Induktionsgesetz (2.5) die wesentlich allgemeinere Bedeutung beilegt, daß die Anwesenheit einer leitenden Drahtschleife, auf die man das *Ohm*sche Gesetz für Drähte anwenden kann, keine Bedingung für das Bestehen des Gesetzes ist, sondern daß dieses allgemein für jede geschlossene, starre geometrische Kurve gilt. Dann ist also die Aussage des Induktionsgesetzes:

*Die elektrische Umlaufspannung entlang dem starren Rand einer beliebigen Fläche ist gleich dem magnetischen Schwund durch diese Fläche.*

Das läßt sich auch so ausdrücken: Wenn das magnetische Feld außer Gleichgewicht ist und schwankt, so hat das damit verkettete elektrische Feld Wirbel, sonst ist es wirbelfrei. Die Wirbel des elektrischen Feldes befinden sich am Ort des magnetischen Schwundes (gerade so, wie die Wirbel des magnetischen Feldes nach dem Durchflutungsgesetz sich am Ort des elektrischen Stromes befinden), anderswo hat das elektrische Feld keine Wirbel. Es kommt also gar nicht darauf an, welche Werte das magnetische Feld am Ort möglicherweise vorhandener elektrischer Leiter annimmt, sondern darauf, welche Größe dort das elektrische Feld hat: die Induktionswirkung kommt am Ort des Leiters elektrisch zustande[1]. Diesen Sachverhalt bringt auch die Abb. 2.2 zum Ausdruck, wenn wir annehmen, daß das sich ändernde magnetische Feld ausschließlich die dort viereckig umrandete Fläche durchsetzt; der Zwischenraum zwischen dem Rande des Vierecks und der länglichen Drahtschleife ist frei von einem magnetischen, aber nicht frei von einem wirbelfreien elektrischen Feld, und dieses bringt am Ort der Drahtschleife die besprochene elektrische Wirkung hervor.

Hat nun die Gestalt der umrandeten Fläche, wenn nur ihre Kontur fest und gegeben ist, eine Bedeutung? Die experimentelle Erfahrung des Induktionsgesetzes an Drahtschleifen lehrt, daß es gänzlich gleichgültig ist, welche Fläche man sich in die gegebene, starre, ruhende Drahtschleife (Probespule) eingespannt denkt. Wir wählen zwei Flächen mit derselben gegebenen Randkurve aus. Sie umhüllen einen Raumteil. In diesem wird also offenbar nichts an magnetischem Fluß hervorgebracht oder zerstört, es sind in ihm weder Quellen noch Senken des magnetischen Flusses vorhanden, denn sonst wäre ja nicht die Wahl der Fläche für die elektrische Wirkung nach der Erfahrung gleichgültig. Genauer gesagt: die magnetische Induktion ist ein quellenfreier Vektor:

$$\oint \mathfrak{B}\, d\mathfrak{f} = 0 . \tag{2.7}$$

Damit man ohne Widersprüche mit der Erfahrung bleibt, muß man diese Aus-

[1] Näheres: Elektrodynamik S. 69—74.

sage für alle Fälle aufrechterhalten, auch für feste Körper, auch für Dauermagnete.

Der Satz von der Quellenfreiheit der magnetischen Induktion erlaubt uns eine zweite Aussage über die Fortsetzung des magnetischen Feldes aus der Umgebung fester Körper in deren Inneres. Um das zu erkennen, legen wir eine dosenförmige Hüllfläche nach Abb. 2.3 so, daß die Deckelfläche von der Größe $f$ im Außenraum, die gleich große Bodenfläche im Innern, jede in unmittelbarer Nachbarschaft der Oberfläche des Körpers liegt; die Höhe der Dose sei so gering, daß der Flußanteil durch die bandförmige Wandung der Dose nicht in Betracht gezogen werden muß. Der Fluß durch die Fläche $f$ im Außenraum ist

$$\mathfrak{B}_1\mathfrak{f} = B_1 f \cos(\mathfrak{B}_1, \mathfrak{f}) = B_{1n} f,$$

der Fluß durch die Fläche $f$ im Innenraum ist

$$\mathfrak{B}_2\mathfrak{f} = B_2 f \cos(\mathfrak{B}_2, \mathfrak{f} = B_{2n} f;$$

beide Anteile ergänzen einander nach (2.7) zur Summe null, daher ist

$$B_{1n} = B_{2n}, \qquad (2.8)$$

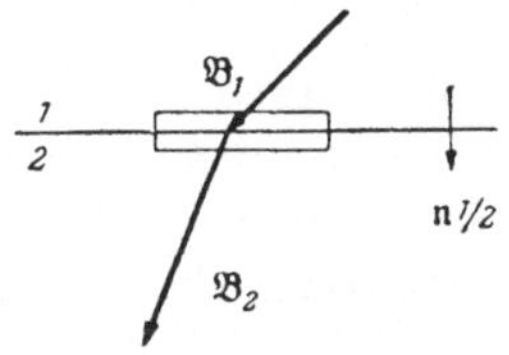

Abb. 2. 3. Magnetische Induktion an einer Sprungfläche.

*an einer Sprungfläche ist die Normalkomponente der magnetischen Induktion stetig* (wegen der Quellenlosigkeit dieses Vektors). Diese für unsere künftigen Untersuchungen wichtige Feststellung ist also eine Folge des Induktionsgesetzes (2.5, 7). Von ihr gibt es keine Ausnahme [in dem Sinne, wie (1.8) eine Ausnahme von (1.7) ist].

## 2'. Meßverfahren und Meßgeräte.

a) Wir betrachten grundsätzlich mögliche **magnetische Meßverfahren** und die Prinzipien ihrer Wirkung, ohne meßtechnische Einzelheiten zu berücksichtigen[1].

Die *Feldstärke* $\mathfrak{H}$ eines irgendwie erregten magnetischen Feldes kann in jedem Punkt nach Größe und Richtung grundsätzlich mit Hilfe einer kleinen, stabförmigen Zylinderspule gemessen werden, deren Höhe $l$ wesentlich größer ist, als der Durchmesser ihrer Grundfläche. Im betrachteten Feldpunkt stellt man die Achse der Spule in die Richtung des Feldes (die allseits bewegliche, stromdurchflossene Spule stellt sich in diese Richtung von selbst ein), hierauf stellt man den durch die $z$ Windungen der Spule fließenden Strom $i$ so ein, daß das Spuleninnere feldfrei wird, was man an einer in die Spule hineingebrachten, kleinen Magnetnadel erkennt. Auf diese Weise wird der Betrag der Feldstärke $zi/l$ durch Kompensation gemessen. Man kann auf entsprechende Weise natürlich auch nur eine bestimmte Komponente des Feldes bestimmen.

Die Kraftwirkung zwischen auszumessendem magnetischen Feld und einem nach Größe, Richtung und Leitungsführung bekannten elektrischen Strom ist die Grundlage anderer Meßverfahren, zum Beispiel die Beobachtung des Ausschlages einer stromdurchflossenen Schleife oder Drehspule, oder die Messung der Durchbiegung eines dünnen stromdurchflossenen Drahtes.

Zur Bestimmung eines Feldes $H$ kann man auch ein definiertes magnetisches Feld $H'$ von bekannter Richtung überlagern und den Winkel $\alpha$ des resultierenden Feldes gegen das ursprüngliche Feld $H$ mittels einer kleinen Magnetnadel bestimmen. Dann ist

$$H = \frac{H'}{\operatorname{tg} \alpha}. \qquad (2.9)$$

[1] Auf Lehrbücher und Nachschlagewerke wie *F. Kohlrausch*, Praktische Physik, Verlag B. G. Teubner, Berlin und Leipzig, Archiv für technisches Messen, Verlag Oldenbourg, München und Berlin und Leibniz-Verlag, München, u. a. m. sei hingewiesen.

Zur Bestimmung eines waagrecht gerichteten Feldes $H$, zum Beispiel der waagrechten Komponente des erdmagnetischen Feldes, bringt man nach diesem Grundsatz in der Mitte eines senkrecht gestellten Drahtkreises vom Durchmesser $2a$ eine waagerecht drehbare Magnetnadel an und stellt den Drahtkreis so auf, daß die von der Magnetnadel angezeigte Richtung des Feldes $H$ möglichst genau in die Ebene des Drahtkreises fällt. Wird dieser nach dieser Vorbereitung mit einem Gleichstrom $i$ beschickt, so herrscht in seiner Mitte, am Ort der Magnetnadel, eine zu $H$ senkrechte, waagerecht gerichtete zusätzliche Feldstärke

$$H' = \frac{i}{2a} \,, \tag{2.9a}$$

die Magnetnadel stellt sich in die Richtung des aus $H$ und $H'$ resultierenden Feldes ein, die um den Winkel $\alpha$ gegen die Richtung von $\mathfrak{H}$ gedreht ist. Aus $\alpha$ und $H'$ folgt $H$ mit (2.9): Tangentenbussole.

Die *magnetische Spannung* $V\Big|_a^b$ (1.6) zwischen zwei Feldpunkten $a$ und $b$ kann man mit Hilfe einer langen, beweglichen, gleichmäßig mit Drahtwindungen bewickelten Spule von überall gleichem Querschnitt messen. Um zwei beliebige Feldpunkte $a$ und $b$ miteinander verbinden zu können, ist der Spulenkörper zweckmäßig ein biegsames, unmagnetisches Band. Die Enden der Wicklung führen zu einem Spannungsstoßmesser. Der von ihm gezeigte Ausschlag bei Herausschnellen der Spule aus dem Feld oder bei dessen Ein- oder Ausschalten ist proportional zur magnetischen Spannung, er ist nämlich mit einem Proportionalitätsfaktor $\mu_0$

$$\Delta\Phi / \mu_0 = V\Big|_a^b \cdot zq/l \,, \tag{2.9b}$$

wenn $l$ die Länge, $q$ der Querschnitt des Spulenkörpers und $z$ die Anzahl der Drahtwindungen ist. Dieser magnetische Spannungsmesser wurde von *W. Rogowski* angegeben[1].

Zur Bestimmung des *magnetischen Flusses* $\Phi = \Psi/z$ und der *magnetischen Flußdichte* $\mathfrak{B}$ (2.4) dient die scheibenförmige, bewegliche Probespule mit $z$ Windungen. Je geringer die körperliche Ausdehnung der Wicklung ist, um so sauberer ist die umrandete Fläche $f$ und die Windungsfläche $zf$ definiert. Die Spule ist mit einem elektrischen Spannungsstoßmesser verbunden. Bei schnellem Entfernen der Probespule aus dem Feld oder bei entsprechender Änderung des Feldes bei ruhender Probespule ist der angezeigte Spannungsstoß gleich der magnetischen Flußänderung (2.2, 2b); bei Drehen der Spule um genau einen Halbkreis ist der Spannungsstoß doppelt so groß (Messung des erdmagnetischen Feldes mit dem „Erdinduktor").

Die Messung der bisher definierten magnetischen Größen ist somit auf die Bestimmung geometrischer und die Beobachtung elektrischer Größen zurückgeführt. Wir betrachten daher als zweites die elektrischen Meßgeräte für Strom, Spannung, Stromstoß, Spannungsstoß.

**b)** Die in Betracht zu ziehenden **elektrischen Meßgeräte** benutzen die Kraftwirkung, die ein Leitungsstrom und ein Dauermagnet vermöge ihrer magnetischen Felder aufeinander ausüben. Bei den Drehmagnetgeräten ist innerhalb einer ruhenden Spule, die aufgeteilt sein kann, ein Dauermagnet drehbar, zum Beispiel eine Magnetnadel (Nadelgalvanometer), oder ein quermagnetisierter zylindrischer Körper, zum Beispiel eine Scheibe. Bei den Drehspulgeräten ist eine starre Spule in einem dauermagnetischen Feld drehbar um eine Achse, die

[1] Weiteres über die Anwendung: *F. Kohlrausch* a. a. O. 18. Aufl. 1943, Bd. 2, S. 99, *H. Neumann*, Arch. Techn. Messen (1934) J 64—1.

zugleich Symmetrieachse des magnetischen Feldes ist. Das durch Strom und Magnetfeld bewirkte Drehmoment folgt in jedem Fall aus dem Satze, daß die Arbeit $\delta A$, die die magnetischen Feldkräfte bei Bewegung eines geschlossenen linearen Leiters (Stromfadens) leisten, gleich dem Produkt aus Stromstärke $i$ und Zuwachs des umrandeten Flusses $\delta\Phi$ ist: $\delta A = i\,\delta\Phi$.

Bei jedem Instrument wirkt das durch die Stromkraft hervorgebrachte Drehmoment gegen das Drehmoment einer Richtkraft, zum Beispiel gegen die Direktionskraft einer Feder; bei Gleichgewicht beider ist die endgültige Auslenkung erreicht. Während des Bewegungsvorganges ist außerdem noch die Trägheitskraft des beschleunigten Drehsystems zu berücksichtigen, ferner die energieverzehrende Dämpfung durch mechanische und elektromagnetische Vorgänge, die der Geschwindigkeit proportional ist. Daher ist die Kräftebilanz des Drehsystems in jedem Augenblick der Bewegung:

$$\Theta\,\frac{d^2\alpha}{dt^2} + p\,\frac{d\alpha}{dt} + D\alpha = c\,i\,, \tag{2.10}$$

wobei $\alpha$ der Auslenkungswinkel, $t$ die Zeit ist. Links vom Gleichheitszeichen ist der erste Posten das Drehmoment der Trägheit, $\Theta$ also das Trägheitsmoment des Drehsystems, bezogen auf die Drehungsachse, der zweite Posten ist das Drehmoment der Dämpfung, die elektromagnetisch und mechanisch sein kann, $p$ also der Dämpfungsfaktor, der dritte Posten ist das Drehmoment der Richtkraft der Feder, $D$ also das Direktionsmoment, rechts ist $c\,i$ das zum Strom $i$ proportionale Drehmoment.

Durch einen Gleichstrom $i$ wird also nach Ablauf des Einspielvorganges die dauernde (statische) Auslenkung

$$\alpha = \frac{c}{D}\,i \tag{2.11}$$

hervorgebracht. Man bezeichnet das Verhältnis des Ausschlages zum Strom als *Stromempfindlichkeit:*

$$\frac{\alpha}{i} = S_i = \frac{c}{D}\,, \tag{2.12}$$

das Verhältnis des Stromes zum Ausschlag als (statischen Strom-) Reduktionsfaktor:

$$\frac{i}{\alpha} = C_i = \frac{D}{c}\,. \tag{2.12a}$$

Ist $R$ der konstante Widerstand der stromdurchflossenen Spule, so ist der Ausschlag auch proportional zur Klemmenspannung $u = i\,R$, entsprechend ist

$$\frac{\alpha}{u} = S_u = \frac{c}{DR} \tag{2.13}$$

die *Klemmenspannungsempfindlichkeit* des Instrumentes.

Wir betrachten ferner die dynamischen Anwendungen:

1. Das (ruhende) Drehsystem erhält durch einen kurzen Stromstoß einen kurzen Stromkraftstoß; dadurch wird ihm eine Anfangs-Drehgeschwindigkeit $\omega_a$ erteilt: *ballistischer Gebrauch* des Galvanometers. Die Zeitdauer $\tau$ des Stromstoßes sei kurz im Vergleich zu der Schwingungsdauer des Drehsystems, erst nach Ablauf der Zeit $\tau$ werde das System ausgelenkt, das Dämpfungsdrehmoment in (2.10) sei nicht vorherrschend. Diese Annahmen können leicht verwirklicht werden. Während der kurzen Zeit, in der das System von $\omega = 0$ bis zu $\omega = \omega_a$ beschleunigt wird, überwiegt in (2.10) das Trägheitsglied, es gilt also

$$\Theta\,\frac{d^2\alpha}{dt^2} = c\,i \qquad \text{oder} \qquad \Theta\,\frac{d\omega}{dt} = c\,i\,. \tag{2.14}$$

Hieraus erhält man, wenn $\omega = 0$ ist für $t = t_1$,

$$\Theta \int_{\omega_a}^{0} d\omega = c \int_{0}^{t_1} i\,dt = -cQ\,, \tag{2.15}$$

$$\omega_a = \frac{c}{\Theta}\,Q\,, \tag{2.16}$$

die Anfangsgeschwindigkeit ist zu der Elektrizitätsmenge $Q$ des Stromstoßes proportional.

Infolge dieser Anfangsgeschwindigkeit beginnt das System frei auszuschwingen und erreicht zu einer Zeit $t_1$ einen ersten Höchstausschlag $\alpha_1$. Für $t > \tau$ gilt also an Stelle von (2.10)

$$\Theta \frac{d^2\alpha}{dt^2} + p\,\frac{d\alpha}{dt} + D\alpha = 0 \tag{2.17}$$

mit den Anfangsbedingungen

$$\alpha = 0 \quad \text{und} \quad \frac{d\alpha}{dt} = \omega_a \qquad \text{für } t = \tau\,. \tag{2.18}$$

Um einen ersten Überblick zu gewinnen, vernachlässigen wir die Dämpfung. Mit $p=0$ wird die vollständige Lösung von (2.17)

$$\alpha(t) = \frac{\omega_a}{\omega_0}\,\sin\omega_0\,(t-\tau) \tag{2.19}$$

eine sinusförmige Schwingung, wobei

$$\omega_0 = \sqrt{\frac{D}{\Theta}} = \frac{2\pi}{T_0}$$

und $T_0 = 2\pi\sqrt{\Theta/D}$ die Zeitdauer der ganzen Periode der Schwingung ist. Die Drehgeschwindigkeit $\frac{d\alpha}{dt} = \omega_a \cos\omega_0\,(t-\tau)$ nimmt für $t > \tau$ zum erstenmal den Wert Null an für $t-\tau = t_1 = T/4$, daher ist der erste Höchstausschlag

$$\alpha_1 = \frac{\omega_a}{\omega_0} \tag{2.20}$$

proportional zur Anfangsgeschwindigkeit, die ihrerseits proportional zur Elektrizitätsmenge ist. Nehmen wir noch (2.12) zu (2.16) und (2.20), so erhalten wir

$$\alpha_1 = \omega_a\sqrt{\frac{\Theta}{D}} = \frac{c}{\Theta}\,Q\sqrt{\frac{\Theta}{D}} = \frac{c}{D}\,Q\sqrt{\frac{D}{\Theta}} = S_i\,Q\,\frac{2\pi}{T_0}\,; \tag{2.21}$$

der erste Höchstausschlag $\alpha_1$ des schwingenden Systemes ist proportional zur Elektrizitätsmenge $Q$, das Gerät dient in diesem Gebrauch als *Stromstoßmesser* und wird zweckmäßig in Amperesekunden (As) geeicht. Die Stromstoßempfindlichkeit ist

$$\frac{\alpha_1}{Q} = S_Q = S_i\,\frac{2\pi}{T_0}\,, \tag{2.22}$$

sie ist durch die Stromempfindlichkeit $S_i$ und die (leicht meßbare) Periodendauer $T_0$ bestimmt. Bei Berücksichtigung aller Glieder in (2.17) kommen an den Ausdrücken (2.19) und (2.21, 22) Veränderungen zustande[1].

2. Die Drehspule erhält einen kurzdauernden Kraftstoß, das Drehmoment der elektromagnetischen Dämpfung überwiegt die anderen Drehmomente: *Kriechgalvanometer*. Der Faktor der elektromagnetischen Dämpfung ist, was hier nicht

[1] Siehe zum Beispiel *F. Kohlrausch*, Praktische Physik, 18. Auflage, Leipzig und Berlin 1943, Bd. 2, S. 84.

näher begründet werden soll, $p = c^2/R$, wenn $R$ der Widerstand des gesamten Kreises ist. Unter der gemachten Voraussetzung folgt aus (2.10)

$$\frac{c^2}{R}\frac{d\alpha}{dt} = c\,i = c\,\frac{u}{R}\,, \tag{2.23}$$

$$c\int_{\alpha_0}^{\alpha} d\alpha = \int_0^t u\,dt = \Delta P\,, \tag{2.24}$$

$$\alpha - \alpha_0 = \Delta\alpha = \frac{1}{c}\,\Delta P \tag{2.25}$$

der Ausschlag $\Delta\alpha$ ist proportional zum Spannungsstoß $\Delta P$, das Instrument dient als *Spannungsstoßmesser* und ist zweckmäßig in Voltsekunden ($Vs$) geeicht. Nach Erreichen des Ausschlages $\alpha$ kehrt das richtkraftlose Drehsystem nicht mehr in seine Ausgangslage zurück, sondern bleibt stehen. Da magnetische Flußänderungen gleichbedeutend sind mit elektrischen Spannungsstößen, wird das Kriechgalvanometer häufig einfach als Fluxmeter bezeichnet. Bei Berücksichtigung aller Glieder in (2.10) an Stelle von (2.23) sind die Zusammenhänge etwas weniger einfach, die genaue Theorie des Kriechgalvanometers hat *H. Busch*[1] gegeben.

Bei konstantem Widerstand des Kreises kann natürlich das ballistisch gebrauchte Galvanometer auch als Spannungsstoßmesser, das Kriechgalvanometer auch als Stromstoßmesser geeicht und benutzt werden.

## 3. Definitionen und Meßverfahren bei Materie im Feldraum:

*Permeabilität, Suszeptibilität, Magnetisierung, magnetometrische Messungen, Verhalten des Feldes an Grenzflächen, Energiebeziehungen.*

Um den Zusammenhang zwischen magnetischer Feldstärke $H$ und magnetischer Induktion $B$ zu untersuchen, benutzen wir die Ringspule. Im Ringraum ist bei $z_1$ vom Strom $i$ durchflossenen Drahtwindungen die magnetische Umlaufspannung $z_1 i$, daher bei homogener Ausfüllung die magnetische Erregung $H_0 = \frac{z_1 i}{l}$, wenn $l$ die Feldlänge ist. Der an $z_2$ Windungen einer zweiten Wicklung angeschlossene Spannungsstoßmesser zeigt eine Flußänderung $\Delta\Phi = z_2 f \cdot \Delta B$ an, wobei $f$ der Querschnitt des Feldes ist. Wir bringen die Flußänderung dadurch hervor, daß wir den erregenden Strom vom Wert null auf den Wert $i$ bringen, oder umgekehrt. Abb. 3.1 zeigt schematisch die Anordnung.

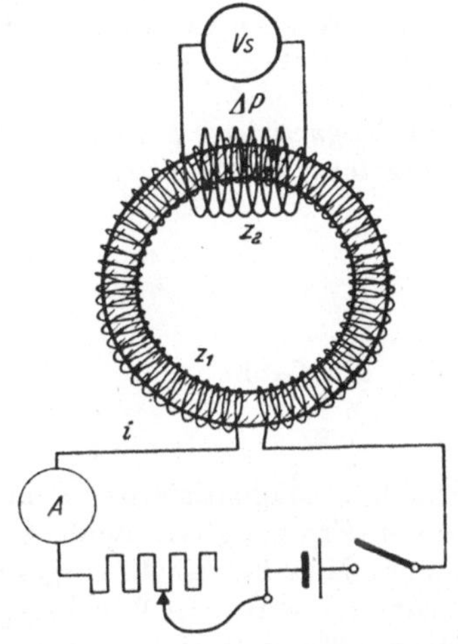


Abb. 3. 1. Bestimmung der magnetischen Induktion $B$ als Funktion der magnetischen Feldstärke $H$ an einer Ringspule.

**a)** Wird zunächst der Versuch im Vakuum und ohne Materie im Ringraum vorgenommen, so findet man strenge Proportionalität zwischen Feldstärke und Flußdichte:

$$B_0 = \mu_0 H_0\,. \tag{3.1}$$

Dieses Ergebnis war zu erwarten, denn es haben, im Grunde genommen, nur zwei verschiedene Meßverfahren zu zwei verschiedenen Zustandsgrößen $\mathfrak{B}$ und $\mathfrak{H}$

[1] *H. Busch*, Z. Techn. Phys. 7 (1926) S. 361.

für die Beschreibung einer einzigen Erscheinung, nämlich des magnetischen Feldes im leeren Raum, geführt. Der Proportionalitätsfaktor $\mu_0$ wird als *magnetische Konstante* oder als *Induktionskonstante* bezeichnet. Sein Wert hängt offensichtlich davon ab, in welchen Einheiten $B$ und $H$ gemessen werden. Mißt man mittels Voltsekundenmeters und Amperemeters auf $10^{-3}$ genau, so ist das Ergebnis der Messung

$$\mu_0 = \frac{\Delta P}{i} \cdot \frac{l}{z_2 f \cdot z_1} = 1{,}256 \cdot 10^{-8} \frac{\text{Vs}}{\text{A cm}} . \tag{3.2}$$

Weiteres über die Einheiten der magnetischen Größen wird in Abschnitt 4 angegeben werden.

**b)** Der Ringraum werde vollständig durch einen gleichförmigen Stoff ausgefüllt. Dann ist, wie erwähnt, die magnetische Erregung unabhängig von der Ausfüllung $H = z_1 i/l$. Ohne Materie im Feldraum gehört zu dieser Erregung die Induktion $B_0 = \mu_0 H$. Mit Materie im ringförmigen Feldraum mißt man aber bei gleicher Erregung $H$ eine andere Erregung $B_m \neq B_0$. Manchmal ist der Unterschied sehr gering, so bei vielen gasförmigen Stoffen; bei Luft ist der Unterschied, relativ genommen, rund $0{,}4 \cdot 10^{-6}$. In anderen Fällen ist $B_m$ gewaltig viel größer als $B_0$, zum Beispiel kann man bei Eisen größenordnungsmäßig finden $B_m \approx 1000\, B_0$. Zur Beschreibung dieses neuen Sachverhaltes braucht man einige neue Größen. Aus den Werten der magnetischen Induktion $B_m$ mit Materie und $B_0$ ohne Materie, beide Werte bei gleicher Erregung $H$ genommen, definiert man eine Verhältnisgröße und eine Differenzgröße:

Das Verhältnis der Induktion mit Materie zu der ohne Materie bei gleicher Erregung

$$\frac{B_m}{B_0} = \mu \tag{3.3}$$

wird *relative Permeabilität*, auch relatives Durchlaßvermögen genannt. $\mu$ ist als Verhältniswert eine unbenannte Zahl, ein Eigenschaftswert der Stoffe. Für homogene isotrope Substanzen ist $\mu$ ein Skalar.

Die Differenz der Induktionen mit und ohne Materie bei gleicher Erregung

$$B_m - B_0 = M \tag{3.4}$$

wird *Magnetisierung* genannt. Sie ist eine Größe von der Art der magnetischen Induktion. Mit $B_0 = \mu_0 H$ nach (3.1) ist also auch

$$B_m = \mu \cdot \mu_0 H , \tag{3.5}$$ [1]

$$B_m = \mu_0 H + M , \tag{3.6}$$

$$B_m = \mu_0 (H + J) , \tag{3.7}$$

wobei die Größe

$$J = \frac{M}{\mu_0} \tag{3.8}$$

gleichfalls Magnetisierung genannt wird, aber eine Größe von der Art der magnetischen Erregung ist. Beide Definitionen der Magnetisierung haben ihre Berechtigung. Man hat auch vorgeschlagen, $M$ magnetische Polarisation, $J$ Magnetisierung zu nennen[2]. Wie Erregung $\mathfrak{H}$ und Flußdichte $\mathfrak{B}$, so ist auch die Magnetisierung $\mathfrak{M} = \mu_0 \mathfrak{J}$ ein Vektor.

---

[1] Wenn das Produkt $\mu\,\mu_0$ häufig vorkommt, ist dafür die Bezeichnung: absolute Permeabilität und die Abkürzung $\mu_{\text{abs}}$ oder einfacher $\bar{\mu}$ vorteilhaft. Die absolute Permeabilität des Vakuums ist also $1 \cdot \mu_0$, die relative ist 1. Für die magnetische Konstante $\mu_0$ wird auch die Bezeichnung $\Pi$ angewendet, um Verwechslungen mit der relativen Permeabilität, also einem Eigenschaftswert materieller Substanzen, zu vermeiden.

[2] So der Ausschuß für Einheiten und Formelgrößen (AEF): *J. Wallot*, Phys. Z. 44 (1943) S. 20.

Der relative Unterschied der Induktionen mit und ohne Materie

$$\frac{B_m - B_0}{B_0} = \mu - 1 = \varkappa \tag{3.9}$$

wird als *magnetische Suszeptibilität* oder als magnetisches Aufnahmevermögen bezeichnet. Er ist ein dem Stoff eigentümlicher Wert, eine Verhältniszahl. Für homogene isotrope Substanzen ist $\varkappa$ ein Skalar. Man hat daher auch den Zusammenhang zwischen Magnetisierung und Erregung

$$M = \mu_0 J = \varkappa \mu_0 H . \tag{3.10}$$

Die Werte $\varkappa$ der meisten Stoffe sind kleine positive oder negative Zahlen. Stoffe mit positivem $\varkappa$ nennt man *paramagnetisch*, mit negativem $\varkappa$ *diamagnetisch*. Die folgende Tabelle[1] vermittelt einige Zahlenwerte. Die größten vorkommenden Werte sind ungefähr $\pm 10^{-3}$. Ganz abseits von diesen stehen die *eisenartigen (ferromagnetischen)* Stoffe, bei denen Werte der Größenordnungen $10^3$ bis $10^5$ vorkommen.

*Tabelle magnetischer Aufnahmevermögen $10^6\,\varkappa$ einiger Substanzen bei 18° C.*

| paramagnetisch | | diagmagnetisch | |
|---|---|---|---|
| Luft | + 0,36 | Stickstoff | — 0,0073 |
| Sauerstoff | + 1,81 | Alkohol | — 8,2 |
| Zinn | + 3,6 | Wasser | — 9 |
| Aluminium | + 19,6 | Steinsalz | — 13,8 |
| Platin | +270 | Kupfer | — 10,0 |
| Palladium | +782 | Zink | — 13,4 |
| Eisenchloridlösung | | Silber | — 26,4 |
| 23,5% | +309 | Quecksilber | — 30,2 |
| 41% | +607 | Gold | — 29,1 |
| | | Wismut | —160 |

**c)** Der Ringraum sei zunächst leer, bei einer gegebenen Durchflutung $z_1 i$ ist die Erregung $H_0 = z_1 i / l$. Genau dieselbe Erregung ist vorhanden, wenn der Ringraum vollständig mit einer gleichförmigen Substanz, zum Beispiel mit Eisen, ausgefüllt ist. Wir betrachten ferner den Fall, daß ein Teil des Ringraumes mit Eisen gefüllt ist, jedoch so, daß Eisenquerschnitt, Luftquerschnitt und Ringquerschnitt gleich sind, wie in Abb. 8.1b gezeigt ist. Bei gleicher Durchflutung $z_1 i$, wie im ersten Fall, beobachtet man dann im Luftteil eine Erregung $H_L \neq H_0$ und schließt daraus auf die Erregung $H_E$ im Eisenteil

$$H_E \neq H_L \neq H_0 .$$

Die Verhältnisse werden in Abschnitt 8 genauer untersucht werden. Bei diesem Sachverhalt ergibt sich scheinbar eine Schwierigkeit für die Definition der Magnetisierung $M$ als Überschuß der Flußdichte mit Materie $B_E$ gegenüber der Flußdichte $B_0$ ohne Materie: welche Erregung ist maßgebend? Wird $M$ definiert als $B_E - \mu_0 H_0$ oder durch $B_E - \mu_0 H_L$ oder durch $B_E - \mu_0 H_E$? Man könnte versucht sein, die erste Differenz im Vergleich mit (3.4) für richtig zu halten, jedoch wird durch die dritte die Magnetisierung definiert:

$$M = B_E - \mu_0 H_E , \tag{3.11}$$

die Magnetisierung ist der Überschuß der Induktion bei Anwesenheit von Materie gegenüber der Induktion ohne Materie bei gleicher Erregung im gleichen Feld. Erst dieser Zusatz, der leider häufig unterlassen wird, macht die Definition der Magnetisierung vollständig. $M$, $B_E$, $H_E$ sind im Eisenteil herrschende Größen, es ist $M = \varkappa \mu_0 H_E$. Diese Definition ist natürlich nicht auf das beispielsweise ausgewählte Eisen beschränkt, sondern sie gilt allgemein.

[1] Nach *G. Mie*, a. a. O., S. 484.

Bei der hier betrachteten Anordnung, in der der magnetische Kreis unterbrochen ist, und in einigen anderen Fällen kann man unter gewissen Voraussetzungen die Erregung im Innern des mit Materie erfüllten Körpers ausdrücken als

$$H_m = H_0 - JN, \tag{3.12}$$

also als Differenz der Erregung des leeren Körperraumes bei gleichem Strom $i$ und eines Bruchteils $N$ der Magnetisierung $J$. Der Faktor $N$ heißt Entmagnetisierungsfaktor oder Gestaltsfaktor. Diese Darstellungsweise wird in den Abschnitten 8 und 21 eingehender behandelt werden.

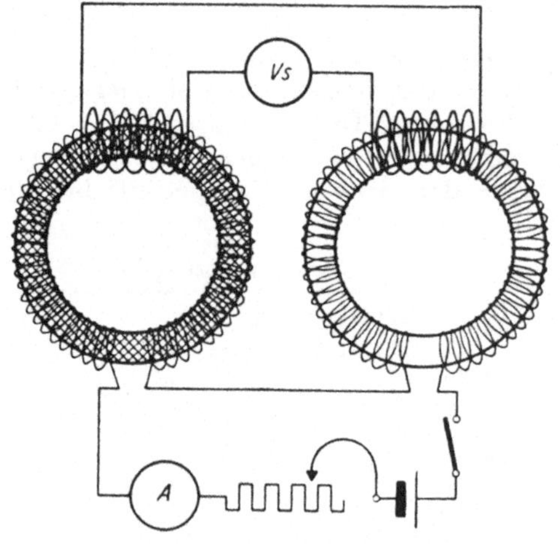


Abb. 3.2. Bestimmung der Magnetisierung $M$ als Induktionsüberschuß in Abhängigkeit von der Feldstärke $H$, mit zwei Ringspulen.

Man kann die Definition der Magnetisierung (3.4) unmittelbar meßtechnisch nachbilden: in Abb. 3.2 sind zwei völlig gleiche Ringspulen angegeben, von denen die eine mit Materie ausgefüllt ist, die andere nicht. Die erregenden Wicklungen beider Ringe werden von demselben Strom durchflossen, daher herrscht in beiden Ringräumen dieselbe Erregung $H$. Die induzierten Wicklungen beider Ringe wirken einander entgegen, so daß der Spannungsstoßmesser die Differenz der Flußänderungen, daher die Differenz der Flußdichte, also die Magnetisierung $M$ gemäß (3.4) anzeigt.

**d)** Die Magnetisierung $\mathfrak{M}$ ist zugleich das magnetische Moment der Raumeinheit des magnetisierten Körpers. Um dies einzusehen, betrachten wir einen homogen magnetisierten Körper in einem h o m o g e n e n magnetischen Feld $\mathfrak{H}_h$. Die Magnetisierung $\mathfrak{M} = \varkappa \mu_0 \mathfrak{H}_h$ ist dann gleichgerichtet mit $\mathfrak{H}_h$ und gleichfalls homogen. Die Frage, ob, wie und mit welcher Körperform diese ideale Feldverteilung hergestellt werden kann, bleibt hier offen, sie wird später in Abschnitt 8 und 11 beantwortet werden. Wir denken uns den magnetisierten Körper eingeteilt in kleine zylindrische Raumelemente $\tau = lf$, deren Deckelflächen $f$ senkrecht zu $M$ stehen. Das magnetische Überschußfeld $M$ kann man sich entstanden denken durch magnetische Pole (Ladungen) von der Stärke

$$p = \pm \mu f, \tag{3.13}$$

mit denen die Deckel und die Böden der Zylinder belegt sind, die also den Abstand $l$ voneinander haben: die zylindrischen Raumteile sind magnetische Dipole, ihr magnetisches Moment ist

$$m = pl = Mfl = M\tau, \tag{3.14}$$

daher ist die Magnetisierung auch das magnetische Moment der als Dipol gedachten Raumeinheit[1].

Selbstverständlich kann man für diese Überlegungen auch von der Magnetisierung $\mathfrak{J} = \mathfrak{M}/\mu_0$ ausgehen und als Definitionen erhalten: für die Polstärke

$$p_{(J)} = \pm Jf, \tag{3.13a}$$

[1] Für gewisse Zwecke hat man auch das magnetische Moment der Masseneinheit definiert, es ist das Verhältnis der Magnetisierung nach unserer Definition zur Dichte der magnetisierten Substanz.

für das magnetische Moment

$$j = p_{(J)}\, l = Jfl = J\tau \,. \tag{3.14a}$$

In (3.13) wäre also genauer zu schreiben $p_{(M)}$ zur Unterscheidung von $p_{(J)}$ in (3.13a). Doch wird der Hilfsbegriff der magnetischen Polstärke wenig in Erscheinung treten. Durch die Magnetisierung $M$ ist das magnetische Moment $m$, durch die Magnetisierung $J = M/\mu_0$ das magnetische Moment $j = m/\mu_0$ definiert, der Unterschied ist rein formaler Art, er erleichtert manche Rechnungen und Vorstellungen.

Ein magnetischer Dipol ist somit eine magnetische Doppelquelle, bestehend aus zwei entgegengesetzt gleich großen magnetischen Ladungen $p$ im Abstand $l$ voneinander, der Vektor $\mathfrak{l}$ soll von $-p$ nach $+\,p$ zeigen. Das Dipolmoment dieser Anordnung ist

$$\mathfrak{m} = p\,\mathfrak{l}\,, \qquad \mathfrak{j} = \mathfrak{m}/\mu_0\,, \tag{3.15}$$

und der Dipol im mathematischen Sinn wird dadurch definiert, daß $l$ unbegrenzt klein, $p$ unbegrenzt groß wird, jedoch so, daß das Produkt $pl$ endlich und gleich $m$ bleibt. Die von dem Dipol in der Entfernung $r$ hervorgebrachte magnetische Feldstärke kann man in eine radiale Komponente $H_r$ und in eine dazu senkrechte Komponente $H_\vartheta$ zerlegen; ihre Größen sind

$$H_r = \frac{2\,m}{\mu_0\, r^3}\cos\vartheta\,, \qquad H_\vartheta = \frac{m}{\mu_0\, r^3}\sin\vartheta\,. \tag{3.15a}$$

In Abb. 3.3 sind diese beiden Komponenten als Pfeile gezeichnet.

Ein tatsächlicher Magnet ist ein ausgedehnter Körper, der selbständiger Träger eines magnetischen Momentes auch ohne fremdes erregendes Feld ist. Häufig ist es nützlich, derartige ausgedehnte Magnete idealisiert als Dipole zu betrachten. Dann müssen entsprechende Integrationen und Mittelwerte eintreten, zum Beispiel für den Polabstand $l$ im Vergleich zur Stablänge $l'$: ungefähr $l/l' = 5/6$.

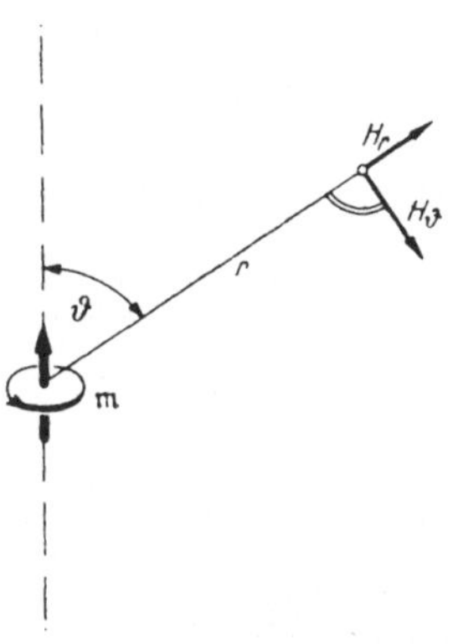

Abb. 3. 3. Das magnetische Feld des Dipols.

Auf eine magnetische Doppelquelle vom Moment $\mathfrak{m}$ wird in einem homogenen magnetischen Feld $\mathfrak{H}_h$ ein Kräftepaar ausgeübt, das ein Drehmoment

$$\mathfrak{D} = [\mathfrak{m}\,\mathfrak{H}_h] \tag{3.16}$$

entwickelt; sein Betrag ist

$$D = m H_h \sin\vartheta\,, \tag{3.16a}$$

wenn $\vartheta$ der zwischen der Dipolachse $l$ und der Richtung des Feldes $\mathfrak{H}_h$ eingeschlossene Winkel ist. $mH_h$ ist also die magnetisch ausgeübte Direktionskraft. Das äußere Feld wirkt richtend auf den Dipol, daher ist die potentielle Energie des Dipolmomentes $\mathfrak{m}$ im Felde $\mathfrak{H}_h$ in der Lage $\vartheta$

$$W' = -m H_h \cos\vartheta\,; \tag{3.17}$$

im ausgerichteten Zustand $\vartheta = 0$ ist der Dipol im stabilen Gleichgewicht.

Auf einen einzelnen magnetischen Pol $p$ wird die verschiebende Kraft $\mathfrak{K} = p\,\mathfrak{H}$ ausgeübt[1].

[1] Man kann das magnetische Moment und die magnetische Polstärke als Hilfsbegriffe ohne tiefere Bedeutung ansehen und daher für diese Größen verschiedene Definitionen in Betracht ziehen, die verschiedene Eigenschaften voraussetzen und zur Folge haben. Vergleiche: *J. Wallot*, Elektrot. Z. 48 (1927) S. 430; *A. Sommerfeld*. Z. techn. Phys. 16 (1935) S. 420, Ann. d. Phys. 36 (1939) S. 336; *Martinez-Palacios*. Phys. Z. 43 (1942) S. 23, mit Bemerkung *Sommerfelds*; *H. Diesselhorst*. Elektrot. Z. 62 (1941) S. 497 und 65 (1944) S. 119.

Wird also der Magnet, der sich im homogenen Feld $H_h$ befindet, in seinem magnetisch neutralen Punkt möglichst reibungslos gelagert, so daß sich seine magnetische Achse in die Richtung des Feldes $\mathfrak{H}_h$ einstellt, und wird er hierauf zu freien Schwingungen angestoßen, so gilt für diese, wenn $\Theta$ das Trägheitsmoment in bezug auf die Drehachse ist:

$$\Theta \frac{d^2 \vartheta}{d t^2} + m H_h \sin\vartheta = 0 \,, \tag{3.16b}$$

kleine Auslenkungen verlaufen daher zeitlich sinusförmig mit einer Schwingungsdauer

$$T = 2\pi \sqrt{\frac{\Theta}{m H_h}} \,. \tag{3.16c}$$

Aus der Beobachtung von $T$ erhält man somit das Produkt von $m$ mit $H_h$. Auf diese Weise bestimmt man zum Beispiel das Produkt des magnetischen Momentes $m$ einer torsionsfrei waagerecht aufgehängten Magnetnadel mit der waagerechten Komponente $H_h$ des Erdfeldes.

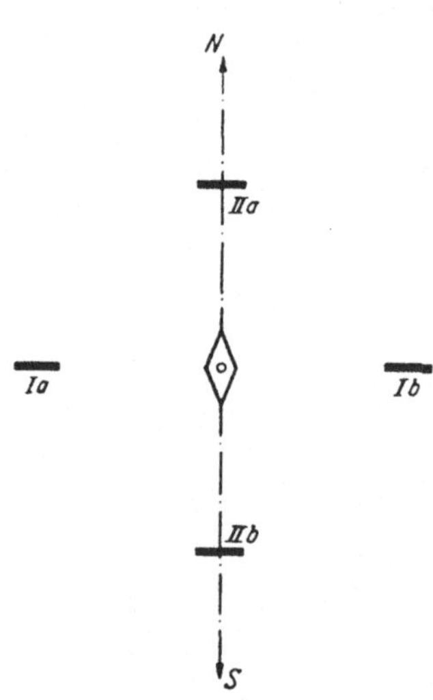

Abb. 3.4. Hauptlagen beim Magnetometer.

Das magnetische Moment $m$ eines Körpers vom Volumen $\tau$, und daher die Magnetisierung $M = m/\tau$, kann auch durch Messungen mit dem Magnetometer gefunden werden.

Das *Magnetometer* dient zur Messung magnetischer Fernwirkungen. Im einfachsten Fall besteht es aus einem Magneten, der torsionsfrei waagerecht aufgehängt ist, sich selbst überlassen also sich in die Richtung der homogenen waagerechten Komponente $H_h$ des magnetischen Erdfeldes einstellt. Ein entfernt aufgestelltes unbekanntes magnetisches Moment bringt am Ort der Magnetometernadel eine Feldstärke (3.15a) hervor, wodurch die Nadel ausgelenkt wird. Der direkt oder durch Kompensation gemessene Auslenkungswinkel ist die Grundlage für die relative oder die absolute Bestimmung der magnetischen Eigenschaften des Meßobjektes[1]. Für die Berechnung sind die in Abb. 3.4 angegebenen ausgezeichneten Stellungen des zu messenden magnetischen Momentes, die zwei „*Gaußschen* Hauptlagen", besonders wichtig. Befindet sich zum Beispiel ein Stabmagnet mit dem unbekannten magnetischen Moment $m$ in der Entfernung $r$ von der Drehachse der Magnetometernadel in der Stellung $I$, so bringt er am Ort der Magnetometernadel nach (3.15a) die Feldstärke $H_m = 2m/r^3 \mu_0$ hervor, die Magnetometernadel wird um den statischen Winkel $\alpha$ ausgelenkt, da sie sich in die Richtung des aus $H_m$ und $H_h$ durch vektorielle Addition resultierenden Feldes einstellt. Es ist

$$\operatorname{tg} \alpha = \frac{H_m}{H_h} = \frac{2m}{H_h r^3 \mu_0} = \frac{2j}{H_h r^3} \,, \tag{3.18}$$

also proportional zu $m/H_h$; aus der Beobachtung der Schwingungsdauer (3.16c) kennt man aber $mH_h$, aus beiden Messungen zusammen also jede dieser beiden Größen einzeln.

[1] Verfeinerung des Instrumentes durch besondere Formgebung des Drehmagneten (Stab, Scheibe, Ring, Glocke), durch Astasierung (Verminderung der erdmagnetischen Direktionskraft) durch Hilfsmagnete oder Stromspule; Doppelanordnung zweier gleicher, entgegengesetzt wirkender Magnete zur Verminderung der Fern- und Nahstörungen; durch besondere Aufstellvorrichtungen für das Meßobjekt u. a. m. — *F. Kohlrausch*, a. a. O. S. 72—83.

Es ist bemerkenswert, daß zwei verschiedene Definitionen der Magnetisierung — als Überschuß der Flußdichte und als magnetisches Moment der Raumeinheit — sich in zwei verschiedenen, typischen Meßverfahren ausprägen. Meßmittel für „geschlossene" magnetische Kreise (Beispiel: Ringspule) sind Strommesser, Probespule, Spannungsstoßmesser, das für „offene" magnetische Kreise (Beispiel: Stabmagnet, Magnetnadel) typische Meßgerät ist das Magnetometer. Geschlossene magnetische Kreise sind heute technisch besonders wichtig, offene magnetische Kreise waren der Anstoß für die Entwicklung der Magnetkunde im vergangenen Jahrhundert. Für beide Anordnungen ist die bewegliche Probespule mit angeschlossenem Spannungsstoßmesser ein geeignetes Meßmittel.

e) Ein magnetisches Feld kann man sich, wie jedes andere Vektorfeld, in Feldröhren zerlegt denken. Sie sind dadurch gekennzeichnet, daß durch ihre Wandungen kein magnetischer Fluß hindurchtritt. Man kann das Feld auch durch Feldlinien veranschaulichen, das sind Linien, die der Richtung des Feldes folgen. Mit beiden Hilfsmitteln kann man zu quantitativen Darstellungen eines Feldes kommen. Wir fragen nach dem Verhalten der Feldröhren oder der Feldlinien an einer Grenzfläche zweier homogener isotroper Körper. Zur Beantwortung stehen zunächst die Sätze über die wirbelfreie Fortsetzung von $\mathfrak{H}$ und die quellenfreie Fortsetzung von $\mathfrak{B}$ zur Verfügung (1.7), (2.8):

$$H_{2t} = H_{1t}, \qquad B_{2n} = B_{1n}. \tag{3.19}$$

Als notwendige dritte Beziehung kommt der neu definierte Zusammenhang (3.5) zwischen $\mathfrak{B}$ und $\mathfrak{H}$ hinzu. Man findet hieraus folgende Darstellung: Bezeichnen $\alpha_1$ und $\alpha_2$ die Winkel, die die Tangenten an die Feldlinien in den beiden Körpern 1 und 2 der Grenzschicht mit dem Lot bilden, so ist

$$\frac{\operatorname{tg}\alpha_2}{\operatorname{tg}\alpha_1} = \frac{\mu_2}{\mu_1} \tag{3.20}$$

das *Brechungsgesetz für die Feldlinien.* Es sei zum Beispiel $\mu_2 > \mu_1$. Dann ist auch $\alpha_2 > \alpha_1$, in Worten: die Feldlinien werden beim Eintritt in die Substanz mit der größeren Permeabilität vom Lot weg gebrochen, sie nähern sich dem Lot beim Eintritt in die Substanz mit der kleineren Permeabilität. Daraus folgt für den Übergang von Luft $L$ in Eisen $E$, da im allgemeinen $\mu_E \gg \mu_L = 1$ ist, daß die Feldlinien im Eisen stark zusammengedrängt werden. Abb. 3. 5. Für diesen Übergang ist in Abb. 3.6 ein Zahlenbeispiel durchgeführt mit dem (vergleichsweise kleinen) Wert $\mu_E = 3{,}3$, bei dem die Zeichnung noch deutlich ist, und der bei Dauer-

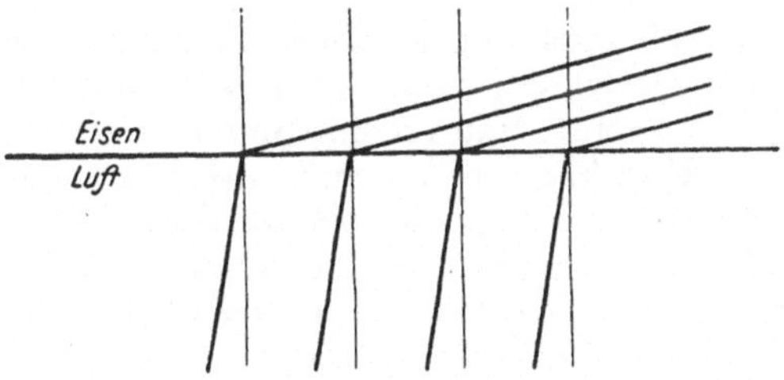

Abb. 3. 5. Übergang des magnetischen Feldes von Luft in Eisen. Zusammendrängung der Feldlinien.

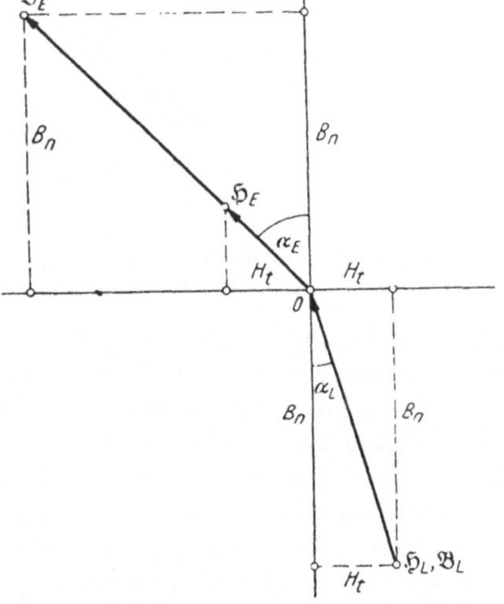


Abb. 3. 6. Übergang der magnetischen Feldlinien. Gegeben: $\mu_E/\mu_L = 3{,}3$, $H_L$, $B_L$, $\alpha_L$.

magnetlegierungen der Größenordnung nach vorkommt. Aus $H_L$, $B_L$, $a_L$ folgt $a_E$, $B_E$, $H_E$.

Die Größenordnungen der Eisenpermeabilitäten sind etwa: $\mu_E = 10^4 ... 10^6$ für Speziallegierungen der Schwachstromtechnik, $\mu_E = 10^3 ... 10^2$ für weiches Eisen, $\mu_E = 10^2 ... 1$ für Dauermagnetlegierungen. Für den Eintritt von Eisen in Luft, wobei $\alpha_E$ und $\mu_E > 1$ gegeben sind, folgt aus

$$\operatorname{tg} \alpha_L = \frac{\operatorname{tg} a_E}{\mu_E} < \operatorname{tg} a_E : \tag{3.21}$$

auch wenn die Feldlinien im Eisen einen beträchtlichen Winkel gegen das Lot bilden, so treten sie in die Luft nahezu normal zur Oberfläche aus, und der Winkel zum Lot in der Luft ist um so spitzer, je größer $\mu_E$ gegenüber eins ist. Ferner: ist $\operatorname{tg} \alpha_E \gg 1$, verlaufen also im Eisen die Feldlinien nahezu parallel zur Oberfläche, so treten sie aus der Oberfläche nur schleifend aus und bilden auch in der Luft einen nicht viel größeren Winkel mit der Tangente an die Grenzfläche; dies gilt, solange nicht $\mu_E$ vergleichbar mit $\operatorname{tg} \alpha_E$ wird. (Zum Beispiel: $\operatorname{tg} \alpha_E = 1000$, $\alpha_E = 90^0$, $\mu_E = 100$ ergeben $\operatorname{tg} \alpha_L = 10$, $\alpha_L = 84^0$.) Entsprechendes wird gefunden, wenn der Übergang des Feldes von Luft nach Eisen untersucht wird ($\alpha_L$ und $\mu_E$ gegeben).

Die drei gezeigten Folgen des Brechungsgesetzes (3.20) bewirken, daß durch weiches Eisen mit verhältnismäßig großer Permeabilität das magnetische Feld zum überwiegenden Teil in vorgeschriebene Bahnen gelenkt werden kann; insofern ist dieses Gesetz grundlegend für die Elektrotechnik. Wie weit dieser Sachverhalt bei den Dauermagnetlegierungen dadurch beeinträchtigt wird, daß deren Permeabilität erheblich kleiner ist, als die weichen, ungesättigten Eisens, kann nur im einzelnen Fall quantitativ nachgeprüft werden. Für magnetisch weiches Eisen, dessen Permeabilität mit wachsender magnetischer Magnetisierung abnimmt, gilt also die Regel: je größer die Magnetisierung ist, um so größer ist auch die magnetische Streuung.

In dem Beispiel Abb. 3.7 ist angenommen, daß das magnetische Feld aus einem Stoff $E$, dessen Permeabilität der Reihe nach $\mu_E = 1, 2, 3, 4, 5$ gesetzt ist, unter konstantem Winkel $a_E$ in die Substanz $L$ mit konstanter Permeabilität

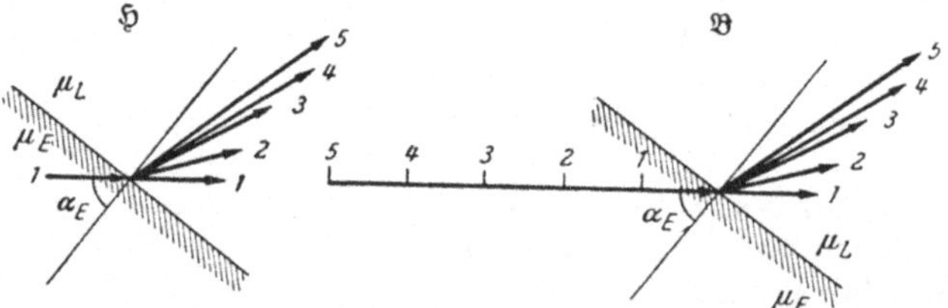


Abb. 3. 7. Brechung von $\mathfrak{H}$ und $\mathfrak{B}$ für $a_E$ = const, $\mathfrak{H}_E$ = const, $\mu_L$ = 1 = const, $\mu_E$ = 1, 2, 3, 4, 5. Stetigkeit der Normalkomponente von $\mathfrak{B}$, der Tangentialkomponente von $\mathfrak{H}$.

$\mu_L = 1$ übergeht. $\mathfrak{H}_E$ ist in jedem Fall gleich groß angenommen, ferner ist die Streckenlänge von $\mathfrak{H}$ und $\mathfrak{B}$ gleich groß gezeichnet, wenn $\mu = 1$ ist. Die beigeschriebenen Zahlen geben den Wert von $\mu_E$ an. Man erkennt unter anderem, wie mit wachsender Permeabilität $\mu_E$ die Feldlinien in der Substanz $L$ mit der kleineren Permeabilität immer stärker zum Lot hin gebrochen werden.

Während die Induktion $\mathfrak{B}$ immer ein quellenfreies Feld ist, können an der Grenzfläche Flächenwirbel der Feldstärke $\mathfrak{H}$ in Gestalt eines Strombelages $\mathfrak{g}$ vorhanden sein, deren Wirkung in (1.8) und (1.9) gezeigt worden ist. Dann wird das Brechungsgesetz an Stelle von (3.19) ausgedrückt durch

$$\left.\begin{aligned} &B_{2n} = B_{1n} = B_n ,\\ &H_{2t} = H_{1t} + g ,\\ &\mathfrak{B}_1 = \mu_1 \mu_0 \mathfrak{H}_1 , \qquad \mathfrak{B}_2 = \mu_2 \mu_0 \mathfrak{H}_2 . \end{aligned}\right\} \tag{3.22}$$

Daraus folgt zum Beispiel

$$B_{2t} = \frac{\mu_2}{\mu_1} B_{1t} + \mu_2 \mu_0 g, \qquad H_{2n} = \frac{\mu_1}{\mu_2} H_{1n}. \tag{3.23}$$

Der Brechungswinkel wird gegenüber dem wirbelfreien Fall (3.20) je nach der Richtung des Strombelages vergrößert oder verkleinert, wie zu (1.9) gesagt wurde. Bei großen Einfallswinkeln und kleinen Werten der Induktion kann der Einfluß eines Strombelages sehr bedeutend werden.

f) Das Induktionsgesetz (2.5) ermöglicht einige Aussagen über die *Energieverhältnisse.* Wir wenden es auf das geschlossene, homogene Feld der mit $z$ Windungen dicht bewickelten Ringspule an, also auf die in Abb. 3.1 gezeigte Anordnung, von der Voraussetzung ausgehend, daß ein zeitlich veränderlicher elektrischer Strom fließt, der den Augenblickswert $i$ hat; ferner sei $R$ der gesamte Widerstand des elektrischen Kreises, $u_e$ die elektromotorische Kraft der Stromquelle. Der Ringraum (Querschnitt $f$, Länge der Leitlinie $l$, Volumen $fl$) sei mit einer magnetisierbaren Substanz ausgefüllt. Für diese Anordnung sagt das Induktionsgesetz (2.5) aus, daß der magnetische Schwund gleich ist der elektrischen Spannung, diese genommen von einem beliebigen Punkte des Stromkreises ausgehend diesem entlang bis zum Ausgangspunkt zurück. Diese Umlaufspannung ist in jedem Augenblick $Ri - u_e$, daher ist

$$Ri - u_e = -\frac{d\Phi}{dt}. \tag{3.24}$$

In jeder Zeitspanne $dt$ liefert die Stromquelle die Energie $u_e i\,dt$, daher ist auch

$$u_e\, i\,dt - Ri^2 dt = i\,d\Phi. \tag{3.25}$$

Es ist aber $Ri^2 dt$ die während $dt$ verlorene Menge *Joule*scher Wärme, daher sagt (3.25) aus: im veränderlichen Zustand übertrifft die elektrisch zugeführte Energie die Stromwärme um den Betrag $i\,d\Phi$. Dieser Betrag kann nur als Zuwachs an Energie des magnetischen Feldes gedeutet werden, da mechanische Arbeit und Formänderungen ausgeschlossen und alle anderen Energiebewegungen berücksichtigt worden sind. Im Raum des magnetischen Feldes ist daher die *Energie* aufgespeichert

$$W_m = \int_0^{\Phi} i\,d\Phi, \tag{3.26}$$

wenn anfänglich $\Phi = 0$ war und durch den Wert $\Phi$ der Endzustand gekennzeichnet ist. Für das homogene Feld der Ringspule ist aber $i = Hl/z$ nach (1.1) und $\Phi = zfB$ nach (2.3) (denn der Fluß durchsetzt $z$ Windungen), daher ist

$$W_m = \int_0^{\Phi} i\,d\Phi = fl \int_0^{B} H\,dB. \tag{3.27}$$

Diese Beziehung kann man so auslegen: in jedem Element des felderfüllten Raumes ist Energie aufgespeichert, die *räumliche Dichte der Energie* ist

$$\frac{W_m}{\tau} = w_m = \int_0^{B} H\,dB, \tag{3.28}$$

wenn $B$ die im vorher feldlosen Raumelement herrschende Flußdichte ist. — Dieser Gedankengang, bei dem von einem ausgedehnten Raum auf seine Elemente geschlossen wird, ist nicht zwingend. Eine bessere Beweisführung muß von den Differentialformen des Induktions- und des Durchflutungsgesetzes ausgehen, die über jedes Raum*element* Aussagen machen. Sie führt[1] gleichfalls auf die Beziehung (3.28), auch für nicht homogene Felder.

Zur Ausführung der Integration muß man also $H$ als Funktion von $B$ kennen. Bisher hatten wir nur die Proportionalität

$$H = \frac{B}{\mu \mu_0}; \qquad \mu = \text{const}_H \tag{3.29}$$

kennen gelernt. Nur unter dieser Voraussetzung gilt auch

$$w = \frac{B^2}{2 \mu \mu_0} \tag{3.30}$$

als Integration von (3.28), oder auch, indem man (3.29) nochmals einsetzt

$$w = \frac{\mu \mu_0 H^2}{2} = \frac{H B}{2}. \tag{3.31}$$

Bei den eisenartigen (ferromagnetischen) Stoffen ist der Zusammenhang zwischen $H$ und $B$ nicht so einfach, in bestimmten Fällen ist er nicht einmal eindeutig. Die Beziehung (3.28) behält dann einen auf den besonderen Fall eingeschränkten Sinn, wenn der Zusammenhang zwischen $H$ und $B$ gegeben und seine Bedeutung erklärt ist, wenn, wie man sagt, die besondere „Magnetisierungskurve“ definiert ist. Gerade bei den Dauermagneten werden wir so vorzugehen haben. Wir müssen also erwarten, daß für sie die Formen (3.30, 31) nicht zutreffen.

Führen wir in (3.28) die Magnetisierung durch ihre Definitionsgleichung (3.11) ein

$$B_E = \mu_0 H_E + M,$$

und betrachten zunächst einen geschlossenen magnetischen Kreis, zum Beispiel die mit der magnetisierbaren Substanz $E$ ganz ausgefüllte Ringspule, so stimmt hierfür die Erregung $H_E$ überein mit der Erregung $H_0$, die bei fehlender Substanz im magnetischen Feldraum vorhanden ist: $H_E = H_0$; daher wird (3.28)

$$w = \frac{\mu_0 H_0^2}{2} + \int_0^M H_E \, dM. \tag{3.32}$$

Der zweite Posten ist nicht vorhanden, wenn das magnetisierte Volumen ohne Substanz ist, er stellt daher den Teil der Energiedichte dar, der der magnetisierten Substanz eigentümlich ist: für diesen Teil kommt es also auf den Zusammenhang an zwischen der mit Substanz vorhandenen Erregung $H_E$ und der Magnetisierung $M$ im magnetisierten Körper. — Für einen offenen magnetischen Kreis hatten wir in c) vorausgreifend bemerkt, daß $H_E$ und $H_0$ einander nicht gleich sind, daß man vielmehr mit (3.12) schreiben kann $H_E = H_0 - JN$. Eine genauere Untersuchung zeigt, daß auch für diese Anordnung die Beziehung (3.32) Gültigkeit behält.

## 4. Maßsysteme, Formen der Gleichungen, Einheiten, Umrechnungen.

Auch heute noch stört in der Magnetkunde die Verschiedenheit der Ausdrucksweisen, wie sie in den verschiedenen, nebeneinander angewandten Formen der Gleichungen und Größen der Einheiten zutage tritt. Zudem steht man der älteren Literatur hilflos gegenüber, wenn man ihre Gleichungen und Einheiten nicht in diejenigen übersetzen kann, die man selbst zu benutzen wünscht. Wir werden daher hier die erforderlichen Beziehungen zusammenstellen, jedoch rein formal, ohne uns um den begrifflichen und historischen Werdegang der Einheiten und der Formen der Gleichungen zu kümmern.

[1] Zum Beispiel: Elektrodynamik, S. 84.

**a)** In den bisher von uns angeführten Begriffsbestimmungen und Meßverfahren der magnetischen Größen sind *vier* voneinander verschiedene, unabhängige Grundeinheiten vorgekommen: die Stromeinheit Ampere (A), die Spannungseinheit Volt (V), die Längeneinheit Zentimeter (cm) oder Meter (m), die Zeiteinheit Sekunde (s). Auf ihnen baut sich das *praktische Maßsystem* auf. In der Tafel 4.I sind die bisher aufgetretenen Größen zusammengefaßt.

Tafel 4.I. *Praktisches Maßsystem.*

| Größe | Zeichen | Einheit | Erklärende Gleichung |
|---|---|---|---|
| el. Strom | $i, I$ | A | |
| el. Spannung | $u, U$ | V | |
| m. Feldstärke (Erregung) | $H$ | A/cm = $10^2$ A/m | (1.1,4) |
| m. Induktion (Flußdichte) | $B$ | Vs/cm$^2$ = $10^4$ Vs/m$^2$ = $10^5$ mVs/dm$^2$ | (2.2,4) |
| m. Spannung | $Hl$ | A | (1.6) |
| m. Energiedichte | $HB/2$ | VAs/cm$^3$ = $10^6$ VAs/m$^3$ = $10^3$ mVAs/cm$^3$ = $10^5$ VAs/dm$^3$ | (3.28,31) |
| m. Fluß | $\Phi$ | Vs | (2.3,4) |
| Magnetisierung | $M$ | Vs/cm$^2$ = $10^4$ Vs/m$^2$ | (3.4,10) |
| Magnetisierung | $J$ | A/cm = $10^2$ A/m | (3.8) |
| m. Moment | $m$ | Vscm = $10^{-2}$ Vsm | (3.14) |
| m. Polstärke | $p$ | Vs | (3.13) |
| m. Moment | $j$ | Acm$^2$ = $10^{-4}$ Am$^2$ | (3.14a) |
| m. Polstärke | $p(J)$ | Acm = $10^{-2}$ Am | (3.13a) |
| m. Konstante (Induktionskonstante) | $\mu_0$ | Vs/Acm = $10^2$ Vs/Am | (3.1) |
| Permeabilität | $\mu$ | unbenannte Zahl | (3.3) |
| m. Suszeptibilität | $\varkappa$ | unbenannte Zahl | (3.9) |
| Entmagnetisierungsfaktor | $N$ | unbenannte Zahl | (3.12) |

Völlige Übereinstimmung herrscht gegenwärtig über die Größen der Einheiten cm und s. Über die Einheiten A und V sind zwei verschiedene Auffassungen möglich. Jedoch treten die Unterschiede beider nur in Erscheinung, wenn man mit größerer Genauigkeit als $10^{-4}$ rechnen muß, was in der Magnetkunde kaum jemals notwendig ist. Es sind voneinander verschieden die „absoluten" Einheiten, die dem ursprünglichen technischen Maßsystem zugehören, und die „internationalen" Einheiten, die durch vereinbarte Verkörperungen definiert sind (Ampere: Silberelektrolyse; Ohm: Quecksilberfaden; Volt: Ohmsches Gesetz; sekundär: Normalelement). Als derzeit beste Zahlenwerte gelten[1]:

$$\frac{1\text{ int. Ampere}}{1\text{ abs. Ampere}} = q = 0{,}99985\,, \tag{4.1}$$

$$\frac{1\text{ int. Volt}}{1\text{ abs. Volt}} = pq = 1{,}00034\,. \tag{4.2}$$

$$p = 1{,}00049\,.$$

Für die internationalen Einheiten gilt

$$1\text{ int. Ampere}\cdot 1\text{ int. Volt}\cdot 1\text{ sec} = pq^2\cdot 10^7\text{ erg} = 1\text{ int. Joule},\ pq^2 = 1{,}00019\,. \tag{4.3}$$

Für die absoluten Einheiten dagegen gilt definitionsmäßig

$$1\text{ abs. Ampere}\cdot 1\text{ abs. Volt}\cdot 1\text{ sec} = 10^7\text{ erg} \equiv 1\text{ abs. Joule}\,. \tag{4.4}$$

[1] *W. Koesters*, Arch. f. Elektrot. 39 (1948) S. 184; *U. Stille*, Arch. f. Elektrot. 39 (1948) S. 150.

**b)** Die sogenannten absoluten cgs-Maßsysteme sind auf den drei unabhängigen Grundeinheiten 1 cm für die Länge, 1 g für die Masse, 1 s für die Zeit aufgebaut, ihre Energieeinheit ist

$$1\,\text{erg} \equiv 1\,\text{dyn cm} \equiv 1\,\text{cm}^2\,\text{g}\,\text{s}^{-2}. \tag{4.5}$$

In diesen Einheitensätzen spielt der Zahlenwert der Lichtgeschwindigkeit im Vakuum, gemessen in cm/s, eine Rolle, also die (unbenannte) Zahl $c = 2{,}9978 \cdot 10^{10}$. Man unterscheidet voneinander die ursprünglichen, nicht rationalen und die rationalen cgs-Einheiten. Wir erleichtern die Darstellung dadurch wesentlich, daß wir hier die rationalen cgs-Einheiten außer acht lassen. Die folgenden Aussagen beziehen sich also auf die ursprünglichen, nicht rationalen cgs-Einheiten und die zu diesen gehörenden Formen der Gleichungen.

**c)** Das *elektrostatische cgs-System* findet sich in wichtigen Darstellungen besonders des vergangenen Jahrhunderts angewendet. Es ist

1 elektrostatische cgs-Einheit des elektrischen Stromes,
abgekürzt $1[i]_{es} = 1\,\frac{\text{cm}}{s}\sqrt{\text{dyn}\cdot 4\pi\varepsilon_0}$,
1 elektrostatische cgs-Einheit der elektrischen Spannung,
abgekürzt $1[u]_{es} = 1\sqrt{\text{dyn}\cdot 4\pi\varepsilon_0}$. (4.6)[1]

Die elektrostatischen cgs-Einheiten der magnetischen Größen ergeben sich vermittels der Beziehungen

$$\left.\begin{aligned} 1\,[i]_{es}\cdot\frac{c}{10} &= 1\,\text{abs.A} = 1\,\text{int.A}/q \\ 1\,[u]_{es}\cdot\frac{10^8}{c} &= 1\,\text{abs.V} = 1\,\text{int.V}/pq \end{aligned}\right\} \tag{4.7}$$

aus der dritten Spalte der Tafel 4.I.

**d)** Das *elektromagnetische cgs-System* hat größere Bedeutung. Erstens sind die ihm zugehörenden Einheiten der magnetischen Größen gleich mit den Einheiten der magnetischen Größen für das sogenannte *Gauß*sche *Maßsystem*, das besonders in Abhandlungen, Lehr- und Handbüchern der theoretischen Physik bis in die Gegenwart gerne benutzt wird. Zweitens ist aus ihm in einfacher, sogleich (e) zu zeigender Weise das *ursprüngliche technische Maßsystem* hervorgegangen, das die gesamte ältere elektrotechnische Literatur beherrscht. Es ist hier

1 elektromagnetische cgs-Einheit des elektrischen Stromes,
abgekürzt $1\,[i]_{em} = 1\sqrt{\text{dyn}\cdot 4\pi/\mu_0}$,
1 elektromagnetische cgs-Einheit der elektrischen Spannung,
abgekürzt $1\,[u]_{em} = 1\,\frac{\text{cm}}{\text{s}}\sqrt{\text{dyn}\cdot\mu_0/4\pi}$. (4.8)

Die elektromagnetischen cgs-Einheiten der magnetischen Größen ergeben sich mit den Beziehungen

$$\begin{aligned} 1[i]_{em}\cdot\frac{1}{10} &= 1\,\text{abs. A} = 1\,\text{int. A}/q, \\ 1[u]_{em}\cdot 10^8 &= 1\,\text{abs. V} = 1\,\text{int. V}/p\,q \end{aligned} \tag{4.9}$$

aus der dritten Spalte der Tafel 4.I.

**e)** Das *ursprüngliche technische (absolute) Maßsystem* ist ein Satz von Einheiten, die bequeme Vielfache und Teile elektromagnetischer cgs-Einheiten sind und vereinbarte Namen tragen. In der folgenden Zusammenstellung (4.10) bedeutet $[X]_{em}$ die elektromagnetische cgs-Einheit der Größe $X$, das Fußzeichen $a$ bedeutet: absolute Einheit (abgekürzt abs.).

---

[1] $\varepsilon_0$ ist die elektrische Konstante (Influenzkonstante).

| Einheit für | | | | |
|---|---|---|---|---|
| Stromstärke $i$ | 1 abs. Ampere | $= 1\ A_a$ | $= 10^{-1}\,[i]_{em}$, | |
| Spannung $u$ | 1 abs. Volt | $= 1\ V_a$ | $= 10^{8}\ [u]_{em}$, | |
| Widerstand $R$ | 1 abs. Ohm | $= 1\ \Omega_a$ | $= 10^{9}\ [R]_{em}$ | $= 1\ V_a/A_a$, |
| Energie $W$ | 1 abs. Joule | $= 1\ J_a$ | $= 10^{7}\ [W]_{em}$ | $= 1\ V_a A_a s$, |
| Leistung $N$ | 1 abs. Watt | $= 1\ W_a$ | $= 10^{7}\ [N]_{em}$ | $= 1\ V_a A_a$, |
| Induktivität $L$ | 1 abs. Henry | $= 1\ H_a$ | $= 10^{9}\ [L]_{em}$ | $= 1\ \Omega_a s$, |
| Kapazität $C$ | 1 abs. Farad | $= 1\ F_a$ | $= 10^{-9}\,[C]_{em}$ | $= 1\ s/\Omega_a$, |
| magn. Feldstärke $H$ | 1 Örsted | $= \frac{10}{4\pi}\frac{A_a}{cm}$, | | |
| magn. Induktion $B$ | 1 Gauß | $= 10^{-8}\frac{V_a s}{cm^2}$, | | |
| magn. Spannung $V$ | 1 Gilbert | $= \frac{10}{4\pi} A_a$. | | |
| magn. Ind.-fluß $\Phi$ | 1 Maxwell | $= 10^{-8}\ V_a s$. | | |

(4.10)

Es liegt ein Beschluß der maßgebenden internationalen Körperschaften vor, nach welchem vom 1. Januar 1948 an für alle Messungen in Wissenschaft und Industrie die bisherigen internationalen elektrischen Einheiten durch das System der absoluten elektrischen Einheiten zu ersetzen sind[1].

Der Unterschied in den Größen der „internationalen" und der „absoluten" Einheiten für Strom, Spannung, ihr Verhältnis und ihr Produkt (4.1...5) ist so gering ($10^{-4}$), daß er für die Magnetkunde in der überwiegenden Mehrzahl der Fälle ohne Bedeutung bleibt. Wir können daher weiterhin die Unterscheidung unbeachtet lassen. Wir schreiben also zum Beispiel ebenso, wie schon in Tafel 4.1, künftig A und V für Ampere und Volt, ohne Bezugnahme auf die Festsetzung der Einheiten.

Wir stellen die folgenden wichtigeren Beziehungen zusammen:

$$\left.\begin{aligned} 1\,\text{Ö} &= \frac{10}{4\pi}\frac{\text{A}}{\text{cm}} = 0{,}7958\,\frac{\text{A}}{\text{cm}}, \\ 1\,\text{G} &= 10^{-8}\,\frac{\text{Vs}}{\text{cm}^2},\quad 1\,\text{kG} = 10^3\,\text{G} = 1\,\frac{\text{mVs}}{\text{dm}^2}. \\ 1\,\text{GÖ} &= \frac{10^{-7}}{4\pi}\frac{\text{VAs}}{\text{cm}^3} = \frac{10^{-7}}{4\pi}\frac{\text{Ws}}{\text{cm}^3} = \frac{1}{4\pi}\frac{\text{erg}}{\text{cm}^3}. \\ 1\,\text{MGÖ} &= 10^6\,\text{GÖ} = 7{,}958\,\frac{\text{mWs}}{\text{cm}^3} = 7{,}958\,\frac{\text{Ws}}{\text{dm}^3}. \end{aligned}\right\} \quad (4.11)$$

$$\left.\begin{aligned} \mu_0 &= 1\,\frac{\text{G}}{\text{Ö}} = \frac{4\pi}{10^9}\frac{\text{Vs}}{\text{A cm}} = \frac{4\pi}{10^9 p}\frac{\text{int.Vs}}{\text{int.A cm}} \\ &= \frac{4\pi}{10}\frac{\text{G}}{\text{A/cm}} = \frac{4\pi}{10^9}\frac{\Omega\text{s}}{\text{cm}} = \frac{4\pi}{10^9}\frac{\text{J/cm}}{\text{A}^2}; \\ & 4\pi = 12{,}566.\quad 4\pi/p = 12{,}560 \end{aligned}\right\} \quad (4.12)$$

$$\left.\begin{aligned} 1\,\text{VAs} &= 1\,\text{Ws} = 1\,\text{J} \equiv 10^7\,\text{erg} = 10^7\,\text{dyn cm} \\ &= 0{,}10197\,\text{m kg}_f = 0{,}2389\,\text{cal}_{15^\circ}. \end{aligned}\right\} \quad (4.13)$$

Mit $kg_f$ ist das Gewicht der Masse 1 $kg_i$ beim Normwert der spezifischen Schwere (Erdbeschleunigung) bezeichnet: 1 $kg_f$ = 1 $kg_i$ . 9,8066 $ms^{-2}$ = 9.8066 . $10^5$ dyn. Für 1 $kg_f$ findet man auch die Bezeichnung 1 kilopond kp.

[1] *W. Koesters*, Arch. f. Elektrot. 39 (1948) S. 184.

**f)** Zu den verschiedenen Maßsystemen gehören verschiedene Formen (Schreibweisen) der Gleichungen, also der Beziehungen der magnetischen Größen untereinander. Sie sind in Tafel 4.II zusammengestellt. In ihr bedeuten die Formelzeichen ausnahmslos Zahlenwerte, also unbenannte Zahlen.

Mit der Schreibweise des elektromagnetischen cgs-Systemes stimmt hinsichtlich der Gleichungen der magnetischen Größen die Form des *Gaußschen* Systemes überein, doch hat in diesem das Durchflutungsgesetz die Form $\oint \mathfrak{H}\, d\mathfrak{r} = \frac{4\pi}{c} \Sigma i$.

Tafel 4.II. *Schreibweisen (Formen) der Gleichungen*

| für die praktischen Maßsysteme (cm oder m, s, abs. A und abs. V oder int. A und int. V) | für das elektrostatische cgs-Maßsystem (cm, g, s; (4.6)). | für das elektromagnetische cgs-Maßsystem (cm, g, s; (4.8)). | |
|---|---|---|---|
| $\oint \mathfrak{H}\, d\mathfrak{r} = \Sigma i$ | $\oint \mathfrak{H}\, d\mathfrak{r} = 4\pi \Sigma i$ | $\oint \mathfrak{H}\, d\mathfrak{r} = 4\pi \Sigma i$ | (4. II. 1) |
| $\Phi = \int \mathfrak{B}\, d\mathfrak{f}$ | $\Phi = \int \mathfrak{B}\, d\mathfrak{f}$ | $\Phi = \int \mathfrak{B}\, d\mathfrak{f}$ | (4. II. 2) |
| $\mathfrak{B}_0 = \mu_0 \mathfrak{H}$ | $\mathfrak{B}_0 = \mathfrak{H}/c^2$ | $\mathfrak{B}_0 = \mathfrak{H}$ | (— — 3) |
| $\mathfrak{B} = \mu \cdot \mu_0 \mathfrak{H}$ | $\mathfrak{B} = \mu \mathfrak{H}/c^2$ | $\mathfrak{B} = \mu \mathfrak{H}$ | (— — 4) |
| $\mathfrak{M} = \mathfrak{B} - \mu_0 \mathfrak{H}$ | $4\pi \mathfrak{M} = \mathfrak{B} - \mathfrak{H}/c^2$ | $4\pi \mathfrak{M} = \mathfrak{B} - \mathfrak{H}$ | (— — 5) |
| $\mathfrak{M} = \varkappa \cdot \mu_0 \mathfrak{H}$ | $\mathfrak{M} = \varkappa \mathfrak{B}_0 = \frac{\mu - 1}{4\pi} \cdot \frac{\mathfrak{H}}{c^2}$ | $\mathfrak{M} = \varkappa \mathfrak{B}_0 = \varkappa \mathfrak{H} = \frac{\mu - 1}{4\pi} \mathfrak{H}$ | (— — 6) |
| $\mathfrak{J} = \frac{\mathfrak{B}}{\mu_0} - \mathfrak{H}$ | $\frac{4\pi}{c^2} \mathfrak{J} = \mathfrak{B} - \mathfrak{H}/c^2$ | $4\pi \mathfrak{J} = \mathfrak{B} - \mathfrak{H}$ | (— — 7) |
| $\mathfrak{J} = \frac{\mathfrak{M}}{\mu_0}$ | $\mathfrak{J} = \mathfrak{M} c^2$ | $\mathfrak{J} = \mathfrak{M}$ | (— — 8) |
| $\mathfrak{m} = \int_\tau \mathfrak{M} \cdot d\tau = p\mathfrak{l}$ | $\mathfrak{m} = \int_\tau \mathfrak{M} \cdot d\tau = p\mathfrak{l}$ | $\mathfrak{m} = \int_\tau \mathfrak{M}\, d\tau = p\mathfrak{l}$ | (— — 9) |
| $\mathfrak{j} = \frac{\mathfrak{m}}{\mu_0} = \int_\tau \mathfrak{J}\, d\tau = p_{(J)}\mathfrak{l}$ | $\mathfrak{j} = \int_\tau \mathfrak{J}\, d\tau = p_{(J)}\mathfrak{l}$ | $\mathfrak{j} = \int_\tau \mathfrak{J}\, d\tau = p\mathfrak{l}$ | (— — 10) |
| $N = \mu_0 \frac{H_0 - H_m}{M}$ | $N = \frac{1}{c^2} \frac{H_0 - H_m}{M}$ | $N = \frac{H_0 - H_m}{M}$ | (— — 11) |
| $N = \frac{H_0 - H_m}{J}$ | $N = \frac{H_0 - H_m}{J}$ | $N = \frac{H_0 - H_m}{J}$ | (— — 12) |
| $w = \frac{1}{2} \mathfrak{H} \mathfrak{B}$ | $w = \frac{1}{8\pi} \mathfrak{H} \mathfrak{B}$ | $w = \frac{1}{8\pi} \mathfrak{H} \mathfrak{B}$ | (— — 13) |
| $V = \int \mathfrak{H}\, d\mathfrak{r}$ | $V = \int \mathfrak{H}\, d\mathfrak{r}$ | $V = \int \mathfrak{H}\, d\mathfrak{r}$ | (— — 14) |

**g)** In der Tafel 4.III sind Umrechnungen für die Zahlenwerte der wichtigeren Größen gegeben. In ihr bedeuten somit die Formelzeichen ausnahmslos unbenannte Zahlen. Die Fußzeichen *es*, *em*, *pr* bezeichnen den Zahlenwert der gezeichneten Größe in bezug auf das elektrostatische, auf das elektromagnetische und auf das praktische System. Für dieses sind s, cm, abs. A, abs. V als Grundeinheiten angenommen, hauptsächlich deshalb, weil mit diesen Grundeinheiten die Umrechnungsfaktoren einfache Gestalten annehmen. Man kann nach Bedarf in ihnen ersetzen 1 cm $= 10^{-2}$ m, 1 abs. A $=$ 1 int.A$/q$, 1 abs. V $=$ 1 int.V$/pq$ — und entsprechend, wenn noch andere Grundeinheiten eingeführt und benutzt werden sollten.

In älteren Tafeln und Tabellenwerken werden fast überall die Zahlenwerte von $\varkappa_{em} = \varkappa_{pr} / 4\pi$ und $N_{em} = N_{pr} \cdot 4\pi$ angeführt.

**i)** Zu den Einheiten der magnetischen Größen und zu ihrem Gebrauch läßt sich sagen: Grundlagen der praktischen Messungen sind gegenwärtig immer die Ablesungen an Amperemetern, Amperesekundenmetern, Voltmetern, Voltsekun-

Tafel 4.III. *Umrechnung der Zahlenwerte magnetischer Größen, elektrostatisch (es), elektromagnetisch (em) und praktisch (pr) ausgedrückt.*

| | |
|---|---|
| (4. III. 1) | $i_{es} \cdot \frac{10}{c} = i_{em} \cdot 10 = i_{pr}$ in A |
| (4. III. 2) | $u_{es} \cdot c\, 10^{-8} = u_{em} \cdot 10^{-8} = u_{pr}$ in V |
| (— — 3) | $H_{es} \cdot \frac{10}{4\pi c} = H_{em} \cdot \frac{10}{4\pi} = H_{pr}$ in A/cm |
| (— — 4) | $\Phi_{es} \cdot c\, 10^{-8} = \Phi_{em} \cdot 10^{-8} = \Phi_{pr}$ in Vs |
| (— — 5) | $B_{es} \cdot c 10^{-8} = B_{em} \cdot 10^{-8} = B_{pr}$ in Vs/cm² |
| (— — 6) | $M_{es} \cdot 4\pi c\, 10^{-8} = M_{em} \cdot 4\pi 10^{-8} = M_{pr}$ in Vs/cm² |
| (— — 7) | $J_{es} \cdot \frac{10}{c} = J_{em} \cdot 10 = J_{pr}$ in A/cm |
| (— — 8) | $m_{es} \cdot 4\pi c 10^{-8} = m_{em} \cdot 4\pi 10^{-8} = m_{pr}$ in Vs cm |
| (— — 9) | $p_{es} \cdot 4\pi c 10^{-8} = p_{em} \cdot 4\pi 10^{-8} = m_{pr}$ in Vs |
| (— — 10) | $j_{es} \cdot \frac{10}{c} = j_{em} \cdot 10 = j_{pr}$ in A cm² |
| (— — 11) | $p_{(J)es} \cdot \frac{10}{c} = p_{(J)em} \cdot 10 = p_{(J)pr}$ in A cm |
| (— — 12) | $\bar{\mu}_{es} \cdot 4\pi c^2\, 10^{-9} = \bar{\mu}_{em} \cdot 4\pi\, 10^{-9} = \bar{\mu}_{pr}$ in Vs/A cm |
| (— — 13) | $\varkappa_{es} \cdot 4\pi = \varkappa_{em} \cdot 4\pi = \varkappa_{pr}$ |
| (— — 14) | $N_{es} \cdot \frac{1}{4\pi} = N_{em} \cdot \frac{1}{4\pi} = N_{pr}$ |
| (— — 15) | $(HB)_{es} \cdot \frac{10^{-7}}{4\pi} = (HB)_{em} \cdot \frac{10^{-7}}{4\pi} = (HB)_{pr}$ in VAs/cm³ |

denmetern. Es ist zweifellos eine berechtigte Forderung für Einfachheit und Klarheit der Darstellung, daß experimentelle Ergebnisse zunächst eindeutig so angegeben werden sollen, wie sie gemessen wurden, und daß sie nicht durch Umrechnungen auf andere Größen in anderen Maßsystemen abgeändert werden sollen. Hält man diesen Grundsatz für richtig, so muß man für die magnetische Feldstärke der praktischen Einheit 1 A/cm den Vorrang vor der irrationalen Einheit 1 Ö geben, wenn man die Feldstärke mit Hilfe von Strommessern bestimmt, die in Ampere und nicht in Örstedzentimetern geeicht sind. Vor der praktischen Feldstärkeeinheit 1 A/cm hat die Einheit 1 Örsted nichts voraus, da beide vergleichbare Größen haben: 1 Ö $\approx$ 0,796 A/cm. Die Induktionseinheit 1 Gauß ist für die Darstellungen der Magnetkunde eine meist viel zu kleine, dagegen 1 Vs/cm² eine zu große Einheit; bequem und anschaulich sind die Einheiten 1 mVs/dm² = 1 kG für die Induktion und 1 mWs/cm³ = 1 Ws/dm³ für die Energiedichte und das Produkt $BH$. Für Energiedichte und Produkt $BH$ führen G und Ö auf das seltsame Energiemaß 1 Gauß · 1 Oersted $= \frac{1}{4\pi} \frac{\text{erg}}{\text{cm}^3}$, das weder zu den praktischen, noch zu den cgs-Einheiten paßt und einzig an dieser Stelle und sonst nirgends in Physik und Technik vorkommt. Zahlreiche nicht rationale Größendefinitionen, Einheiten und Gleichungenformen belasten Rechnung und Gedächtnis stärker als die entsprechenden rationalen. Ein treffendes Urteil hierüber hat G. *Mie* ausgesprochen[1].

[1] G. *Mie*, Elektrodynamik. Bd. 11/1 des Handbuches der Experimentalphysik, herausgegeben von *Wien* und *Harms*. Leipzig 1932, S. 162: „Vielfach ist es üblich, nicht den Wert $\mu - 1$, sondern statt dessen $(\mu - 1)/4\pi$ als Suszeptibilität $\varkappa$ zu definieren, so daß $\mu = 1 + 4\pi\varkappa$ ist. Man ist versucht, sich zu fragen, ob diese Definition der Suszeptibilität vielleicht auf eine eigentümliche, dem Physiker innewohnende Neigung zum zahlenmäßigen Rechnen

# B. Magnetische Eigenschaften der Stoffe, besonders der eisenartigen: Beschreibung, Messung, Deutungen, Folgerungen und Anwendungen.

## 5. Die Identität von Elementarmagnet und Elementarstrom.

Wir erinnern uns der in Abschnitt 3b gegebenen Definition (3. 15) des Elementarmagneten und der Beschreibung des von ihm hervorgebrachten magnetischen Feldes (3. 15a). Wir denken uns einen solchen angenähert verwirklicht durch einen kleinen zylindrischen (niedrigen dosenförmigen) Magneten von der Höhe $l$ und der Bodenfläche $f$. Deckel und Boden sollen gleichmäßig mit magnetischer Ladung $p$ belegt sein, deren Flächendichte nach (3. 13) $p/f = M$ ist. Das magnetische Moment ist dann nach (3. 14)

$$\mathfrak{m}_{Magnet} = l M f \mathfrak{n} \quad \text{oder} \quad \mathfrak{j}_{Magnet} = l J f \mathfrak{n}\,, \tag{5. 1}$$

wenn $l\mathfrak{n}$ der von $+p$ nach $-p$ weisende Vektor ist. Nach den dort angegebenen Verfahren können wir dieses magnetische Moment $m$ und daher $M$ messen. In größerer Entfernung $r$ finden wir die in (3. 15a) ausgesprochene Struktur des magnetischen Feldes durch Messungen bestätigt. Wir betrachten nun zweitens eine kleine zylindrische (niedrige dosenförmige) Spule, deren $z$ die Zylinderwandung umschließende Windungen von einem Gleichstrom $i$ durchflossen sind. Sie soll die gleichen Abmessungen $l$ und $f$ haben wie der Magnet im ersten Versuch. Wir messen das von ihr hervorgebrachte magnetische Feld $\mathfrak{H}$ in weiterer Entfernung $r$ aus und finden erstens, daß überall $H$ proportional zu $z i$ ist, zweitens, daß das Feld $\mathfrak{H}$ genau die Struktur hat, die durch (3. 15a) beschrieben wird: Wir dürfen daher die Stromspule offenbar auffassen als einen Magneten, dessen Moment proportional zu $zif$ ist; wir setzen demnach

$$\mathfrak{j}_{Strom} = z i f \mathfrak{n}\,. \tag{5. 2}$$

Schließlich gilt noch: in jedem Raumpunkt stimmen nicht nur die Richtungen des vom Magneten und des von der Stromspule erregten Feldes miteinander überein, und die Beträge sind zueinander proportional, sondern die beiden Felder werden einander gleich, wenn die Gleichheit besteht

$$z i = l J. \tag{5. 3}$$

Nun können wir aber

$$g = \frac{z i}{l} \tag{5. 4}$$

idealisierend auffassen als einen Flächenstrom, der die Zylinderwandung umkreist. Stromspule und Magnet können also hinsichtlich des hervorgebrachten magnetischen Feldes im Außenraum nicht voneinander unterschieden werden, wenn die Übereinstimmung besteht

$$\mathfrak{g} = [\mathfrak{n}\mathfrak{J}]\,. \tag{5. 5}$$[1]

Wir können (5. 2) mit (5. 4) auch schreiben

$$\mathfrak{j}_{Strom} = l g f \mathfrak{n} = i' f \mathfrak{n}\,. \tag{5. 6}$$

---

zurückzuführen sei, der sich damit ergötze, daß er erst den Wert $\mu-1$ durch $4\pi$ dividieren darf, um $\varkappa$ zu bestimmen, und daß er dann, wenn man $\varkappa$ aus einer Tabelle entnimmt, wieder mit $4\pi$ multiplizieren darf. Ein vernünftiger Grund läßt sich jedenfalls für diese Definition von $\varkappa$ nicht anführen, außer dem einen, daß früher so gerechnet wurde."

[1]) $\mathfrak{n}$ steht nach außen weisend auf jedem Oberflächenelement des Zylinders, $\mathfrak{J}$ ist parallel zur Zylinderachse. Auf Boden und Deckel sind $\mathfrak{J}$ und $\mathfrak{n}$ zueinander parallel und antiparallel, daher ist dort $\mathfrak{g} = 0$, auf der Zylinderwandung ist $\mathfrak{J}$ parallel zur Zylindererzeugenden, $\mathfrak{n}$ senkrecht dazu, $\mathfrak{g}$ daher tangential zu jedem Umfangspunkt jedes Querschnittes, wie verlangt.

**Wir verschärfen das gewonnene Ergebnis, indem wir zunächst an Stelle einer ausgedehnten Fläche $f$ eine Elementarfläche $df$ betrachten; an den bisherigen Aussagen ändert sich dadurch nichts. Wir lassen zweitens die Höhe $l$ des Magneten und der Spule unbegrenzt abnehmen, jedoch so, daß die magnetischen Momente $\mathfrak{j}_{Magnet}$ und $\mathfrak{j}_{Strom}$ erhalten und gleich bleiben. Aus dem ausgedehnten Magneten ist ein Elementarmagnet (Dipol) geworden, aus der Stromspule ein Elementarstrom. Wir folgern der Reihe nach: ein Elementarstrom ist ein elektrischer Gleichstrom $i'$, der die Randfläche eines Flächenelementes $df$ umfließt. Das magnetische Feld des Elementarstromes ist proportional zu dem Produkt aus Stromstärke $i'$ und Größe der umrandeten Fläche $df$, unabhängig von deren Gestalt, gegeben durch die Richtung der rechtswendig (nach dem Sinne der Rechtsschraube) zugeordneten Normalen $\mathfrak{n}$. Der Elementarstrom läßt sich also darstellen durch einen Vektor $\mathfrak{j}_{Strom}$, dessen Größe gleich dem Produkt $i'df$ und dessen Richtung die der Normalen $\mathfrak{n}$ ist.** Das magnetische Feld eines Elementarstromes ist identisch mit dem magnetischen Feld eines Elementarmagneten, dessen Moment

$$\mathfrak{j}_{Magnet} = l J df \mathfrak{n} \tag{5. 7}$$

gleich dem Vektor

$$\mathfrak{j}_{Strom} = i' df \mathfrak{n} \tag{5. 8}$$

des Elementarstromes ist.

Dieser Satz ist von größter grundsätzlicher Bedeutung. Er enthält die Aussage, daß das magnetische Feld eine Erscheinungsform des elektrischen Stromes ist, daß die beiden physikalischen Erscheinungen: elektrischer Strom und magnetisches Feld einander gegenseitig eindeutig kennzeichnen. Den Satz: es gibt keinen elektrischen Strom ohne magnetisches Feld, hatten wir in Abschnitt 1 zur Definition der magnetischen Erregung $\mathfrak{H}$ durch elektrischen Strom $i$ vorausgesetzt. Zu ihm tritt nun gleichwertig der andere Satz: es gibt kein magnetisches Feld ohne elektrischen Strom.

Ist dies der Fall, so müssen die magnetischen Eigenschaften der Stoffe sich mikrophysikalisch erklären lassen durch das Verhalten und die Wirkungen von Elementarströmen, die im Innern der Stoffe vorhanden sind. Diesen Gedanken hat als erster Ampère gefaßt und ausgesprochen. Welche Folgen er hat, zeigt der nächste Abschnitt.

## 6. Deutung der diamagnetischen und der paramagnetischen Suszeptibilität.

Nach unseren mikrophysikalischen Vorstellungen durchlaufen innerhalb der Moleküle und Atome Elektronen (kleinste unteilbare negative elektrische Ladungen) geschlossene Bahnen. Ist $\tau$ die Umlaufzeit für ein Elektron, $-e$ seine Ladung, $f$ die umrandete Fläche, so stellt die Bahn einen Elementarstrom von der Stromstärke $i' = -e/\tau$ und dem magnetischen Moment

$$\mathfrak{m}/\mu_0 = \mathfrak{j} = -\frac{e}{\tau} f \mathfrak{n} \tag{6.1}$$

dar, vgl. (5.6). Durchläuft zum Beispiel das Elektron eine ebene Kreisbahn vom Radius $a$ einmal in der Zeit $\tau$, so ist $\omega = 2\pi/\tau$ seine Winkelgeschwindigkeit und

$$j = -\frac{e\,\omega\,a^2}{2} \tag{6.2}$$

das Dipolmoment. Da in einem Molekül oder Atom eine große Anzahl verschiedener Elektronenbahnen vorhanden sein kann, ist es möglich, daß sich alle diese magnetischen Momente in ihrer Wirkung nach außen gerade zu null ergänzen. Ein solches Teilchen ist also für sich, ohne Einwirkung von außen, magnetisch neutral. Wie es auf ein von außen angelegtes magnetisches Feld anspricht, wird sogleich zu untersuchen sein. Es ist ebenso gut möglich, daß als Summe aller

Elementarmagnete eines Moleküles oder Atomes ein von null verschiedener Überschuß verbleibt. Dann wirkt das Teilchen nach außen als kleiner Magnet, ihm ist ein bestimmtes magnetisches Moment eigentümlich.

a) Deutung der negativen Suszeptibilität der diamagnetischen Stoffe:

Wir betrachten zunächst Stoffe, deren Moleküle oder Atome an sich keine magnetischen Dipole sind. Wird ein äußeres magnetisches Feld angelegt, so herrscht während des Anwachsens von $\mathfrak{H}$ nach dem Induktionsgesetz (2.5) entlang jeder geschlossenen Kurve $\mathfrak{s}$ eine elektrische Spannung, also auch innerhalb des Atomes, also auch zum Beispiel entlang einer Elektronenbahn:

$$\oint \mathfrak{E}\, d\mathfrak{s} = -\mu_0 \frac{d\mathfrak{H}}{dt} f\mathfrak{n}\,, \tag{6.3}$$

worin unter $\mathfrak{s}$ die Bahnkurve, unter $f$ die umrandete Fläche, unter $\mathfrak{H}$ die durch $f$ tretende äußere Feldstärke verstanden sein möge. Die an jedem Bahnpunkt vorhandene elektrische Feldstärke $\mathfrak{E}$ (die grundsätzlich mittels der Differentialform des Induktionsgesetzes für jeden Feldpunkt angegeben werden kann) beschleunigt oder verzögert, als Kraft $-e\mathfrak{E}$ wirkend, das Elektron, je nach dessen Umlaufsrichtung. Im ganzen erfahren alle Elektronen, die die Richtung des anwachsenden angelegten magnetischen Feldes rechtswendig umkreisen[1], eine Beschleunigung, während die im anderen Sinne umlaufenden verzögert werden: die Elementarströme mit rechtswendig zu $\mathfrak{H}$ umlaufenden Elektronen werden stärker, die anderen schwächer. Es bleibt ein Überschuß an magnetischem Moment, und dieser ist, weil von rechtswendig umlaufenden Elektronen herrührend, dem erregenden Feld $\mathfrak{H}$ entgegengerichtet: Magnetisierung und Erregung haben verschiedene Vorzeichen, die Suszeptibilität ist negativ, der Stoff ist diamagnetisch. — Mit anderen Worten: durch das Anwachsen des erregenden magnetischen Feldes $\mathfrak{H}$ werden im Atom elementare Kreisströme induziert und das Atom wird auf diese Weise zu einem magnetischen Dipol. Daß der induzierte Strom magnetisch dem erregenden magnetischen Feld entgegenwirkt, ist ein Erfahrungssatz der makroskopischen Elektrodynamik, nämlich die sogenannte *Lenz*sche Regel. Diese Theorie der diamagnetischen Suszeptibilität hat *W. Weber* schon im Jahre 1852 aufgestellt.

Auch nachdem das Anwachsen des erregenden Feldes $\mathfrak{H}$ aufgehört hat, bleibt der elektrisch induzierte magnetische Dipol unverändert bestehen, da die Elektronen auf ihren Bahnen ohne Energieverlust umlaufen. Wenn die magnetische Erregung wieder bis null abnimmt, ist der im Atom induzierte Elementarstrom nach dem Induktionsgesetz entgegengesetzt gleich groß, das induzierte magnetische Moment erlischt wieder.

Eine genauere Beschreibung, die dem Sinne nach sich an diese anschließt, stützt sich auf den von *Larmor* aufgestellten Satz der Atommechanik, daß das von außen angelegte magnetische Feld $\mathfrak{H}$ bei einem Atom eine Drehung des ganzen Elektronensystems um eine durch den Kern gehende, zu $\mathfrak{H}$ parallele Achse bewirkt, wobei die Winkelgeschwindigkeit $\mathfrak{w}$ der Drehung nach Größe und Richtung gegeben ist durch

$$\mathfrak{w} = \frac{e\mu_0}{2t}\,\mathfrak{H}\,. \tag{6.4}$$ [2]

[1] Stromrichtung und Elektronenrichtung werden entgegengesetzt zueinander gezählt.

[2] Diese Gleichung ist hinsichtlich der Einheiten überbestimmt, wenn man die Einheiten sämtlicher Größen als vorgegeben betrachten will. Am einfachsten berücksichtigt man für die Einheit von $t$ das Energieäquivalent (4.3,4): $1\ \mathrm{gcm^2\,s^{-2}} \equiv 1\ \mathrm{erg} = 1\ \mathrm{VAs}/\ddot{A}$, dabei ist der Zahlenwert $\ddot{A} \equiv 10^7$, wenn V und A die absoluten Einheiten, und $\ddot{A} = p\,q^2 \cdot 10^7$, wenn V und A die internationalen Einheiten bedeuten. Daher ist $1\ \mathrm{g} = \dfrac{1\ \mathrm{VAs^3}}{\ddot{A}\ \mathrm{cm^2}}$.

$t$ bezeichnet hier vorübergehend die träge Masse, $e$ die Ladung des Elektrons, $|\mathfrak{w}|=\omega$. Diese Drehung bewirkt ein zusätzliches magnetisches Moment, das nach (6.2) die Größe hat

$$j=-\frac{e\,a^2\,\omega}{2}=-\frac{e^2a^2\mu_0\,H}{4\,t}\,, \tag{6.5}$$

wenn unter $a$ der Abstand des Elektrons von der Drehungsachse verstanden wird. In einem Atom sind jedoch $Z$ Elektronen mit verschiedenen Abständen $a$ vorhanden. Bei der Addition der $Z$ in die Richtung $H$ fallenden Komponenten der induzierten magnetischen Momente muß über $a^2$ gemittelt werden, damit man das durchschnittliche induzierte magnetische Moment des Atomes erhält. Ist das Atom kugelsymmetrisch gebaut, so kann man den Abstand $r$ des Elektrons vom Kern einführen; die Mittelung ergibt dann $\overline{a^2}=\frac{2}{3}\overline{r^2}$. Sind schließlich $n$ Atome in der Raumeinheit enthalten, so ist die makroskopisch meßbare Magnetisierung

$$M=-\frac{n\,Z\,e^2\,\overline{r^2}\,\mu_0{}^2\,H}{6\,t}=\varkappa\,\mu_0 H\,, \tag{6.6}$$

daher ist die Suszeptibilität

$$\varkappa=-\frac{n\,Z\,e^2\,\overline{r^2}\,\mu_0}{6\,t}\,. \tag{6.7}$$

Die Suszeptibilität ist negativ, und die mit diesem Ausdruck zu erhaltenden Zahlenwerte treffen die Größenordnung, wenn man für die mittleren Bahnradien Werte einsetzt, die aus anderen Beobachtungen größenordnungsmäßig bekannt sind; $Z$ ist bei neutralen Atomen die Nummer im periodischen System der Elemente.

b) Deutung der positiven Suszeptibilität der paramagnetischen Stoffe.

Wir betrachten als zweites Stoffe, deren Moleküle magnetische Dipole sind. Ohne Einwirkung eines äußeren magnetischen Feldes sind diese kleinen Magnete gänzlich regellos verteilt, so daß schon mikroskopisch kleine Teile der Substanz nach außen hin magnetisch neutral sind. Liegen nun etwa diese Dipole örtlich unbeweglich fest, so hat das Anlegen eines äußeren magnetischen Feldes keine andere Wirkung, als im Falle a). Die magnetischen Dipole können aber auch beweglich, daher durch äußere magnetische Kräfte beeinflußbar sein; die Erfahrung lehrt, daß nicht einmal der feste Aggregatzustand diese Beeinflußbarkeit verhindert, wenn sie überhaupt vorhanden ist. Sind die magnetischen Dipole zwar elastisch an ihre Ruhestellungen gefesselt, jedoch an sich beweglich, so suchen sie sich unter Einwirkung einer angelegten Erregung $\mathfrak{H}$ parallel zu dieser einzustellen. Für den Dipol als Elementarmagnet folgt dies aus (3.16, 17), für den Dipol als Elementarstrom aus einem allgemeinen Satz der makroskopischen Elektrodynamik über die Arbeit magnetischer Feldkräfte bei Bewegung eines geschlossenen Stromfadens[1]. Gleichgültig, wie im einzelnen und bis zu welchem Grade diese Ordnung gehen wird, im ganzen wird sich eine Summe von Komponenten ergeben, die parallel zur äußeren Erregung gerichtet sind: die Magnetisierung — das magnetische Moment der Volumeneinheit — ist gleichgerichtet mit der Erregung $\mathfrak{H}$, die Suszeptibilität ist eine positive Zahl, der betrachtete Stoff ist paramagnetisch. Nach Aufhören der Erregung kehren die Dipole in ihre Ausgangslagen zurück, an die sie elastisch gefesselt sind. Die Ausrichtung (Ordnung) ist proportional zur Erregung, daher ist die Suszeptibilität eine Konstante.

Unabhängig von dieser Unterstützungswirkung der beweglichen Dipole werden aber auch in dem Atom bei Änderung der magnetischen Erregung Kreisströme induziert. Ihre Wirkung ist aus a) bekannt. Neben dem positiven Teil der Sus-

[1] Vergleiche zum Beispiel: Elektrodynamik S. 98.

zeptibilität muß also stets ein negativer vorhanden sein; dieser ist jedoch stets sehr viel kleiner.

Der Ordnung durch das äußere Feld wirkt die vollkommen regellose Wärmebewegung der Moleküle entgegen. Die Magnetisierung bei gegebener Erregung $M/\mu_0 H = \varkappa$ muß daher mit wachsender Temperatur abnehmen. *P. Curie* hat experimentell gefunden, daß die Suszeptibilität $\varkappa$ umgekehrt proportional zur absoluten Temperatur $T$ ist:

$$\varkappa = \frac{c}{T} \,. \tag{6.9}$$

Mit steigender Feldstärke und mit sinkender Temperatur muß also die Magnetisierung zunehmen; bei unendlich großem Feld und im absoluten Nullpunkt der Temperatur würde die Ordnung vollkommen, alle Dipole würden ausgerichtet und im stabilen Gleichgewicht sein. Die Gesetzmäßigkeit, nach welcher bei endlichen Zuständen das Widerspiel des richtenden, äußeren Feldes $H$ und der durch die Temperatur $T$ makroskopisch gekennzeichneten Wärmebewegung vor sich geht, hat als erster *P. Langevin* angegeben.

In der Statistik wird der nach *Maxwell* und *Boltzmann* genannte Satz gefunden, daß die Zahl der Teilchen eines Systemes, die sich in einem Zustand mit der Energie $W$ befinden, proportional zu $e^{-W/kT}$ ist; hier ist $k$ die *Boltzmann*sche Konstante $k = 1{,}37 \cdot 10^{-23}$ VAs/Grad. Nach (3.17) ist die Energie jedes Dipols durch den Richtungswinkel $\vartheta$ bestimmt, den seine Achse mit der Richtung des erregenden Feldes einschließt. Wir betrachten nun $n$ Dipole in der Raumeinheit. Wir stellen von ihnen ein Verzeichnis her, geordnet nach der Größe der Energie, in der Form einer graphischen Darstellung auf einer Kugeloberfläche, indem wir uns die Dipole der Reihe nach in den Mittelpunkt einer Kugel vom Radius $r = 1$ Längeneinheit gebracht und die Richtung jeder Dipolachse durch einen Punkt auf der Kugeloberfläche vermerkt denken. Von $n$ in der Raumeinheit vorhandenen Dipolen hat der Bruchteil $dn$ Achsenrichtungen im Winkelbereich zwischen $\vartheta$ und $\vartheta + d\vartheta$. In unserem Plan sind also $dn$ Punkte auf der Kugelflächenzone vom Inhalt $2\pi \sin\vartheta \, d\vartheta$ vermerkt. Außerdem ist $dn$ nach dem Gesagten proportional zu $e^{-W/kT}$, so daß also gilt

$$dn = C \cdot e^{\frac{mH\cos\vartheta}{kT}} \sin\vartheta \, d\vartheta \tag{6.10}$$

mit einer Konstanten $C$. Indem wir über alle möglichen Richtungen von der parallelen $\vartheta = 0$ bis zur antiparallelen $\vartheta = \pi$ summieren, erhalten wir die Gesamtzahl der Dipole in der Raumeinheit

$$n = C \int_0^\pi e^{\frac{mH\cos\vartheta}{kT}} \sin\vartheta \, d\vartheta \,. \tag{6.11}$$

Mit den Abkürzungen

$$h = \frac{mH}{kT} \,, \qquad h\cos\vartheta = \eta \tag{6.12}$$[1]

wird

$$n = \frac{C}{h} \int_{-h}^{+h} e^\eta \, d\eta = \frac{C}{h} \left( e^{+h} - e^{-h} \right) = \frac{2\,C\,\mathfrak{Sin}\,h}{h} \,. \tag{6.13}$$

Hierdurch ist der Proportionalitätsfaktor $C$ in (6.11) auf $h$ und auf die Gesamtzahl $n$ der Dipole in der Raumeinheit bezogen; es ist also

$$dn = \frac{nh}{2\,\mathfrak{Sin}\,h} e^{h\cos\vartheta} \sin\vartheta \, d\vartheta \tag{6.14}$$

[1] Einheiten zum Beispiel: Vscm für die magnetische Polstärke $m$, A/cm für die magnetische Feldstärke $H$, Grad für die absolute Temperatur $T$, $1/\mathrm{cm}^3$ für $n$.

die Zahl der Dipole in der Raumeinheit, deren Richtungen zwischen $\vartheta$ und $\vartheta+d\vartheta$ liegen. Zu dem magnetischen Moment der Raumeinheit, das ist zur magnetischen Polarisation $M$, tragen alle $n$ Dipole der Raumeinheit nach Maßgabe ihrer Richtungen $\vartheta$ bei, die sie zum Feld $\mathfrak{H}$ haben. Der Beitrag der in (6.14) zusammengefaßten $dn$ Dipole ist

$$dM = dn \cdot m \cos\vartheta\,, \tag{6.15}$$

wenn $m$ das Dipolmoment (3.15) ist, und für die Gesamtwirkung muß wieder über alle möglichen Richtungen $0 \leqq \vartheta \leqq \pi$ summiert werden. Die zum Feld senkrechten Komponenten heben sich durch Mittelung gegenseitig auf; das magnetische Moment $M$ der Raumeinheit wird also durch Integration von (6.15) über den ganzen Winkelbereich gefunden zu

$$\begin{aligned} M &= \frac{m n h}{2\,\mathfrak{Sin}\,h} \int_0^\pi e^{h\cos\vartheta} \cos\vartheta \sin\vartheta\, d\vartheta \\ &= \frac{m n h}{2\,\mathfrak{Sin}\,h} \cdot \frac{1}{h^2} \int_{-h}^{+h} e^{\eta}\, \eta\, d\eta = \frac{m n}{2\,h\,\mathfrak{Sin}\,h} \Big| \eta e^{\eta} - e^{\eta} \Big|_{-h}^{+h} \\ &= \frac{m n}{h\,\mathfrak{Sin}\,h} (h\,\mathfrak{Cof}\,h - \mathfrak{Sin}\,h) \\ &= m n \left(\mathfrak{Cotg}\,h - \frac{1}{h}\right) - m n \cdot L\left(\frac{m H}{k T}\right). \end{aligned} \tag{6.16}$$ [1]

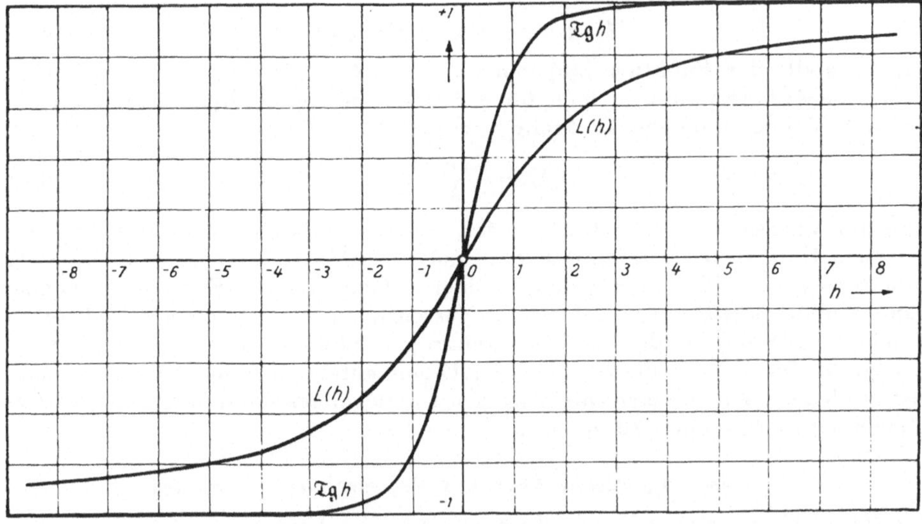


Abb. 6. 1. Die *Langevinsche* Funktion $L(h)$ und $\mathfrak{Tg}\,h$.

Diese in Abb. 6.1[1] wiedergegebene, nach *Langevin* genannte Funktion $L(h)$ gibt also an, in welcher Weise mit wachsendem $h$ der Grad der Ordnung der Dipole erhöht wird. Sie steigt für sehr kleines Argument linear an:

$$\operatorname*{limes}_{h \to 0} L(h) = \frac{h}{3}\,; \tag{6.17}$$

mit unbegrenzt wachsendem Argument strebt sie gegen den Wert eins, so daß die Magnetisierung $M$ gegen den Grenzwert

$$M_s = m n\,, \tag{6.18}$$

[1] Zahlentafel der *Langevinschen* Funktion in *F. Emde*, Tafeln elementarer Funktionen, Teubner, Leipzig und Berlin 1940, S. 123.

den Sättigungswert, geht. Für hinreichend schwache Felder und nicht extrem tiefe Temperaturen gilt daher nach (6.17)

$$\mathfrak{M} = \frac{n\,m^2\,\mathfrak{H}}{3\,kT}, \tag{6.19}$$

daher ist die Suszeptibilität

$$\frac{M}{\mu_0 H} = \varkappa = \frac{n\,m^2}{3\,\mu_0 kT} = \frac{M_s^2}{3\,n\,\mu_0\,k\,T} = \frac{c}{T} \tag{6.20}$$

in Übereinstimmung mit dem in (6.9) genannten Versuchsbefund, unter Voraussetzung schwacher magnetischer Felder und ohne Berücksichtigung einer etwaigen Wechselwirkung der Dipole untereinander.

Es ist eine wichtige Aussage der Quantenmechanik, daß nicht alle beliebigen Richtungen $\vartheta$ möglich sind, sondern nur eine begrenzte Anzahl besonderer Stellungen. In dem Falle, daß nur die parallele und die antiparallele Richtung zum Feld vorkommt, ist die Anzahl der parallel eingestellten Dipole

$$n_+ = \frac{n\,e^h}{e^h + e^{-h}},$$

die Anzahl der antiparallel eingestellten ist

$$n_- = \frac{n\,e^{-h}}{e^h + e^{-h}},$$

$n = n_- + n_+$ ist die Gesamtzahl. Daher wird

$$M = m n_+ - m n_- = m n\,\mathfrak{Tg}\,h\,. \tag{6.21}$$

An die Stelle der Funktion $L(h)$ von (6.16) ist $\mathfrak{Tg}\,h$ getreten. Der Verlauf der Kurve im Anfangspunkt ist hier durch $\mathfrak{Tg}\,h \approx h$ bestimmt, daher gilt unter den gleichen Voraussetzungen an Stelle von (6.19)

$$\mathfrak{M} = \frac{n\,m^2\,\mathfrak{H}}{kT}, \tag{6.22}$$

und mit wachsendem $h$ geht $M$ wieder gegen den Sättigungswert (6.18). Die genauere Untersuchung zeigt, daß $L(h)$ und $\mathfrak{Tg}\,h$ Grenzfälle in einer Gruppe von Funktionen sind, die man verallgemeinerte *Langevin*sche Funktionen nennen kann, und deren jede einzelne durch die Vorschrift über die möglichen Richtungen $\vartheta$ näher bestimmt wird. Bei den eisenartigen Stoffen wird $\varkappa$ vergleichsweise sehr groß. Dabei kann die Wirkung der Dipole aufeinander nicht mehr vernachlässigt bleiben. Wie die hier vorgetragenen Überlegungen dann fortgeführt werden können, ist in Abschnitt 7d gezeigt.

## 7. Das magnetische Verhalten der eisenartigen Stoffe:

*Die Hysteresiserscheinungen, umkehrbare (reversible) Vorgänge und wiederkehrende Zustände, Meßverfahren, mikrophysikalische Deutung.*

Das magnetische Verhalten der Metalle der Eisengruppe: Eisen, Nickel, Kobalt, und ihrer Legierungen[1] — wie wir künftig sagen wollen: der eisenartigen Stoffe — wird durch besonders eigenartige Beziehungen zwischen der Erregung $\mathfrak{H}$ und der Induktion $\mathfrak{B}$ oder zwischen der Erregung $\mathfrak{H}$ und der Magnetisierung $\mathfrak{M}$ beschrieben. Die magnetische Induktion $\mathfrak{B}$, und nicht die Magnetisierung $\mathfrak{M}$, ist bestimmend für die mechanischen Kraftwirkungen nach dem Stromkraftgesetz und für die elektrischen Induktionswirkungen nach dem Induktionsgesetz.

[1] und einiger ihrer Verbindungen mit Sauerstoff und mit Schwefel, ferner einiger Legierungen, die keine Metalle der Eisengruppe enthalten, wie von *Heusler* zum ersten Mal gefunden wurde.

Die Magnetisierung $\mathfrak{M}$, und nicht die Induktion $\mathfrak{B}$, erlaubt häufig die einfachere Darstellung der magnetischen Eigenschaften der eisenartigen Stoffe, vor allem der Sättigungserscheinungen. Beide Darstellungsarten sind daher unentbehrlich.

Bei den eisenartigen Stoffen beobachtet man folgende auffallende Eigenschaften:

1. Die Permeabilität ist im Vergleich zu allen anderen Stoffen sehr groß, zugleich ist sie keine Konstante.

2. Bei einer praktisch erreichbaren Größe der Erregung $H$ nimmt die Magnetisierung $M$ einen Wert an, der praktisch nicht mehr überschritten wird: einen Sättigungswert $M_s$.

3. Zur Beschreibung des magnetischen Zustandes reicht die Angabe der Permeabilität nicht aus, der magnetische Zustand ist vielmehr von der magnetischen Vorgeschichte abhängig: Hysteresiserscheinung.

4. Oberhalb einer praktisch erreichbaren Temperatur, dem sogenannten *Curie*-Punkt, verschwinden alle diese besonderen Eigenschaften[1].

**a) Die Hysteresiserscheinungen.**

Zur genaueren Untersuchung der Eigenschaften 1., 2., 3. untersuchen wir den Zusammenhang der Magnetisierung $M$ mit der Feldstärke $H$. Dazu bedienen wir uns entweder einer ringförmigen Probe des eisenartigen Stoffes in der Anordnung nach Abb. 3.2, oder wir messen $M$ mit dem Magnetometer, wie zu (3.14, 16, 18) ausgeführt worden ist. Man findet: Steigert man, vom unmagnetischen Zustand ausgehend, die Erregung $H$, so nimmt die Magnetisierung $M$ zunächst beschleunigt, dann verzögert zu, bis endlich, mit fortwährend wachsender Erregung, die Magnetisierung praktisch einen Sättigungswert $M_s$ nicht mehr überschreitet. Läßt man, von diesem erreichten Zustand ausgehend, $H$ wieder abnehmen, so durchläuft $M$ nicht mehr die vorherige Wertefolge, sondern eine Reihe höherer Werte, derart, daß für $H=0$ der Wert $M=M_r$ vorhanden ist: ein Teil der Magnetisierung bleibt ohne Erregung erhalten. Er heißt *Remanenz.* Um sie auszulöschen, muß man eine Erregung in entgegengesetzter Richtung von der Größe $H=K$ aufwenden. Dieser Wert heißt *Koerzitivkraft für die Magnetisierung.* Läßt man nun die Erregung $H$ eine Folge von Werten zwischen entgegengesetzt gleichen Endwerten durchlaufen, so stellt sich auch für $M$ eine zyklische Wertefolge ein, derart, daß bei gleichem $H$ der spätere Wert $M$ gegen den früheren, im Sinne der dazwischenliegenden Werte, zurückbleibt; zu jedem Wert $H$ gehören zwei Werte $M$. Die Erscheinung heißt *Hysteresis*, die in Abb. 7.1 schematisch wiedergegebene Kurve heißt *Hysteresisschleife*, und zwar äußerste Hysteresisschleife oder Grenzschleife, wenn der Sättigungswert $M_s$ dabei erreicht wird. Einzelne Kurventeile (Kurvenäste) werden als Magnetisierungskurven bezeichnet. Die Wertefolge vom völlig unmagnetischen Zustand bis zur Sättigung heißt die Neukurve. Läßt

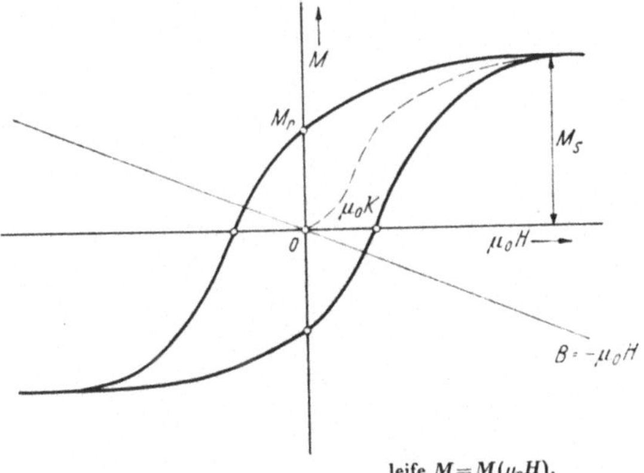

leife $M=M(\mu_0 H)$.

Abb. 7.1. Die äußerste Hysteresisschleife $M=M(\mu_0 H)$.

[1] Der *Curie*-Punkt ist $T_c = 1043$; $= 631$; $= 1403$ Grad abs. für Eisen, Nickel, Kobalt.

man $\pm H$ nicht so groß werden, daß die Sättigungsmagnetisierung $M_s$ erreicht wird, so bleiben auch die Hysteresisschleifen kleiner, jedoch im allgemeinen spitz. Mit abnehmender Aussteuerung $\pm H$ nähern sie sich lanzettartigen Schleifen mit immer mehr abnehmender Dicke, sie gehen also im Grenzfall in ein reversibel durchlaufendes Geradenstück über. Abb. 7.2.

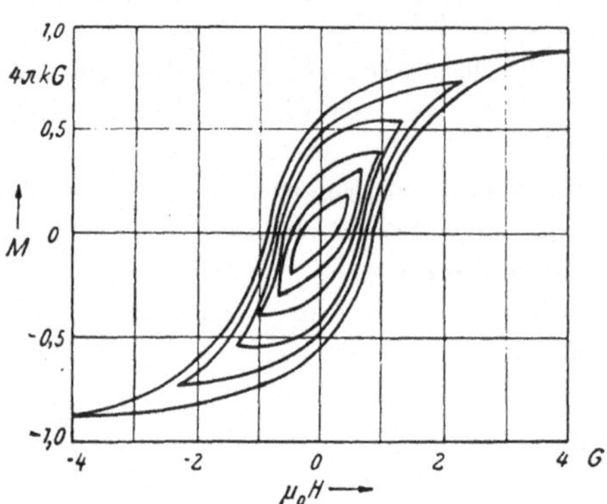


Abb. 7. 2. Beispiel für Hysteresisschleifen bei verschieden großer Aussteuerung $\pm H$.

Auf entsprechende Weise findet man den Zusammenhang zwischen Erregung $H$ und Flußdichte $B$ an einer ringförmigen Probe mit der aus Abb. 3.1 bekannten Anordnung und erhält die in Abb. 7.3 veranschaulichte Hysteresisschleife bei Durchlaufen einer zyklischen Wertefolge $\pm H$. Die Feldstärke $H = H_c$, bei der $B$ verschwindet, heißt *Koerzitivkraft für die Induktion*. Wir werden den Unterschied zwischen $K$ und $H_c$ sogleich abschätzen. Für Dauermagnete ist $H_c$ die wichtigere Größe. Die Sättigung ist in dieser zweiten Darstellungsart dadurch gekennzeichnet, daß mit wachsendem $H$ die Kurventangente gegen eins geht:

$$\text{Sättigung:} \quad M = M_s\,, \qquad \frac{\partial B}{\partial \mu_0 H} = 1\,. \tag{7.1}$$[1]

Sind $B_s$ und $H_s$ die (kleinsten) Werte, bei denen dieser Grenzwert der Tangente merklich erreicht ist, so ist auch

$$M_s = B_s - \mu_0 H_s\,. \tag{7.1a}$$

Die Remanenz ist in beiden Darstellungsarten dieselbe: $B_r = M_r$. Eine rohe Abschätzung für viele eisenartigen Stoffe ist

$$B_r = M_r = c\, M_s\,; \qquad c \approx 0{,}3 \ldots 0{,}8\,; \tag{7.2}$$

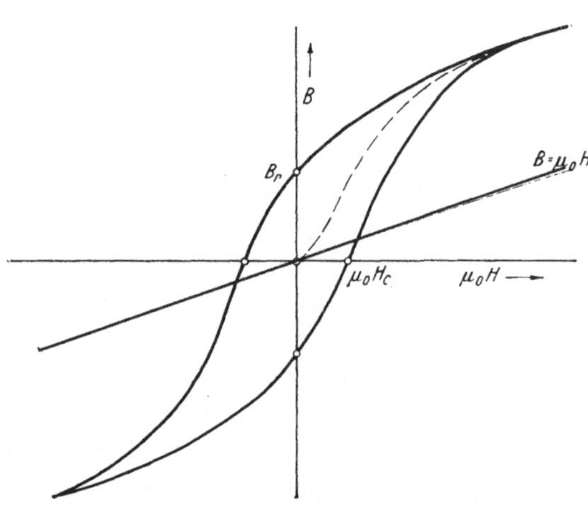


Abb. 7. 3. Die äußerste Hysteresisschleife $B = B(\mu_0 H)$.

der Mittelwert $c = \frac{1}{2}$ ergibt sich aus mikrophysikalischen Betrachtungen (16.22). Nur bei Durchlaufen einer äußersten Hysteresisschleife, also bis zur Sättigung, sind $M_r$, $K$, $H_c$ eindeutige Substanzeigenschaften, wie Abb. 7.2 lehrt.

Da $M = B - \mu_0 H$ ist, kommt der Übergang von der Darstellung $M = M(\mu_0 H)$ in die andere Darstellung $B = B(\mu_0 H)$ oder umgekehrt dem Wechsel der einen Veränderlichen gleich. Man erhält also $B(\mu_0 H)$ aus $M(\mu_0 H)$, indem man die Ordinate $M$ jedes Kurvenpunktes in Abb. 7.1 um $\mu_0 H$ vergrößert, ebenso erhält man $M(\mu_0 H)$ aus $B(\mu_0 H)$, indem man die Ordinate jedes Kurvenpunktes in Abb. 7.3 um $\mu_0 H$ verkleinert. Zur Durchführung trägt man zweckmäßig die

[1] Ein Zahlenbeispiel findet sich in Abb. 17.1.

Gerade $B = \pm \mu_0 H$ in die Darstellung der Magnetisierungskurven ein; man nennt das Verfahren *Scherung* an der genannten Geraden. Von ihr unbeeinflußt bleibt natürlich die Größe der Remanenz und der Hysteresisfläche. Diese Wahrnehmung werden wir sogleich anwenden. Mit Hilfe des Scherungsverfahrens werden wir ferner einen Zusammenhang zwischen $K$ und $H_c$ in (7.16...25) finden.

Bei einem einmaligen Durchlaufen aller Werte der Hysteresisschleife $B = B(\mu_0 H)$ wird, bezogen auf die Raumeinheit der Substanz, ein Energiebetrag von der Größe

$$w_h = \oint H dB \tag{7.3}$$

irreversibel in Wärme verwandelt. Dies fand *E. Warburg*. Beweis: Die Erregung wachse von $H=0$ bis $H=+H_1$, zugleich steige die Induktion von $-B_r$ über null bis $+B_1$, vgl. Abb. 7.3a. Dann hat der Körper nach (3.28) in der Raumeinheit den Energiebetrag

$$w_h = \int_{-B_r}^{+B_1} H\,dB$$

aufgenommen, der in Abb. 7.3a durch das Flächenstück $(-B_r, H_1, B_1)$ dargestellt wird. Nimmt die Erregung von $+H_1$ bis zum Wert null ab, so geht die Induktion zugleich von $+B_1$ auf den Wert $+B_r$ zurück; das Eisen gibt einen Energiebetrag zurück, der durch das Flächenstück $(H_1, B_1, +B_r)$ dargestellt wird. Bei diesem Hin- und Rückgang von $H$ bleibt somit ein Energiebetrag im Eisen stecken, der durch die Fläche $(-B_r, H_1, +B_r)$, also durch die halbe Hysteresisfläche, wiedergegeben wird. Mit $B = M + \mu_0 H$ wird (7.3) auch

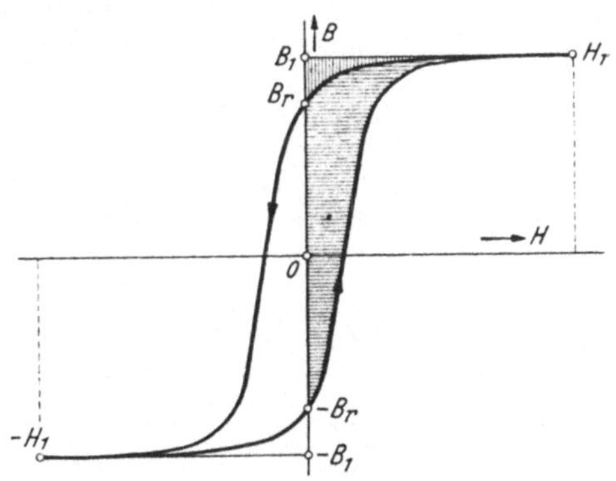

Abb. 7. 3a. Darstellung des Hysteresisverlustes.

$$w_h = \oint H\,dM \tag{7.3a}$$

für einen symmetrischen Zyklus. Wäre die Hysteresisschleife ein Rechteck von der Höhe $2M_s$ und der Breite $2K$, so wäre $w_h = 4M_s K$. Vergleicht man damit wirkliche Hysteresisschleifen durch

$$w_h = \oint H\,dM = c_h \cdot M_s K\,, \tag{7.4}$$

so ist erfahrungsgemäß $c_h = 2...5$.

*Permeabilität* und *Suszeptibilität* müssen bei diesem eigenartigen Verhalten der eisenartigen Stoffe neu definiert werden. Dies ist nur möglich, wenn der Zusammenhang zwischen $B$ und $H$ und zwischen $M$ und $H$ eindeutig ist, wenn also entweder die Fläche der Hysteresisschleife vernachlässigt werden kann — so bei magnetisch weichem Eisen —, oder wenn auf ein bestimmtes angegebenes Stück einer definierten Hysteresiskurve Bezug genommen wird. Als ein solches wählen wir zunächst die Neukurve. Als *gewöhnliche* oder *totale Permeabilität*

$$\mu_t = \frac{B}{\mu_0 H} = \operatorname{tg} \zeta \tag{7.5}$$

definiert man die Neigung der Geraden zwischen Ursprungspunkt und betrachtetem Kurvenpunkt $(B, \mu_0 H)$, und als *differentielle Permeabilität*

$$\mu_d = \frac{1}{\mu_0} \frac{\partial B}{\partial H} = \operatorname{tg} \delta \tag{7.6}$$

die Steilheit der Tangente im betrachteten Kurvenpunkt. Abb. 7.4. $\mu_d$ hat seinen größten Wert im Wendepunkt der Kurve, $\mu_t$ hat dagegen seinen Höchstwert dort, wo eine Ursprungsgerade die Magnetisierungskurve eben berührt. Das ist erfahrungsgemäß bei vielen eisenartigen Stoffen bei der Abszisse $H \approx 1{,}35\, H_c$ der Fall. Roh abgeschätzt ist

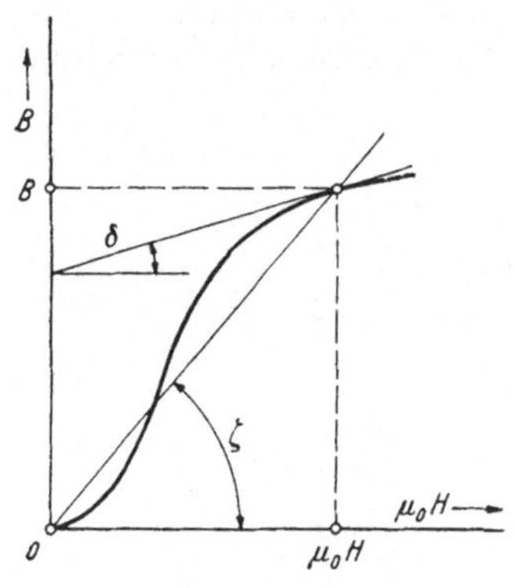


Abb. 7.4. Definition der totalen und der differentiellen Permeabilität: $\mu_t = \operatorname{tg} \zeta$, $\mu_d = \operatorname{tg} \delta$.

$$(\mu_t)_{\max} \approx \tfrac{1}{2} \frac{B_r}{\mu_0 H_c}. \tag{7.7}$$

In der Darstellung $M = M(\mu_0 H)$ werden entsprechend definiert: die *gewöhnliche* oder *totale Suszeptibilität*

$$\varkappa_t = \frac{M}{\mu_0 H} = \mu_t - 1, \tag{7.8}$$

und die *differentielle Suszeptibilität*

$$\varkappa_d = \frac{1}{\mu_0} \frac{\partial M}{\partial H} = \mu_d - 1. \tag{7.9}$$

Dieselben Definitionen wie für die Neukurve gelten auch für die Magnetisierungskurve von magnetisch weichem Eisen, bei dem die Hysteresisfläche für alle Werte bis zur Sättigung vernachlässigt werden kann. Damit ist der Zusammenhang zwischen $B$ oder $M$ und $H$ eindeutig. Die Zustandsgleichung für magnetisch weiches Eisen ist daher

$$\left.\begin{aligned} \mathfrak{B} &= \mu \mu_0 \mathfrak{H}, \\ B &= B(\mu_0 H) \text{ Magnetisierungskurve}, \\ \mu &= \mu(H) \text{ eindeutige, positive Funktion.} \end{aligned}\right\} \tag{7.10}$$

Die äußerste Hysteresiskurve im II. Quadranten ist für Dauermagnete besonders wichtig. Hierfür definieren wir

$$\mu_t = \frac{B}{\mu_0 (H_c - H)}, \tag{7.11}$$ [1]

$$\mu_d = \frac{1}{\mu_0} \frac{\partial B}{\partial (H_c - H)} = -\frac{1}{\mu_0} \frac{\partial B}{\partial H}, \tag{7.12}$$

$$\varkappa_t = \frac{M}{\mu_0 (K - H)}, \qquad \varkappa_d = \frac{1}{\mu_0} \frac{\partial M}{\partial (K - H)}. \tag{7.13}$$

Im Folgenden werden häufig als kennzeichnende Eigenschaften $\mu_t$ und $\varkappa_t$ im Remanenzpunkt $H = 0$, $B = M = B_r = M_r$ auftreten:

$$H = 0, \quad B = B_r \ : \ \mu_t \equiv m = \frac{B_r}{\mu_0 H_c}, \tag{7.14}$$

$$H = 0, \quad M = M_r \ : \ \varkappa_t \equiv m_\varkappa = \frac{M_r}{\mu_0 K}. \tag{7.14a}$$

Der Zusammenhang $m_\varkappa \approx m - 1$ wird im Folgenden gezeigt werden. Für eine hohe, schmale Schleife ist $m$ und $m_\varkappa$ groß, für eine breite Schleife klein.

Einen Überblick über vorkommende Zahlenwerte gibt die Tabelle 7.1[2]. Sie zeigt, daß die Sättigungsmagnetisierung $M_s$ auch bei sehr verschiedenen Werten

[1] Der besondere Wert, den $\mu_t$ nach dieser Definition (7.11) im Koerzitivkraftpunkt $H = H_c$, $B = 0$ annimmt, läßt sich nur angeben, wenn man den Verlauf der Funktion $B = B(\mu_0 H)$ im besonderen kennt. Hierfür ist in (15.59, 60, 65) ein Beispiel gegeben.

[2] Nach *K. Küpfmüller*, Einführung in die theoretische Elektrotechnik, Berlin 1941, S. 174. — Die Größe $\mu_a$ wird erst in (7.29) erklärt.

der anderen Größen immer in der Größenordnung 20 *kG* liegt. Werte für Dauermagnetbaustoffe werden später gegeben werden (Tabelle 18.I). Abb. 7.5[1] zeigt als Beispiel den Vergleich der Neukurven und der äußersten Hysteresisschleifen eines magnetisch weichen und eines magnetisch harten Eisens.

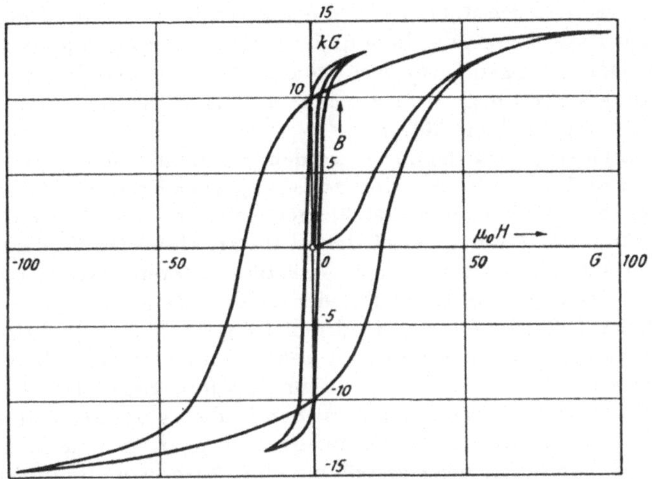


Abb. 7. 5. Äußerste Hysteresisschleifen für eine magnetisch weiche und eine magnetisch harte Eisensorte.

Tafel 7.I: *Magnetische Eigenschaften einiger Eisenarten.*

| Baustoff | Anfangs-permea-bilität $\mu_a$ | Größte totale Permea-bilität $\mu_i$ | Koerzitiv-kraft $H_c$ in A/cm | Remanenz $B_r = M_r$ in kG | Sättigungs-magn. $M_s$ in kG | $m = B_r / \mu_0 H_c$ |
|---|---|---|---|---|---|---|
| Dynamostahl | 70 | 4200 | 1,2 | 10,6 | 21,4 | $7{,}04 \cdot 10^3$ |
| Dynamostahl, geglüht | 200 | 14800 | 0,4 | 11 | 21,4 | $21{,}9 \cdot 10^3$ |
| Holzkohleneisen, geglüht | 200...300 | 6400 | 0,6 | 10 | 21,2 | $13{,}3 \cdot 10^3$ |
| Gußeisen | 70 | 600 | 4...8 | 5 | 16,5 | $1...0{,}5 \cdot 10^3$ |
| Eisenlegierung 4% Si | 500 | 7500 | 0,4 | 8 | 19,7 | $1{,}59 \cdot 10^3$ |
| Eisenlegierung 78% Ni | 12000 | 50000 | 0,04 | 6 | 11,0 | $11{,}9 \cdot 10^3$ |
| Stahl, hart, 1% C | 40 | 200 | 50 | 7 | 18,4 | $0{,}11 \cdot 10^3$ |

Für den *Gebrauch der Einheiten* ist bemerkenswert: Der Zusammenhang zwischen der Feldstärke $\mathfrak{H}$, der Induktion $\mathfrak{B}$ und der Magnetisierung $\mathfrak{M} = \mu_0 \mathfrak{J}$ lautet in bezug auf die nicht rationalen, elektromagnetischen cgs-Einheiten (nach Tafel 4.II, Gleichung 5, 7, 8):

$$\mathfrak{B} = \mathfrak{H} + 4\pi\mathfrak{M} = \mathfrak{H} + 4\pi\mathfrak{J}\,. \tag{7.15}$$

jedoch nach den in (3. 4, 6, 7) getroffenen rationalen Größendefinitionen

$$\mathfrak{B} = \mu_0\mathfrak{H} + \mathfrak{M} = \mu_0(\mathfrak{H} + \mathfrak{J})\,. \tag{7.15a}$$

Im ersten Fall ist demnach die Einheit von $\mathfrak{M} = \mathfrak{J}$ verschieden von der Einheit von $\mathfrak{B}$. Mißt man $\mathfrak{B}$ in Gauß, so kann man die Einheit der Magnetisierung nicht

[1] Nach *G. Mie*, Lehrbuch der Elektrizität und des Magnetismus, Stuttgart 1941, S. 493.

gleichfalls Gauß nennen. Im zweiten Fall ist nach Definition die Magnetisierung $\mathfrak{M}$ eine Größe von der Art der Induktion $\mathfrak{B}$, die Magnetisierung $\mathfrak{J}$ eine Größe von der Art der Feldstärke $\mathfrak{H}$. In dieser Schreibweise kommt eine Beschränkung auf irgendeine besondere Einheitenwahl nicht zum Ausdruck. Die Einheit von $M$ stimmt mit der Einheit von $B$, die Einheit von $J$ mit der Einheit von $H$ überein. Wählt man, was hier freisteht, für $B$ die Einheit Gauß, so muß man auch $M$ in Gauß messen. Diese Unterscheidung und Übereinstimmung muß man auch in den graphischen Darstellungen berücksichtigen, in denen $B$ und $M = \mu_0 J$ in derselben Achsenrichtung aufgetragen werden, wie zum Beispiel häufig bei Magnetisierungskurven (vgl. Abb. 18.13 bis 20).

In den *graphischen Darstellungen* werden gewöhnlich über der Feldstärke als Abszisse die Induktion oder die Magnetisierung oder beide Größen als Ordinaten aufgetragen. In den üblichen Darstellungen sind das drei Größen mit drei verschiedenen Einheiten (zum Beispiel Örsted für $H$, Gauß für $B$, $4\pi$ Gauß für $M$). Eine solche Darstellung zwingt dazu, Maßstabsfaktoren einzuführen, welche die voneinander verschiedenen Einheiten der beiden Veränderlichen, also der Abszissen und der Ordinaten, zum Ausdruck bringen. Man erleichtert die formelmäßige und die graphische Darstellung sehr, wenn man die Abszissen- und die Ordinatenachse in derselben Einheit beziffern kann. Legt man den Zusammenhang (7.15a) zugrunde, so werden in derselben Einheit gemessen einerseits $H$, $B/\mu_0$, aber nicht $B$, und $J$, aber nicht $M$, andererseits $\mu_0 H$, $B$ und $M$, aber nicht $J$. Wir wählen die zweite Art der Darstellung. *Wir betrachten also in den Gleichungen und in den graphischen Darstellungen $B$ und $M$ als Funktionen von $\mu_0 H$* (ohne für die stets wiederkehrende Kombination $\mu_0 H$ ein besonderes Formelzeichen einzuführen). Die verbreiteten Darstellungen, in denen die $B$-Achse in Gauß, die $H$-Achse in Örsted beziffert ist, können ohne Umzeichnung mit unserer Darstellungsweise verglichen werden, denn der Zahlenwert von $\mu_0 = 1$ G/Ö ist eins. Man kann also zum Beispiel ohne Änderung des Längenmaßstabes unterstellen, daß die eine Koordinate nicht H, sondern $\mu_0 H$ ist.

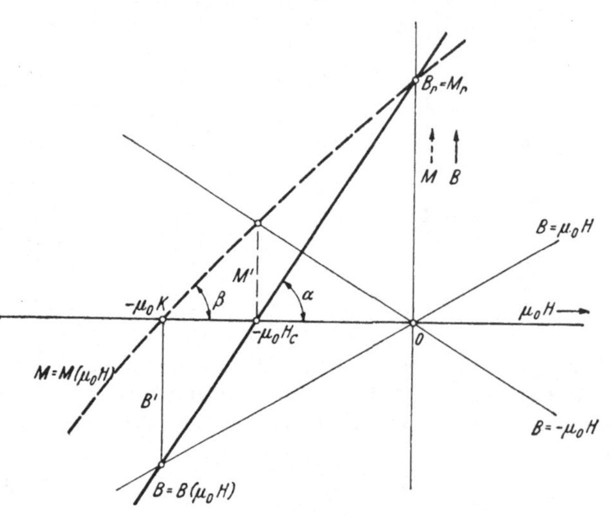


Abb. 7. 6. Zusammenhang der Koerzitivkräfte $K$ und $H_c$.

Den Zusammenhang zwischen der Koerzitivkraft $K$ für die Magnetisierung und der Koerzitivkraft $H_c$ für die Induktion erhalten wir mit Hilfe des Scherungsverfahrens. In Abb. 7.6 sind die Magnetisierungskurven $M(\mu_0 H)$ und $B(\mu_0 H)$ zwischen Remanenzpunkt und Koerzitivkraftpunkt eingetragen, ferner die Scherungsgeraden in beiden Richtungen. Im II. Quadranten gilt $B = M - \mu_0 H$, somit ist $M = M' = \mu_0 H_c$ für $B = 0$ und $B = B' = -\mu_0 K$ für $M = 0$. Aus der Zeichnung liest man ab

$$\operatorname{tg} \alpha = \frac{-B'}{\mu_0 (K - H_c)},$$

daher ist
$$K = \frac{H_c}{1 - \frac{1}{\operatorname{tg}\alpha}}. \tag{7.16}$$

Die Neigung der Magnetisierungskurve $B(\mu_0 H)$ im betrachteten Punkt ist die differentielle Permeabilität im Koerzitivkraftpunkt:
$$\left(\frac{\partial B}{\mu_0 \partial H}\right)_{B=0} = (\mu_d)_{H_c}. \tag{7.17}$$

Dies ist um so genauer der Wert von tg $\alpha$, je genauer die Magnetisierungskurve $B(\mu_0 H)$ zwischen den Punkten $(-B', -\mu_0 K)$ und $(0, -\mu_0 H_c)$ durch ein Geradenstück ersetzt werden kann. Im allgemeinen ist $B' \ll B_r$. Der Unterschied zwischen $K$ und $H_c$ ist dann um so geringer, je größer die Steilheit der Magnetisierungskurve $B(\mu_0 H)$ im Koerzitivkraftpunkt ist. Wäre diese Kurve zwischen den Achsenabschnitten $-\mu_0 H_c$ und $B_r$ ein Geradenstück, so würde gelten $\operatorname{tg}\alpha = B_r/\mu_0 H_c$ und daher
$$K = \frac{H_c}{1 - \frac{\mu_0 H_c}{B_r}} = \frac{H_c}{1 - \frac{1}{m}}. \tag{7.18}$$

Wegen der Krümmung der Magnetisierungskurve ist $\operatorname{tg}\alpha > B_r/\mu_0 H_c$ und daher der Unterschied zwischen $K$ und $H_c$ geringer, als (7.18) angibt.

Man liest zweitens ab
$$\operatorname{tg}\beta = \frac{M'}{\mu_0 (K - H_c)},$$
daher ist auch
$$H_c = \frac{K}{1 + \frac{1}{\operatorname{tg}\beta}}. \tag{7.19}$$

Die Neigung der Magnetisierungskurve $M(\mu_0 H)$ im betrachteten Punkt ist die differentielle Suszeptibilität im Koerzitivkraftpunkt:
$$\left(\frac{\partial M}{\mu_0 \partial H}\right)_{M=0} = (\varkappa_d)_K. \tag{7.20}$$

Dies ist um so genauer der Wert von tg $\beta$, je genauer die Magnetisierungskurve $M(\mu_0 H)$ zwischen den Punkten $(0, -\mu_0 K)$ und $(M', -\mu_0 H_c)$ durch ein Geradenstück ersetzt werden kann. Im allgemeinen ist $M' \ll M_r$. Der Unterschied zwischen $H_c$ und $K$ ist demnach um so geringer, je größer die Steilheit der Magnetisierungskurve $M(\mu_0 H)$ im Koerzitivkraftpunkt ist. Wäre diese Kurve zwischen den Achsenabschnitten $-\mu_0 K$ und $M_r$ ein Geradenstück, so würde gelten $\operatorname{tg}\beta = M_r/\mu_0 K$ und daher
$$H_c = \frac{K}{1 + \frac{\mu_0 K}{B_r}} = \frac{K}{1 + \frac{1}{m_\varkappa}}. \tag{7.21}$$

Wegen der Krümmung der Magnetisierungskurve ist $\operatorname{tg}\beta > M_r/\mu_0 K$, der Unterschied zwischen $H_c$ und $K$ ist geringer, als (7.21) angibt.

Der Vergleich von (7.16) mit (7.19) lehrt den Zusammenhang $\operatorname{tg}\alpha - \operatorname{tg}\beta = 1$ oder mit (7.17) und (7.20)
$$(\mu_d)_{H_c} = (\varkappa_d)_K + 1, \tag{7.22}$$
wie es der allgemeinen Definition (3.9) von $\mu$ und $\varkappa$ entspricht. Es ist nicht selbstverständlich, daß diese Beziehung auch für die hier getroffenen differentiellen Definitionen erfüllt ist[1].

[1] Wie die Tabelle 18.I zeigt, ist bei Dauermagnetlegierungen der Unterschied zwischen $K$ und $H_c$ häufig nicht sehr erheblich. Man darf aber diese Wahrnehmung nicht verallgemeinern: Nach *H. H. Potter* (Phil. Mag. 12 (1931) S. 255) hat die Legierung $Ag_5MnAl$ die enorm große Koerzitivkraft $\mu_0 K = 5640$ G und die Remanenz $B_r = 470$ G. Daher ist die Koerzitivkraft der Induktion, auf die es bei der technischen Anwendung ankommt, nur $\mu_0 H_c = 460$ G $= 1/12\, \mu_0 K$. Der große Unterschied wird durch die verhältnismäßig kleine Remanenz mittels der Abschätzungen (7.18, 21) ohne weiteres verständlich.

Der Zusammenhang zwischen $\mu_t = m$ und $\varkappa_t = m_\varkappa$ im Remanenzpunkt (7.14, 15) ist durch die Beziehungen (7.16, 17, 19, 20) gegeben:

$$m_\varkappa = m\left(1 - \frac{1}{(\mu_d)_{H_c}}\right) = \frac{m}{1 + \frac{1}{(\varkappa_d)_K}}, \qquad (7.24)$$

oder auch, wenn man die Beziehungen (7.18) und (7.21) gelten läßt:

$$m_\varkappa \approx m - 1. \qquad (7.25)$$

**b) Umkehrbare (reversible) Vorgänge und wiederkehrende Zustände.**

Es sei eine isotrope ferromagnetische Substanz durch eine Erregung $\mathfrak{H}$ zu einer gewissen Induktion $\mathfrak{B}$ magnetisiert, gleichgültig, ob auf der Neukurve oder auf einem Ast der Hysteresisschleife. Der den Zustand darstellende Punkt $P$ mit den Koordinaten $B$, $\mu_0 H$ ist in Abb. 7.7a auf einer Magnetisierungskurve angenommen, die aufsteigend durchlaufen wird. Fügt man eine positive Feldänderung $\overline{QQ'} = +\Delta H \cdot \mu_0$ hinzu, so geht der Zustandspunkt auf dieser aufsteigenden Magnetisierungskurve von $P$ nach $P'$ mit den Koordinaten $B + \Delta B$, $\mu_0(H + \Delta H)$. Das Verhältnis $\Delta B/\mu_0 \Delta H$, genauer sein Grenzwert für $\Delta H \to dH$, also die Neigung der Kurve $\overline{PP'}$ im Punkt $P$ gegen die Abszissenachse, haben wir in (7.6) als differentielle Permeabilität $\mu_d$ kennengelernt: $\Delta B = \mu_d \cdot \mu_0 \Delta H$,

$$\mu_d = \lim_{\Delta H \to dH} \left(\frac{\partial B}{\mu_0 \partial H}\right)_{\overline{PP'}}. \qquad (7.26)$$

$\mu_d$ ist ebenso wie $\mu_t$ durch die Magnetisierungskurve gegeben. Es liegt nun im Wesen der Hysteresiserscheinung, daß dieser Schritt nicht rückwärts getan, daß die Magnetisierungskurve nur in einer Richtung durchlaufen werden kann: macht man die Änderung $\Delta H$ von $P'$ aus rückgängig, so geht der darstellende Punkt in $P''$ über mit den Koordinaten $B + \Delta' B$, $\mu_0 H$, und die Änderung $\Delta' B$ ist k l e i n e r als die vorherige Änderung $\Delta B$. Schreiben wir für diesen Schritt rückwärts $\Delta' B = \mu_r \cdot \mu_0 \Delta H$, so ist daher stets

$$\mu_r < \mu_d, \qquad (7.26\,a)$$

und das Verhältnis $\Delta' B/\mu_0 \Delta H$, genauer sein Grenzwert für $\Delta H \to dH$, also die Neigung der Kurve $\overline{P'P''}$ im Punkt $P'$, wird als *reversible Permabilität* bezeichnet:

$$\mu_r = \lim_{\Delta H \to dH} \left(\frac{\partial B}{\mu_0 \partial H}\right)_{\overline{P'P''}}. \qquad (7.27)$$

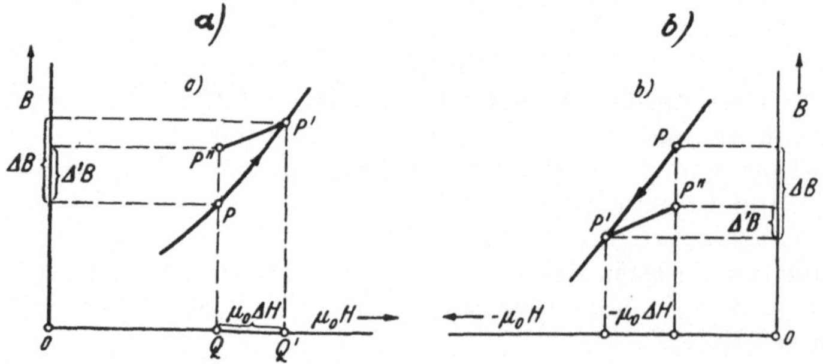


Abb. 7.7a und b. Zur Definition der reversiblen Permeabilität.

In Abb. 7.7b ist der gleiche Vorgang für den Ast einer Hysteresiskurve dargestellt, der absteigend durchlaufen wird: bei einer Änderung des Feldes $-H\mu_0$ um den Betrag $-\Delta H \cdot \mu_0$ geht der Zustandspunkt $P$ auf der Hysteresiskurve in den Punkt $P'$ über, und von diesem aus wird der Punkt $P''$ erreicht, wenn die

Feldänderung $-\Delta H \cdot \mu_0$ rückgängig gemacht wird. $\mu_d$ und $\mu_r$ werden auch hier durch (7.26) und (7.27) definiert, und zwar gleichfalls als positive Größen.

Kennzeichnend für die rückwärts gerichtete Zustandsänderung (7.27) ist ihre Umkehrbarkeit: Wird im Punkt $P''$ zum Feld $+H$ die Änderung $+\Delta H$ im ersten Fall, zum Feld $-H$ die Änderung $-\Delta H$ im zweiten Fall wieder hinzugefügt, so rückt der darstellende Punkt wieder nach $P'$, sofern nur die Änderung $\Delta H$ hinreichend klein ist. Genauere Untersuchung zeigt, daß die von $P'$ nach $P''$ in Abb. 7.7a absteigend durchlaufene Kurve nicht ein Geradenstück ist, sondern daß sie schwach konkav gegen die $\mu_0 H$-Achse ist, und daß die von $P''$ nach $P'$ aufsteigend durchlaufene Kurve schwach konvex gegen die $\mu_0 H$-Achse ist. In einem vollständigen Kreisprozeß (Zyklus) wird also eine schmale, lanzettartige Schleife durchlaufen, wie Abb. 7.7c veranschaulicht. Eine eingehendere Beschreibung dieser reversiblen Zustandskurve wird, um hier nicht zu weitläufig zu werden, erst in Abschnitt 14, mit den dort gegebenen Hilfsmitteln, in den Gleichungen (14.3...18) und Abb. 14.6 gegeben werden. Mit unbegrenzt abnehmendem $\Delta H$ entartet diese lanzettartige Schleife zu einem reversibel durchlaufenen Geradenstück, dessen Neigung gegen die $\mu_0 H$-Achse die reversible Permeabilität $\mu_r$ nach Definition (7.27) ist. Bei endlicher Größe der Änderung $H$ bezeichnen wir nicht die Neigung der Verbindungsgeraden $\overline{P''P'}$ der Endpunkte als reversible Permeabilität, son-

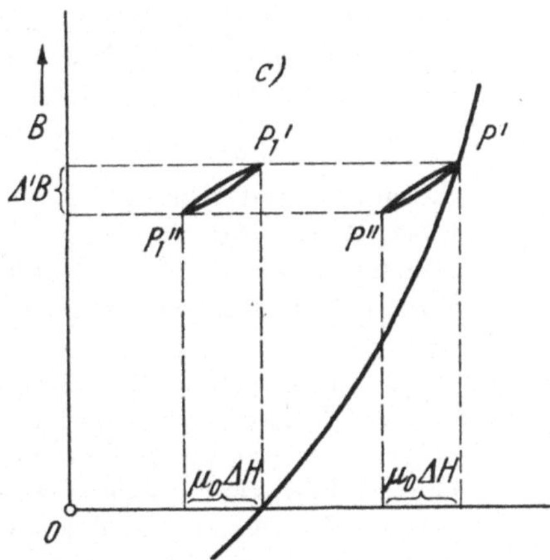


Abb. 7.7c. Reversible Zustandskurven.

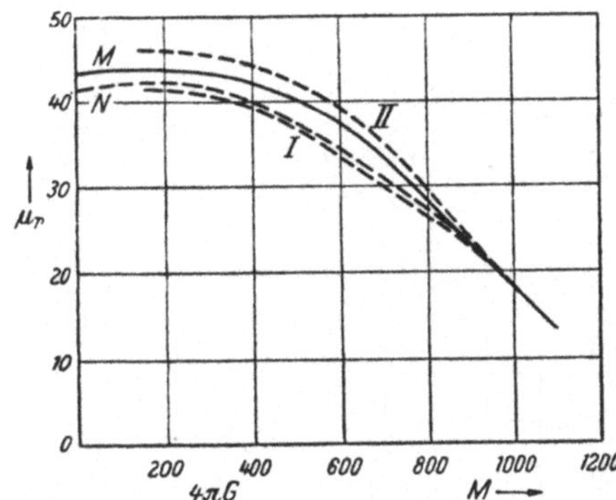


Abb. 7.8. Die reversible Permeabilität $\mu_r$ als Funktion der Magnetisierung $M$ bei einem gehärteten Magnetstahl. Nach *R. Gans* a. a. O. *N* Neukurve, *I* aufsteigende Hysteresiskurve, *II* absteigende Hysteresiskurve, *M* Mittel zwischen *I* und *II*.

dern, entsprechend dieser Definition (7.27), die Neigung der Tangente an die absteigende (von unten konkave) Kurve in $P'$, oder, was dasselbe ist, die Neigung der Tangente an die aufsteigende (von unten konvexe) Kurve in $P''$, also jeweils die flachere der beiden Tangenten in $P'$ und $P''$. Von der Größe der Änderung $\Delta H$ ist dieses $\mu_r$ nur wenig abhängig. Die Neigung der Verbindungsgeraden $\overline{P'P''}$ dagegen bezeichnen wir als *permanente Permeabilität* $\mu_P$. Sie wird später erläutert werden. In Abb. 7.13 sind die Verhältnisse vergrößert dargestellt. Nach diesen Definitionen ist $\mu_r < \mu_P$, der Unterschied zwischen beiden Permeabilitäten ist um so geringer, je kleiner $\Delta H$ ist. Mit der Genauigkeit, mit der man $\mu_P$ und $\mu_r$ einander gleichsetzen darf, kann man also sagen: Innerhalb der größten Feldänderung $\overline{\Delta H}$ bewegt sich der darstellende Punkt auf dem Geradenstück $\overline{P'P''}$ in beliebiger Richtung, die Induktion $\mathfrak{B}$ folgt dem linearen Gesetz

$$\mathfrak{B} = \pm \mu_r \mu_0 \mathfrak{H} + \mathfrak{M}', \tag{7.28}$$

worin $\mu_r$ und $\mathfrak{M}'$ kennzeichnende Konstante für den betrachteten Zustandspunkt $P'$ sind. Dieses eigentümliche Verhalten fand und untersuchte eingehend *R. Gans*[1]. Er bestätigte als erster, und nach ihm verschiedene Schüler *F. Emdes*[2], daß $\mu_r$ und $\mathfrak{M}'$ bei reversiblen Feldänderungen in der Tat konstante Größen sind, während bei den nicht reversibeln Feldänderungen sich $\mathfrak{M}'$ mit diesen ändert. $\mu_r$ wird auch als Überlagerungspermeabilität bezeichnet, denn seine Größe kann gemessen werden und hat technische Bedeutung, wenn $\Delta H$ die doppelte Amplitude eines sehr kleinen, der „Vormagnetisierung" $H$ überlagerten Wechselfeldes ist. $\mu_r$ ist abhängig von der Lage des Zustandspunktes und nimmt im allgemeinen mit fallender Induktion $B$ zu. Als *Anfangspermeabilität* $\mu_a$ bezeichnet man die reversible Permeabilität im völlig unmagnetischen Zustand:

$$\mu_a = \lim_{\substack{B \to 0 \\ H \to 0}} \mu_r \tag{7.29}$$

Im Anfangspunkt der Neukurve sind $\mu_a$, $\mu_d$ und $\mu_t$ gleich groß. Untersucht man reversible Zustandskurven mit gleichem $B$ und $\Delta H \cdot \mu_0$, jedoch verschiedenem $H$, wie Abb. 7.7c in $\overline{PP''}$ und $\overline{P_1 P_1''}$ veranschaulicht, so findet man, daß die reversible Permeabilität merklich dieselbe ist.

Selbstversändlich können diese Überlegungen sinngemäß auch in der Darstellung $M = M(\mu_0 H)$ vorgenommen werden, sie führen auf die Begriffe der reversibeln Suszeptibilität $\varkappa_r$ und der Anfangssuszeptibilität $\varkappa_a$ und zu der Zustandsgleichung

$$\mathfrak{M} = \pm \varkappa_r \mu_0 \mathfrak{H} + \mathfrak{M}', \tag{7.30}$$

die auch unmittelbar aus (7.28) folgt. Diese Zustandsgleichungen sind also Erfahrungssätze, keine Definitionen.

$\mu_r$ und $\varkappa_r$ in ihrer Abhängigkeit von $H$ betrachtet, sind nun keineswegs eindeutige Funktionen der Feldstärke, vielmehr in verwickelter Weise von der magnetischen Vorgeschichte abhängig, dagegen sind sie fast eindeutige Funktionen der Magnetisierung $M$. Abb. 7.8 zeigt den von *Gans* an einem gehärteten Magnetstahl[3] gemessenen Zusammenhang zwischen $\mu_r$ und $M$. Bei magnetisch weichen Substanzen sind die Unterschiede zwischen aufsteigend und absteigend gemessenen Kurven noch geringer. Man darf also in erster Annäherung sagen,

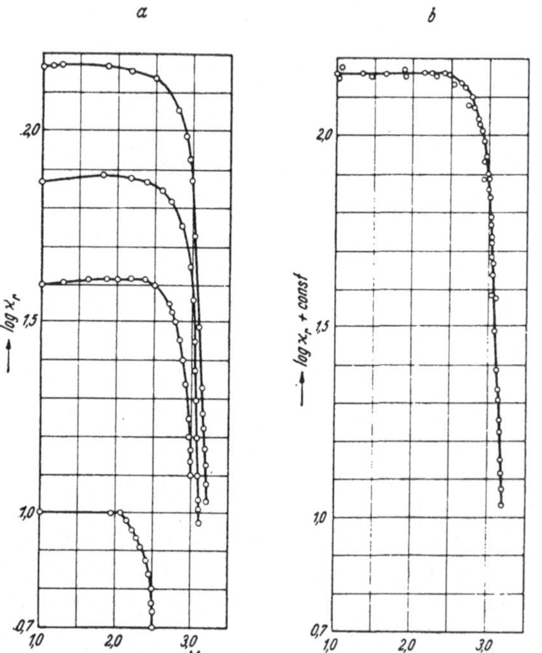

Abb. 7.9a und b. Die reversible Suszeptibilität als Funktion der Magnetisierung nach Beobachtungen von *R. Gans* a. a. O.

[1] *R. Gans*, Ann. d. Phys. 22 (1907) S. 481, 23 (1907) S. 391, 27 (1908) S. 1, 29 (1909) S. 301, 33 (1910) S. 1065, Phys. Z. 11 (1910) S. 988, 12 (1911) S. 1053.

[2] *O. Löbl*, *E. Kurz* und besonders *H. Laub*, Arch. f. El. 16 (1926) S. 395—495, *W. Breitling*, Arch. f. El. 35 (1941) 1. Heft, Elektrot. u. Maschinenbau 61 (1943) S. 315.

[3] „Remy"-Stahl, wahrscheinlich Wolfram-Stahl.

daß $\mu_r$ und $\varkappa_r$ durch die Magnetisierung, gleichgültig, wie diese hervorgebracht wurde, eindeutig bestimmt sind. Abb. 7.9a zeigt in logarithmischer Darstellung den Zusammenhang zwischen $\varkappa_r$ und $M$, den *Gans* an vier sehr verschiedenen ferromagnetischen Substanzen gemessen hat. Die Kurven unterscheiden sich nur durch konstante Ordinatenbeträge voneinander, sie können durch Verschiebung ohne Drehung miteinander zur Deckung gebracht werden. Die Numeri der Logarithmen unterscheiden sich daher nur um einen konstanten multiplikativen Faktor voneinander. In Abb. 7.9b sind die vier Kurven der Abb. 7.9a übereinandergezeichnet. Der Zusammenhang zwischen reversibler Suszeptibilität und Magnetisierung wird nach diesen Befunden durch eine universelle Funktion

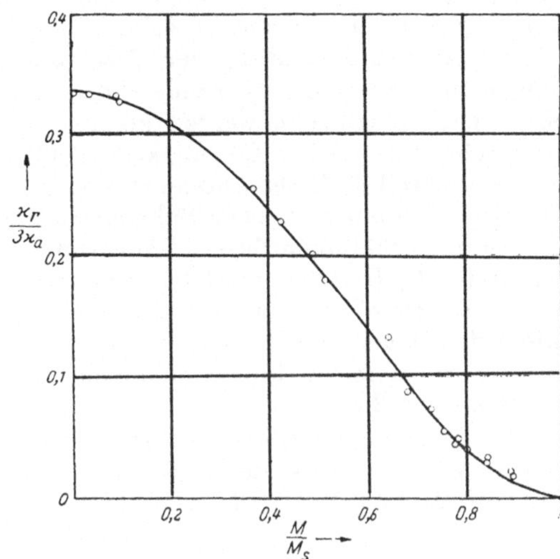


Abb. 7.10. Die analytische Funktion $\varkappa_r = \varkappa_r(M)$ von *Gans* (7.32). Eingetragene Punkte: Meßpunkte von weichem Eisen.

$$\frac{\varkappa_r}{\varkappa_a} = \varphi\left(\frac{M}{M_s}\right) \tag{7.31}$$

mit den zwei Konstanten: Anfangssuszeptibilität $\varkappa_a$ und Sättigungsmagnetisierung $M_s$ dargestellt, und ihr empirischer Verlauf ist durch die Kurve (Abb. 7.9b) gegeben. In Worten lautet diese *Gans*sche Beziehung: Drückt man die reversible Suszeptibilität in Bruchteilen der Anfangssuszeptibilität und die Magnetisierung in Bruchteilen der Sättigungsmagnetisierung aus, so ist $\varkappa_r/\varkappa_a$ für die verschiedensten eisenartigen Stoffe dieselbe eindeutige, monoton fallende Funktion von $M/M_s$. Als analytischen Ausdruck dieser Funktion hat *Gans* die folgende Parameterdarstellung angegeben:

$$\left.\begin{aligned} \varphi\left(\frac{M}{M_s}\right) &= \mathfrak{Cotg}\, x - \frac{1}{x} = L(x)\,, \\ \frac{\varkappa_r}{\varkappa_a} &= 3\,\frac{d\,L(x)}{d\,x} = 3\left(\frac{1}{x^2} - \frac{1}{\mathfrak{Sin}^2 x}\right). \end{aligned}\right\} \tag{7.32}$$

Abb. 7.10 zeigt den Verlauf. Die eingetragenen Punkte sind an weichem Eisen gemessen ($M_s = 1700 \cdot 4\pi = G21{,}3$ kG, $\varkappa_a = 146$). Die Übereinstimmung ist in diesem Fall ausgezeichnet. Nach (7.32) ist zum Beispiel im Fall $M/M_s = 0{,}5$, den wir mit (7.2) als Remanenzpunkt auffassen, $\varkappa_r \approx 0{,}6\,\varkappa_a$. Nach den mikrophysikalischen Überlegungen, die in Abschnitt 16 behandelt werden, soll im Remanenzpunkt für magnetisch harte Stoffe $\varkappa_r/\varkappa_a \approx 1$, für magnetisch weiche Stoffe $\varkappa_r/\varkappa_a = 0{,}3 \ldots 0{,}4$ sein[1].

Die Bedeutung dieser Untersuchungen im allgemeinen besteht in dem Nachweis, daß umkehrbare (reversible, wiederholbare) magnetische Zustandsänderungen möglich sind, die Bedeutung der *Gans*schen Beziehung (7.31) — selbst wenn (7.32) höheren Anforderungen nicht standhalten sollte — liegt darin, daß sie bisher die einzig bekannt gewordene Beziehung zwischen reversibler Suszeptibilität und

[1] Es ist bis hierhin vorausgesetzt, daß die Substanz isotrop ist und daß die Änderungen $\Delta\mathfrak{H}$ der Feldstärke in der Substanz in der Richtung des ursprünglichen Feldes $\mathfrak{H}$ vorgenommen werden. *Gans* hat auch den Fall untersucht, daß $\Delta\mathfrak{H}$ und $\mathfrak{H}$ senkrecht zueinander stehen. Die Ergebnisse bleiben mit sinngemäßen Änderungen der Formulierungen die gleichen.

Magnetisierung darstellt. Die in Abschnitt 16 behandelten mikrophysikalischen Überlegungen erbringen einen solchen Zusammenhang in zwei Punkten, nämlich im Anfangspunkt der Neukurve und im Remanenzpunkt. Eine solche allgemeine Beziehung (7.31) ist aber für die beschreibende Darstellung der umkehrbaren Vorgänge bei Dauermagneten erforderlich. Trotz dieser großen praktischen und grundsätzlichen Bedeutung der Beziehung (7.31, 32) fehlen leider neuere Messungen an weiteren, insbesondere den neueren ferromagnetischen Substanzen, aus denen entschieden werden könnte, in welchem Umfang (7.31) tatsächlich allgemein, mit welcher Genauigkeit (7.32) in jedem einzelnen Falle zutrifft. Im Anhang zu Teil d) dieses Abschnittes ist gezeigt, wie (7.32) mit der *Langevin*schen Funktion ferromagnetischer Substanzen zusammenhängt.

Die wiederholbaren Zustandsänderungen stabiler permanenter Magnete beschreibt die Beziehung (7.28). Die Zustände werden durch Punkte im II. Quadranten dargestellt, denn nach Aufhören des magnetisierenden äußeren Feldes bildet der Dauermagnet im Außenraum ein magnetisches Feld aus, das bewirkt, daß die magnetische Induktion kleiner bleibt als der größtmögliche Wert $M_r$, die Remanenz bei $H=0$.

Wir gehen über die bisher geübte Betrachtung des reversiblen Zustandes einen Schritt weiter hinaus, indem wir bei Dauermagneten beträchtliche Änderungen $H_{st}$ der Feldstärke in Betracht ziehen. Ob dabei gerade so, wie bei kleinen Änderungen $\Delta H$ in Abb. 7.7 und Gleichung (7.28) beschrieben wurde, wiederkehrende Zustände auftreten, steht nicht von vornherein fest. Wie sie tatsächlich erreicht werden können, haben besonders *Laub* und *Breitling* (a. a. O.) untersucht. Die Vorgänge seien an folgendem Beispiel erläutert: Der Magnet werde im magnetischen Kurzschluß, also ohne Luftspalt, durch einen elektrischen Strom magnetisiert. (Dafür sind zwei technische Verfahren gebräuchlich: entweder bildet der Magnet das Schlußstück eines magnetischen Joches, er verbindet also die geeignet geformten Polschule eines Elektromagneten miteinander, oder der Magnet wird durch geeignet ausgebildete Weicheisenteile zu einem geschlossenen magnetischen Kreis ergänzt, und durch diesen wird eine Stromschiene geführt, durch die ein sehr starker Stromstoß geschickt wird.) Bei Ausschalten des Stromes bleibt dann eine Magnetisierung zurück höchstens von der Größe der Remanenz $M_r$. Wird darauf der Luftspalt auf eine bestimmte Breite gebracht, so sinkt der den Zustand darstellende Punkt auf dem absteigenden Ast der äußersten Hystereseisschleife im II. Quadranten in eine tiefste Lage. Bei darauf folgender Verkleinerung des Spaltes bis auf den Wert null steigt er auf einer ganz anderen, nach unten konvexen Kurve in eine neue Höchstlage auf. Wird darauf der Spalt wieder auf seine vorherige Breite gebracht, so sinkt der Zustandspunkt auf einer neuen, bisher noch nicht durchlaufenen, nach oben konvexen Kurve in eine neue tiefste Lage herab, und dieses Spiel wiederholt sich

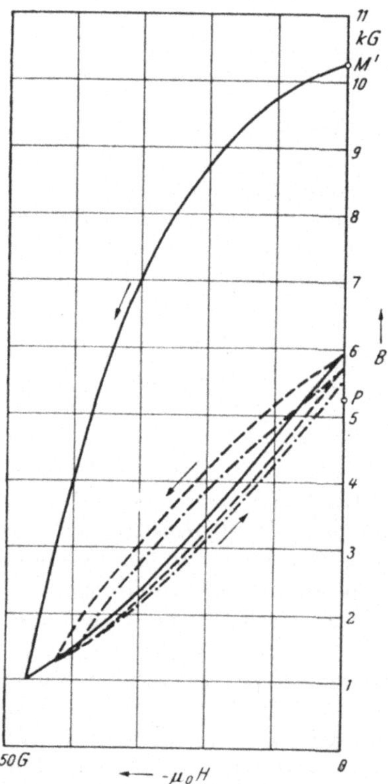


Abb. 7.11. Stabilisierungsvorgang an einem Magneten aus Chromstahl nach *H. Laub* a. a. O.

auf immer neuen Kurven, wenn der Spalt abwechselnd auf eine bestimmte Breite gebracht und dann wieder geschlossen wird. Jedoch rücken diese Kurven einander immer näher, bis schließlich jede folgende Kurve mit der vorangegangenen zusammenfällt, sofern nur immer die Änderung der Spaltbreite, also der Feldstärke $H_{st}$, die gleiche war. Bei genügend häufigem Hin- und Rückgang wird also ein Stabilisierungsvorgang durchlaufen, mit dem Ergebnis, daß schließlich die Zustandsänderungen zwischen einem festen Anfangspunkt und einem festen Endpunkt, die um den Betrag $H_{st}$ auseinanderliegen, vor sich gehen. Abb. 7.11 zeigt (nach *Laub*) einen Stabilisierungsvorgang mit dem Anfangspunkt

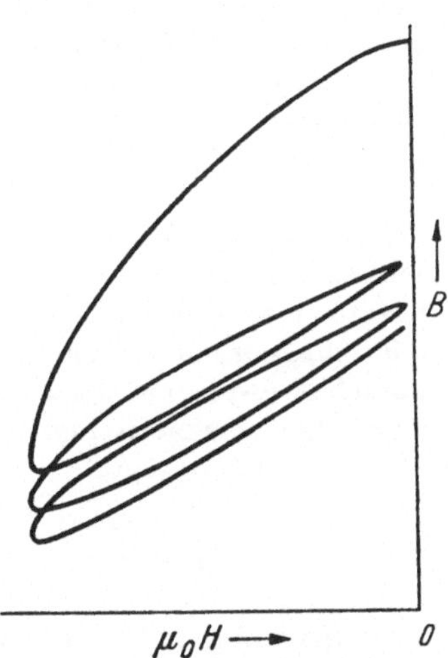


Abb. 7.12a. Experimentell aufgenommener Stabilisierungsvorgang. Nach *W. Breitling* a. a. O.

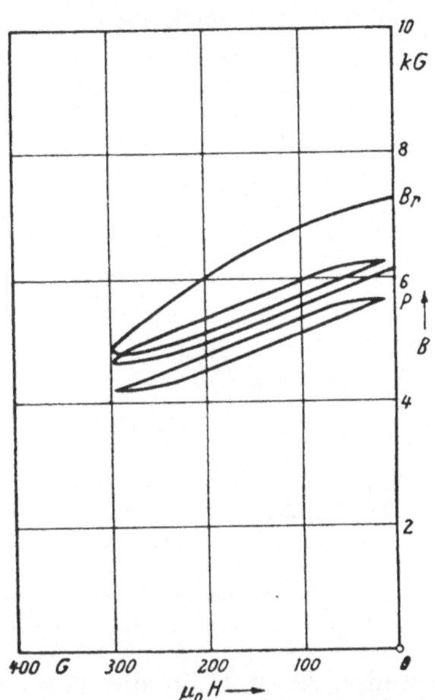


Abb. 7.12b. Anfang und Ende eines Stabilisierungsvorganges, experimentell aufgenommen. Nach *W. Breitling* a. a. O.

$M' = 10{,}3$ kG und dem Endpunkt $P = 5{,}3$ kG mit $H_{st}\mu_0 = 46$ G. Nach Messungen von *Laub* macht es keinen Unterschied, ob die Veränderungen der magnetischen Feldstärke durch wiederholtes Vergrößern und Verkleinern des Luftspaltes des Magneten um einen gleichbleibenden Betrag hervorgebracht werden, oder durch wiederholtes Ändern eines magnetisierenden elektrischen Stromes, zum Beispiel in einer Hilfswicklung. Durch eine Wechseldurchflutung von konstanter Amplitude wird man zum Beispiel die Stabilisierung vornehmen, wenn der Magnet mit offenen Enden (Stabmagnet, Rotationsellipsoid) nicht in einem geschlossenen magnetischen Joch, sondern im Innern einer Zylinderspule magnetisiert worden ist. In Abb. 7.12a und 12b sind von *Breitling* aufgenommene Stabilisierungsvorgänge wiedergegeben. In Abb. 12a ist der Vorgang nach der sechsten Feldstärkeänderung abgebrochen, um die photographische Aufnahme nicht undeutlich zu machen, die Stabilisierung ist noch nicht endgültig erreicht. Abb. 12b zeigt den ersten und den zweiten und den fünfzigsten Hin- und Rückgang, bei dem schließlich die Stabilität merklich erreicht ist.

Im stabilisierten Zustand gehen demnach Zustandsänderungen auch um einen beträchtlichen Betrag $H_{st}$ der Feldstärke auf einer schmalen, lanzettartigen Schleife von definierter Gestalt und Lage zwischen festen Endpunkten $A$ und $D$ vor sich, wie in Abb. 7.13 zur Verdeutlichung nochmals herausgezeichnet ist. Der Flächeninhalt der schmalen Lanzette kann in vielen praktischen Fällen vernachlässigt werden, ohne daß dadurch die Beschreibung der Vorgänge wesentlich gefälscht wird, die Fläche kann dafür also praktisch durch das Geradenstück ersetzt werden, das ihre Endpunkte $A$ und $D$ verbindet. Dessen Neigung gegen die $\mu_0 H$-Achse bezeichnen wir als *permanente Permeabilität*:

$$\mu_P = \frac{\Delta B}{\mu_0 \Delta H} = \operatorname{tg} \varepsilon ; \qquad (\Delta H)_{max} = H_{st} , \tag{7.33}$$

gemessen nach erreichter Stabilisierung an der Geraden zwischen den Endpunkten $A$ und $D$ der permanentmagnetischen Zustandskurve, die um den Betrag der *Stabilisierungsfeldstärke* $H_{st}$ auseinanderliegen. Bei Vernachlässigung des Flächeninhaltes bezeichnen wir das Geradenstück selbst gleichfalls als permanentmagnetische Zustandskurve. Den Abschnitt $P$, den die Gerade aus der $B$-Achse schneidet, bezeichnen wir als *Permanenz*, und als eingeprägte magnetische Feldstärke

$$H^e = \frac{P}{\mu_P \mu_0} \tag{7.34}$$

den Abschnitt der $\mu_0 H$-Achse; schließlich nennen wir eingeprägte magnetische Spannung oder magnetomotorische Kraft zwischen zwei Punkten $a$ und $b$ eines dauermagnetischen Kreises das Linienintegral

$$V^e = \int_a^b \mathfrak{H}^e \, d\mathfrak{r} . \tag{7.35}$$

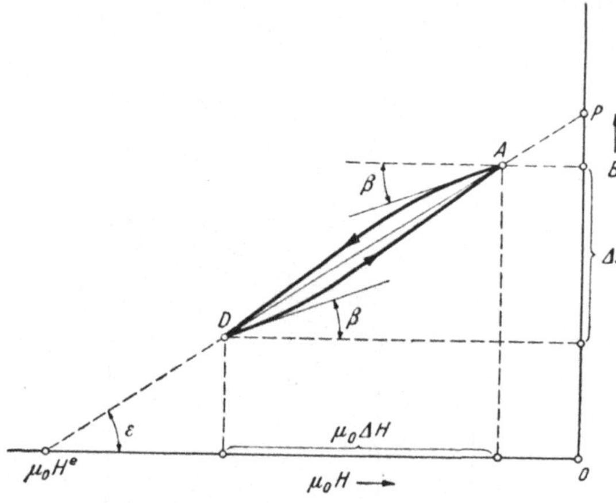

Abb. 7. 13. Permanentmagnetische Zustandskurve. $\operatorname{tg} \beta = \mu_r$, $\operatorname{tg} \varepsilon = \mu_p$, $\mu_r < \mu_p$.

Der Endpunkt $A$ kann die Permanenz $P$ sein, der Abschnitt $\mu_0 H^e$ ist jedoch fast stets eine Extrapolation. Die Gleichung der permanentmagnetischen Zustandskurve als Gerade zwischen den Endpunkten $A$ und $B$ lautet somit

$$B = P - \mu_P \mu_0 H ; \qquad \mathfrak{B} = \mathfrak{P} + \mu_P \mu_0 \mathfrak{H} . \tag{7.36}$$

Äußersten Falles kann der Endpunkt $A$ auf der $B$-Achse, der Endpunkt $D$ auf der äußersten Hysteresisschleife liegen; eine permanentmagnetische Zustandskurve mit dieser Lage der Endpunkte nennen wir eine ***vollständige Zustandskurve.*** $\mu_P$ ist der Substanz eigentümlich und kann in erster Annäherung als Konstante für diese betrachtet werden. Sie unterscheidet sich um so weniger von $\mu_r$, je kleiner die Feldänderungen sind. Auf die genauere Gestalt der permanentmagnetischen Zustandskurven und auf die Rolle der Fläche gehen wir in Abschnitt 14 ein.

In den Erfahrungsansätzen für reversible Zustandsänderungen

$$\mathfrak{B} = \mu_r \mu_0 \mathfrak{H} + \mathfrak{M}' ; \qquad \mathfrak{B} = \mu_P \mu_0 \mathfrak{H} + \mathfrak{P} = \mu_P \mu_0 (\mathfrak{H} + \mathfrak{H}^e) \tag{7.28, 36}$$

sind, wie erwähnt, $\mu_r$, $\mu_P$, $\mathfrak{M}'$, $\mathfrak{P}$ feste Werte. Mit der (ähnlich gebauten) Definitionsgleichung

$$\mathfrak{B} = \mu_0 \mathfrak{H} + \mathfrak{M} = \mu_0 (\mathfrak{H} + \mathfrak{J}) \tag{3.6, 7}$$

folgt hieraus, daß die temporäre Magnetisierung

$$\mathfrak{M} = \varkappa_r \mu_0 \mathfrak{H} + \mathfrak{M}' ; \qquad \mathfrak{M} = \varkappa_P \mu_0 \mathfrak{H} + \mathfrak{P} \tag{7.36a}$$

nicht eine Konstante ist, sondern eine Funktion der Feldstärke: $\mathfrak{M} = \mathfrak{M}(H)$. Indem man ebenso die andere Definitionsgleichung $\mathfrak{B} = \mu \mu_0 \mathfrak{H}$ mit (7.28, 36) vergleicht, kann man formal eine totale scheinbare Permeabilität definieren

$$\frac{B}{\mu_0 H} = \mu_s = \frac{M'}{\mu_0 H} \pm \mu_r ; \qquad \frac{B}{\mu_0 H} = \mu_s = \frac{P}{\mu_0 H} - \mu_P ; \tag{7.36b}$$

$\mu_s$ ist also von der Feldstärke abhängig: $\mu_s = \mu_s(H)$, und stets von $\mu_r$ oder $\mu_P$ verschieden. Dagegen stimmen mit diesen die differentiellen Größen überein:

$$\frac{\partial B}{\mu_0 \, \partial H} = \pm \mu_r \, ; \frac{\partial B}{\mu_0 \, \partial H} = \mu_P \, . \tag{7.36e}$$

Entsprechendes gilt über die Suszeptibilität.

Entlang der Hysteresiskurve sind Induktion und Magnetisierung nichtlineare Funktionen der Feldstärke:

$$\mathfrak{B} = \mathfrak{B}(H) \, , \; \frac{1}{\mu_0} \mathfrak{M}(H) = \mathfrak{J}(H) = \frac{1}{\mu_0} \mathfrak{B}(H) - \mathfrak{H} \, .$$

Will man darum

$$\mathfrak{B}(H) = \mu_0 \left[ \mathfrak{H} + \mathfrak{J}(H) \right]$$

entlang der Hysteresiskurve vergleichen mit der Gleichung

$$\mathfrak{B}(H) = \mu_P \mu_0 (\mathfrak{H} + \mathfrak{H}^e)$$

reversibler Zustandsänderungen — in jeder der beiden Beziehungen kommt ja im II. Quadranten eine dauermagnetische Eigenschaft zum Ausdruck —, so muß man beachten, daß nur $\mathfrak{H}^e$ eine konstante eingeprägte Feldstärke ist. Das Linienintegral

$$\int_{(l)} H^e \, dl = I^e \, , \tag{7.35}$$

erstreckt über die Länge $l$ des magnetisch stabilisierten, permanenten Dauermagneten, ist eine Konstante und kann darum zutreffend als eingeprägte magnetische Spannung oder als magnetomotorische Kraft bezeichnet werden. Es wird aber auch häufig bei dauermagnetischen Zuständen, die durch Punkte auf einer Hysteresiskurve dargestellt werden, von magnetomotorischen Kräften gesprochen. Es liegt nahe, solche in diesem Fall mit Hilfe der temporären Magnetisierung $\mathfrak{J}$ des Dauermagneten zu definieren. Eine so bestimmte magnetomotorische Kraft ist also keine Konstante, sondern eine Funktion der Feldstärke, allgemein des magnetischen Zustandes (für $H = K$ zum Beispiel ist sie null). Ein echter Gewinn für die Anschauung und für die Beschreibung der Zustände auf der Hysteresiskurve wird durch diese Begriffsbildung nur selten erzielt. Eingeprägte Feldstärke und magnetomotorische Kraft sind für die permanentmagnetischen (reversibeln) Zustandsänderungen unmittelbar definierte und nur für diese konstante Größen. Man vermeidet die Möglichkeit von Irrtümern, wenn man diese Begriffe nur hier anwendet.

Die Größe $\mu_r$ hatten wir auch als Überlagerungspermeabilität bezeichnet, weil sie die magnetischen Vorgänge bei Überlagerung eines schwachen Wechselfeldes von konstanter Amplitude über ein konstantes Feld beschreibt. Ein ganz anderes Verhalten haben *Steinhaus* und *Gumlich*[1] beobachtet, wenn man beim Magnetisieren mit Gleichstrom ein Wechselfeld mit anfänglich großer, stetig abnehmender Amplitude überlagert. Der Zusammenhang zwischen Gleichstromerregung und magnetischer Induktion ist dann nicht durch eine Hysteresisschleife gegeben, sondern durch eine einästige (eindeutige) Magnetisierungskurve. Diese liegt zwischen dem aufsteigenden und dem absteigenden Ast der gewöhnlichen äußersten Hysteresisschleife, sie fällt auch nicht mit der Neukurve zusammen, sondern liegt über ihr. Sie hat bei $H = 0$ einen außerordentlich steilen, praktisch senkrechten Anstieg, die Anfangssuszeptibilität der Kurve hat einen enorm hohen, praktisch unendlich großen Wert, weiterhin verläuft diese Magnetisierungskurve ohne Wendepunkt konkav zur $\mu_0 H$-Achse bis zur Sättigung. *Steinhaus* und *Gumlich* bezeichnen die Kurve als ideale Magnetisierungskurve. Man kann zum Beispiel auf dem geschlossenen magnetischen Kreis, der den Dauermagneten enthält, eine Gleichstromspule anbringen und die ganze Anordnung ins Innere einer wechselstrombeschickten Zylinderspule bringen und entweder aus dieser weit herausziehen oder die Wechselstromamplitude möglichst stufenlos und stetig auf null abnehmen lassen. Das Ergebnis eines solchen Versuches ist in Abb. 7.14 wiedergegeben[2]. Das Vorgehen und das Ergebnis ist also anders als bei der Herstellung einer stabilen permanentmagnetischen Zustandskurve.

[1] *W. Steinhaus* und *E. Gumlich*, Verh. d. d. Phys. Ges. 17 (1915) S. 369 Arch. f. El. 4 (1915) S. 149.

[2] *E. Schramkow* und *B. Janowski*, Z. Techn. Phys. 11 (1930) S. 429.

**c) Die Meßverfahren zur Bestimmung der magnetischen Eigenschaften** der eisenartigen Stoffe sind der Gegenstand eines besonderen und umfangreichen Zweiges der Meßkunst. Wir beschränken uns hier auf einige grundsätzlichen Hinweise[1].

Für die Aufnahme der Magnetisierungskurve und der Hysteresisschleife hatten wir in a) den gleichmäßig bewickelten Ringkörper aus der zu untersuchenden Substanz vorausgesetzt. Dieses Verfahren ist zwar theoretisch ideal, praktisch aber schwer durchführbar, da die Herstellung eines gleichmäßig bewickelten Ringkörpers immer schwierig, praktisch oft nicht möglich, die gleichmäßige Bewicklung umständlich ist. Auf die Messung an geraden zylindrischen Stäben kann man wegen ihrer einfachen Herstellung nicht verzichten. Man klemmt den Probestab in ein schweres Joch aus magnetisch weichem Eisen, in der Absicht, daß die magnetischen Eigenschaften des Probestabes allein zur Geltung kommen sollen. Abb. 7.15 zeigt ein solches magnetisches Joch, in das ein zylindrischer Stab ein-

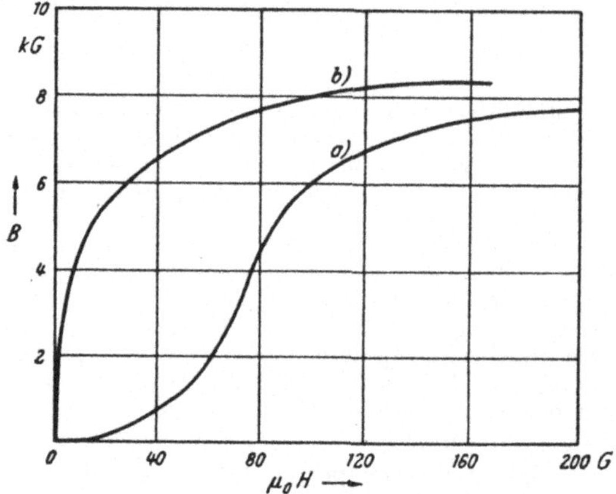


Abb. 7. 14. Magnetisierung eines Dauermagneten a) ohne, b) mit überlagertem Wechselfeld.

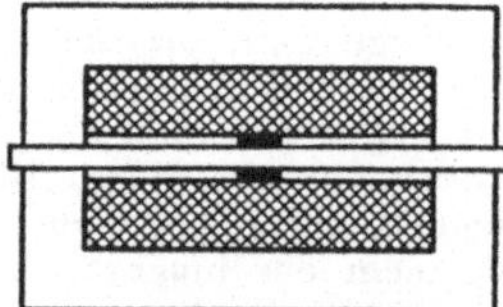

Abb. 7.15. Magnetisches Joch mit Probestab, Magnetisierungsspule und Induktionsspule.

geklemmt ist. In der Mitte des Stabes ist eine enge, kurze Induktionsspule aufgewickelt, deren Enden zum Spannungsstoßmesser zur Bestimmung der Flußdichte $B$ führen, der ganze übrige Raum zwischen den beiden Jochbacken ist durch die Magnetisierungsspule zur Herstellung der Erregung $H$ ausgefüllt. Man wünscht, mit der Jochanordnung zu erreichen, daß die gesamte magnetische Umlaufspannung $\oint \mathfrak{H}\, d\mathfrak{r} = \Sigma i$ ausschließlich entlang dem Probestab herrscht, und daß alle übrigen Teile des magnetischen Schließungskreises nur verschwindenden Einfluß haben. In diesem Fall ist aus dem Durchflutungsgesetz die magnetische Erregung genau so errechenbar wie beim Ringkörper. In Wirklichkeit wird ein Teil der magnetischen Umlaufspannung für die nicht bewickelten Teile des Probestabes (Stabenden zwischen Spule und Jochwand), für unvermeidliche Luftwege (Stoßfugen, Streuung) und für den Weg des magnetischen Flusses durch das Joch selbst in Anspruch genommen. Das Ideal des magnetischen Kurzschlusses außerhalb des Probestabes wird nur unvollkommen erreicht, bei bestimmten Genauigkeitsansprüchen kommt man nicht ohne Korrekturen aus. Für verschiedene Probeformen und unterschiedliche praktische Ansprüche hat man verstellbare Joche gebaut. Abb. 7.16 und 17 zeigen zwei Beispiele. — Für Vergleichs-

[1] Zur weiteren Unterrichtung können dienen: *W. Steinhaus*, Magnetismus, in *F. Kohlrauschs* Praktischer Physik, Bd. 2, 18. Aufl., Leipzig und Berlin 1943, besonders S. 98—105, *H. Neumann*, Arch. Techn. Mess. J 66 — 1, 2 (1934), J 65 — 1 (1935), *W. Breitling*, Arch. f. El. 35 (1941), 1. Heft.

messungen an zwei stabförmigen Proben von gleichen Abmessungen, von denen die eine als Normal mit bekannten magnetischen Eigenschaften dient, geht man nach der Differentialmethode so vor, daß beide Stäbe in zwei gleichen Magnetisierungsspulen stecken, die in beiden Stäben gleiche magnetische Erregung $H$ hervorrufen sollen; die Spulen sind darum hintereinander geschaltet. Die zwei gleichen Induktionsspulen, die sich auf den beiden Stäben befinden, bilden zwei Zweige einer elektrischen Brückenanordnung, deren zwei andere Zweige durch Meßwiderstände gebildet werden. In der Brückendiagonale liegt der Spannungs-

Abb. 7.16. Magnetisches Joch von *H. Neumann* (a. a. O.). Als Probe ist ein Hufeisenmagnet für Zähler eingespannt. Die Magnetisierungsspulen sind der Deutlichkeit halber weggelassen. Vorn ist eine Vorrichtung zum Herausschnellen eines magnetischen Spannungsmessers erkennbar.

Abb. 7.17. Vielfältig verstellbares magnetisches Joch von *W. Breitling* (a. a. O.).

stoßmesser. Er zeigt bei Kommutieren des Magnetisierungsstromes keinen Ausschlag, wenn sich die Flußdichten in beiden Stäben verhalten wie die Größen der Vergleichswiderstände. $H$ kann auch mit einem magnetischen Spannungsmesser (Abschnitt 2′a) gemessen werden, so in der Anordnung nach Abb. 7.16, in der ein abschleuderbarer Spannungsmesser vorne zu sehen ist.

Die Bestimmung der Induktion $B$ geschieht bei geschlossenem Joch in der aus Abschnitt 2′ bekannten Weise mit ruhender Probespule (Induktionsspule) und Spannungsstoßmesser. Man kann auch einen Luftspalt in dem magnetischen Joch anbringen und dort die Induktion messen, deren Normalkomponente ja nach (2. 8) stetig in den Luftraum übergeht. Bei dem Apparat von *Köpsel* ist der Luftspalt zylindrisch, in ihm bewegt sich eine von konstantem Strom durchflossene Drehspule, deren Ausschlag somit proportional zu $B$ ist. Abb. 7.18. Man kann auch in dem Luftschlitz eine mit konstanter Geschwindigkeit gedrehte Kupferscheibe anordnen; zwischen ihrer Achse und ihrem Umfang mißt man dann eine elektrische Spannung, die nach dem Induktionsgesetz proportional zu $B$ ist[1]. Befindet sich in dem Luftschlitz ein elektrischer

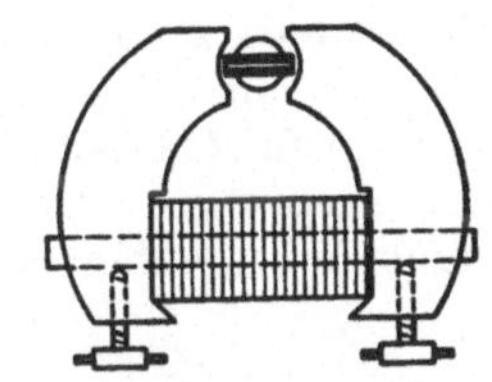

Abb. 7.18. *Köpsel*scher Apparat mit Magnetisierungsspule und Drehspule im Luftspalt.

[1] Vergleiche zum Beispiel Elektrodynamik S. 78.

Widerstand aus Wismut, so kann dessen Widerstandsänderung als Maß für $B$ dienen. Oder aber man mißt die magnetische Zugkraft zwischen den beiden Begrenzungsflächen des in zwei Teile aufgeteilten Joches: magnetische Waage von *Dubois*.

Bei der Bestimmung von $H$ liegt die Schwierigkeit, wie erwähnt, in der Unvollkommenheit des magnetischen Kurzschlusses außerhalb des Probekörpers. Man kann nun in gegenteiligem Verfahren auf den magnetischen Kurzschluß ganz verzichten und mit freien Enden des Probekörpers in völlig offenem magnetischen Kreis messen. Hierfür hat man von der Vorstellung (3.12) auszugehen, wonach die Erregung $H$ im Probekörper gleich ist der Erregung $H_0$ im gleichen substanzfreien Körperraum, vermindert um einen Bruchteil $N$ der Magnetisierung $J$ im Probekörper: $H = H_0 - JN$. Die Schwierigkeit liegt bei diesem Verfahren darin, daß der Faktor $N$ nur für wenige Körperformen genau berechnet werden kann; die Voraussetzungen für dieses Verfahren werden daher später in Abschnitt 8 eingehend untersucht werden.

**d)** Für die **mikrophysikalische Deutung** ist folgender Zusammenhang bemerkenswert: In (6.1) hatten wir das magnetische Moment $\mathfrak{j}_{mag}$ des Elektrons von der Ladung $-e$ kennengelernt, das in der Zeit $\tau$ eine geschlossene Bahn, die die Fläche $f$ umrandet, einmal durchmißt:

$$\mathfrak{j}_{mag} = -\frac{e}{\tau} f \mathfrak{n} \,. \tag{7.37}$$

Infolge der trägen Masse $t$ des umlaufenden Elektrons hat dieser magnetische Dipol zugleich die mechanische Eigenschaft eines Kreisels, er hat außer dem magnetischen Moment auch einen mechanischen Drehimpuls $\mathfrak{j}_{mech}$, und dieser ist das doppelte Produkt der trägen Masse mit der Flächengeschwindigkeit, das heißt der vom Fahrstrahl in der Zeiteinheit überstrichenen Fläche, die hier $f\mathfrak{n}/\tau$ ist. Also ist der Drehimpuls

$$\mathfrak{j}_{mech} = \frac{2t}{\tau} f \mathfrak{n} \,. \tag{7.38}$$

Der Vergleich mit (7.37) lehrt die wichtige Beziehung

$$\mathfrak{j}_{mag} = -\frac{e}{2t} \mathfrak{j}_{mech} \,; \tag{7.39}$$ [1]

zu jedem magnetischen Moment gehört ein mechanischer Drehimpuls, der von der trägen Masse des umlaufenden Elektrons herrührt. Diese Beziehung gilt auch, wenn man über alle Elektronenbahnen des einzelnen Atoms, selbst dann, wenn man über alle Bahnen innerhalb eines makroskopischen Körpers summiert. Sie läßt sich darum experimentell nachweisen. Sie läßt erwarten, daß ein längsmagnetisierter Eisenzylinder bei Magnetisierungsänderungen einen mechanischen Drehimpuls zeigt, ferner, daß ein um seine Längsachse rasch rotierender Eisenzylinder eine Magnetisierung in der Längsachse zeigt. Die erste Beobachtung wurde von *A. Einstein* und *W. J. de Haas*, die zweite von *S. J. Barnett* gemacht und ausgewertet. Dabei hat sich die Beziehung (7.39) nicht bestätigt, vielmehr ergaben beide Versuche

$$\frac{j_{mag}}{j_{mech}} = \frac{e}{t} \,, \tag{7.40}$$

also den doppelten Wert des nach (7.39) zu erwartenden Verhältnisses. Hieraus läßt sich der Schluß ziehen, daß die magnetischen Momente der Molekularmagnete nicht dadurch zustande kommen, daß die Elektronen in geschlossenen Bahnen um den Atomkern umlaufen, vielmehr ergänzen sich offenbar alle diese Elementar-

[1] Einheiten: $\mathrm{Acm}^2$ für $\mathfrak{j}_{mag}$ (Strom mal Fläche), $\mathrm{gcm}^2/\mathrm{s}$ für $\mathfrak{j}_{mech}$ (Masse mal Flächengeschwindigkeit), As/g für $e/t$ (Ladung durch Masse).

ströme zur Summe null. Man muß nach einer anderen Deutung Ausschau halten. Die zweifache Eigenschaft, ein magnetisches Moment und einen mechanischen Drehimpuls zu zeigen, besitzen nun die Elektronen nicht allein wegen ihrer Bahnumläufe, sondern auch für sich selbst. Es führt nämlich die quantentheoretische Deutung der von den Atomen ausgesandten Linienspektren zu der Behauptung, daß jedes Elektron für sich selbst schon Träger eines bestimmten magnetischen Dipolmomentes ist von der Größe

$$j_{mag} = \frac{h}{4\pi} \cdot \frac{e}{t} \tag{7.41}$$

und zugleich eines mechanischen Drehimpulses von der Größe

$$j_{mech} = \frac{h}{4\pi}. \tag{7.42}$$

Hierin ist $h$ das *Planck*sche Wirkungsquantum. Um diese merkwürdige Doppeleigenschaft des Elektrons zu verstehen, mag man sich vorstellen, daß die Ladung in bestimmter Verteilung im Elektron um eine Achse rotiert. Dadurch ist das Elektron zugleich ein Kreisel und ein magnetischer Dipol. Für den Eigendrehimpuls, den Drall des Elektrons und die damit im engsten Zusammenhang stehenden Eigenschaften ist in der Atomphysik die Bezeichnung: spin des Elektrons eingeführt. Mit diesem kurzen Ausdruck können wir auch zum Beispiel das Spinmoment und das Bahnmoment des Elektrons in leicht verständlicher Weise voneinander unterscheiden.

Das Verhältnis des Eigenmomentes zum Eigenimpuls des Elektrons

$$\frac{j_{mag}}{j_{mech}} = \frac{e}{t} \tag{7.43}$$

ist in Übereinstimmung mit dem Versuchsbefund (7.40): offenbar bringen nicht die magnetischen Momente und mechanischen Drehimpulse der Elektronenumläufe, sondern die Eigenmomente und Eigenimpulse der Elektronen die Wirkungen hervor, die in den Versuchen von *Einstein* und *de Haas* und von *Barnett* beobachtet werden[1]. Mit der *Planck*schen Konstanten $h = 6.61 \cdot 10^{-27}$ erg s und dem Verhältnis der Ladung zur Masse des Elektrons $e/t = 1.76 \cdot 10^8$ As/g ist

$$j_{mag} = 0.926 \cdot 10^{-19}\ \mathrm{A\,cm^2}, \tag{7.41a}$$

$$j_{mech} = 5.26 \cdot 10^{-26}\ \mathrm{erg\,s}. \tag{7.42a}$$

Nun sind in 1 cm³ Eisen rund $8{,}4 \cdot 10^{22}$ Atome vorhanden. Die Sättigungsmagnetisierung von Eisen liegt in der Größenordnung $M_s \approx 20$ kG oder $M_s/\mu_0 \approx 16\,000$ A/cm, daher kommt auf 1 Atom rund

$$\frac{16\,000\ \mathrm{A/cm}}{8.44 \cdot 10^{22}/\mathrm{cm^3}} = 1.9 \cdot 10^{-19}\ \mathrm{A\,cm^2}.$$

das ist rund $2\,j_{mag} = 1.85 \cdot 10^{-19}$ A cm². Das magnetische Moment eines Eisenatomes wird hiernach offenbar im wesentlichen durch zwei gleichgerichtete Elektronenkreisel in seinem Inneren hervorgebracht.

Die mikrophysikalische Deutung der vier besonderen, in a) eingangs hervorgehobenen ferromagnetischen Eigenschaften wird ausführlich in Abschnitt 16 behandelt. Wir begnügen uns daher hier mit einem kurzen Abriß der Gedankengänge:

1. Die paramagnetischen Eigenschaften gewisser Stoffe waren in Abschnitt 3b durch die Vorstellung gedeutet worden, daß das äußere Magnetfeld ordnend gegen die ordnungslose Wärmebewegung auf die magnetischen Dipole einwirkt. Wenn man diese Theorie auf die ferromagnetischen Eigenschaften fortzuführen

[1] Nach den neuesten Messungen nimmt man doch einen kleinen Beitrag der Wirkung der Elektronenbahnen in der Größe von einigen Hundertsteln an.

sucht, kommt man wegen ihrer sehr großen Suszeptibilität zu der Annahme, daß bei den eisenartigen Stoffen die Wechselwirkung der Dipole untereinander berücksichtigt werden muß. Diese bewirkt offenbar, daß das wirksame mikroskopische Feld $\mathfrak{H}_w$ ein anderes ist, als das außen angelegte erregende magnetische Feld $\mathfrak{H}$. Setzt man $\mathfrak{H}_w$ zusammen aus $\mathfrak{H}$ und einem zur Magnetisierung $\mathfrak{M}$ proportionalen Anteil

$$\mathfrak{H}_w = \mathfrak{H} + \nu\, \mathfrak{M} / \mu_0 , \tag{7.43}$$

so hat man für den Zusammenhang zwischen Magnetisierung und äußerem Feld die zwei Beziehungen

$$\left.\begin{aligned} M &= M_s \cdot L\left(\frac{m H_w}{k T}\right), \\ M/\mu_0 &= \frac{H_w - H}{\nu}, \end{aligned}\right\} \tag{7.44}$$

aus denen $H_w$ zu eliminieren ist. $L(x)$ ist die aus (6.16) bekannte *Langevin*sche Funktion. In dem Gebiet kleiner Argumentwerte, in welchem man $L(x) = x/3$ setzen kann (6.17), kommt daher mit $M_s = mn$ aus (7.44) einfach

$$M = \frac{n m^2}{3 k T}(H + \nu M / \mu_0)$$

oder umgestellt

$$M = \frac{n m^2 H}{3 k \left(T - \dfrac{\nu n m^2}{3 k \mu_0}\right)} = \frac{n m^2 H}{3 k (T - \Theta)} = \frac{M_s^2 H}{3 n k (T - \Theta)} . \tag{7.45}$$

Ist also $\Theta$ eine positive Größe, so muß es eine Temperatur $T \approx \Theta$ geben, bei der die Suszeptibilität $M/\mu_0 H$ außerordentlich große Werte annimmt. Bei den eisenartigen Stoffen ist das bekanntlich bei Zimmertemperatur der Fall. Man kann daraus rückwärts auf die Zehnerpotenz der Zahl $\nu$ schließen und findet die Größenordnung $10^4$. Die Temperatur $\Theta$, oberhalb der die eisenartigen Stoffe nicht mehr eine sehr große Suszeptibilität, sondern gewöhnliches paramagnetisches Verhalten zeigen, wird *Curie*-Punkt genannt. Für die eisenartigen Stoffe genügt aber die Abschätzung (7.45) nicht, vielmehr muß man die Beziehung (7.44) selbst betrachten. Das geschieht am einfachsten durch graphische Darstellung der beiden Gleichungen, indem man über der Abszisse $h_w = \frac{m H_w}{k T}$ einerseits die Kurve $M/M_s = L(h_w)$ und andererseits die Gerade

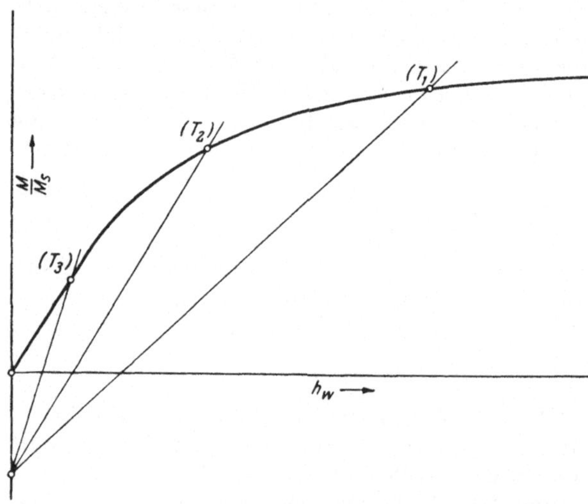


Abb. 7.19. Bestimmung des magnetischen Zustandspunktes (der Suszeptibilität) bei ferromagnetischen Substanzen aus der *Langevin*-Kurve in Abhängigkeit von der Temperatur.

$$\frac{M}{M_s} = \frac{k \mu_0 T}{\nu m^2 n} h_w - \frac{\mu_0}{\nu m n} H \tag{7.44a}$$

aufträgt. Durch die Ordinate des Schnittpunktes beider ist $M/M_s$ bestimmt. Abb. 7.19. Bei gegebenem äußerem Feld $H$ ist der Achsenabschnitt der Geraden

(7.44a) konstant, ihr Neigungswinkel ist proportional zu $T$. Bei hoher Temperatur ist die Magnetisierung klein, sie wächst mit sinkender Temperatur. Beim *Curie*-Punkt $T=\Theta$ ist die Suszeptibilität nicht unendlich groß, wie die Abschätzung (7.45) ergab; zwar ist die Gerade (7.44a) parallel zur der Tangente an die Kurve $L(h_w)$ im Nullpunkt:

$$\left(\frac{dL}{dh_w}\right)_{h_w=0} = \frac{1}{3},$$

denn ihre Neigung ist

$$\operatorname{arc\,tg} \frac{k\mu_0\Theta}{\nu n m^2} = \operatorname{arc\,tg} \frac{1}{3},$$

ihr Schnittpunkt mit der *Langevin*-Kurve liegt jedoch im Endlichen, da diese konkav von der Abszissenachse aus gesehen ist. Bei schwach geneigter Geraden und bei kleinen Werten $H$, auch $H=0$ nicht ausgeschlossen, kann mehr als ein Schnittpunkt auftreten; dann muß zusätzlich untersucht werden, welcher Schnittpunkt einem labilen, welcher einem stabilen Zustand entspricht. — Nicht erklärt wird durch diese Darstellung der außerordentlich hohe Wert der Zahl $\nu$ und die Tatsache der Magnetisierungsschleife.

2. In den eisenartigen Stoffen werden offenbar die Molekularmagnete durch ein angelegtes magnetisches Feld viel stärker ausgerichtet, als in den paramagnetischen Stoffen; die Dipolmomente mögen in beiden nicht wesentlich verschieden voneinander sein. Das Verhalten der eisenartigen Stoffe läßt sich dann durch die Annahme erklären, daß in ihnen kleine Teilgebiete vorhanden sind, die eine große Anzahl von Molekularmagneten umschließen und in denen die Molekularmagnete schon von sich aus, ohne Einwirkung äußerer Kräfte, untereinander gleichgerichtet sind, so daß ein solches Teilgebiet einen kleinen Magneten darstellt. Wenn kein äußeres Feld vorhanden ist, ändert sich die Richtung der Magne-

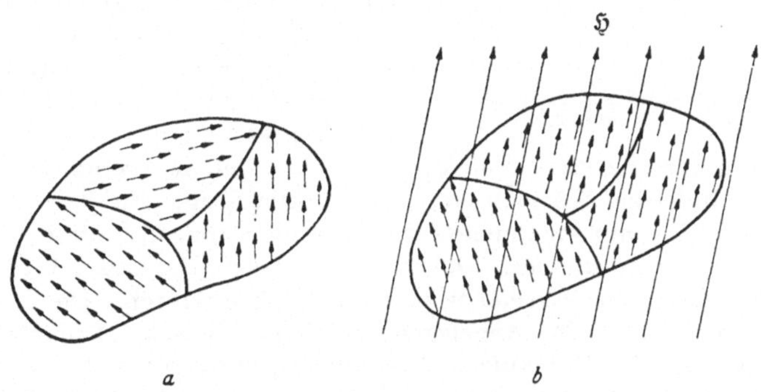


Abb. 7.20. Unausgerichtete (a) und ausgerichtete (b) Bezirke eines Eisenkörpers, schematisch.

tisierung von Gebiet zu Gebiet ganz regellos (schematisch in Abb. 7.20a dargestellt), so daß größere Körper insgesamt doch keine eigene Magnetisierung besitzen. Wird ein zunächst kleines magnetisches Feld von außen in dem Körper erregt, so drehen sich die Molekularmagnete in den einzelnen Teilgebieten ein wenig nach der Richtung des äußeren Feldes, und zwar elastisch, beim Abnehmen des äußeren Feldes gehen sie wieder in ihre Ausgangsstellungen zurück. Bei genügend großer äußerer Feldstärke dagegen werden die Lagen der Molekularmagnete einzelner Teilgebiete instabil, schließlich klappen sie in eine neue Gleichgewichtslage um, in der ihre Richtungen mit der Richtung des angelegten Feldes besser übereinstimmen (schematisch in Abb. 7.20b angedeutet); bei Abnehmen und schließlichem Verschwinden des äußeren Feldes verharren die Teilgebiete in den neu eingenommenen, stärker untereinander gleichgerichteten Stellungen, der Körper behält eine gewisse Magnetisierung, er zeigt magnetische Hysteresis. Nach *P. Weiß*, der diese Annahme als erster machte und begründete[1], nennt man diese Teilgebiete *Weiß*sche Bezirke. Von *Sixtus* und *Tonks* ausgeführte Versuche zeigten, daß nicht etwa sämtliche *Weiß*schen Bezirke gleichzeitig umklappen, vielmehr beginnt dieser Vorgang bei einem bestimmten Keim und pflanzt sich mit einer endlichen, meßbaren Geschwindigkeit fort; der Vorgang im einzelnen kann aufgefaßt werden als das Fortrücken einer Übergangsschicht zwischen den Teilen des Körpers, in denen die Ausrichtung schon vor sich gegangen ist, und den anderen, in denen dies noch nicht erfolgt ist.

Im Einklang mit dieser Auffassung steht die von *Barkhausen* erstmals gemachte experimentelle Beobachtung der Ummagnetisierungssprünge[2]: ändert man durch ein äußeres Feld die Magnetisierung eines Eisenkörpers in der Nähe des Koerzitivkraftpunktes, wo die Magnetisierungskurve besonders steil verläuft, so kann man das Umklappen der Bezirke durch ihre induktive Wirkung auf eine Probespule nach gehöriger Verstärkung hörbar oder sichtbar machen; man hat in Übereinstimmung damit oszillographische Aufnahmen von Magnetisierungskurven gefunden, bei denen kleine, regellose Stufen sichtbar sind: Abb. 7.21. Die Auswertung der Beobachtungen zeigt dann, daß die Unstetigkeiten nicht etwa durch das Umklappen einzelner Molekularmagnete erklärt werden können, sondern nur durch das Umklappen wesentlich größerer Raumteile; man hat Größenordnungen von $10^{-9}$ cm$^3$ durch Messung gefunden.

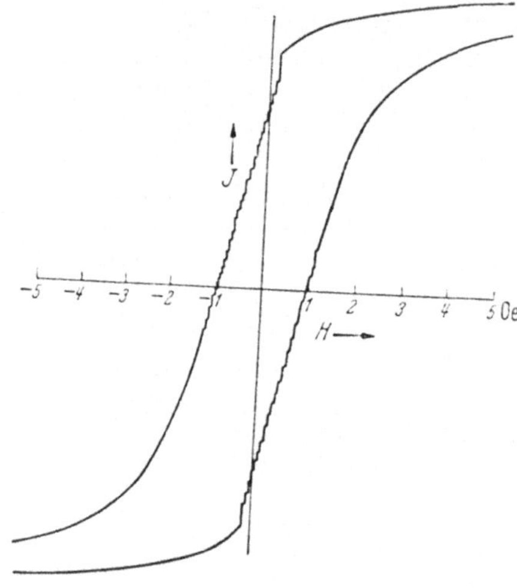


Abb. 7.21. Hysteresisschleife mit makroskopisch sichtbaren Unstetigkeiten[3].

Die Neigung der einzelnen Molekularmagnete, sich untereinander parallel zu stellen, wird durch die Wärmebewegung beeinträchtigt. Zu jeder Temperatur des Körpers gehört somit eine spontane Magnetisierung, und diese wird mit zunehmender Temperatur kleiner. Oberhalb des *Curie*-Punktes ist die spontane Magnetisierung durch die Wärmebewegung völlig ausgelöscht. Die ferromagnetischen Eigenschaften sind eine Angelegenheit kleiner Bezirke (Teilgebiete, Mikrokristalle), nicht aber der Moleküle und Atome (Eisendampf ist nicht ferromagnetisch). Der wesentliche Unterschied zwischen den paramagnetischen und den ferromagnetischen Substanzen liegt darin, daß bei den ferromagnetischen die *Curie*-Temperatur sehr hoch liegt, bei den paramagnetischen dagegen nicht sehr weit entfernt vom absoluten Nullpunkt (bei dem die Wärmebewegung das Streben der Molekularmagnete zu gegenseitiger Gleichrichtung überhaupt nicht mehr behindert). Man kann diese besondere Lage der *Curie*-Temperatur bei den ferromagnetischen Stoffen, wie *Weiß* getan hat, durch die Annahme erklären, daß in den ferromagnetischen Substanzen besonders starke atomare Richtkräfte vorhanden sind, die die Molekularmagnete parallel zu richten suchen.

Anhang. Der von *Gans* gefundene und von ihm in der Parameterdarstellung (7.32) gegebene Zusammenhang zwischen der reversibeln Suszeptibilität und der Magnetisierung

[1] *P. Weiß*, Phys. Z. 9 (1908) S. 358.

[2] *H. Barkhausen*, Phys. Z. 20 (1919) S. 401.

[3] Nach *R. Forrer* und *J. Martak*, Journ. Phys. Radium (7) 3 (1932) S. 434.

läßt sich, wie folgt, mit Hilfe der *Langevin*schen Funktion der ferromagnetische Substanzen verstehen: Es ist

$$\frac{M}{M_s} = L\left(\frac{m H_w}{kT}\right) = L(h_w), \tag{7.46}$$

wenn $H_w$ die wirksame Feldstärke im Innern des Stoffes ist. Die reversible Suszeptibilität $\varkappa_r$ ist definiert als das Verhältnis der Magnetisierungsänderung zur Feldstärkenänderung, wenn diese sehr klein ist:

$$\varkappa_r = \lim_{\Delta H \to 0} \left(\frac{\Delta M}{\mu_0 \Delta H}\right), \tag{7.47}$$

daher ist aus (7.46)

$$\varkappa_r = \frac{M_s}{\mu_0} \cdot \frac{dL}{dh_w} \cdot \frac{dh_w}{dH} = \frac{n m^2}{\mu_0 kT} \cdot \frac{dL}{dh_w} \cdot \frac{dH_w}{dH} \approx \frac{n m^2}{\mu_0 kT} \cdot \frac{dL}{dh_w} \cdot \frac{\Delta H_w}{\Delta H}. \tag{7.48}$$

Dem Umstand, daß hinreichend kleine Zustandsänderungen reversibel sind, entspricht die Annahme, daß eine kleine Änderung $\Delta H_w$ des wirksamen Feldes proportional zur entsprechenden kleinen Änderung $\Delta H$ des angelegten Feldes vor sich geht:

$$\Delta H_w = \Delta H \cdot \text{const}. \tag{7.49}$$

Die Anfangssuszeptibilität $\varkappa_a$ ist nach Definition der Wert von $\varkappa_r$ im unmagnetischen Zustand:

$$\varkappa_a = \lim_{\substack{H \to 0 \\ M \to 0}} \varkappa_r; \tag{7.50}$$

das ist nach (7.48)

$$\varkappa_a = \frac{n m^2}{\mu_0 kT} \left(\frac{dL}{dh_w}\right)_{h_w = 0} \cdot \frac{\Delta H_w}{\Delta H}. \tag{7.51}$$

Für die *Langevin*sche Funktion (6.16)

$$L(h_w) = \mathfrak{Cotg}\, h_w - \frac{1}{h_w} = \frac{M}{M_s} \tag{7.52}$$

ist aber

$$\frac{dL}{dh_w} = \frac{1}{h_w^2} - \frac{1}{\mathfrak{Sin}^2 h_w},$$

$$\left(\frac{dL}{dh_w}\right)_{h_w = 0} = \frac{1}{3},$$

daher ist

$$\frac{\varkappa_r}{\varkappa_a} = 3 \frac{dL}{dh_w} = 3 \left(\frac{1}{h_w^2} - \frac{1}{\mathfrak{Sin}^2 h_w}\right). \tag{7.53}$$

Die Beziehungen (7.53) und (7.52) bilden miteinander die von *Gans* angegebene Parameterdarstellung (7.32).

In dem gleichfalls in Betracht zu ziehenden Fall (6.21)

$$\frac{M}{M_s} = \mathfrak{Tg}\, h_w \tag{7.54}$$

wird entsprechend

$$\frac{\varkappa_r}{\varkappa_a} = \frac{1}{\mathfrak{Cof}^2 h_w}. \tag{7.55}$$

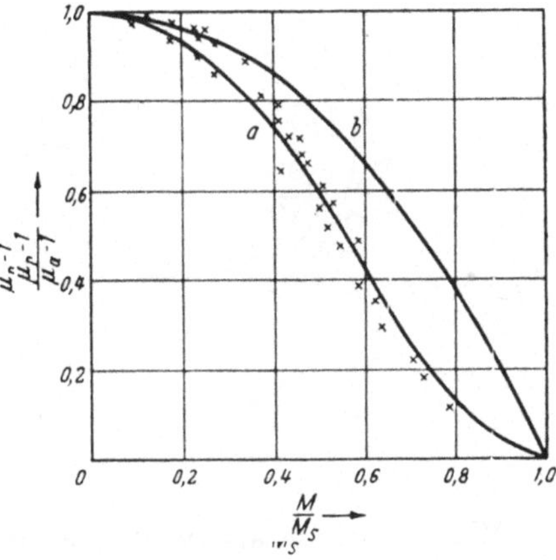


Abb. 7.22. Der gemessene Zusammenhang $\frac{\varkappa_r}{\varkappa_a} = \varphi\left(\frac{M}{M_s}\right)$ nach *R. Gans* a. a. O.
Kurve a: die von *Gans* angegebene Parameterdarstellung (7.52, 53),
Kurve b: Parameterdarstellung nach (7.54, 55).

Abb. 7.22 zeigt den gemessenen Zusammenhang $\frac{\varkappa_r}{\varkappa_a} = \varphi\left(\frac{M}{M_s}\right)$ in Meßpunkten (nach *Gans*), ferner in Kurve *a* die Parameterdarstellung nach (7.52, 53), in Kurve *b* den gleichen Zusammenhang nach (7.54, 55).

Es wäre erwünscht, wenn der hier entwickelte Zusammenhang noch an weiteren Messungen geprüft werden würde. Insbesondere wäre auch zu untersuchen, mit welcher Genauigkeit die Abhängigkeit der reversibeln Suszeptibilität von der Temperatur $T$ durch die Funktion (7.48) wiedergegeben wird.

## 8. Berechnung des magnetischen Kreises nach dem Durchflutungsgesetz und nach dem Verfahren des Zusatzfeldes.

Wir stellen die praktisch wichtige Frage, wie das magnetische Feld berechnet werden kann, wenn es zum Teil innerhalb, zum Teil außerhalb magnetisierbarer Körper von gegebener Gestalt verläuft. Das Durchflutungsgesetz (1.4) sagt ja nur, daß die magnetische Umlaufspannung, nicht aber, daß die magnetische Feldstärke selbst unabhängig ist von der Substanz, in der das Feld vorhanden ist.

Wir betrachten zunächst den mit einer homogenen magnetisierbaren Substanz gänzlich ausgefüllten Ringkörper, Abb. 8.1 a (Leitlinie $l$, Querschnitt $q$, Stromstärke $i$, Anzahl der Drahtwindungen $z$). Die magnetische Erregung ist, wie bekannt,

$$H_0 = \frac{z\,i}{l}\,. \tag{8.1}$$

Wenn der Ringraum gänzlich leer ist, ist die Erregung genau so groß. Wir schließen: n u r wenn der gesamte Feldraum von einer homogenen Substanz gänzlich ausgefüllt ist, ist die magnetische Feldstärke unabhängig von den magnetischen Eigenschaften der Substanz.

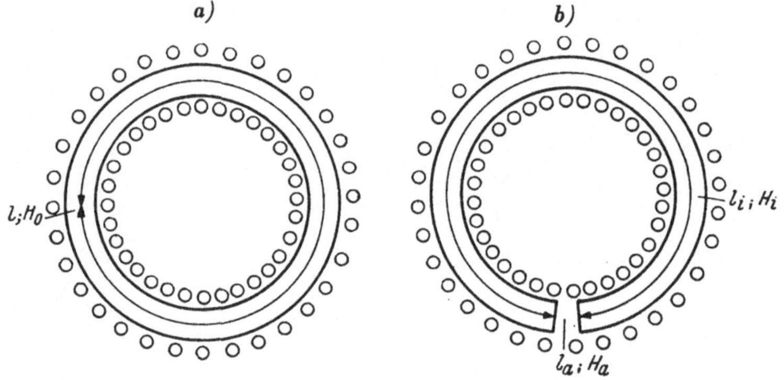


Abb. 8. 1. a) Ringspule, $H_0 = \frac{z\,i}{l}$ ,
b) Eisenkreis mit Luftspalt, $H_i = H_0 \frac{l}{l_i + \mu\, l_a}$ oder $H_i = H_0 - J\,\frac{l_a}{l}$ .

Wir betrachten als zweites denselben Ringkörper, jedoch sei ein Teil (Länge der Leitlinie $l_i$) ausgefüllt mit einer homogenen magnetisierbaren Substanz, zum Beispiel mit Eisen, der übrige Teil (Länge der Leitlinie $l_a$) sei leer, er enthalte zum Beispiel Luft. Es ist $l_i + l_a = l$. Abb. 8.1b. Dann ist die Erregung $H_i$ entlang $l_i$ und ebenso die Erregung $H_a$ entlang $l_a$ konstant. Wir vergleichen mit dem ersten Fall, dem Felde $H_0$. Nach dem Durchflutungsgesetz ist in beiden Fällen die magnetische Umlaufspannung gleich der Durchflutung

$$z i = H_0\,(l_i + l_a) = H_i\, l_i + H_a\, l_a\,. \tag{8.2}$$

Ferner geht die magnetische Induktion $B$ mit ihrer Normalkomponente an der Grenzfläche stetig vorüber:

$$B_i = B_a\,. \tag{8.3}$$

Diese beiden Beziehungen legen die magnetischen Verhältnisse eindeutig fest. Für das weitere Vorgehen bieten sich zwei Wege dar, entsprechend den zwei Definitionen (3.3) und (3.4). Der erste bedient sich der Verhältnisgröße $\mu$, wir nennen ihn das Verfahren des Durchflutungsgesetzes. Der zweite wendet die Differenzgröße $M$ an, wir nennen ihn das Verfahren des Zusatzfeldes.

Bei Gebrauch der Verhältnisgröße Permeabilität wird, wenn $\mu_a=1$ und $\mu_i=\mu$ die Permeabilitäten der beiden Ringteile sind, aus (8.3) erhalten $\mu H_i=H_a$, und daher kommt aus (8.2)

$$H_i=H_0\frac{l_i+l_a}{l_i+\mu l_a}=\frac{z\,i}{l_i+\mu l_a}\,;\qquad H_a=\mu H_i\,. \tag{8.4}$$

Der Vergleich von $H_i$ mit $H_0$ zeigt: die Länge $l_a$ des Luftweges geht mit dem Faktor $\mu$ ein. Ist zum Beispiel $\mu=1000$, so macht eine Änderung des Luftweges um 0,1 mm für $H_a$ ebenso viel aus, wie eine Änderung der Eisenlänge um 10 cm. Bei den Stoffen für Dauermagnete sind die Verhältnisse nicht so kraß, dort sind die Permeabilitäten höchstens von der Größe $\mu\approx 50$. Maßgebend ist der von den geometrischen Abmessungen unabhängige Stoffwert $\mu$, er verursacht, daß

$$H_a>H_0>H_i \tag{8.5}$$

wird. Ist zum Beispiel $l_i=10\,\text{cm}$, $l_a=2\,\text{cm}$, $\mu=10$, so ist $H_a=\frac{z\,i}{3\,\text{cm}}$, $H_0=\frac{z\,i}{12\,\text{cm}}$, $H_i=\frac{z\,i}{30\,\text{cm}}$.

Wir werden unten in a) eine Verallgemeinerung dieses Verfahrens entwickeln.

Mit Hilfe der Differenzgröße Magnetisierung wird, wenn $M=0$ in dem Raumteil der Länge $l_a$ ist, aus (8.3) erhalten $M+\mu_0 H_i=\mu_0 H_a$, und daher wird aus (8.2)

$$H_i=H_0-\frac{M}{\mu_0}\cdot\frac{l_a}{l}=H_0-JN;\qquad H_a=H_i+J\,. \tag{8.6}$$

Maßgebend wird hier der von magnetischen Stoffwerten unabhängige geometrische Faktor $N=l_a/l$. Mit $J=\varkappa H_i=(\mu-1)\,H_i$ nach Definition (3.8, 9) wird auch

$$H_i=H_0\frac{1}{1+\varkappa N}\,,\qquad J=H_0\frac{\varkappa}{1+\varkappa N}\,, \tag{8.7}$$

und mit $B_i=M+\mu_0 H_i$ nach Definition (3.6) wird

$$B_i=\mu_0 H_0+M(1-N)\,,\qquad B_i/\mu_0=H_0+J(1-N)\,, \tag{8.8}$$

$$M=J\mu_0=\frac{B_i-\mu_0 H_0}{1-N}\,.$$

Mit den Zahlen des oben begonnenen Beispieles $l_i=10\,\text{cm}$, $l_a=2\,\text{cm}$, $\varkappa=9$ wird

$$N=\frac{l_a}{l}=\frac{2}{12}\,,\qquad H_i=\frac{z\,i}{12\,\text{cm}}\cdot\frac{1}{1+9/6}=\frac{z\,i}{30\,\text{cm}}\,,\qquad J=\frac{9\,z\,i}{30\,\text{cm}}\,,$$

$$\frac{B_i}{\mu_0}=\frac{z\,i}{12\,\text{cm}}+\frac{9\,z\,i}{30\,\text{cm}}\left(1-\frac{1}{6}\right)=\frac{z\,i}{3\,\text{cm}}=\frac{B_a}{\mu_0}=H_a\,.$$

Die neu gewonnene, schon in (3.12) vorweggenommene Beziehung (8.6) besagt, daß die magnetische Erregung im Innern des magnetisierten Körpers gleich ist der Differenz zwischen der Erregung bei gänzlich leerem (oder gänzlich gefülltem) Feldraum und einem Bruchteil der Magnetisierung des Körpers. Man kann das so auslegen, daß der in das erregende (magnetisierende) Feld $H_0$ gebrachte Körper ein schwächendes, entmagnetisierendes Zusatzfeld $JN$ hervorbringt. Der Faktor $N$ heißt *Entmagnetisierungsfaktor* oder *Gestaltsfaktor*. Wenn $N$ bestimmt ist, zum Beispiel aus der Körperform berechnet werden kann, so kann man aus dem gemessenen Zusammenhang zwischen Magnetisierung $M$ und magnetisierender Feldstärke $H_0$ auf den Zusammenhang zwischen $M$ und $H_i$, also auf die der Substanz eigentümliche Magnetisierungskurve (Hysteresisschleife) schließen. Andererseits erlauben die Beziehungen (8.6, 7, 8) die experimentelle Bestimmung von $N$ aus der Messung der Feldstärke (mit dem Strommesser), der Magnetisierung (mit dem Magnetometer) oder der Induktion (mit dem Spannungsstoßmesser). Wir werden unten in b) das Verfahren des Zusatzfeldes näher beschreiben.

**a) Berechnung des magnetischen Kreises mit dem Durchflutungsgesetz.**

Das an den Anfang gestellte Beispiel Abb. 8.1b hat einen Eisenkreis von konstantem Querschnitt gezeigt, der durch einen Luftspalt $l_a$ geschlitzt ist. In der Tat kommt es immer auf das magnetische Feld in der Luft an. Es ist auch einzig der Messung unmittelbar zugänglich. Praktisch liegen die Verhältnisse meist weniger einfach, als in diesem Beispiel. Zum Beispiel besteht der magnetische Kreis eines Drehspulinstrumentes gewöhnlicher Bauart aus einem Dauermagnetstück, aus Leitstücken aus weichem Eisen, die den magnetischen Fluß einem zylinderrohrförmigen Luftspalt zuleiten, und einem zylindrischen Kern aus weichem Eisen. Im allgemeinen besteht der „geschlitzte magnetische Kreis" aus einer Folge von Luft- und Eisenstrecken, Dauermagnete eingeschlossen, wobei die Querschnitte untereinander ähnlich sind und die Luftstrecken nicht länger sind als die Eisenwege. Der magnetische Kreis wird nach *Hopkinson* mit Hilfe des Durchflutungsgesetzes $\oint \mathfrak{H}\, d\mathfrak{r} = \Sigma i$ dadurch abgeschätzt, daß man die Leitlinie des magnetischen Kreises in Einzelstrecken von den Längen $l_1, l_2, \ldots l_\nu$ einteilt, entlang denen die Feldstärke jeweils im Mittel als konstant angesehen werden kann: $\overline{H}_1, \overline{H}_2 \ldots \overline{H}_\nu$. Man ersetzt dann das Umlaufintegral durch die Summe über den ganzen Kreis

$$\oint \mathfrak{H}\, d\mathfrak{r} = \overline{H}_1 l_1 + \overline{H}_2 l_2 + \ldots \overline{H}_\nu l_\nu = \sum_{\circ} \overline{H}_\nu l_\nu \,. \tag{8.9}$$

In erster Annäherung sind unter den gemachten Voraussetzungen die Induktionsflüsse $\Phi_\nu$ für alle Querschnitte untereinander gleich. Wenn man dann annehmen kann, daß die Feldlinien an allen Grenzflächen einen spitzen Winkel mit dem Lot bilden, was eine gewisse Größe der Permeabilitäten der Eisenstrecken voraussetzt (vgl. Abschnitt 3e, Gleichung (3.21) und die Zahlenbeispiele dort[1]), so kann man für jede Strecke vom Querschnitt $q_\nu$ die Induktion $B_\nu$ im Mittel örtlich konstant ansehen: $\overline{B}_\nu = \Phi_\nu / q_\nu$. Die zu jedem Mittelwert $\overline{B}_\nu$ gehörende Erregung $\overline{H}_\nu$ läßt sich bestimmen: für die Luftstrecken durch $\overline{H}_\nu = \overline{B}_\nu / \mu_0$, für die Eisenstrecken, wenn die Permeabilität definiert ist (vgl. Abschnitt 7a) und der Zusammenhang der totalen Permeabilität mit der Induktion $\mu_\nu = f_\nu(B_\nu)$ bekannt ist (durch die Magnetisierungskurve). Dann ist

$$\sum_{\circ} \overline{H}_\nu l_\nu = \sum_{\circ} \frac{l_\nu \Phi_\nu}{\mu_0\, q_\nu \cdot f_\nu\left(\dfrac{\Phi_\nu}{q_\nu}\right)} \equiv \sum_{\circ} R_\nu \Phi_\nu \,, \tag{8.10}$$

bei Vorhandensein eingeprägter magnetischer Spannungen $V^e$ (7.35):

$$\sum_{\circ} R_\nu \Phi_\nu - \sum_{\circ} V_\nu^e = \sum_{\circ} \overline{H}_\nu l_\nu = z i \,. \tag{8.11}$$

Hierin bezeichnet man $R_\nu$ als den magnetischen Widerstand des $\nu$ten Abschnittes. Die Abschätzung jeder einzelnen Eisenstrecke kann merkliche Fehler enthalten: bei geringen Induktionen wegen der Breite der Hystereseschleife, bei größeren Induktionen wegen der Steilheit der Magnetisierungskurve. In der Summe wird die Wirkung der Fehler dadurch sehr gemildert, daß der magnetische Widerstand $R_h$ des Luftweges fast stets beträchtlich überwiegt (oft so stark, daß die $R_\nu$ der Eisenwege nur als Korrekturen ins Gewicht fallen). Auf den Induktionsfluß $\Phi_h$ der Luftstrecke (Länge $l_h$, Querschnitt $q_h$) kommt es aber praktisch fast ausschließlich an. In zweiter Annäherung berücksichtigt man darum den Umstand, daß die Induktionsflüsse $\Phi_\nu$ in den einzelnen Abschnitten zwar untereinander ähnlich sind, sich jedoch voneinander durch die abschätzbare *Streuung* des magne-

[1] Die Schärfe dieser Bedingung braucht nicht überschätzt zu werden, wie eben diese Zahlenbeispiele lehren.

tischen Kreises unterscheiden. Dann bestehen zwischen dem Induktionsfluß der Luftstrecke $\Phi_h$ und den Induktionsflüssen $\Phi_\nu$ der Eisenstrecken Beziehungen von der Form $\Phi_\nu = \Phi_h/\sigma_\nu$, wobei die Streufaktoren $\sigma_\nu$ echte Brüche sind. Damit erhält man

$$\Phi_h \left\{ \frac{l_h}{\mu_0 q_h} + \sum_{\text{Eisen}} \frac{l_\nu}{\mu_0 \sigma_\nu q_\nu \cdot f_\nu \left( \frac{\Phi_\nu}{\sigma_\nu q_\nu} \right)} \right\} = z i + \sum_{\circ} V_\nu^e \,. \tag{8.12}$$

Dieses *Gesetz vom magnetischen Kreis* ist von grundlegender Bedeutung für die gesamte Elektrotechnik (Maschinen-, Apparate-, Instrumentenbau). Es wird indessen meist in einer einfacheren Form angewandt. Zunächst sind die „eingeprägten magnetischen Spannungen" nur für eine bestimmte Art von Dauermagneten definiert und wirklich konstant (vgl. Abschnitt 7b). Außerdem hat es sich nicht eingebürgert, die totale Permeabilität als Funktion der Induktion $B$ zu benutzen, wiewohl sie nach Abb. 7.5 leicht aus der Magnetisierungskurve bestimmt werden kann, vielmehr benutzt man diese selbst unmittelbar:

$$\overline{H}_\nu = F_\nu (\overline{B}_\nu) = F_\nu \left( \frac{\Phi_\nu}{q_\nu} \right) = F_\nu \left( \frac{\Phi_h}{\sigma_\nu q_\nu} \right).$$

In diesem funktionellen Zusammenhang kommt dann auch jede mögliche Aussage über mögliche Dauermagneteigenschaften einzelner Teile des magnetischen Kreises zum Ausdruck: man addiert daher einfach nach (8.9):

$$\sum_{\circ} \overline{H}_\nu l_\nu = \Phi_h \frac{l_h}{\mu_0 q_h} + \sum_{\text{Eisen}} l_\nu F_\nu \left( \frac{\Phi_h}{\sigma_\nu q_\nu} \right) = z i + \sum_{\circ} V_\nu^e \tag{8.13}$$

unter Benutzung der Magnetisierungskurven $F_\nu$ der einzelnen Abschnitte. Für dauermagnetische Kreise ist natürlich $zi = 0$. Die magnetische Streuung ist bei Dauermagneten wegen der verhältnismäßig kleinen Permeabilität stets beträchtlich. Sie kann, im Gegensatz zur Abschätzung mancher magnetischer Kreise mit Weicheisenstrecken, kaum jemals außer acht gelassen werden. Zudem kann der Austritt der Feldlinien aus dem Dauermagnetbaustoff wegen des kleinen $\mu$ nicht so bedenkenlos als senkrecht angenommen werden, wie bei ungesättigtem weichen Eisen. Die Streuung wird daher in Abschnitt 12 besonders behandelt. Die Beziehung (8.13) setzt nicht zu lange Luftwege voraus. Die Unsicherheit kommt nicht etwa dadurch zustande, daß man nur mit Mittelwerten von $H$ und $B$ rechnen kann; etwas anderes ist bei Dauermagneten wegen der kleinen Permeabilitäten und der großen Streuung ohnehin nicht möglich, und insofern kommt (8.13) der Berechnung von Dauermagneten entgegen. Die Unsicherheit liegt vielmehr in der starken Streuung begründet, deren Bestimmung immer ungenauer wird, je länger die Luftwege werden. Dauermagnete mit freien Enden werden im allgemeinen auf andere Weise berechnet.

**b) Berechnung des magnetischen Kreises nach dem Verfahren des Zusatzfeldes.**

Die für das einfache Beispiel Abb. 8.1b abgeleitete Beziehung (8. 6) hatte die Auslegung nahegebracht, daß ein ursprünglich vorhandenes, zum Beispiel mittels einer Stromspule erregtes magnetisches Feld $\mathfrak{H}_0$ durch Einbringen eines magnetisierbaren Körpers in dessen Inneren eine Veränderung erleidet, derart, daß das magnetische Feld $\mathfrak{H}_i$ im Innern des Körpers sich additiv zusammensetzt aus dem erregenden Feld („Spulenfeld") $\mathfrak{H}_0$ und einem entgegengerichteten, schwächenden, entmagnetisierenden Zusatzfeld $N\mathfrak{J}$. Diese Einteilung ist insofern physikalisch willkürlich, als immer nur resultierende Gesamtfelder in einem Meßgang gemessen werden können, sie ist aber dann methodisch zweckmäßig, wenn es gelingt, das Zusatzfeld $N\mathfrak{J}$ zu bestimmen. Im allgemeinen sind sowohl die Magnetisierung $\mathfrak{J}$ als auch der geometrische Faktor $N$ Raumfunktionen, über die allgemeine Aussagen nicht möglich sind. In dem einzigen Falle, daß die Magnetisierung $\mathfrak{J}$ und das erregende Feld $\mathfrak{H}_0$ gleichgerichtet sind und $\mathfrak{J}$ überall örtlich konstant, also homogen ist, läßt sich das Zusatzfeld berechnen. Dieser besondere Fall liegt vor, wenn der magnetisierbare Körper ein **Rotationsellipsoid** aus **einer homogenen isotropen Substanz** ist, das durch ein **homogenes Feld parallel zu einer seiner Hauptachsen** magnetisiert wird. Diese einzigartige Eigenschaft werden wir in Abschnitt 11b ableiten. (In einem ferromagnetischen Rotationsellipsoid, in dem $\varkappa$ von der Feldstärke abhängt und das nicht parallel zu einer Hauptachse magnetisiert ist, sind $\mathfrak{H}_0$ und $\mathfrak{J}$ nicht gleichgerichtet, die gemachte Voraussetzung ist also verletzt.) Besondere Fälle des Rotationsellipsoides sind die sehr dünne Scheibe, die Kugel und die sehr lange Nadel. Für Rotationsellipsoide läßt sich der Gestaltsfaktor $N$ errechnen, und zwar einerseits $N_{\parallel}$ für eine Magnetisierung parallel zur Rotationsachse, andererseits $N_{\perp}$ für eine Magnetisierung senkrecht zur Rotationsachse, sowohl für abgeplattete Rotationsellipsoide als auch für gestreckte (für Ovoide).

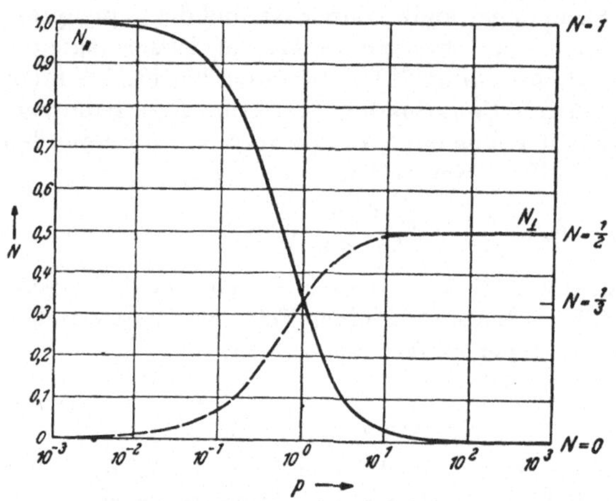


Abb. 8. 2. Entmagnetisierungsfaktor des Rotationsellipsoides als Funktion von $p = a/b$, wobei $a$ große, $b$ kleine Achse. Nach *U. Stille* a. a. O.

Nach Ausweis von (8.6, 7)

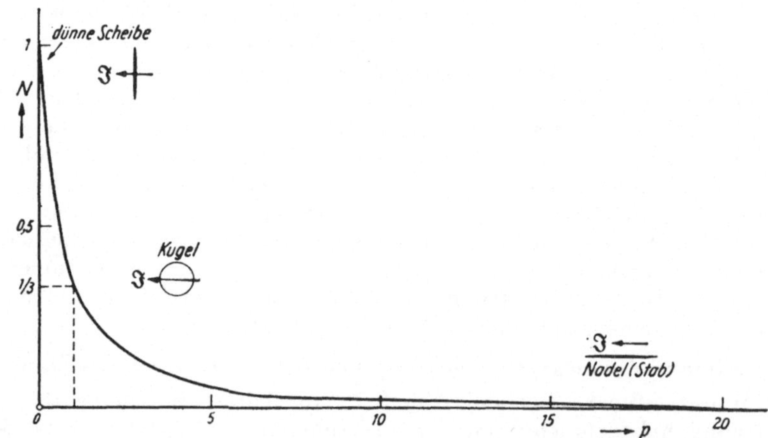


Abb. 8. 3. Entmagnetisierungsfaktor des längsmagnetisierten Rotationsellipsoides als Funktion von $p = a/b$.

fällt das Zusatzfeld nur dann ins Gewicht, wenn die Magnetisierung $\mathfrak{J}$ beträchtlich, wenn also die Suszeptibilität $\varkappa$ groß ist. Bei dia- und paramagnetischen Stoffen (Tabelle 7 in Abschnitt 3b) ist $\pm 10^{-3}$ der größte vorkommende Wert, bei ferromagnetischen Substanzen dagegen kommen Größenordnungen $10^3$ bis $10^5$ vor, nur bei diesen also nimmt die Magnetisierung vergleichsweise große Werte an.

Formeln und Zahlenwerte für $N$ sind im Anhang gegeben. Abb. 8.2 und 8.3 vermitteln einen Überblick, in Tabelle 8.I sind die wichtigen Entartungsfälle zusammengestellt. Für die Kugel zum Beispiel haben $N_{||}$ und $N_{\perp}$ denselben Wert, denn für diesen Körper sind auch magnetisch alle Achsen gleichberechtigt. An die schon in Abschnitt 4, Tafel III, Gleichung (14) hervorgehobene Umrechnung des Gestaltsfaktors sei erinnert; in älteren Tafeln und Tabellen wird meist der Zahlenwert $4\pi N$ angegeben, wenn $N$ der hier definierte und behandelte Wert ist.

Tabelle 8.I. *Gestaltsfaktoren N für Scheibe, Kugel und Nadel.*

| Körperform | $p$ | $e_1$ | $e_2$ | $N_{\|\|}$ | $N_{\perp}$ |
|---|---|---|---|---|---|
| „unendlich" dünne Scheibe . . | 0 | 1 | | 1 | 0 |
| Kugel . . . . . . . . . . . . | 1 | 0 | 0 | 1/3 | 1/3 |
| „unendlich" dünne Nadel (Stab) | $\infty$ | | 1 | 0 | 1/2 |

Bei der *Messung* mit Rotationsellipsoiden, besonders Ovoiden, aus homogenen magnetisierbaren Substanzen wird man die homogene Feldstärke $\mathfrak{H}_0$ durch eine Zylinderspule erregen und entweder die Magnetisierung $\mathfrak{M}=\mu_0\mathfrak{J}$ magnetometrisch oder die Induktion $\mathfrak{B}$ induktiv messen. Abb. 8.4 zeigt schematisch eine Meßanordnung. In der Mitte der Zylinderspule $S_1$ wird eine homogene Erregung $H_0=zi/l$ hervorgebracht, $i$ am Strommesser $A$ abgelesen. Durch Aufstellung einer zweiten, gleichachsigen, stromdurchflossenen Spule $S_2$ wird bewirkt, daß am Ort der Nadel $M_1$ des astatischen Nadelpaares $M_1$, $M_2$ des Magnetometers kein magnetisches Feld vorhanden ist. Wird nach dieser Vorbereitung das Ovoid in dem homogenen Feldteil der Spule $S_1$ gleichachsig aufgestellt, so kommt am Magnetometer allein das von der Magnetisierung des Ovoides herrührende Feld zur Wirkung, man mißt die Magnetisierung $M=\mu_0 J$ als magnetisches Moment der Volumeneinheit. Für die induktive Messung an Stelle der magnetometrischen wird eine das Ovoid in seiner Mitte eng umfassende, kurze Probespule und ein Spannungsstoßmesser *Vs* benutzt und das erregende Feld $H_0$ geschaltet oder kommutiert. Zur Auswertung der Messung dienen die Beziehungen (8.7) und (8.8), zum Beispiel ist bei beträchtlichen Werten von $\varkappa$ näherungsweise

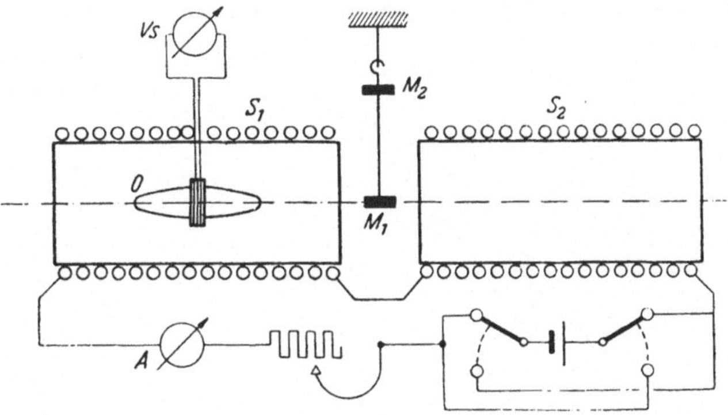

Abb. 8.4. Magnetometrische und induktive Messung am Rotationsellipsoid.

$$B_i \approx \mu_0 J(1-N)\,. \tag{8.8a}$$

Bei sehr langgestreckten Ellipsoiden (Achsenverhältnis größer als 50) ist die Messung am Ellipsoid ein sehr genaues und zuverlässiges Verfahren. Allerdings muß dazu die Ellipsoidform genau eingehalten werden.

In diesem Punkt tritt die Schwierigkeit der Methode des Zusatzfeldes zutage. So wichtig und einfach sie für Magnete mit freien Enden, also für offene magnetische Kreise ist, so ist sie doch an bestimmte Körperformen gebunden. Ellipsoide herzustellen ist umständlich. Sowie man jedoch diese Form verläßt, sind die Voraussetzungen des Verfahrens verletzt, man muß zu neuen Definitionen und zu Näherungen greifen. Man kann Ovoide annähern durch Stäbe, deren Mantelfläche aus Kegelstümpfen verschiedener Neigungen besteht. Bei kreiszylindrischen

Stäben von konstantem Querschnitt, die wegen der Einfachheit der Herstellung als Probekörperform besonders wichtig sind, ist die Magnetisierung im Gegensatz zu den Ellipsoiden nicht mehr im ganzen Körper konstant, sondern sie fällt nach den Enden zu ab. Dann ist aber $N$ auch von $\mu$ oder von $\varkappa$ und damit von der magnetischen Vorgeschichte des Probekörpers abhängig[1, 2]. Magnetometrische und induktive Messung von $M$ führen dann nicht zu demselben Ergebnis. Der Gestaltsfaktor $N_{||}$ kann, nachdem er hinreichend definiert worden ist, durch Näherungsverfahren berechnet werden[2].

Die genannten Messungen ergeben den Zusammenhang zwischen der Magnetisierung $\mathfrak{M}$ des Körpers und dem erregenden Feld $\mathfrak{H}_0$ ohne Körper. Hieraus folgt bei bekanntem $N$ mit der Beziehung (8.6) die von Einzelheiten des Meßverfahrens unabhängige, der Substanz eigentümliche Verknüpfung zwischen $\mathfrak{M}$ und $\mathfrak{H}_i$, also die Magnetisierungskurve, indem man in jeden Punkt der experimentell aufgenommenen Kurve $M = M(\mu_0 H_0)$ von der Abszisse $\mu_0 H_0$ den Wert $MN$ abzieht. Hierzu trägt man in die graphische Darstellung zweckmäßig eine Ursprungsgerade mit der Neigung gegen die $M$-Achse

$$\operatorname{tg} \beta = \pm \mu_0 H / M = \pm N \tag{8.14}$$

ein. Man nennt das in Abb. 8.5 erläuterte Verfahren *Scherung an der Scherungsgeraden N*. Bei der Scherung wird die unabhängige Veränderliche der Funktion geändert, daher bleibt die Größe der Hysteresisfläche und die Koerzitivkraft

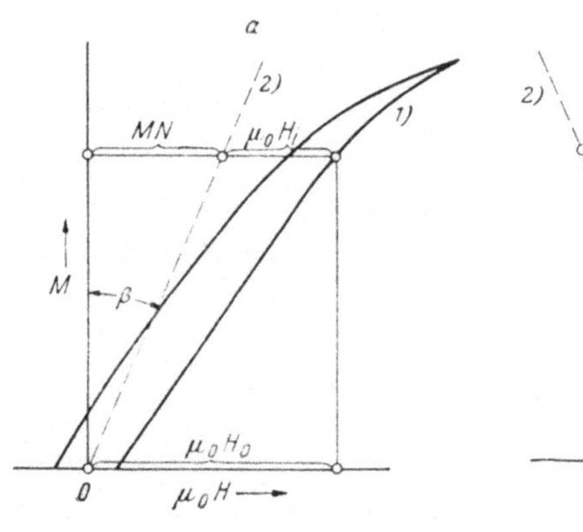


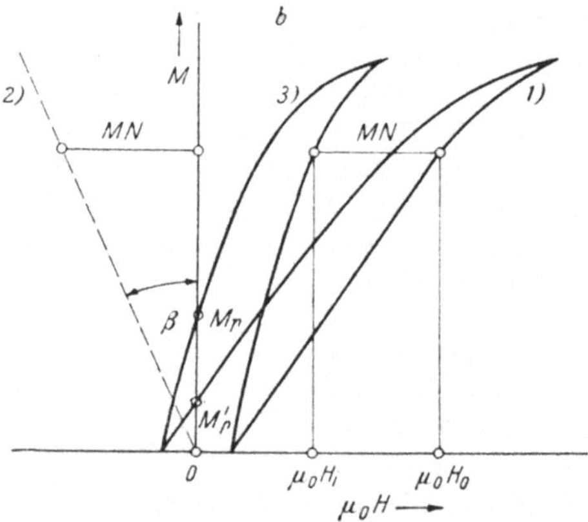


Abb. 8.5. Scherung.
a) 1) $\mu_0 H_0 = MN + \mu_0 H_i$
2) $\operatorname{tg} \beta = N = \mu_0 H/M$
b) 1) $M$ als Funktion von $H_0$
2) $\operatorname{tg} \beta = N = -\mu_0 H/M$
3) $M$ als Funktion von $H_i = H_0 - MN/\mu_0$.

unverändert. Den durch Scherung mit der Geraden $N$ erhaltenen Punkt der $M$-Achse nennt man *scheinbare Remanenz* $M_r'$ im Gegensatz zur Remanenz $M_r$ der äußersten Hysteresisschleife, die eine eindeutige Stoffeigenschaft ist. Es ist also $M_r' < M_r$.

Zwischen Remanenz, scheinbarer Remanenz und Koerzitivkraft läßt sich der folgende Zusammenhang angeben. Er enthält einzig die Voraussetzung, daß die gescherte Magnetisierungskurve zwischen den Ordinatenwerten $M = 0$ und $M = M_r$

[1] *F. Kohlrausch* a. a. O. S. 101—102.

[2] *J. Würschmid*, Theorie des Entmagnetisierungsfaktors und der Scherung von Magnetisierungskurven, Braunschweig 1925; *K. Warmuth*, Arch. f. El. 30 (1936) S. 761, 31 (1937) S. 124 und besonders 33 (1939) S. 747 (Über den ballistischen Entmagnetisierungsfaktor zylindrischer Stäbe), ferner *H. Neumann* und *K. Warmuth*, Wiss. Ver. Siem.-W. 11 (1932) S. 25, *H. Lange*, Z. Techn. Phys. 11 (1930) S. 260.

als Gerade betrachtet werden kann. Bei starker Scherung (großem tg $\alpha$) ist das der Fall. In Abb. 8.6 geht durch die Punkte $\mu_0 K$ und $M_r'$ die gescherte Magnetisierungskurve, durch die Punkte $\mu_0 K$ und $M_r$ die wahre Magnetisierungskurve, ferner ist die mit dem Winkel $\alpha$ ansteigende Scherungsgerade eingezeichnet. Es ist

$$\operatorname{tg}\alpha = -\frac{\mu_0 H}{M} = -N \text{ wie in (8.14)},$$

$$\operatorname{tg}\delta = \frac{M_r}{\mu_0 K} = m_\varkappa \text{ nach (7.14a)},$$

$$\operatorname{tg}\beta = \frac{M_r'}{\mu_0 K},$$

wenn die gescherte Magnetisierungskurve durch eine Gerade ersetzt ist. Dies vorausgesetzt, liest man aber auch ab

$$\frac{M_r - M_r'}{M_r N} = \operatorname{tg}\beta,$$

und hieraus folgt der gesuchte Zusammenhang

$$M_r' = \frac{\mu_0 K}{N + \dfrac{1}{m_k}} = \frac{M_r}{N m_k + 1}. \tag{8.15}$$

Für die Übersetzung dieser Beziehung in die Darstellung $B = B(\mu_0 H)$ — $[B_r = M_r,\ B_r' = M_r']$ — stehen die in (7.16) bis (7.22) und (7.24, 25) gezeigten Zu-

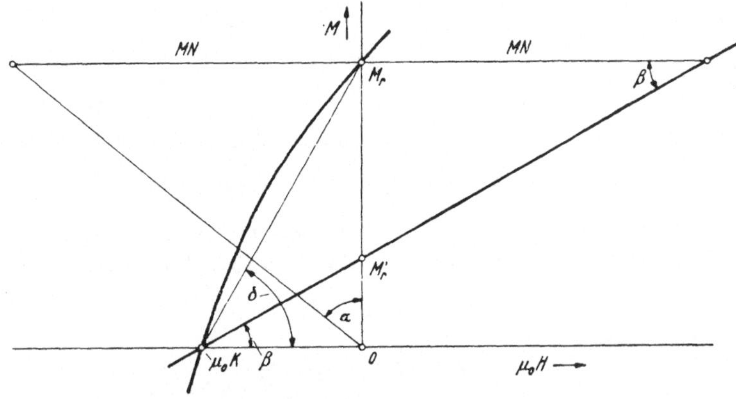


Abb. 8.6. Scherung, Remanenz $M_r$, scheinbare Remanenz $M_r'$, Koerzitivkraft $K$.

sammenhänge zwischen der Koerzitivkraft $K$ für die Magnetisierung und der Koerzitivkraft $H_c$ für die Induktion zur Verfügung. Unter Benutzung von (7.18, 21, 25) hat man in guter Annäherung

$$B_r' = \frac{\mu_0 H_c}{N\left(1 - \dfrac{1}{m}\right) + \dfrac{1}{m}} = \frac{B_r}{N(m-1) + 1}. \tag{8.16}$$

worin $m = B_r/\mu_0 H_c$ die Kenngröße (7.14) ist.

Es sei noch folgender Fall angemerkt: Der Feldraum des homogenen erregenden Feldes $\mathfrak{H}_0$ sei vollständig mit einer homogenen Substanz von der Permeabilität $\mu_1$ ausgefüllt; in dieses werde ein homogener Körper von der Form eines Rotationsellipsoides mit dem Gestaltsfaktor $N$ und der Permeabilität $\mu_2$ mit einer der Hauptachsen parallel zur Richtung des Feldes $\mathfrak{H}_0$ eingebracht. Die Feldstärke im Innern des Ellipsoides ist dann

$$\mathfrak{H}_i = \frac{\mu_1}{\mu_1 + N(\mu_2 - \mu_1)} \mathfrak{H}_0. \tag{8.17}$$

Hat der Körper die Suszeptibilität $\varkappa=\mu_2-1$ und ist $\mu_1=1$ für die Umgebung, so folgt hieraus sofort die für diesen Fall bekannte Beziehung (8.7). Ist andererseits ein Hohlraum ($\mu_2=1$) von der Gestalt eines Rotationsellipsoides in einem homogen magnetisierten Körper der Permeabilität $\mu_1=\mu$ vorhanden, so ist die Feldstärke im Innern

$$\mathfrak{H}_i=\frac{1}{1-N\left(1-\frac{1}{\mu}\right)}\,\mathfrak{H}_0\,, \qquad (8.18)$$

also im Vergleich zu $\mathfrak{H}_0$ um so größer, je größer $N$ und $\mu$ ist. Für eine kugelförmige Blase in Eisen mit $\mu=1000$ ist zum Beispiel $H_i=\frac{3}{2}H_0$.

Anhang. Formeln und Zahlenwerte der Entmagnetisierungsfaktoren von Rotationsellipsoiden nach *U. Stille*[1]. *a* Rotationsachse, *b* Rotationsdurchmesser; $N_{\|}$ bei Magnetisierung parallel, $N_{\perp}$ bei Magnetisierung senkrecht zur Rotationsachse.

a) Abgeplattetes Rotationsellipsoid. Für dieses ist das Achsenverhältnis

$$\frac{a}{b}=p<1 \qquad (8.19)$$

und die numerische Exzentrizität

$$e_1=\frac{\sqrt{b^2-a^2}}{b}=\sqrt{1-p^2}\,. \qquad (8.20)$$

Für den Entmagnetisierungsfaktor bei Magnetisierung parallel und senkrecht zur Rotationsachse ergibt sich

$$N_{\|}=\frac{1}{e_1^2}-\frac{\sqrt{1-e_1^2}}{e_1^3}\arcsin e_1=\frac{1}{1-p^2}-\frac{p}{(1-p^2)^{3/2}}\arcsin\sqrt{1-p^2} \qquad (8.21)$$

und

$$N_{\perp}=\frac{\sqrt{1-e_1^2}}{2\,e_1^3}\arcsin e_1-\frac{1-e_1^2}{2\,e_1^2}=\frac{p}{2(1-p^2)^{3/2}}\arcsin\sqrt{1-p^2}-\frac{p^2}{2(1-p^2)}\,. \qquad (8.22)$$

Für den Fall $p\ll 1$, das heißt $p\approx\sqrt{2(1-e_1)}$, kann man näherungsweise schreiben

$$N_{\|}=1-0{,}5\,\pi\sqrt{2(1-e_1)}\approx 1-0{,}5\,\pi\,p\equiv N_{\|}' \qquad (8.21\text{a})$$

und

$$N_{\perp}=0{,}25\pi\sqrt{2(1-e_1)}-(1-e_1)\approx 0{,}25\pi p-0{,}5p^2\equiv N_{\perp}'\,. \qquad (8.22\text{a})$$

b) Gestrecktes Rotationsellipsoid (Ovoid). Für dieses ist das Achsenverhältnis

$$\frac{a}{b}=p>1 \qquad (8.23)$$

und die numerische Exzentrizität

$$e_2=\frac{\sqrt{a^2-b^2}}{a}=\frac{\sqrt{p^2-1}}{p}\,. \qquad (8.24)$$

Für den Entmagnetisierungsfaktor bei Magnetisierung parallel und senkrecht zur Rotationsachse ergibt sich

$$N_{\|}=\frac{1-e_2^2}{e_2^2}\left\{\frac{1}{2\,e_2}\ln\frac{1+e_2}{1-e_2}-1\right\}=\frac{1}{p^2-1}\left\{\frac{p}{\sqrt{p^2-1}}\ln\left(p+\sqrt{p^2-1}\right)-1\right\} \qquad (8.25)$$

und

$$N_{\perp}=\frac{1}{2\,e_2^2}-\frac{1-e_2^2}{4\,e_2^3}\ln\frac{1+e_2}{1-e_2}=\frac{p^2}{2(p^2-1)}-\frac{p}{2(p^2-1)^{3/2}}\ln\left(p+\sqrt{p^2-1}\right)\,. \qquad (8.26)$$

Für den Fall $p\gg 1$, das heißt $p\approx 1/\sqrt{2(1-e_2)}$ kann man näherungsweise schreiben

$$N_{\|}\approx(1-e_2)\left\{-\ln(1-e_2)-1{,}30685\right\}\approx(\ln 2p-1)/p^2\equiv N_{\|}' \qquad (8.25\text{a})$$

und

$$N_{\perp}\approx 0{,}5\left[1-(1-e_2)\left\{0{,}69315-\ln(1-e_2)\right\}\right]\approx 0{,}5\left[1-(\ln 2p)/p^2\right]\equiv N_{\perp}'\,. \qquad (8.26\text{a})$$

Die Tabelle 8.I enthält für den Bereich des Achsenverhältnisses $10^{-3}\leq p\leq 10^{3}$ die numerischen Exzentrizitäten und die nach (8.19) bis (8.26) berechneten Zahlenwerte für $N_{\|}$ und $N_{\perp}$ vierstellig. Die Tabelle 8.II enthält Zahlenangaben über den Fehler, den man macht, wenn man statt der genauen Formeln (8.21, 22, 25, 26) die Näherungsbeziehungen

[1] *U. Stille*, Arch. f. El. 38 (1944) S. 91.

**(8.21a, 22a, 25a, 26a) benutzt. Aus der Tabelle entnimmt man, daß die relativen Fehler $\Delta(N_{\|}') = (N_{\|} - N_{\|}')/N_{\|}'$ und $\Delta(N_{\perp}') = (N_{\perp} - N_{\perp}')/N_{\perp}'$ bei Achsenverhältnissen $p < 10^{-2}$ in dem einen Falle und $p > 10^{2}$ im anderen klein genug sind, um mit praktisch ausreichender Genauigkeit die Anwendung der Näherungsformeln zu erlauben.**

Tabelle 8.I. ***Zahlenwerte für die Entmagnetisierungsfaktoren $N_{\|}$ und $N_{\perp}$ bei verschiedenen Achsenverhältnissen p.***

| $p$ | $e_1$ | $N_{\|}$ | $N_{\perp}$ | $p$ | $e_2$ | $N_{\|}$ | $N_{\perp}$ |
|---|---|---|---|---|---|---|---|
| 0,001 | $0,999999_5$ | $0,9984_3$ | $0,0007843_9$ | 1 | 0 | $0,3333_3$ | $0,3333_3$ |
| 0,0015 | $0,999998_8$ | $0,9976_5$ | $0,001175_8$ | 1,5 | 0,745356 | $0,2329_8$ | $0,3835_1$ |
| 0,002 | $0,999998_0$ | $0,9968_7$ | $0,001566_8$ | 2 | $0,866025_5$ | $0,1735_6$ | $0,4132_2$ |
| 0,003 | $0,999995_5$ | $0,9953_0$ | $0,002347_2$ | 3 | 0,942809 | $0,1087_1$ | $0,4456_5$ |
| 0,004 | 0,999992 | $0,9937_5$ | $0,003125_7$ | 4 | 0,968246 | $0,07540_7$ | $0,4623_0$ |
| 0,005 | 0,999987 | $0,9922_0$ | $0,003902_2$ | 5 | 0,979796 | $0,05582_1$ | $0,4720_9$ |
| 0,006 | 0,999982 | $0,9906_5$ | $0,004676_7$ | 6 | 0,986013 | $0,04323_0$ | $0,4783_9$ |
| 0,007 | $0,999975_5$ | $0,9891_0$ | $0,005449_3$ | 7 | 0,989743 | $0,03460_9$ | $0,4827_0$ |
| 0,008 | 0,999968 | $0,9875_6$ | $0,006219_9$ | 8 | 0,992157 | $0,02842_1$ | $0,4857_9$ |
| 0,009 | 0,999960 | $0,9860_2$ | $0,006988_6$ | 9 | 0,993808 | $0,02381_6$ | $0,4880_9$ |
| 0,01 | 0,999950 | $0,9844_9$ | $0,007755_3$ | 10 | 0,994987 | $0,02028_6$ | $0,4898_6$ |
| 0,015 | $0,999887_5$ | $0,9767_7$ | $0,01156_0$ | 15 | 0,997775 | $0,01074_9$ | $0,4946_3$ |
| 0,02 | 0,999800 | $0,9693_7$ | $0,01531_7$ | 20 | 0,998749 | $0,006749_1$ | $0,4966_3$ |
| 0,03 | 0,999550 | $0,9546_3$ | $0,02268_4$ | 30 | 0,999444 | $0,003444_2$ | $0,4982_8$ |
| 0,04 | 0,999200 | $0,9402_2$ | $0,02988_8$ | 40 | $0,999687_5$ | $0,002115_8$ | $0,4989_4$ |
| 0,05 | 0,998749 | $0,9261_8$ | $0,03691_0$ | 50 | 0,999800 | $0,001443_0$ | $0,4992_8$ |
| 0,06 | 0,998198 | $0,9124_8$ | $0,04376_2$ | 60 | 0,999861 | $0,001052_5$ | $0,4994_7$ |
| 0,07 | 0,997547 | $0,8991_0$ | $0,05045_2$ | 70 | 0,999898 | $0,0008046_7$ | $0,4996_0$ |
| 0,08 | 0,996795 | $0,8860_3$ | $0,05698_5$ | 80 | 0,999922 | $0,0006369_0$ | $0,4996_8$ |
| 0,09 | 0,995942 | $0,8732_7$ | $0,06336_5$ | 90 | 0,999938 | $0,0005182_4$ | $0,4997_4$ |
| 0,1 | 0,994987 | $0,8608_0$ | $0,06959_8$ | 100 | 0,999950 | $0,0004299_0$ | $0,4997_9$ |
| 0,15 | 0,988686 | $0,8019_7$ | $0,09901_7$ | 150 | 0,999978 | $0,0002090_7$ | $0,4999_0$ |
| 0,2 | 0,979796 | $0,7504_8$ | $0,1247_6$ | 200 | 0,999987 | $0,0001247_9$ | $0,4999_4$ |
| 0,3 | 0,953939 | $0,6613_5$ | $0,1693_3$ | 300 | 0,999994 | $0,00005996_7$ | $0,4999_7$ |
| 0,4 | 0,916515 | $0,5881_5$ | $0,2059_2$ | 400 | 0,999997 | $0,00003552_9$ | $0,4999_8$ |
| 0,5 | $0,866025_5$ | $0,5272_0$ | $0,2364_0$ | 500 | $0,999998_0$ | $0,00002363_1$ | $0,4999_9$ |
| 0,6 | 0,800000 | $0,4758_3$ | $0,2620_9$ | 600 | $0,999998_6$ | $0,00001691_7$ | $0,4999_9$ |
| 0,7 | 0,714143 | $0,4320_6$ | $0,2839_7$ | 700 | $0,999999_0$ | $0,00001274_3$ | $0,4999_9$ |
| 0,8 | 0,600000 | $0,3944_3$ | $0,3027_8$ | 800 | $0,999999_3$ | $0,000009965_3$ | $0,4999_9$ |
| 0,9 | 0,435890 | $0,3618_2$ | $0,3190_9$ | 900 | $0,999999_4$ | $0,000008019_2$ | $0,4999_9$ |
| 1 | 0 | $0,3333_3$ | $0,3333_3$ | 1000 | $0,999999_5$ | $0,000006600_9$ | $0,4999_9$ |

Tabelle 8.II. *Relative Fehler $\Delta(N_{\|}')$ und $\Delta(N_{\perp}')$ bei verschiedenem p.*

| $p$ | $\Delta(N_{\|}')$ | $\Delta(N_{\perp}')$ |
|---|---|---|
| $10^{-3}$ | $+2,0\cdot10^{-6}$ | $-6,5\cdot10^{-4}$ |
| $10^{-2}$ | $+2,0\cdot10^{-4}$ | $-6,2\cdot10^{-3}$ |
| $10^{-1}$ | $+2,1\cdot10^{-2}$ | $-5,2\cdot10^{-2}$ |
| $10^{1}$ | $+1,6\cdot10^{-2}$ | $+1,0\cdot10^{-3}$ |
| $10^{2}$ | $+1,6\cdot10^{-4}$ | $+1,0\cdot10^{-5}$ |
| $10^{3}$ | $+1,5\cdot10^{-6}$ | $+1,0\cdot10^{-7}$ |

## 9. Dauermagnet und Elektromagnet in elementarer Darstellung; Feldvektoren und Energieverhältnisse.

Durch das folgende einfache Beispiel soll die Zweckmäßigkeit der bisher für die Beschreibung magnetischer Felder gebildeten Begriffe geprüft und durch einige Zahlen anschaulich gemacht werden. Wir folgen dabei im wesentlichen einer von *F. Emde* gegebenen Darstellung[1].

[1] *F. Emde*, Z. f. d. phys. u. chem. Unterr. 56 (1943) S. 33.

Wir wollen einen Elektromagneten mit einem Dauermagnet vergleichen, wenn die Eisenkörper beider die gleichen Abmessungen haben. Zunächst nehmen wir sie stabförmig an; beide mögen waagerecht in Luft gelagert sein, links befinde sich der Südpol *S*, rechts der Nordpol *N*. Das magnetische Feld im Luftraum denken wir uns in jedem Punkt mit Hilfe einer kleinen beweglichen Probespule, oder mit einer kleinen Stromspule, oder mit einem kleinen, frei beweglichen Magneten in der aus Abschnitt 2'a) bekannten Weise nach Größe und Richtung bestimmt und durch Feldlinien dargestellt.

Wir betrachten zunächst den stabförmigen Elektromagneten. Die erregende zylindrische Spule möge nicht satt auf dem Eisenstab aufsitzen, sondern einen rohrförmigen Zwischenraum lassen, der in Abb. 9.1a übertrieben gezeichnet ist. Nach unserer Messung verlaufen die aus dem Nordpol *N* austretenden magnetischen Feldlinien zunächst nach rechts, dann biegen sie um und verlaufen außerhalb der Spule von rechts nach links zum Südpol *S*, wie in Abb. 9.1a angedeutet ist. Aber auch der rohrförmige Zwischenraum zwischen der Spulenwicklung und dem Eisenstab ist nicht feldfrei; in ihm haben die Feldlinien nicht die Richtung

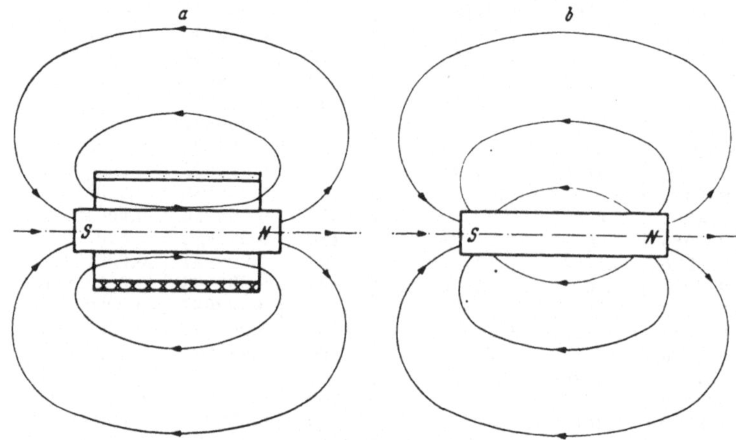


Abb. 9. 1. Richtung des Luftfeldes a) beim stabförmigen Elektromagnet, b) beim stabförmigen Dauermagnet.

von rechts nach links, sondern von links nach rechts, denn auch sie treten aus der Spulenöffnung am rechten Ende des Elektromagneten von rechts nach links weisend aus. Im übrigen sind die Feldlinien in diesem rohrförmigen Zwischenraum nahezu parallel zur Mantelfläche des Stabes gerichtet. In der Mitte des Magneten, in seiner neutralen Zone, ist die zur Mantelfläche des Stabes normal gerichtete Komponente des magnetischen Feldes völlig null, nach rechts und nach links nimmt sie positiv und negativ zu. Die tangentiale Komponente entlang der Mantelfläche des Stabes ist zwar klein gegenüber der starken normalen Komponente an den Stirnflächen des Stabes, jedenfalls aber hat sie die Richtung von links nach rechts.

Nachdem wir so das magnetische Feld im Luftraum bis an die Oberfläche des Stabes hin untersucht haben, fragen wir uns, wie es im Innern beschaffen sein mag. Nur das Feld im Außenraum können wir messend untersuchen, das Feld im Innern des Stabes ist unserer Messung nicht zugänglich. Aber andererseits kommt es uns praktisch nur auf das Feld im Außenraum an; das Feld, das wir für das Innere der festen Substanz annehmen, ist nur ein Hilfsmittel für die Anschauung und für die Berechnung des Feldes im Außenraum. Für die Fortsetzung des meßbaren Außenfeldes in das Innere des Stabes hinein werden wir daher Festsetzungen (Definitionen) treffen müssen; diese haben nur zwei Forderungen zu erfüllen, nämlich erstens, daß sie mit allen durch Messungen gemachten Erfahrungen im Einklang stehen, und zweitens, daß sie die Erklärung der Erscheinungen erleichtern: sie müssen also widerspruchslos und zweckmäßig sein. Wir fassen die vorwiegend tangential gerichteten Feldlinien entlang der Mantelfläche des Stabes ins Auge und denken uns diese ins Innere des Stabes so fortgesetzt, daß sie auch dort nahe der Oberfläche von links nach rechts verlaufen; genauer gesagt: die zur Oberfläche normale Komponente soll innen und außen an der Oberfläche gleich groß sein. Den so definierten Feldvektor nennen wir die magnetische Induktion $\mathfrak{B}$. Sie hat also die Eigenschaft

$$(B_n)_{\text{innen}} = (B_n)_{\text{außen}}; \tag{9.1}$$

das ist die in (2.8) gefundene Beziehung. In der Ausdrucksweise der Vektorenrechnung lautet sie

$$\operatorname{Div} \mathfrak{B} = 0 ; \tag{9.2}$$

$\mathfrak{B}$ hat keine Sprungdivergenz, keine Flächenquellen an der Grenzfläche, allgemein: überhaupt keine Quellen. (Diese Festsetzung ist, wie verlangt, zweckmäßig, denn sie steht im Einklang mit dem Induktionsgesetz: durch zwei verschiedene Flächen, die dieselbe Kontur haben, dürfen nicht zwei verschieden große Induktionsflüsse gehen, der Induktionsfluß muß also durch die Randkurve allein vollständig bestimmt sein. Das ist nur dann der Fall, wenn die Flußdichte durchaus quellenfrei ist; vgl. (2.7) ).

Nehmen wir zunächst vereinfachend an, daß nur an den Stirnflächen des Stabes magnetische Feldlinien aus- und eintreten. Dann ist überall, außen wie innen, $\mathfrak{B}$ zur Mantelfläche (zur Achse) des Stabes parallel gerichtet und im Inneren des Stabes überall gleich stark (homogen) und auch dort von links nach rechts gerichtet, vom Südpol zum Nordpol. An den Stirnflächen tritt das magnetische Feld senkrecht aus und ein. Dort werden wir also die magnetische Induktion messen können.

Wir wollen nun einen zweiten Feldvektor durch die Eigenschaft definieren, daß seine Tangentialkomponente an der Manteloberfläche im Magneten ebenso groß ist wie in der Luft. Wir nennen diesen Vektor die magnetische Feldstärke $\mathfrak{H}$; ihre definierende Eigenschaft ist also

$$(H_t)_{\text{innen}} = (H_t)_{\text{außen}} , \tag{9.3}$$

wie in anderem Zusammenhang schon in (1.7) festgestellt worden ist; in der Sprache der Vektorenrechnung

$$\operatorname{Rot} \mathfrak{H} = 0 , \tag{9.4}$$

die magnetische Feldstärke hat keine Flächenwirbel. Wie die beiden Feldvektoren $\mathfrak{B}$ und $\mathfrak{H}$ im Außenraum und im Magnetstab miteinander zusammenhängen, wird noch zu untersuchen sein.

Wir betrachten nun den Dauermagneten. Das Feld wird in seiner geometrischen Struktur im großen und ganzen und besonders in weiterer Entfernung von dem Magnetstab mit dem Feld des gleich großen Elektromagneten übereinstimmen. Man wird darum auch annehmen müssen, daß das Induktionsfeld $\mathfrak{B}$ im Inneren des Dauermagnetstabes ebenso verläuft wie im Inneren des Elektromagnetstabes, nämlich überall gleich stark und von links nach rechts, vom Südpol zum Nordpol. An der Mantelfläche des Dauermagnetstabes aber, in der Mitte, in der neutralen Zone, verläuft *das tangentiale Feld von rechts nach links, es hat also die entgegengesetzte Richtung wie beim Elektromagneten*, wie Abb. 9.1b andeutet. Dieser grundlegende Unterschied zwischen beiden Magneten kann jederzeit experimentell nachgeprüft werden. *Es ist so, wie wenn die Wicklung des*

*Elektromagneten beim Dauermagnet in dessen Mantelfläche eingesunken wäre*, so, als ob diese Mantelfläche einen Strombelag hätte, das heißt einen auf der Mantelfläche umlaufenden, die Achse umkreisenden Flächenstrom. Das steht im Einklang mit den in Abschnitt 5 gebildeten Vorstellungen, nach denen der Elementarmagnet durch einen umlaufenden Elementarstrom gebildet wird; im Innern des Magnetstabes heben sich alle Elementarströme auf, nur der Flächenstrom auf der Mantelfläche bleibt offenbar nach außen wirksam.

Wir haben oben festgestellt, daß die Tangentialkomponente von $\mathfrak{H}$, die in der neutralen Zone an der Oberfläche des Magnetstabes gemessen werden kann (denn dort besteht, wie gesagt, keine normale Feldkomponente), sich stetig ins Innere des Magneten fortsetzt. Wir haben gefunden, daß die Richtung dieses tangentialen Feldes von rechts nach links weist. Demnach verläuft $\mathfrak{H}$ im Innern des Dauermagnetstabes von rechts nach links, vom Nordpol zum Südpol, und ist dort überall gleich stark (homogen), wenn wir vereinfachend annehmen, daß nur an den Stirnseiten des Dauermagneten magnetische Feldlinien aus- und eintreten, und ist im Innern zu $\mathfrak{B}$ entgegengerichtet. Im Luftraum sind $\mathfrak{B}$ und $\mathfrak{H}$ gleichgerichtet, und dort sind die beiden Vektorfelder zueinander proportional:

$$\mathfrak{B}_a = \mu_0 \mathfrak{H}_a \,. \qquad (9.5)$$

Wir wollen nun etwas über die Größe der Felder in Erfahrung bringen, nachdem wir ihre Richtungen kennengelernt haben. Dazu denken wir uns den zylindrischen Stabmagneten zu einem Ring zusammengebogen und diesen Ring entlang einem Ringdurchmesser aufgeschnitten, so daß zwei halbkreisförmige Magnete (Länge der Leitlinie $l_i/2$), zwei Luftspalte (Länge der Leitlinie $l_a/2$) bildend, einander gegenüberstehen. Abb. 9.2. Wir messen wieder, zum Beispiel mit der beweglichen Probespule, das schwache magnetische Feld in der neutralen Zone an der Manteloberfläche beider Magnethälften; da es tangential gerichtet ist, werden wir es der Feldstärke gleichsetzen und mit $\mu_0 H$ bezeichnen, ferner messen wir das starke magnetische Feld im Luftspalt; da es zu den Stirnflächen normal gerichtet ist, werden wir es mit der Induktion gleichsetzen und mit $B$ bezeichnen. $\mu_0 H$ und $B$ sind dann nach dem Gesagten zugleich die Werte im Innern des Dauermagneten. Macht man den Spalt breiter, so wird das Feld im Spalt schwächer, in der neutralen Zone stärker (beide denken wir uns wieder mit der beweglichen Probespule gemessen), und zwar nach einer bestimmten Gesetzmäßigkeit, die sich zum Beispiel in folgenden Zahlen ausdrückt:

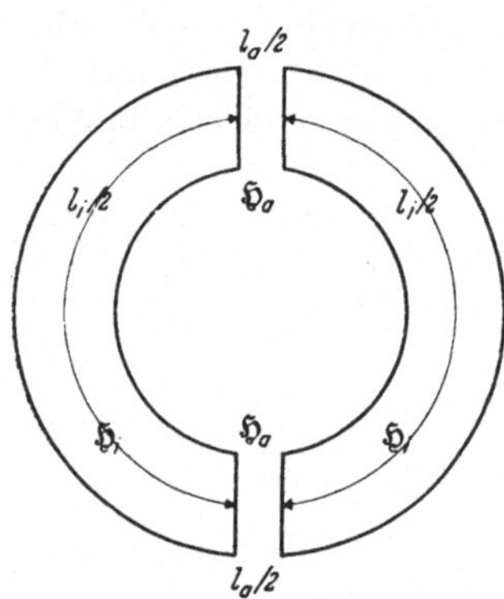

Abb. 9. 2. Aufgeschnittener Ringmagnet mit Luftspalten.

| | | | | | | | | |
|---|---|---|---|---|---|---|---|---|
| Spalt: | $B$ | = | 5800 | 5600 | 5400 | 5200 | 5000 | Gauß |
| neutrale Zone: | $\mu_0 H$ | = | 10 | 20 | 30 | 40 | 50 | Gauß |

Die beobachtete Gesetzmäßigkeit ist hier offenbar

$$20\,\mu_0 H + B = 6000 \text{ Gauß} = \text{konst} \qquad (9.6)$$

oder gleichbedeutend damit

$$\mu_0 H + \frac{B}{20} = 300 \text{ Gauß} = \text{konst}' \,. \qquad (9.7)$$

Die Konstante vom Zahlenwert 20 nennen wir die Permeabilität $\mu$ des Magneten; sie ist eine Stoffkonstante, für Luft ist ihr Wert $\mu = 1$, wie schon in Abschnitt 3 festgestellt wurde. (9.6) und (9.7) sehen in allgemeinerer Fassung so aus:

$$\mu\mu_0 H + B = P = \text{konst}\,, \tag{9.6a}$$

$$H + \frac{B}{\mu\mu_0} = \frac{P}{\mu\mu_0} = g = \text{konst}'\,. \tag{9.7a}$$

Macht man den Spalt kleiner, so wird auch das Feld $H$ kleiner, $B$ größer, bei der Spaltbreite null ist das äußere Feld $H$ völlig verschwunden und $B$ hat offenbar seinen Idealwert $P=6000$ Gauß erreicht. Der Versuchsbefund (9.6, 6a) lautet also einfach

$$B = P - \mu\mu_0 H\,, \tag{9.8}$$

und dies ist die in anderem Zusammenhang in Abschnitt 7b gefundene Zustandsgleichung. Schreiben wir sie vektorisch, indem wir die Größe $P$ zu einem Vektor $\mathfrak{P}$ erklären, den wir Permanenz nennen wollen, so müssen wir beachten, daß $\mathfrak{B}$ und $\mathfrak{H}$ im Innern des Dauermagneten einander entgegengerichtet sind. Daher ist

$$\mathfrak{B} = \mathfrak{P} + \mu\mu_0\mathfrak{H}\,. \tag{9.9}$$

Abb. 9.3 verdeutlicht diese drei Vektoren. $\mathfrak{P}/\mu\mu_0 = \mathfrak{H}^e$ wird eingeprägte magnetische Feldstärke genannt.

Bis hierher haben wir nur eine ganz formale Beschreibung des Versuchsbefundes gegeben. Auf zwei verschiedene Weisen können wir ihn näher ausdeuten:

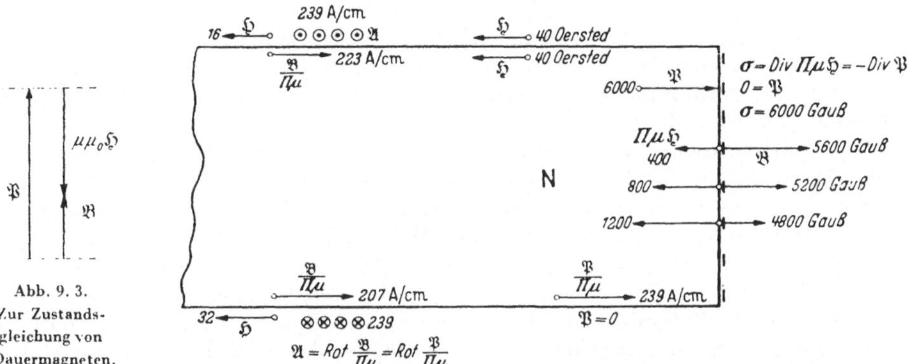


Abb. 9.3. Zur Zustandsgleichung von Dauermagneten.

Abb. 9.4. Zur Definition der Feldvektoren beim Dauermagneten (nach *F. Emde* a. a. O.). (In der Zeichnung steht $\mathfrak{A}$ für den Strombelag, den wir mit $\mathfrak{g}$, und $\Pi$ für die magnetische Konstante, die wir mit $\mu_0$ bezeichnen.)

Wir denken uns erstens die Stirnflächen des Dauermagnetstabes mit magnetischen Mengen von der Flächendichte $\pm\sigma$ belegt. Das quellenfreie Vektorfeld, das an der Stirnseite normal aus- und eintritt, ist außen und innen gleich groß. Das Feld $\mu\mu_0\mathfrak{H}$ hat aber an den Stirnflächen eine Flächenquelle, der Sprung der Normalkomponente ist gleich der magnetischen Flächendichte $\sigma$:

$$\mu_0 \cdot (\mu H_n)_i + (B_n)_a = \sigma\,, \tag{9.10}$$

und dies deckt sich mit unserem Versuchsbefund (9.6. 6a) unmittelbar. In der Ausdrucksweise der Vektorenrechnung lautet diese Aussage

$$\text{Div}\;\mu\mu_0\mathfrak{H} = \sigma\,. \tag{9.11}$$

Abb. 9.4 zeigt, wie diese Sprungdivergenz verstanden sein will. Zum Beispiel geht von der Stirnseite des Nordpoles senkrecht in die Luft hinein das Feld $B=5200$ G; senkrecht in das Innere des Stabes hinein, also in entgegengesetzter Richtung, ist das Feld $\mu\mu_0 H=800$ G. Vereinigen wir (9.9) und (9.11) und bedenken, daß $\mathfrak{B}$ ein quellenfreier Vektor ist: $\text{Div}\,\mathfrak{B}=0$, so ergibt sich

$$\text{Div}\;\mu\mu_0\mathfrak{H} = \sigma = -\text{Div}\;\mathfrak{P}\,; \tag{9.12}$$

der Sprung in der Normalkomponenten der Permanenz ist gleich der magnetischen Flächendichte. Da in der nicht magnetisierbaren Luft natürlich $\mathfrak{P} = 0$ ist und $\mathfrak{P}$ auf der Stirnfläche normal steht, ist also auch einfach

$$|\sigma| = P\,. \tag{9.13}$$

Durch (9.11, 12, 13) haben $\mu\mu_0\mathfrak{H}$, $\sigma$ und $\mathfrak{P}$ eine Deutung erfahren.

Die zweite Deutung des Versuchsbefundes (9.7, 7a) knüpft an die Bemerkung an, daß der Dauermagnet sich so verhält, wie wenn auf seiner Mantelfläche ein Strombelag vorhanden wäre. Die konstanten 300 Gauß in (9.7) sind dann offenbar ein Maß für diesen Strombelag. Seine Größe ist in einer üblichen Einheit 300 Gauß$/\mu_0$ $= 239$ Ampere/cm $= g$ (der Flächenstrom ist ein umkreisender Strom, bezogen auf die Einheit der Länge in axialer Richtung). Dann besagt der Versuchsbefund (9.7, 7a): An der Mantelfläche des Dauermagneten springt die Tangentialkomponente des Vektors $\mathfrak{B}/\mu$ um den Betrag $g\mu_0$ (das ist um den Betrag $\mu_0 \cdot 239$ A/cm im Beispiel):

$$\left(\frac{B_t}{\mu_0\mu}\right)_i + (H_t)_a = g \tag{9.14}$$

oder in der Ausdrucksweise der Vektorenrechnung

$$\operatorname{Rot}\frac{\mathfrak{B}}{\mu\mu_0} = \mathfrak{g}\,; \tag{9.15}$$

an der Mantelfläche ist der Sprungwirbel des Vektors $\mathfrak{B}/\mu\mu_0$ gleich den Strombelag $\mathfrak{g}$. In Abb. 9.4 ist verdeutlicht, was der Sprungwirbel bedeutet. Auf diese Weise ist das Verhalten des Dauermagneten also mit Hilfe eines Strombelages (Flächenstromes) gedeutet.

Beide Erklärungen sind gleich gut und gleichbedeutend. Für gedrungene, flache Magnete ist die Darstellung mittels eines Strombelages, für lange gestreckte Magnete die Erklärung mittels magnetischer Mengen die einfachere.

Die Deutung mit Hilfe magnetischer Mengen legt die Auslegung nahe, daß bei einer Verbreiterung des Spaltes ein schwächendes, „entmagnetisierendes“ Zusatzfeld größer werde. $\mathfrak{H}$ ist ja im Innern des Dauermagneten zu $\mathfrak{P}$ entgegengerichtet und wächst mit einer Verbreiterung des Spaltes. Bei einer Spaltverkleinerung freilich „magnetisiert“ sich der Magnet dann wieder ganz von selbst.

Bei Änderungen der Spaltbreite ändern sich $\mathfrak{H}$ und $\mathfrak{B}$, unverändert bleiben $\sigma$, $\mathfrak{P}$, $\mathfrak{g}$. Zwischen Strombelag und Permanenz besteht die Beziehung

$$\operatorname{Rot}\frac{\mathfrak{P}}{\mu\mu_0} = \mathfrak{g}\,. \tag{9.16}$$

Ist diese Vektorgleichung erfüllt, so sind $\mathfrak{P}$ und $\mathfrak{g}$ hinsichtlich des hervorgebrachten magnetischen Feldes einander völlig gleichwertig. Wir hatten idealisierend angenommen, daß die Feldlinien nur an den Stirnseiten ein- und austreten, aus der Mantelfläche überhaupt nicht. In Wirklichkeit tun sie das, und bilden zum Beispiel in der Nähe der neutralen Zone mit der Mantelerzeugenden einen spitzen Winkel. Die Vorstellung von dem Flächenstrom $\mathfrak{g}$, der die Mantelfläche umkreist, kann zu einem Teil für die Erklärung dieses Verhaltens dienen: Wegen des Flächenwirbels $\mathfrak{g}$ auf der Mantelfläche kann das einfache Brechungsgesetz der Feldlinien $\operatorname{tg}\alpha_a = \operatorname{tg}\alpha_i/\mu$ — vgl. (3.20) — nicht bestehen, vielmehr gilt dort

$$(B_n)_i = (B_n)_a\,, \qquad (H_t)_i = (H_t)_a + g\,,$$

und hieraus folgt zum Beispiel

$$(H_n)_i = (H_n)_a/\mu\,, \qquad (B_t)_i = \mu\,(B_t)_a + \mu\mu_0\,g$$

in Übereinstimmung mit der Beziehung (9.14), in der nur die Beträge stehen.

Wir untersuchen noch die magnetische Feldenergie des Dauermagneten. Der aufgeschnittene Ringmagnet Abb. 9.2 kann Arbeit leisten, um so mehr, je größer das Spaltvolumen, also die Spaltlänge ist. Beim Elektromagneten wird die Energie, die für die Arbeitsleistung nötig ist, aus der Stromquelle geliefert[1], beim Dauermagnet muß sie offenbar aus dem Energievorrat des magnetischen Feldes bestritten werden. Die Energie des Dauermagnetfeldes muß also zunehmen, wenn man den Spalt vergrößert, wobei $\mathfrak{B}$ abnimmt und $\mathfrak{H}$ wächst. Wie muß dann die Energie ausgedrückt werden? Nach dem Induktionsgesetz ist, wie in Abschnitt 3 in den Beziehungen (3.27, 28) gezeigt worden ist, die Energiezufuhr, bezogen auf die Raumeinheit,

$$dw = \mathfrak{H}\, d\mathfrak{B}\,. \tag{9.17}$$

Beim Elektromagnet ist $d\mathfrak{B} = \mu_0 \cdot d(\mu\,\mathfrak{H})$, und dasselbe gilt für den Dauermagnet, da $d\mathfrak{P} = 0$ ist. Die zugeführte Energie wird im magnetischen Feld aufgespeichert, und es ist sowohl für den Elektromagnet wie für den Dauermagnet

$$w = \tfrac{1}{2}\mu_0 \mu\, \mathfrak{H}^2\,, \tag{9.18}$$

wenn wir $\mu$ als Konstante ansehen $(d(\mu\,\mathfrak{H}) = \mu\, d\mathfrak{H})$. Für den Elektromagnet gilt $\mathfrak{B} = \mu_0 \mu\,\mathfrak{H}$ überall, daher ist auch

$$w = \tfrac{1}{2}\,\mathfrak{H}\mathfrak{B} = \frac{\mathfrak{B}^2}{2\,\mu_0\,\mu}\,, \tag{9.19}$$

wie bekannt (3.30, 31). Abb. 9.5. Für den Dauermagnet dagegen besteht die Beziehung $\mathfrak{B} = \mathfrak{P} + \mu_0 \mu\,\mathfrak{H}$, $\mu = \text{const}$, daher ist[2]

$$w = \tfrac{1}{2}\mu\,\mu_0\,\mathfrak{H}^2 = \tfrac{1}{2}\,\mathfrak{H}(\mathfrak{B} - \mathfrak{P}) = \tfrac{1}{2}(-\mathfrak{H})\,(\mathfrak{P} - \mathfrak{B}) = \frac{(\mathfrak{P} - \mathfrak{B})^2}{2\,\mu\,\mu_0}\,. \tag{9.20}$$

Die Energiedichte $w$ wird also durch die in Abb. 9.6 angegebene Dreiecksfläche dargestellt. Die Gesamtenergie $W$ ergibt sich durch Integration über den ganzen felderfüllten Raum $\tau$ zu $W = \int_\infty w\, d\tau$. Nun ist die Fläche $w'$ in Abb. 9.6 offenbar

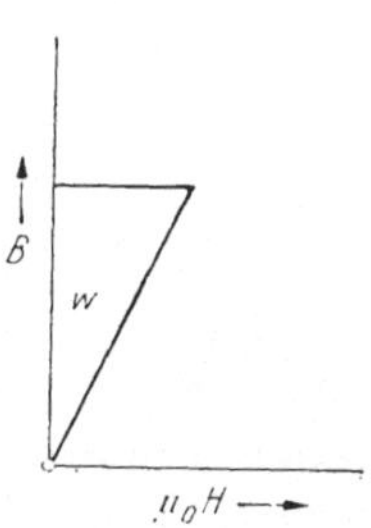


Abb. 9.5. Feldenergiedichte beim Elektromagneten bei $\mu$ = const.

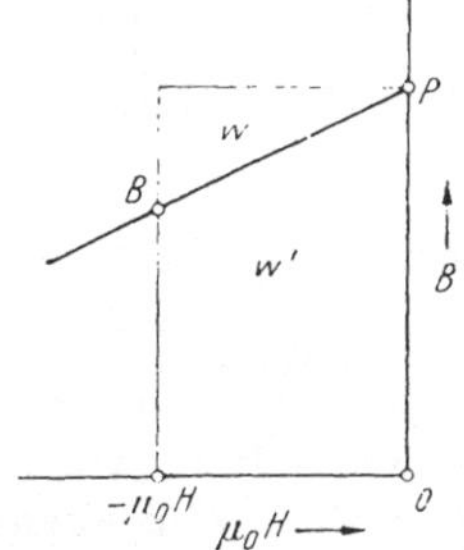


Abb. 9.6. Feldenergiedichte beim Dauermagneten.

$w' = w + \mathfrak{B}\,\mathfrak{H}$. Für das Feld des Dauermagneten ist die Induktion $\mathfrak{B}$ ein quellenfreier Vektor, die Feldstärke $\mathfrak{H}$ ein wirbelfreier, beides nach Definition. Die Vektorenrechnung zeigt, daß unter dieser Voraussetzung das Raumintegral des

---

[1] Vergleiche zum Beispiel Elektrodynamik S. 99—101.

[2] Bei der Integration von $dw$ für den Dauermagneten beachte man die Integrationsgrenzen: es ist

$$w = \left| \int_0^H \mu\,\mu_0\, H \cdot dH \right| = \left| \int_P^B \frac{P - B}{\mu\,\mu_0}\, dB \right|\,.$$

inneren Produktes $\mathfrak{B}\mathfrak{H}$ verschwindet, wenn es über den unendlichen Raum erstreckt wird. Daher ist

$$\int_\infty w'\,d\tau = \int_\infty w\,d\tau = W\,; \tag{9.21}$$

zur Berechnung der Gesamtenergie kann demnach auch

$$w' = w + \mathfrak{B}\mathfrak{H} = \mathfrak{H}\,\frac{\mathfrak{P}+\mathfrak{B}}{2} = \frac{\mathfrak{P}^2 - \mathfrak{B}^2}{2\,\mu\,\mu_0} \tag{9.22}$$

dienen. Die Energiedichte erscheint um den Betrag $\mathfrak{B}\mathfrak{H}$ unbestimmt; er spielt die Rolle einer unbestimmten Integrationskonstanten, die nicht beachtet zu werden braucht, da ja immer nur Energieänderungen wahrgenommen und in Betracht gezogen werden müssen.

Wir betrachten schließlich die Feld- und Energieverhältnisse in Abhängigkeit von der Luftspaltbreite beim Dauermagneten und beim Elektromagneten. $H_a$ und $H_i$ mögen die Feldstärken im Luftspalt und im Innern des Magneten bezeichnen. Abb. 9.2.

Für den Dauermagnet gilt nach dem Durchflutungsgesetz

$$\oint \mathfrak{H}\,d\mathfrak{r} = 0 = H_a\,l_a + H_i\,l_i\,. \tag{9.23}$$

Die Quellenfreiheit der magnetischen Induktion $B_a = B_i$ bedeutet

$$\mu_0 H_a = P + \mu\,\mu_0 H_i\,. \tag{9.24}$$

Daraus erhält man als Funktion von $x = l_a/l_i$

$$H_a = \frac{P}{\mu_0}\,\frac{1}{1+\mu x}\,, \qquad H_i = -\frac{P}{\mu_0}\,\frac{x}{1+\mu x}\,; \tag{9.25}$$

$H_a$ fällt mit wachsendem $x$ vom Höchstwert $P/\mu_0$ für $x = 0$ an beständig, dagegen steigt $-H_i$ mit zunehmendem $x$ vom Wert null für $x = 0$ an monoton gegen die Asymptote $-P/\mu\,\mu_0$.

Beim Elektromagneten ist nach dem Durchflutungsgesetz mit der Durchflutung $z\,i = \Theta$:

$$\oint \mathfrak{H}\,d\mathfrak{r} = \Theta = H_a\,l_a + H_i\,l_i\,. \tag{9.26}$$

Die Quellenfreiheit der Induktion $B_a = B_i$ bedeutet

$$H_a = \mu\,H_i\,. \tag{9.27}$$

Daraus erhält man als Funktion von $x$

$$H_a = \frac{\mu\,\Theta}{l_i}\,\frac{1}{1+\mu x}\,, \qquad H_i = \frac{\Theta}{l_i}\,\frac{1}{1+\mu x}\,; \tag{9.28}$$

$H_a$ und $H_i$ fallen von Höchstwerten an, die bei $x = 0$ bestehen, mit wachsendem $x$ beständig. $H_a$ verhält sich ebenso wie beim Dauermagnet, $H_i$ hat beim Dauermagnet das entgegengesetzte Vorzeichen und ist dort eine steigende, beim Elektromagnet eine fallende Funktion von $x$.

Die magnetische Feldenergie ist in jedem Fall für ein homogenes Feld $H$ bestimmt durch

$$W = \tfrac{1}{2}\,\mu\,\mu_0 H^2 l q\,, \tag{9.29}$$

wenn $l$ die Länge, $q$ der Querschnitt des Feldvolumens ist.

Für den Dauermagnet findet man: Die Energie im Luftspalt

$$W_a = \tfrac{1}{2}\,\mu_0 q l_a\,H_a^2 = \frac{P^2 l_i q}{2\,\mu\,\mu_0}\cdot\frac{\mu\,x}{(1+\mu\,x)^2}\,, \tag{9.30}$$

die Energie im Magnetvolumen

$$W_i = \tfrac{1}{2}\,\mu_0 q\,\mu\,l_i\,H_i^2 = \frac{P^2\,l_i\,q}{2\,\mu\,\mu_0}\left(\frac{\mu\,x}{1+\mu x}\right)^2, \tag{9.31}$$

daher die gesamte magnetische Energie

$$W_d = W_a + W_i = \frac{P^2 l_i q}{2\mu\mu_0} \cdot \frac{\mu x}{1+\mu x}. \tag{9.32}$$

Es zeigt sich also: $W_a$, $W_i$, $W_d$ sind null für $x=0$; mit wachsendem $x$ steigen $W_i$ und $W_d$ beständig, und zwar gegen Asymptoten, die für $\mu x \gg 1$ erreicht werden; $W_a$ hat einen Höchstwert bei $\mu x = 1$, von dem es mit wachsendem $x$ wieder gegen null fällt. Um den Spalt zu verlängern, muß man mechanische Arbeit gegen die Anziehungskräfte aufwenden. Dabei wächst die magnetische Energie des Dauermagneten: die mechanische Arbeit wird im magnetischen Feld als (potentielle) Energie aufgespeichert.

Für den Elektromagneten ergibt sich: die Energie im Luftspalt

$$W_a = \tfrac{1}{2}\mu_0 q l_a H_a^2 = \frac{\Theta^2 \mu\mu_0 q}{2 l_i} \cdot \frac{\mu x}{(1+\mu x)^2}. \tag{9.33}$$

die Energie im Magnetvolumen

$$W_i = \tfrac{1}{2}\mu_0 q \mu l_i H_i^2 = \frac{\Theta^2 \mu\mu_0 q}{2 l_i} \cdot \frac{1}{(1+\mu x)^2}, \tag{9.34}$$

daher die gesamte magnetische Energie

$$W_e = W_a + W_i = \frac{\Theta^2 \mu\mu_0 q}{2 l_i} \cdot \frac{1}{1+\mu x}. \tag{9.35}$$

Es zeigt sich also: $W_a$ ist die gleiche Funktion von $x$ wie beim Dauermagnet; dagegen haben $W_i$ und $W_e$ Höchstwerte für $x=0$, von denen an sie mit wachsendem $x$ beständig fallen. Um den Spalt zu verlängern, muß man mechanische Arbeit gegen die Anziehungskräfte aufwenden, dabei nimmt die magnetische Feldenergie $W_e$ ab. Beide Energiebeträge fließen dem erregenden Stromkreis zu und verlassen als Wärme das System, wenn nicht die Möglichkeit einer Speicherung im Stromkreis besteht.

Wir bilden noch das Verhältnis der gesamten magnetischen Energie zur magnetischen Energie im Luftspalt; es ist beim Dauermagneten

$$\frac{W_d}{W_a} = 1 + \mu x \tag{9.36}$$

und beim Elektromagneten

$$\frac{W_e}{W_a} = 1 + \frac{1}{\mu x}; \tag{9.37}$$

das Verhältnis wächst beim Dauermagneten von seinem Kleinstwert eins für $x=0$ an entsprechend einer steigenden Geraden, und es fällt beim Elektromagneten mit wachsendem $x$ beständig bis zu seinem Kleinstwert eins für $\mu x \to \infty$.

Wichtig ist schließlich das Zusammenwirken des Dauermagneten mit dem Elektromagneten: über den Dauermagnet sei die Erregerspule des gleich großen Elektromagneten gewickelt und so erregt, daß das Feld des Dauermagneten und das Feld der Spule im Luftraum gleichgerichtet sind.

Hier gilt nach dem Durchflutungsgesetz

$$\oint \mathfrak{H}\, d\mathfrak{r} = \Theta = H_a l_a + H_i l_i, \tag{9.38}$$

und wegen der Quellenlosigkeit der magnetischen Induktion

$$\mu_0 H_a = P + \mu\mu_0 H_i. \tag{9.39}$$

Aus den beiden Gleichungen ergibt sich

$$H_a = \frac{\frac{\mu\Theta}{l_i} + \frac{P}{\mu_0}}{1+\mu x}, \qquad H_i = \frac{\frac{\Theta}{l_i} - \frac{P}{\mu_0}x}{1+\mu x}. \tag{9.40}$$

Der Vergleich mit (9.25) und (9.28) zeigt: die Teilfelder, die von der Spule herrühren ($\Theta$), und die Teilfelder, die vom Dauermagneten herrühren ($P$), überlagern sich, *ohne sich gegenseitig zu beeinflussen.*

Wenn erfüllt ist

$$\frac{\Theta}{l_i} = g = \frac{P}{\mu_0} x, \qquad \text{also } \frac{\Theta}{l_a} = \frac{P}{\mu_0}, \tag{9.41}$$

so ist

$$H_i = 0, \qquad H_a = \frac{P}{\mu_0}. \tag{9.42}$$

Ist andererseits erfüllt

$$\frac{\mu\Theta}{l_i} = -\frac{P}{\mu_0}, \qquad \text{also } \Theta = -\frac{P l_i}{\mu\mu_0} = -V^e, \tag{9.43}$$

so ist

$$H_a = 0, \qquad H_i = -\frac{P}{\mu\mu_0}. \tag{9.44}$$

Die Gleichungen geben Anweisung, wie die Feldlosigkeit des Luftraumes oder des Magnetvolumens hergestellt werden kann.

Die magnetische Energie im Luftspalt wird

$$W_a = \tfrac{1}{2}\mu_0 q l_a H_a^2 = \frac{\mu_0 q l_i}{2(1+\mu x)^2} \cdot x \left\{ \frac{\mu\Theta}{l_i} + \frac{P}{\mu_0} \right\}^2 \tag{9.45}$$

und im Magnetvolumen

$$W_i = \tfrac{1}{2}\mu_0 q \mu l_i H_i^2 = \frac{\mu_0 q l_i}{2(1+\mu x)^2} \left\{ \frac{\Theta}{l_i} - \frac{P}{\mu_0} x \right\}^2. \tag{9.46}$$

Die Summe beider ist die Gesamtenergie des kombinierten magnetischen Feldes

$$W = W_a + W_i = \frac{q}{2(1+\mu x)} \left\{ \frac{\mu\mu_0\Theta^2}{l_i} + \frac{x l_i P^2}{\mu_0} \right\}; \tag{9.47}$$

die Glieder mit den doppelten Produkten $2\Theta P$ in den beiden Quadraten $W_a$ und $W_i$ heben sich in der Summe gegenseitig auf; der Vergleich mit (9.32) und (9.35) zeigt:

$$W = W_e + W_d; \tag{9.47a}$$

die Gesamtenergie ist gleich der Summe der beiden Energiebeträge, die man erhalten würde, wenn erst $\Theta = 0$, dann $P = 0$ wäre (wenn erst nur der Dauermagnet, dann nur die Spule vorhanden wäre): *Zwischen Spule und (permanentem) Dauermagnet gibt es keine wechselseitige Energie.* Eine solche könnte man aus folgender Überlegung erwarten: Ist $\mathfrak{H}_e$ das zu $\Theta$ und $\mathfrak{H}_d$ das zu $P$ proportionale magnetische Feld und wirken beide, wie vorausgesetzt, in jedem Raumpunkt zusammen, so ist für die Energie das Raumintegral zu bilden von $(\mathfrak{H}_e + \mathfrak{H}_d)^2 = \mathfrak{H}_e^2 + \mathfrak{H}_d^2 + 2\mathfrak{H}_e\mathfrak{H}_d$; das letzte Glied ist proportional zu dem Produkt $\Theta P$. Nun ist aber der vom Dauermagnet beigesteuerte Anteil $\mathfrak{H}_d$ ein wirbelfreies Vektorfeld (nach Definition, vgl. (9.4)), und der von der Spule beigesteuerte Anteil $\mu_0\mathfrak{H}_e$ ist ein quellenfreies Vektorfeld (nach Definition, vgl. (9.2)); das Raumintegral des inneren Produktes $\mathfrak{H}_d\mathfrak{H}_e\mu_0$, über den unendlichen, felderfüllten Raum erstreckt, verschwindet in jedem Fall. Daher gibt es in der magnetischen Energie des gesamten Feldes (9.47) keine zu $\Theta P$ proportionalen, eine wechselseitige Energie ausdrückenden Glieder, dagegen sind solche Glieder vorhanden in den Energieausdrücken (9.45, 46) für begrenzte Bezirke des gesamten magnetischen Feldes.

Der Satz, daß es keine wechselseitige Energie eines Dauermagneten und eines Stromkreises gibt, setzt voraus, daß der magnetische Zustand des Dauermagneten durch das magnetische Feld des Stromes nicht merklich geändert wird. Dies ist der Fall entlang der permanenten Zustandsgeraden innerhalb des Stabilitätsintervalles. Muß man aber eine solche Beeinflussung berücksichtigen, so sind die Energiebeziehungen verwickelter, in der Gleichung für die Gesamtenergie treten Posten auf, die man als wechselseitige Energie deuten darf. Man kann sie analytisch formulieren und damit ihre Größe zahlenmäßig abschätzen, wenn man die Zustandskurve des Dauermagneten durch eine analytische Kurve wiedergibt[1].

# C. Beschreibende Theorie und Vorausberechnung der Dauermagnete.

## 10. Remanente und permanente Magnete. Kennzeichnende Stoffeigenschaften.

Welches besondere physikalische Verhalten kennzeichnet die Dauermagnete? Auf welche Eigenschaften der Magnetbaustoffe kommt es an? Für die Beantwortung dieser Fragen gehen wir von den beiden aus Abschnitt 8 bekannten Magnetformen als Beispielen aus: a) Ein homogenes Rotationsellipsoid werde in der Richtung einer Hauptachse homogen bis zur Sättigung magnetisiert. Das kann entweder in einer langen Zylinderspule geschehen (Abb. 8.4), oder mit einem magnetischen Joch (Abb. 7.16, 17) mit geeignet geformten Polschuhen aus weichem Eisen im magnetischen Kurzschluß. b) Ein fast geschlossener, homogener magnetischer Kreis mit kurzem Luftspalt (Abb. 8.1b) werde bis zur Sättigung magnetisiert. Das kann gleichfalls entweder mit einem Elektromagneten mit geeignet geformten Polschuhen geschehen, oder dadurch, daß man den magnetischen Kreis durch ein passendes Eisenstück magnetisch völlig schließt, ihn mit einer Stromwindung oder mehreren verkettet und einen genügend großen Durchflutungsstoß (zum Beispiel mit einem Stromstoßtransformator) hervorbringt. Hierauf werde die Zylinderspule oder der magnetische Kurzschluß entfernt und der Körper in weiter Entfernung von anderen Eisenteilen und elektrischen Strömen untersucht. Zeigt er sich dann als selbständiger Träger eines magnetischen Feldes, so bezeichnen wir ihn als Dauermagnet, im Gegensatz zu magnetisch weichem Eisen. In diesem Zustand besitzt der Dauermagnet nicht mehr die Sättigungsmagnetisierung $M_s$, auch nicht die Remanenzmagnetisierung $M_r$, sondern, wie aus Abschnitt 8 vom Scherungsverfahren her bekannt ist, die „scheinbare Remanenz“ $M_r'$. Der magnetische Zustandspunkt ist nämlich, wie dort gezeigt worden ist, der Schnittpunkt der Magnetisierungskurve $M = M(\mu_0 H)$ mit der Ursprungsgeraden, die gegen die $M$-Achse die Neigung

$$\operatorname{tg} \beta = -\frac{\mu_0 H}{M} = N \qquad (10.1)$$

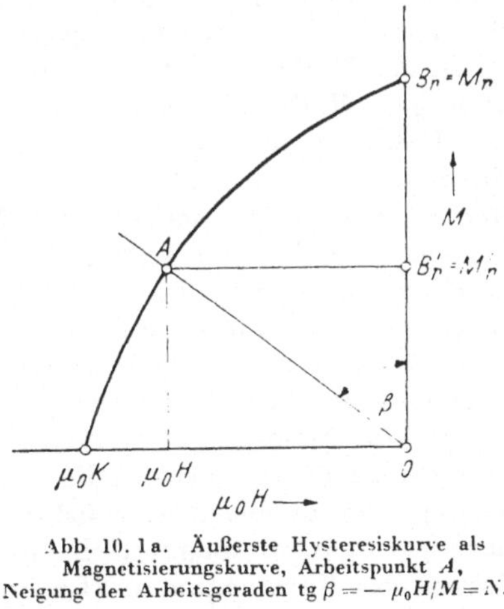

Abb. 10. 1a. Äußerste Hysteresiskurve als Magnetisierungskurve, Arbeitspunkt $A$, Neigung der Arbeitsgeraden $\operatorname{tg} \beta = -\mu_0 H/M = N$.

hat, vgl. Abb. 10.1a. Hierbei ist $N$ beim Rotationsellipsoid der allein durch das Achsenverhältnis bestimmte Entmagnetisierungsfaktor oder Gestalsfaktor (8.19 bis 26a), beim geschlitzten magnetischen Kreis ist $N = l_a/l$ nach (8.6). Liegt also die Arbeitsgerade (10.1) steil (ist $N$ klein), so ist das längsmagnetisierte Ellipsoid lang und dünn, liegt sie flach (ist $N$ groß), so ist

[1] *M. E. Brylinski*, Bulletin Soc. Franc. VI s. 2 (1942) S. 298.

der Magnet kurz und gedrungen; für den geschlitzten magnetischen Kreis kennen wir bisher nur die Möglichkeit $N \ll 1$.

In diesem Zustand ist nun der „Dauer"magnet keineswegs beständig, vielmehr ist er empfindlich gegen äußere magnetische Felder. Diese verändern den magnetischen Zustandspunkt; sie können Felder fremder Herkunft sein, gleichgültig, ob sie von Magneten oder elektrischen Strömen hervorgebracht werden; es können aber auch selbstverursachte Feldänderungen eintreten, zum Beispiel durch den Zusammenbau des Dauermagneten nach erfolgter Magnetisierung mit anderen Eisenteilen, wodurch der magnetische Widerstand für das äußere Feld des Magneten verändert wird. Aus Abschnitt 7b kennen wir zwei Wirkungen einer kleinen Feldänderung $\mu_0 \Delta H$: die Magnetisierungsänderung

$$\Delta M = (\mu_d - 1)\, \mu_0 \Delta H \qquad (10.2)$$

findet entlang der Hysteresiskurve nur in bestimmter Richtung statt (für $\Delta H > 0$ nur entlang einem aufsteigenden, für $\Delta H < 0$ nur entlang einem absteigenden Ast), sie ist irreversibel; die Änderung

$$\Delta' M = (\mu_r - 1)\, \mu_0 \Delta H \qquad (10.3)$$

kann in beiden Richtungen vor sich gehen, sie ist reversibel.

Es sind nun Anwendungen von Dauermagneten denkbar, bei denen man sich durchaus damit begnügen kann, daß der Magnet nach erfolgter Magnetisierung keineswegs beständig ist, vielmehr sich in einem labilen magnetischen Zustand befindet, der durch den Arbeitspunkt (10.1) auf der äußersten Hysteresiskurve im II. Quadranten gekennzeichnet wird. Man wird sich mit einem solchen magnetischen Zustand zufrieden geben, wenn der magnetische Kreis nach beendetem Magnetisierungsvorgang geometrisch überhaupt nicht, magnetisch nur um unmerklich kleine Feldstärkebeträge geändert wird, wenn er also zum Beispiel erst nach seinem endgültigen Zusammenbau mit anderen Eisenteilen magnetisiert wird und hierauf in aller Zukunft unverändert und vor magnetischen Störungen und Änderungen geschützt bleibt. Diese Art an sich labiler, jedoch geschützter Dauermagnete nennen wir *remanente Magnete.* Wir können sie durch die Bedingung definieren, daß ihnen zugefügte magnetische Änderungen (10.2, 3) kleiner bleiben als die zulässige Unbeständigkeit des Arbeitspunktes $M_r'$.

In der Technik sind Magnete dieser Art stärker verbreitet und spielen eine wichtigere Rolle, als man zunächst vermuten möchte. Hierfür einige Beispiele: Ein Drehmagnetmeßgerät neuerer Bauart besteht von innen nach außen aus einem drehbaren, senkrecht zur Drehungsachse magnetisierten zylindrischen Dauermagneten (Scheibe oder Walze), einem im wesentlichen rohrförmigen Luftspalt, in dem die festen Ablenkungsspulen untergebracht sind, und einem rohrförmigen Mantel aus weichem Eisen. Bei Drehspulmeßgeräten mit Kernmagnet ist die Anordnung grundsätzlich dieselbe, der quermagnetisierte Kern steht fest und im Luftspalt ist eine Drehspule beweglich. Ein Gerät mit solchem Aufbau kann fertig zusammengebaut und im ganzen magnetisiert werden, zum Beispiel in einem magnetischen Joch, ähnlich den in Abb. 7.16 und 17 gezeigten (mit zweckmäßig geformten Polschuhen), durch Dauer- oder durch Stoßmagnetisierung. Der umgebende, rohrförmige Eisenmantel wird während des Magnetisierungsvorganges magnetisch gesättigt, hindert somit nicht die Quermagnetisierung des Kernmagneten (Drehmagneten). Wird nach beendetem Magnetisierungsvorgang das Gerät aus dem Joch herausgenommen, so stellt sich ein dem unverändert gebliebenen magnetischen Kreis (dem unveränderten Luftspalt) entsprechender magnetischer Zustand $M_r'$ ein, und dieser Zustand ändert sich von da an weder geometrisch noch merklich magnetisch, da der rohrförmige Eisenmantel störende magnetisch Felder abschirmt. Der Mantel aus magnetisch sehr weichem Eisen ist zugleich Abschluß des Feldes im Luftspalt nach außen und magnetischer Panzer gegen äußere magnetische Felder (von nicht übermäßiger Größe). Ganz entsprechendes gilt in gewissen Fällen vom Zusammenbau und der Magnetisierung der magnetischen Kreise von Lautsprechersystemen; hier wird man sogar geneigt sein, ein geringes Nachlassen von $M_r'$ bei weniger vollkommen magnetischem Schutz nach außen und durch die Wechselfeldstärke der Lautsprecherspule in Kauf zu nehmen. Auch bei der Herstellung von Magneten für magnetelektrische Stromerzeuger oder Motoren oder von Nadeln für Taschenbussolen wird man sich häufig mit dem durch den einfachen Magnetisierungsvorgang hervorgebrachten magnetischen Zustand zufrieden geben können.

Wirklich beständige, stabile Dauermagnete erhält man, wenn man nach beendetem Magnetisierungsvorgang die in Abschnitt 7b besprochene Stabilisierung des Magneten vornimmt. Für den stabilisierten Magneten gilt dann die Zustandsgleichung (7.36)

$$\mathfrak{M}=\mathfrak{P}+(\mu_P-1)\mu_0\mathfrak{H}\,, \qquad M=P-(\mu_P-1)\mu_0 H\,. \tag{10.4}$$

Änderungen von $\mathfrak{H}$, die kleiner bleiben als die Stabilisierungsfeldstärke war (Abb. 7.11), werden reversibel durchlaufen; der Magnet „hat ein Gedächtnis" für den vorhergegangenen magnetischen Zustand und kehrt in diesen zurück (mechanischer Vergleich: vollkommen elastische Feder). Wir nennen solche Magnete *permanente Magnete.*

Als die eigentlichen Dauermagnete spielen sie in der Technik überall dort eine Rolle, wo es auf tatsächliche Beständigkeit ankommt. Wenn zum Beispiel bei Drehspulmeßgeräten der Präzisionsklasse Gewähr für eine bleibende Genauigkeit von $10^{-3}$ geleistet werden soll, so darf das Feld des Dauermagneten sich nicht um einen größeren Betrag ändern; der Magnet muß hervorragend unempfindlich gegen Störungen durch äußere Felder sein, die dann einen bleibenden Fehler verursachen würden, wenn er nicht magnetisch stabilisiert wäre. Auch wenn man Magnete mit offenen Enden (Magnetnadeln) von gleichbleibendem magnetischen Moment, schlechthin wenn man Dauermagnete mit definierten festen Eigenschaften herzustellen hat, kommen nur die stabilisierten permanenten Magnete in Betracht. Die Größe der Stabilisierungsfeldstärke hängt dabei von den gestellten Forderungen ab.

Gegen äußere Feldänderungen sind naturgemäß Magnete mit offenen Enden weniger geschützt, als Magnete mit kurzen Luftwegen. Bei diesen kann man sich in den gezeigten Beispielen mit der Herstellung eines an sich nicht stabilen, remanentmagnetischen Zustands begnügen, der bei hinreichendem Schutz vor Feldänderungen konstant bleibt. Magnete mit offenen Enden dagegen können im remanentmagnetischen Zustand nicht konstant sein, da jede Anwendung, ja schon die Entfernung aus dem magnetisierenden magnetischen Joch, eine Feldänderung mit sich bringt. Magnete mit offenen Enden müssen, wenn sie wirklich beständig sein sollen, durch einen Stabilisierungsvorgang in einen permanentmagnetischen Zustand gebracht werden, während hinreichend geschützte Magnete mit kleinen Luftwegen auch im remantmagnetischen Zustand praktisch beständig sein können.

Der Zustandspunkt auf einer permanenten Zustandsgeraden hat nach (10.1) und (10.4) die Koordinaten

$$M=\frac{P}{1+N(\mu_P-1)}\,, \qquad -\mu_0 H=\frac{P}{\frac{1}{N}+\mu_P-1} \tag{10.5}$$

vgl. Abb. 10.1b.

Die reversible Permeabilität $\mu_r$ bestimmt nach (10.3) die Größe einer Störung $\Delta' M$ oder $\Delta' B$. Wäre $\mu_r=1$, so wären Feldstärkeänderungen ohne Einfluß. In diesem Sinn kann man $\mu_r$ als Maß für den Einfluß von Feldänderungen ansehen. Dieser Sachverhalt wird in der Literatur oft so ausgesprochen, daß „$1/\mu_r$ ein Maß für die magnetische Stabilität" sei. Der Ausdruck trifft die Sache nicht durchaus, denn reversible Feldänderungen ändern den Grad oder die Güte der Stabilität eines Dauermagneten nicht. Für diese spielt die Stabilisierungsfeldstärke eine wesentliche Rolle; die Zusammenhänge werden in Abschnitt 14.3 behandelt werden. Bei den neueren Magnetbaustoffen ist $\mu_r$ wesentlich kleiner als bei den älteren (in runden Zahlen: Kohlenstoffstahl $\mu_r \approx 50$, Wolframstahl $\approx 25$, Kobaltlegierungen $\approx 10$, Aluminium-Nickel-Legierungen $\approx 4$, vgl. $\mu_P$ in Tabelle 10.I und die Spalten 21 und 22 in Tabelle 18.I). Dieser Umstand trägt dazu bei, daß man bei Magneten aus den neueren Legierungen die Frage der Stabilität weniger sorgfältig behandeln kann, als bei Magneten aus den älteren Baustoffen, besonders bei solchen mit freien Enden.

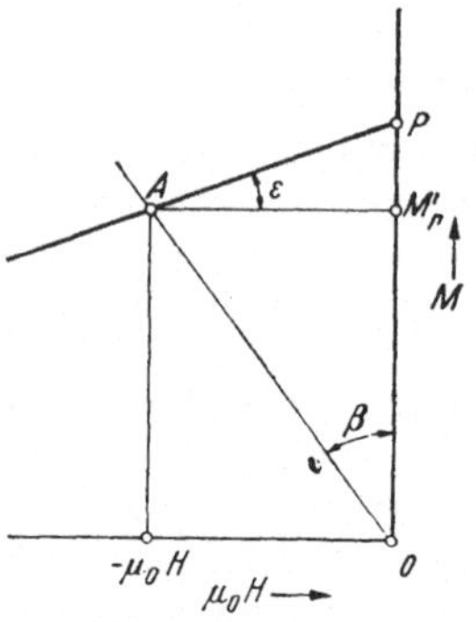

Abb. 10.1b. Arbeitspunkt auf einer permanenten Zustandsgeraden. $\operatorname{tg}\beta = N$, $\operatorname{tg}\varepsilon = \mu_P - 1$.

Für die permanenten Magnete besitzen wir schon einen Hinweis darauf, welche Eigenschaften der Magnetbaustoffe bestimmend sind. In (9.30) war gefunden worden, daß die magnetische Energie im Luftraum eines Dauermagneten (Länge des Luftraumes $l_a$, des Magneten $l_i$, Querschnitt beider $q$)

$$W_a = \frac{P^2 l_i q}{2\mu_P \mu_0} \cdot \frac{\mu_P l_a / l_i}{(1 + \mu_P l_a / l_i)^2} \tag{10.6}$$

in Abhängigkeit von $\mu_P l_a / l_i$ den Höchstwert bei $l_a = l_i / \mu_P$ hat[1]. Seine Größe ist

$$(W_a)_{\max} = \frac{P^2 l_i q}{8 \mu_P \mu_0}. \tag{10.7}$$

Im folgenden wird zu zeigen sein, daß der Dauermagnet am vorteilhaftesten ist, bei dem eine möglichst große magnetische Energie im Luftraum bei einem möglichst kleinen Volumen $\tau_i = l_i q$ des Dauermagneten hervorgebracht wird. Beim permanenten Magneten soll also

$$\frac{4 (W_a)_{\max}}{\tau_i} = \frac{P^2}{2 \mu_P \mu_0} = w_P \tag{10.8}$$

möglichst groß werden[2]. Die Permanenz soll groß, die permanente Permeabilität soll klein sein. Diese einfache Antwort auf die Frage nach den bestimmenden Stoffeigenschaften ist gleichwohl nicht völlig befriedigend, denn diese summarische Berechnung läßt zum Beispiel außer acht, daß permanentmagnetische Zustandskurven nur in dem Flächenstück des II. Quadranten bestehen, das durch die beiden Achsen und die äußerste Hysteresiskurve begrenzt wird, sie berücksichtigt also weder ihre Lage noch ihre Länge im einzelnen. Die Aufgabe wird in Abschnitt 14 eingehender behandelt. Zugleich aber liegt in dieser überaus einfachen Darstellung (10.4) der Verhältnisse bei permanenten Magneten die Aufforderung, ähnlich einfache Darstellungen auch für die remanenten Magnete ausfindig zu machen. Das läuft darauf hinaus, passende analytische Darstellungen der äußersten Hysteresiskurve im II. Quadranten zu finden. Dies ist Gegenstand des Abschnittes 15.

Auf welche Eigenschaften der Magnetbaustoffe kommt es für die remanenten Magnete an? Im folgenden Abschnitt 11 wird gezeigt werden, daß ihr Verhalten

[1] Dasselbe gilt übrigens auch für den Elektromagneten: vergleiche (9.33).

[2] $w_P$ ist weder die Energiedichte im Luftraum, vergleiche (10.6, 7), noch im Dauermagneten, vergleiche (9.20).

am einfachsten durch einen magnetischen Zustandspunkt auf der äußersten Hysteresiskurve $B = B(\mu_0 H)$ beschrieben werden kann. Dies vorausgesetzt, versuchen wir zunächst eine Beurteilung der Magnetbaustoffe nach der scheinbaren Remanenz $B_r' = M_r'$. In Abb. 10.2a sind zwei Hysteresiskurven mit gleicher Koerzitivkraft $H_c$, jedoch verschieden großen Remanenzen $B_r$ gezeichnet. Die Kurve mit dem größeren Wert $B_r$ hat auch den größeren Wert $B_r'$, ist also die günstigere von beiden. Die Koerzitivkraft kann demnach nicht die entscheidende Größe sein. In Abb. 10.2b sind darum zwei Kurven mit gleicher Remanenz $B_r$, jedoch verschieden großen Koerzitivkräften $H_c$ gezeichnet. Hier gibt die Kurve mit dem größeren $H_c$ das größere $B_r'$, ist also die günstigere Kurve. Auch die Remanenz ist offenbar nicht die entscheidende Größe. Kommt es auf das Produkt $B_r H_c$ an? In Abb. 10.2c sind zwei Kurven mit gleichem $B_r$ und gleichem $H_c$

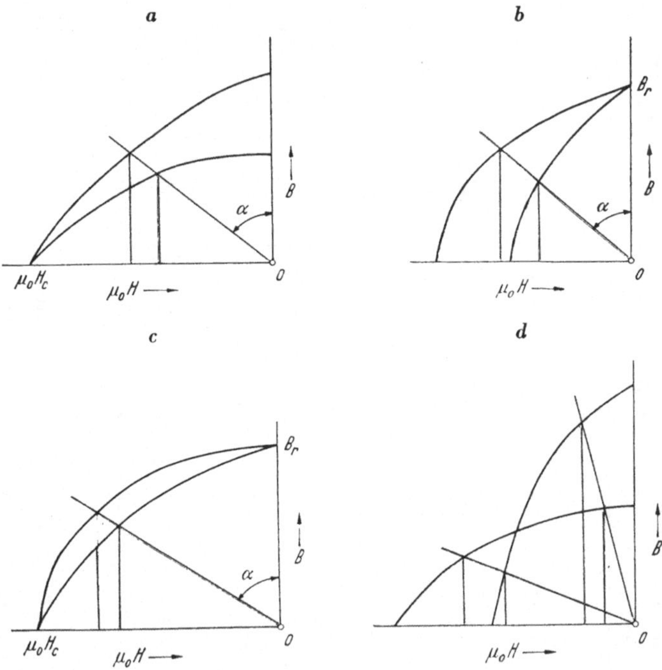


Abb. 10. 2. Magnetisierungskurven verschiedener Gestalt.

gezeichnet, die verschieden stark ausgebaucht sind. Die weiter ausladende Kurve ergibt das größere $B_r'$, ist also die günstigere. Auch das Produkt $B_r H_c$ ist somit nicht die entscheidende Größe. In Abb. 10.2d sind schließlich zwei verschiedene Magnetisierungskurven, die keine gemeinsamen Punkte auf den Achsen haben, und zwei verschieden steile Arbeitsgeraden eingetragen. Bei kleiner Steilheit der Arbeitsgeraden ist offenbar die Magnetisierungskurve mit größerem $H_c$ besser, bei größerer Steilheit der Arbeitsgeraden die Kurve mit dem größeren $B_r$. Man kann also nur abschätzen, daß für sehr gedrungen gebaute Magnete der Stahl mit der größeren Koerzitivkraft, für lang und dünn gestaltete Magnete und für magnetische Kreise nach Abb. 8.1b mit kurzem Luftweg der Stahl mit der größeren Remanenz der günstigere ist. Wenn es aber im übrigen weder auf $H_c$ noch auf $B_r$, noch auf $B_r H_c$ allein ankommt, ist es besser, Berechnungen an die Stelle von Vermutungen und Abschätzungen zu setzen. Das geschieht im folgenden Abschnitt.

Tabelle 10.I. *Werte einiger Magnetlegierungen.*

| | Permanenz $P$ in kG | Permeabilität $\mu_P$ | $w_P$ in $\frac{\text{mWs}}{\text{cm}^3}$ | Remanenz $B_r$ in kG | Koerzitivkraft $H_c$ | | $B_r H_c$ | | $B_r/\mu_0 H_c = m$ | $\frac{\mu_P}{m}$ | $\frac{\mu_P - 1}{m - 1}$ [1] |
|---|---|---|---|---|---|---|---|---|---|---|---|
| | | | | | in Ö | in A/cm | in MGÖ | in $\frac{\text{mWs}}{\text{cm}^3}$ | | | |
| Kohlenstoffstahl . . | 2,00 | 65,0 | 0,245 | 9,85 | 26,0 | 20,7 | 0,256 | 2,04 | 379 | 0,171 | 0,169 |
| Chromstahl 3% Cr . | 7,95 | 41,0 | 6,13 | 9,43 | 55,5 | 44,1 | 0,524 | 4,16 | 170 | 0,241 | 0,237 |
| | 3,90 | 45,0 | 1,35 | 9,43 | 55,5 | 44,1 | 0,524 | 4,16 | 170 | 0,265 | 0,261 |
| Wolframstahl 6% Wo . | 8,69 | 33,5 | 8,97 | 10,7 | 60,7 | 48,3 | 0,650 | 5,17 | 176 | 0,190 | 0,186 |
| | 2,40 | 39,5 | 0,58 | 10,7 | 60,7 | 48,3 | 0,650 | 5,17 | 176 | 0,224 | 0,220 |
| Kobaltstahl 6% Co . | 8,80 | 16,4 | 18,8 | 9,81 | 130,5 | 107,3 | 1,280 | 10,2 | 75,2 | 0,218 | 0,208 |
| Al-Ni-Stahl 22% Ni, 13% Co, 10% Al | 5,97 | 4,30 | 33,0 | 6,28 | 540 | 430 | 3,390 | 27,00 | 11,6 | 0,371 | 0,311 |
| | 5,12 | 4,93 | 21,2 | 6,28 | 540 | 430 | 3,390 | 27,00 | 11,6 | 0,424 | 0,371 |
| Tromalit . | 2,03 | 2,70 | 6,07 | 2,10 | 516 | 410 | 1,082 | 8,63 | 4,07 | 0,664 | 0,554 |
| | 1,78 | 2,75 | 4,58 | 2,10 | 516 | 410 | 1,082 | 8,63 | 4,07 | 0,675 | 0,570 |
| | 1,42 | 2,80 | 2,86 | 2,10 | 516 | 410 | 1,082 | 8,63 | 4,07 | 0,689 | 0,587 |

[1]) Wird erst in Abschnitt 17, Gl. 18 erklärt.

Die Tabelle 10.I gibt einige Vorstellungen über gemessene Größen von Stoffwerten[1]. Die zugehörigen Kurven sind in Abb. 10.3 wiedergegeben. Eingehender werden die Eigenschaften der Magnetbaustoffe in Abschnitt 18 behandelt werden. Die neueren Baustoffe haben die größeren Werte $B_r H_c$, die kleineren Werte $m = B_r/\mu_0 H_c$, ferner haben sie kleineres $\mu_r$ und $\mu_P$ und gestatten größeres $P$, als die älteren, so daß $w_P$ zu immer größeren Werten fortschreitet.

Rein empirisch hat man schon einen Zusammenhang zwischen $\mu_P$ und dem Produkt $B_r H_c$ zu finden versucht; ebenso liegt es nahe, an eine Beziehung zu $B_r/\mu_0\, H_c = m$ zu denken. Zu dieser läßt sich nur sagen, daß offenbar in allen Fällen $\mu_P/m < 1$ ist. Die Bedeutung des Größenverhältnisses $\mu_P/m$ für die Bemessung permanenter Magnete wird in Abschnitt 14 behandelt. Im übrigen aber

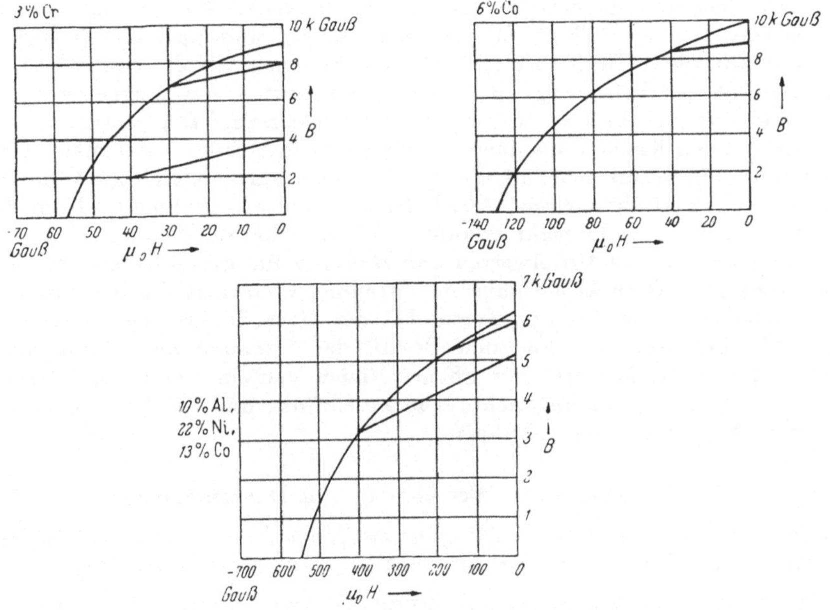


Abb. 10. 3. Permanente Zustandskurven.

bestehen wohl kaum einfache quantitative allgemeine Zusammenhänge zwischen $\mu_P$ und $B_r H_c$ oder $m$, die man als hinreichend streuungsarme Regeln aussprechen könnte. Noch am besten findet man die Beziehung bestätigt, daß $\mu_P$ und $H_c$ zueinander umgekehrt proportional sind:

$$\mu_P H_c = f \approx \text{const.} \tag{10.9}$$

Läßt man von den Zahlen der Tabelle 10.I den Preßstoff Tromalit außer Betracht, der aus Magnetstahlsplittern und Kunstharz zusammengebacken wird, so schwankt $f$ um einen Mittelwert $f \approx 1800$ A/cm mit den äußersten Werten 1340 A/cm (−26 %) und 2120 A/cm (+18 %). Man kann höchstens von einer rohen Regel sprechen, die indessen besser (streuungsärmer) ist als jeder andere bisher versuchte Zusammenhang. Je größer die Koerzitivkraft ist, um so flacher verlaufen die permanenten Zustandskurven. Mit der allgemeinen Erfahrung $\mu_P < m$ ist (10.9) auch

$$f \mu_0 < B_r, \tag{10.10}$$

[1] Die Spalten 1 bis 5 nach *F. Emde* a. a. O.. Abb. 10.3 aus *W. Breitling*, Elektrot. Z. 59 (1938) S. 89.

mit dem angegebenen Wert für $f$ also $B_r > (2{,}3 \pm 0{,}5)$ kG. Wir werden diese Regel (10.9) allerdings in Abschnitt 17, im Anschluß an die Beziehung (17.25), erneut zu prüfen, zu verschärfen und auch hinsichtlich des Zahlenwertes zu ändern haben, so daß die hier gemachten Angaben in der Tat nur einen ersten, rohen Anhalt gewähren können.

Im Vergleich mit ungesättigtem, weichem Eisen (siehe zum Beispiel Tabelle 7.I) ist nach Ausweis der Zahlen in Tabelle 10.I die Permeabilität von Dauermagnetbaustoffen sehr gering. Die Streuung ist daher ungeheuer groß. Die Induktionslinien verlassen den Magneten nicht erst an den Endflächen (an den Stirnseiten eines Stabmagneten), sondern sie treten schon auf den Seitenflächen (aus der Mantelfläche eines Stabmagneten) aus. Das zeigen auch die Feldbilder Abb. 1.5, 6, 7. Von dem maximalen Induktionsfluß im Bogen (in der neutralen Zone) eines Hufeisenmagneten zum Beispiel mündet bei manchen Ausführungsformen ein überraschend kleiner Teil an den Stirnflächen ein und aus, die Seitenflächen sind dann mit mehr Recht als „Pole" zu bezeichnen, als die Stirnflächen. Der Induktionsfluß ist keineswegs in allen Querschnitten des Magneten derselbe, daher sind auch $B$ und $H$ in verschiedenen Querschnitten verschieden groß. Bei magnetischen Kreisen aus ungesättigtem weichem Eisen kann man in erster Annäherung den Induktionsfluß durch alle Querschnitte gleich groß annehmen (Satz vom magnetischen Kreis, Abschnitt 8a). Diese Annahme ist beim dauermagnetischen Kreis nicht mehr erlaubt. Man ist daher für diesen noch viel mehr darauf angewiesen, mit Mittelwerten von $B$ und $H$ für die einzelnen Abschnitte zu rechnen; ohne Berücksichtigung der Streuung verspricht die Berechnung von Dauermagneten wenig Erfolg. Einzig bei der Methode des Zusatzfeldes (Abschnitt 8b) kommt man ohne den Begriff der Streuung aus, dafür aber ist diese auf homogene Magnete mit offenen Enden von einer einzigen Körperform und auf zwei Magnetisierungsrichtungen beschränkt und an die Voraussetzung homogener Magnetisierung geknüpft.

## 11. Grundlagen der Berechnung von Dauermagneten.

a) *Der dauermagnetische Kreis,* b) *Magnete mit freien Enden,* c) *Ersatzbild des permanentmagnetischen Kreises mit Streuung,* d) *Dauermagnete als Tragmagnete.*

Dauermagnetische Körper, deren Gestalsfaktoren $N$ hinlänglich definiert und bekannt sind (exakt: homogene, parallel zu einer Hauptachse homogen magnetisierte Rotationsellipsoide, angenähert zum Beispiel längsmagnetisierte Stäbe) werden in ihrem magnetischen Verhalten gekennzeichnet durch den gemeinsamen Punkt ihrer magnetischen Zustandskurve und ihrer Arbeitsgeraden von der Neigung tg $\beta = N$ gegen die $M$-Achse, vgl. Abschnitt 8b, Abschnitt 10, Gleichung (10.1) und Abb. 10.1. Wir werden auf Einzelheiten in b) eingehen.

Einen Gegensatz zu diesen Magneten „mit offenen Enden" bilden die beinahe geschlossenen, „geschlitzten" magnetischen Kreise. Diese praktisch wichtigen Anordnungen können nach dem in Abschnitt 8a entwickelten Verfahren mehr oder weniger genau berechnet werden. Wir wenden uns zuerst dieser Aufgabe zu (a).

### a) Der dauermagnetische Kreis

besteht in diesem Fall im allgemeinen aus folgender Anordnung oder läßt sich dazu vereinfachen: aus einem magnetisierten Stück (oder einigen) aus einer magnetisch harten Legierung, ferner aus Leitstücken aus magnetisch weichem Eisen, die teils (als „Polschuhe") den Induktionsfluß dem dritten Teil des Kreises, dem Nutzraum (Luftspalt) zuführen sollen, teils den magnetischen Kreis schließen sollen. Wir wollen künftig nach folgendem Schema bezeichnen:

Tabelle 11. I. *Bezeichnungen*

| Größe | des Dauermagneten | des Nutzraumes | der Leitstücke |
|---|---|---|---|
| Induktionsfluß . . . . . . . . | $\Phi$ | $\Phi_a$ | $\Phi_e$ |
| Mittelwert der Induktion . . . | $B$ | $B_a$ | $B_e$ |
| Mittelwert der Feldstärke . . . | $H$ | $H_a$ | $H_e$ |
| Magnetische Zustandskurve . . | $B = B(\mu_0 H)$ | $B_a = \mu_0 H_a$ | $B_e = B_e(\mu_0 H_e)$ |
| oder . . . . . . . . . | $H = F(B)$ | | $H_e = F_e(B_e)$ |
| Streuungsfaktor, zu (8. 12) erklärt | $\sigma$ | | $\sigma_e$ |
| Länge . . . . . . . . . . . . | $l$ | $l_a$ | $l_e$ |
| Querschnitt . . . . . . . . . . | $q$ | $q_a$ | $q_e$ |
| Raum . . . . . . . . . . . . | $\tau$ | $\tau_a$ | $\tau_e$ |

Nach den in Abschnitt 8a angegebenen Grundsätzen kann der magnetische Kreis wie folgt berechnet werden:

Aus $\oint \mathfrak{H}\, d\mathfrak{r} = 0$ (aus der Wirbelfreiheit, aus der Stetigkeit der Tangentialkomponente der Feldstärke) ergibt sich

$$H_a\, l_a + H_e\, l_e + H l = 0\,. \tag{11.1}$$

Aus $\oint \mathfrak{B}\, d\mathfrak{f} = 0$ (aus der Quellenfreiheit, aus der Stetigkeit der Normalkomponente der Induktion) folgert man, wie schon zu (8.12) gesagt wurde,

$$\Phi_a = \sigma_e\, \Phi_e = \sigma\, \Phi\,. \tag{11.2}$$

Sind die Leitstücke richtig bemessen, und ist die Eisensorte für sie richtig gewählt, so bleibt ihre Hysteresis vernachlässigbar, sie sind ferner an keiner Stelle magnetisch gesättigt, ihre Permeabilität ist groß und daher ist die magnetische Spannung entlang ihrer Leitlinie

$$l_e\, H_e = l_e \cdot F_e\left(\frac{\Phi_a}{\sigma_e\, q_e}\right)$$

gegenüber den beiden anderen Anteilen in (11.1) eine Korrekturgröße, die mindestens in guter erster Annäherung vernachlässigt werden kann. In zweiter Näherung kann sie berücksichtigt werden, indem an Stelle des Anteiles $l_e H_e$ in (11.1) eine veränderte Nutzraumlänge $l_a(1+v)$ in Rechnung gestellt wird, wobei $v$ eine aus der ersten Näherung abschätzbare, k l e i n e Größe ist. Ihre Bestimmung wird später, im Anschluß an (11.28) gezeigt werden. Somit lauten (11.1) und (11.2) in erster Annäherung

$$H_a\, l_a = -H l\,, \tag{11.3}$$

$$B_a\, q_a = \sigma\, B\, q\,, \tag{11.4}$$

in Worten: die magnetischen Spannungen entlang der Leitlinie des Nutzraumes und entlang der Leitlinie des Dauermagneten sind entgegengesetzt gleich groß. und: der magnetische Fluß durch den Querschnitt des Nutzraumes ist das $\sigma$-fache des Flusses durch den Dauermagneten. Das negative Zeichen in (11.3) bringt die aus Abschnitt 9 wohlbekannte Tatsache zum Ausdruck, daß die Feldstärken im Magnetinnern und im Luftraum entgegengesetzte Richtungen haben. Sie ist ohne Bedeutung, wenn wir fernerhin nur Beträge von $H$ und $H_a$ in Rechnung stellen wollen. Wir lassen in dieser Absicht das negative Zeichen in (11.3) künftig unberücksichtigt. Das kann man so auffassen, daß man im II. Quadranten die waagerechte $\mu_0 H$-Achse positiv zählt, wie in Abb. 11.1 angedeutet ist.

Das Produkt von (11.3) und (11.4) bezeichnen wir mit $2\,W_a$, den Quotienten mit $\operatorname{tg}\alpha$; es kommt

$$2\,W_a = \tau_a \cdot B_a H_a = \sigma\tau \cdot BH\,, \tag{11.5}$$

$$\operatorname{tg}\alpha = \frac{\mu_0 H}{B} = \frac{l_a}{l} \cdot \frac{q}{q_a} \cdot \sigma\,. \tag{11.6}$$

Diese beiden Beziehungen sind zusammen mit der Proportionalität $B_a = \mu_0 H_a$ im Nutzraum und der magnetischen Zustandskurve $B = B(\mu_0 H)$ des Dauermagneten die Grundgleichungen für die Berechnung dauermagnetischer Kreise. Über die magnetische Zustandskurve des Dauermagneten wird dabei zunächst noch gar nichts vorausgesetzt, als daß sie eine eindeutige Funktion sein soll; die Berechnung umfaßt in gleicher Weise remanente wie permanente Magnete. —

$W_a$ ist die magnetische Energie im Nutzraum. Sehr häufig liegt die Aufgabe vor, möglichst großes $W_a$ mit möglichst kleinem Dauermagnetvolumen $\tau$ zu erreichen; es soll also die Größe

$$\frac{W_a}{\tau} = \sigma \frac{BH}{2} \tag{11.7}$$

einen Höchstwert annehmen. Diejenigen Verhältnisse sind also günstig, bei denen der Streuungsfaktor $\sigma$ einerseits, das Produkt $BH$ entlang der Zustandskurve des Dauermagneten andererseits möglichst groß wird[1]. In (11.6) steht rechter Hand vom Gleichheitszeichen eine von $B$ und $H$ unabhängige, rein geometrische Größe: eine Ursprungsgerade im $(B, \mu_0 H)$-Diagramm, die gegen die $B$-Achse die Neigung $\operatorname{tg}\alpha$ hat, bestimmt auf der magnetischen Zustandskurve den Arbeitspunkt $A$, der den magnetischen Zustand beschreibt. Abb. 11.1. Er hat die günstigste Lage, wenn zugleich das Produkt $BH$ entlang der Zustandskurve seinen größten Wert hat. Nach dieser Forderung ist $\operatorname{tg}\alpha$ zu bemessen: das bedeutet Richtlinien für die geometrische Bemessung, für die magnetische Streuung und für die Wahl des Dauermagnetbaustoffes. Aus (11.3...6) folgt

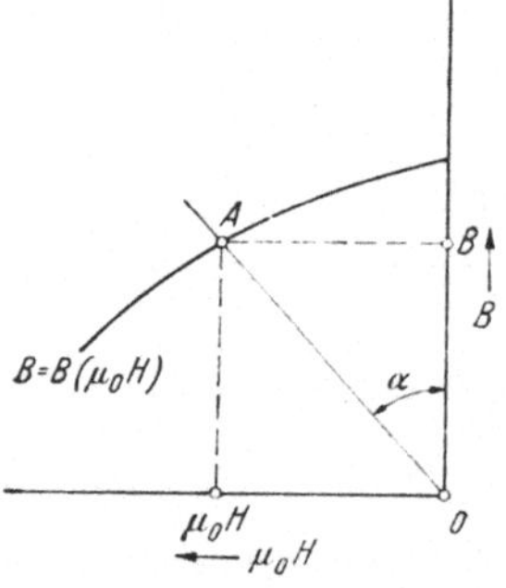

Abb. 11.1. Magnetische Zustandskurve, Arbeitsgerade und Arbeitspunkt beim geschlitzten magnetischen Kreis. Zu Gleichung 11.6.

$$B_a = \frac{q\,\sigma}{q_a} B\,, \tag{11.8}$$

$$H_a = \frac{l}{l_a} H\,, \tag{11.9}$$

$$B_a = \mu_0 H_a = \sqrt{\mu_0\, \sigma \frac{l\,q}{l_a\, q_a} BH}\,, \tag{11.10}$$

$$\frac{W_a}{\tau} = \frac{\sigma}{2\,\mu_0} B^2 \operatorname{tg}\alpha\,. \tag{11.11}$$

Die Streuung wirkt überall so, wie wenn im Dauermagneten nicht die Induktion $B$, sondern die Induktion $\sigma B$ vorhanden wäre.

Die Auslegung der gewonnenen Beziehungen ist immer dann einfach, wenn

[1] $BH/2$ ist also nicht die Energiedichte im Magneten, sondern proportional zur Energiedichte im Nutzraum. Die Bezeichnung „Energieinhalt des magnetischen Baustoffes" für diese Größe ist daher irreführend; die Energiedichte im Dauermagneten ist nicht $BH/2$, sondern $\int_0^B H\cdot dB$; der erhebliche Unterschied wird in einem Beispiel in Abschnitt 15d gezeigt werden. Der Ausdruck „abgestrahlte Leistung" für $BH/2$ ist mißverständlich; der Dauermagnet strahlt keine Leistung ab, denn er ist ein Dauermagnet, sein Feld ist statisch. — Die Ableitung der Beziehungen (11.5) und (11.6) mit Hilfe eingeprägter magnetischer Kräfte, die gelegentlich vorgenommen wird, ist nur dann angebracht, wenn diese hinreichend definiert worden sind. Damit ist die Ableitung immer auf die gerade betrachtete besondere Art von Magneten beschränkt. Wir haben zu ihrer Ableitung (11.1, 2) ausschließlich die Wirbelfreiheit von $\mathfrak{H}$ und die Quellenfreiheit von $\mathfrak{B}$ benutzt und weder über die magnetische Zustandskurve, noch über eingeprägte magnetische Kräfte irgendwelcher Art Voraussetzungen gemacht.

die Zustandskurve gegeben ist. Für die **permanente Zustandsgerade** zum Beispiel

$$B = P - \mu_P \mu_0 H \tag{11.13}$$

ist einfach

$$(BH)_{max} = \frac{P^2}{4\,\mu_P \mu_0}, \tag{11.14}$$

$$\frac{4\,(W_a)_{max}}{\sigma\tau} = \frac{P^2}{2\,\mu_P \mu_0} = w_P\,; \tag{11.15}$$

die genauere Rechnung zeigt also im Vergleich zu (10.8) den Faktor $\sigma$. Es ist ferner

$$(\mathrm{tg}\,\alpha_p)_{opt} = \frac{1}{\mu_p} = \frac{1}{\mathrm{tg}\,\varepsilon}\,; \qquad \alpha_p + \varepsilon = \frac{\pi}{2}, \tag{11.17}$$

$$(B_p)_{opt} = \frac{P}{2}, \qquad (H_p)_{opt} = \frac{P}{2\,\mu_P \mu_0}, \tag{11.18}$$

$$(B_a)_{opt} = \mu_0 (H_a)_{opt} = \frac{q\,\sigma}{q_a}\,\frac{P}{2} = \frac{l}{l_a}\,\frac{P}{2\,\mu_P}. \tag{11.19}$$

Die günstigste Neigung der Arbeitsgeraden ist also gleich dem Kehrwert der permanenten Permeabilität, der günstigste Wert der Induktion im Magneten gleich der halben Permanenz. Mit (11.17, 18, 19) ist die Beschreibung der günstigsten Verhältnisse vollständig. Abb. 11.2. Im einzelnen kommt es noch darauf an, ob die günstigste Neigung eingehalten werden kann (ob die permanente Zustandskurve dort existiert, wohin der günstigste Arbeitspunkt zu liegen kommt), ferner darauf, welche geometrischen Größen gegeben, welche veränderlich sind. Diese Fragen werden später behandelt werden.

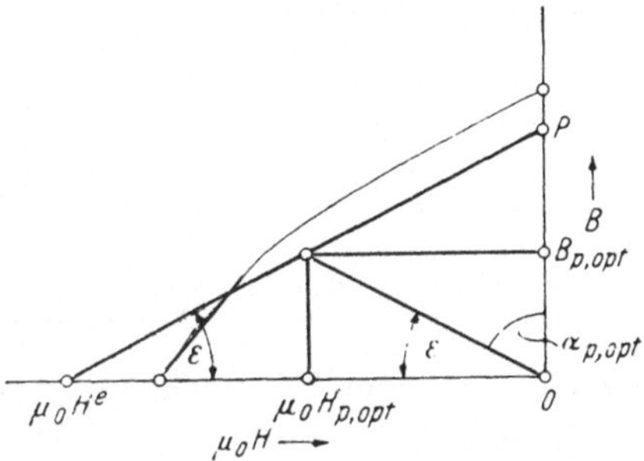

Abb. 11.2. Günstigste Verhältnisse an der permanenten Zustandskurve.

Die **remanente Zustandskurve** (äußerste Hysteresiskurve) verläuft bei allen praktisch in Betracht kommenden Dauermagnetbaustoffen zwischen den Achsenabschnitten Remanenz $B_r$ und Koerzitivkraft $\mu_0 H_c$ monoton, ohne Wechsel der Krümmung, das Produkt $BH$ hat daher in diesem Verlauf einen einzigen Höchstwert. Seine Koordinaten bezeichnen wir mit $B_1$ und $\mu_0 H_1$[1], seine Größe mit $(BH)_{max} \equiv B_1 H_1$. Abb. 11.3. Durch $B_1$ und $\mu_0 H_1$ ist die günstigste Lage der Arbeitsgeraden bestimmt zu

$$(\mathrm{tg}\,\alpha_r)_{opt} = \frac{\mu_0 H_1}{B_1}. \tag{11.20}$$

Sie kann rechnerisch bestimmt werden, indem man zu der gegebenen Kurve $B = B(\mu_0 H)$ das Produkt $BH$ punktweise bestimmt. (So sind die Werte in der Tafel 18.I in Abschnitt 18 erhalten worden.) — $(BH)_{max}$ kann ferner experimentell gefunden werden. Dazu setzt man den Magneten in ein unterbrochenes magnetisches Joch, in dessen Luftspalt eine Drehspule sich bewegen kann (vgl. Abschnitt 7c). Den Strom durch die Drehspule macht man proportional zum Magnetisierungsstrom des Joches, also proportional zu $H$. Da $B$ die Induktion im Luftspalt ist, wird der Ausschlag der Drehspule proportional zu $BH$, er durchläuft also den Höchstwert $(BH)_{max}$, wenn man den Magnetisierungsstrom des Joches von null an wachsen läßt. (*Morgan*-Apparat.) Am einfachsten findet

[1] Entsprechend den Bezeichnungen in (11.18) wäre die Bezeichnung $(B_r)_{opt}$ und $\mu_0 (H_r)_{opt}$ für die Bestwertkoordinaten entlang der remanenten Zustandskurve folgerichtig, wir vermeiden sie jedoch, um Verwechselungen mit dem Remanenzpunkt $(B_r)$ auszuschließen.

man die günstigste Neigung durch eine geeignete Näherung. Eine solche ist die Bestimmung des Arbeitspunktes als Schnittpunkt der äußersten Hysteresiskurve mit der Diagonalen des Rechteckes mit den Seiten Remanenz $B_r$ und Koerzitivkraft $\mu_0 H_c$:

$$(\operatorname{tg} \alpha_r)_{opt} \approx \frac{\mu_0 H_c}{B_r} = \frac{1}{m}, \tag{11.21}$$

vgl. Abb. 11.3. Sie wurde wohl zuerst von *Evershed* angegeben[1]. Wir werden sie künftig als *Rechteckkonstruktion* bezeichnen. Die Güte dieser Näherung wird

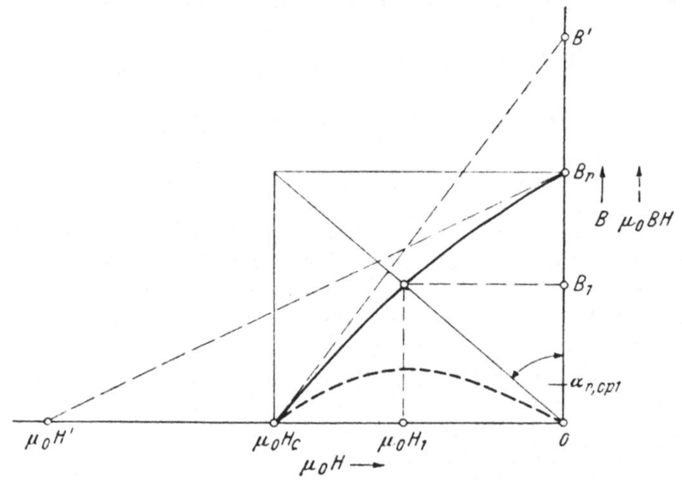


Abb. 11.3. Günstigste Verhältnisse an der remanenten Zustandskurve. Rechteckkonstruktion der günstigsten Neigung der Arbeitsgeraden.

sogleich zahlenmäßig nachgeprüft werden. Kann man sie als ausreichend betrachten, so kommt aus (11.20, 21) die Beziehung

$$\frac{H_1}{H_c} = \frac{B_1}{B_r}. \tag{11.22}$$

Das Verhältnis der Flächen der beiden Rechtecke $B_r H_c$ und $B_1 H_1 = (BH)_{max}$, also die Zahl

$$\gamma = \frac{(BH)_{max}}{B_r H_c} = \frac{B_1 H_1}{B_r H_c} \tag{11.23}$$

ist offenbar ein Maß für die Gestalt der remanenten Zustandskurve (unter der stets zutreffenden Annahme, daß sie im II. Quadranten ohne Wendepunkt verläuft). Aus (11.22, 23) ergibt sich

$$\frac{H_1}{H_c} = \frac{B_1}{B_r} = \sqrt{\gamma}. \tag{11.24}$$

Bei praktisch wichtigen Dauermagnetbaustoffen liegen $H_1/H_c$ und $B_1/B_r$ etwa in den Grenzen 0,5...0,8, der Faktor $\gamma$ daher zwischen 0,25 und 0,65. $\gamma$ wird als *Kurvenfüllfaktor* oder *Ausladungsfaktor* bezeichnet. Die obere Grenze ist $\gamma = 1$ oder $B_1 H_1 = B_r H_c$, die Zustandskurve besteht dann aus den zwei Seiten $B_r$ und $\mu_0 H_c$ des Rechtecks, die nicht in den beiden Achsen liegen. Die untere Grenze $\gamma = \frac{1}{4}$ oder $B_1 H_1 = \frac{1}{4} B_r H_c$ ist erreicht, wenn die Zustandskurve mit der Diagonalen zusammenfällt, die die Achsenabschnitte $B_r$ und $\mu_0 H_c$ miteinander verbindet. Sie hat die Gleichung

$$\frac{B}{B_r} = 1 - \frac{H}{H_c}, \tag{11.25}$$

[1] *S. Evershed*, Electrician 84 (1920) S. 591.

die größte Luftspaltinduktion $B_a$ ist dann halb so groß als im Falle $\gamma = 1$, sonst gleiche Verhältnisse vorausgesetzt.

Für remanente Magnete kommt es also nicht darauf an, daß $B_r$ oder $H_c$ oder $B_r H_c$ möglichst groß ist — vgl. Abschnitt 10, besonders Abb. 10.2 —, sondern daß das Produkt $BH$ entlang der äußersten Hysteresiskurve möglichst groß wird. Nach dem Vorschlag von *W. Zumbusch*[1] wird daher die Eignung einer Legierung für remanente Magnete ausreichend gekennzeichnet durch Angabe von drei Werten, nämlich $\gamma$, ferner $(BH)_{max} = B_1 H_1$ und $B_1/H_1 \equiv \mu_A \mu_0$: Aus ihnen ergeben sich mit der Rechteckkonstruktion (11.21):

$$\left.\begin{aligned} B_1 &= \sqrt{(BH)_{max} \cdot \mu_A \mu_0}\,, & H_1 &= \sqrt{(BH)_{max}/\mu_A \mu_0}\,, \\ B_r &= B_1 / \sqrt{\gamma}\,, & H_c &= H_1 / \sqrt{\gamma}\,. \end{aligned}\right\} \qquad (11.26)$$

Gleichwertig damit ist die Kennzeichnung durch die drei Werte Remanenz $B_r$, Koerzitivkraft $H_c$ und Ausladungsfaktor $\gamma$ oder $\sqrt{\gamma}$. Aus ihnen folgt mit (11.21)

$$\left.\begin{aligned} B_1 &= B_r \sqrt{\gamma}\,, & H_1 &= H_c \sqrt{\gamma}\,, \\ (BH)_{max} &= B_r H_c \gamma\,, & \frac{B_1}{H_1} &= \mu_A \mu_0 = \frac{B_r}{H_c}\,. \end{aligned}\right\} \qquad (11.27)$$

Nach (11.5, 7) ist $B_1 H_1$ maßgebend für den Aufwand an Magnetvolumen, nach (11.6) ist $\mu_A \mu_0$ unmittelbar bestimmend für den äußeren magnetischen Kreis. Die Kennzeichnung durch die drei Werte $\gamma$, $B_1 H_1$, $\mu_A \mu_0$ ist daher für die Entwicklung und Konstruktion von Magneten die geeignetste. Die Kennzeichnung durch die drei Werte $\gamma$, $B_r$, $H_c$ kommt dagegen mehr der Anschauung entgegen, da Remanenz und Koerzitivkraft der Vorstellung und der Schätzung näher liegen als $B_1 H_1$, auch wenn sie für die rationelle Konstruktion keine unmittelbare Rolle spielen. Jedesmal wird also die äußerste Hysteresiskurve durch die Angabe von drei Kurvenpunkten gekennzeichnet. Um die Kennzeichnung eindeutig zu machen, muß man natürlich noch die benutzten Einheiten verabreden. Sie betrifft ausschließlich die Eignung für remanente Magnete, ist also nicht vollständig. Für permanente Magnete ist $\mu_P$ und $w_p$ kennzeichnend.

Die Beziehung (11.21) ist die Voraussetzung für das Zutreffen der Zusammenhänge (11.22) und (11.24) und damit für die Kennzeichnung (11.26, 27) der Magnetisierungskurven mit Hilfe des Faktors $\gamma$. Wir werden später in Abschnitt 15a im Anschluß an die Gleichung (15.9) zeigen, daß bei Wiedergabe von Hysteresiskurven im II. Quadranten durch gewisse analytische Kurven diese Beziehung (11.21), die wir Rechteckkonstruktion genannt haben, exakt zutrifft. Ein solcher analytischer Ersatz ist aber wünschenswert: gelingt er mit ausreichender Genauigkeit, so kann man mit seiner Hilfe die Verhältnisse bei remanenten Magneten ebenso vollständig analytisch beschreiben, wie die Eigenschaften der permanenten Magnete mit Hilfe der permanenten Zustandsgeraden, vgl. (11.13...19).

Ein quantitatives Urteil über die Güte der Rechteckkonstruktion (11.21) vermittelt die Tabelle 18.I. Zugrunde gelegt sind von *H. Neumann* aufgenommene Werte an 20 Magnetbaustoffen. Aus den Magnetisierungskurven $B = B(\mu_0 H)$ sind jeweils die Produktkurven $BH$ punktweise bestimmt, ihre Höchstwerte $(BH)_{max}$ in Spalte 12 angegeben und dort mit $B_1 H_1$ bezeichnet; die Bestwertkoordinaten $B_1$ und $\mu_0 H_1$ sind in den Spalten 10 und 11 angegeben. In Spalte 14 ist der aus diesen Werten folgende Ausladungsfaktor $\gamma = B_1 H_1 \; B_r H_c$ verzeichnet. Die Spalten 15, 16, 17, 18 enthalten die Bestwerte $B_A$ für die Induktion, $H_A$ für die Feldstärke, $B_A H_A$ für das Produkt, die sich aus der Rechteckkonstruktion (11.21)

[1] *W. Zumbusch*, Arch. Eisenhüttenwesen 14 (1940) S. 127.

ergeben, und die damit errechneten Ausladungsfaktoren $\gamma_A = B_A H_A / B_r H_c$, Spalte 8 enthält den Wert $\mu_0 H_c / B_r$. Der Vergleich von $\gamma$ mit $\gamma_A$ gibt ein unmittelbares Maß für die Güte der Näherung. Die Übereinstimmung zwischen den wahren Werten $\gamma$ und den Näherungswerten $\gamma_A$ ist überraschend gut; der Unterschied ist nirgends größer als 3/100 des wahren Wertes. In Spalte 19 ist der relative Unterschied

$$\frac{\gamma_A - \gamma}{\gamma} = \frac{B_A H_A - B_1 H_1}{B_1 H_1}$$

in Prozent angegeben. Bedenkt man die möglichen Schwankungen in der Herstellung einzelner Chargen der Legierungen und ihrer thermischen und mechanischen Behandlungen, ferner die Genauigkeit bei der Aufnahme der Hysteresiskurve, die allein schon im allgemeinen einem Fehler von etwa 2 % bis 3 % entspricht, schließlich die Ansprüche, die man an die Genauigkeit der Berechnung von Dauermagneten nur stellen kann, so kann man mit dieser geringen Fehlergrenze im allgemeinen zufrieden sein, die Rechteckkonstruktion also für genau genug zur Bestimmung von $B_1 H_1$ halten. Etwas größere Abweichungen voneinander zeigen naturgemäß die wahren Werte $H_1$ und die Näherungswerte $H_A$ einerseits, die Werte $B_1$ und $B_A$ andererseits, so daß zwischen den wahren Werten der Neigung $\mu_0 H_1 / B_1$, Spalte 13, und den Näherungswerten $\mu_0 H_c / B_r$, Spalte 8, größere relative Unterschiede vorkommen, als zwischen $\gamma$ und $\gamma_A$; Spalte 20 zeigt die relativen Unterschiede

$$\Delta(\operatorname{tg} \alpha_r) = \frac{H_c/B_r - H_1/B_1}{H_1/B_1} ;$$

der Fehler ist häufiger positiv, als negativ, die wahre Neigung also häufiger etwas kleiner als der Näherungswert.

Nach Ausweis der Tabelle 18.I sind im allgemeinen $m$ und $\mu_P$ bei den neueren Magnetbaustoffen kleiner als bei den älteren. Nach den Beziehungen (11.17, 21, 6) erwarten wir daher, daß Dauermagnete aus den neueren Baustoffen im allgemeinen gedrungener (kürzer und breiter) zu bauen sind, als solche aus den älteren Stählen.

Wir vergleichen schließlich zwei einander geometrisch ähnliche dauermagnetische Kreise 1 und 2 mit gleichen Baustoffen, also gleicher magnetischer Zustandskurve $B = B(\mu_0 H)$, an Hand der Beziehungen (11.6, 8, 9): Es sei $\varepsilon$ der Proportionalitätsfaktor, also $l_2/l_1 = l_{a2}/l_{a1} = \varepsilon$ und $q_2/q_1 = q/_{a2}/q_{a1} = \varepsilon^2$. In (12.10) wird gezeigt, daß bei geometrisch ähnlicher Veränderung der Abmessungen der Streuungsfaktor $\sigma$ in erster Annäherung erhalten bleibt: $\sigma_2 = \sigma_1$. So kommt

$$\operatorname{tg} \alpha_2 = \frac{l_{a2}}{l_2} \cdot \frac{q_2}{q_{a2}} \cdot \sigma_2 = \frac{\varepsilon\, l_{a1}}{\varepsilon\, l_1} \cdot \frac{\varepsilon^2 q_1}{\varepsilon^2 q_{a1}} \cdot \sigma_1 = \operatorname{tg} \alpha_1 , \qquad (11.6a)$$

daher ist $H_2/B_2 = H_1/B_1$. Der Arbeitspunkt im Zustandsdiagramm bleibt also erhalten, daher bleiben $B$ und $H$ einzeln erhalten, daher bleibt $B_a = \mu_0 H_a$ unverändert:

$$B_{a2} = \frac{\varepsilon^2 q_1 \sigma_1}{\varepsilon^2 q_{a1}} B = B_{a1} , \qquad H_{a2} = \frac{\varepsilon\, l_1}{\varepsilon\, l_{a1}} H = H_{a1} . \qquad (11.10a)$$

Nur bei geometrisch ähnlicher Änderung des ganzen dauermagnetischen Kreises (nicht des Dauermagneten allein oder des Luftraumes allein) bleiben $B$, $H$, $B_a$, $H_a$ (daher nicht $\Phi$) unverändert.

Für die *Berücksichtigung der Weicheisenteile* des magnetischen Kreises sind in Tabelle 11.I die Eigenschaften einiger magnetisch weichen Baustoffe und in Abb. 11.4 ihre Magnetisierungskurven angegeben[1] (die Werte der totalen Permeabilität können unmittelbar abgelesen werden).

[1] Nach *K. Sixtus*, Feinmechanik und Präzision 49 (1941) S. 139 und 153.

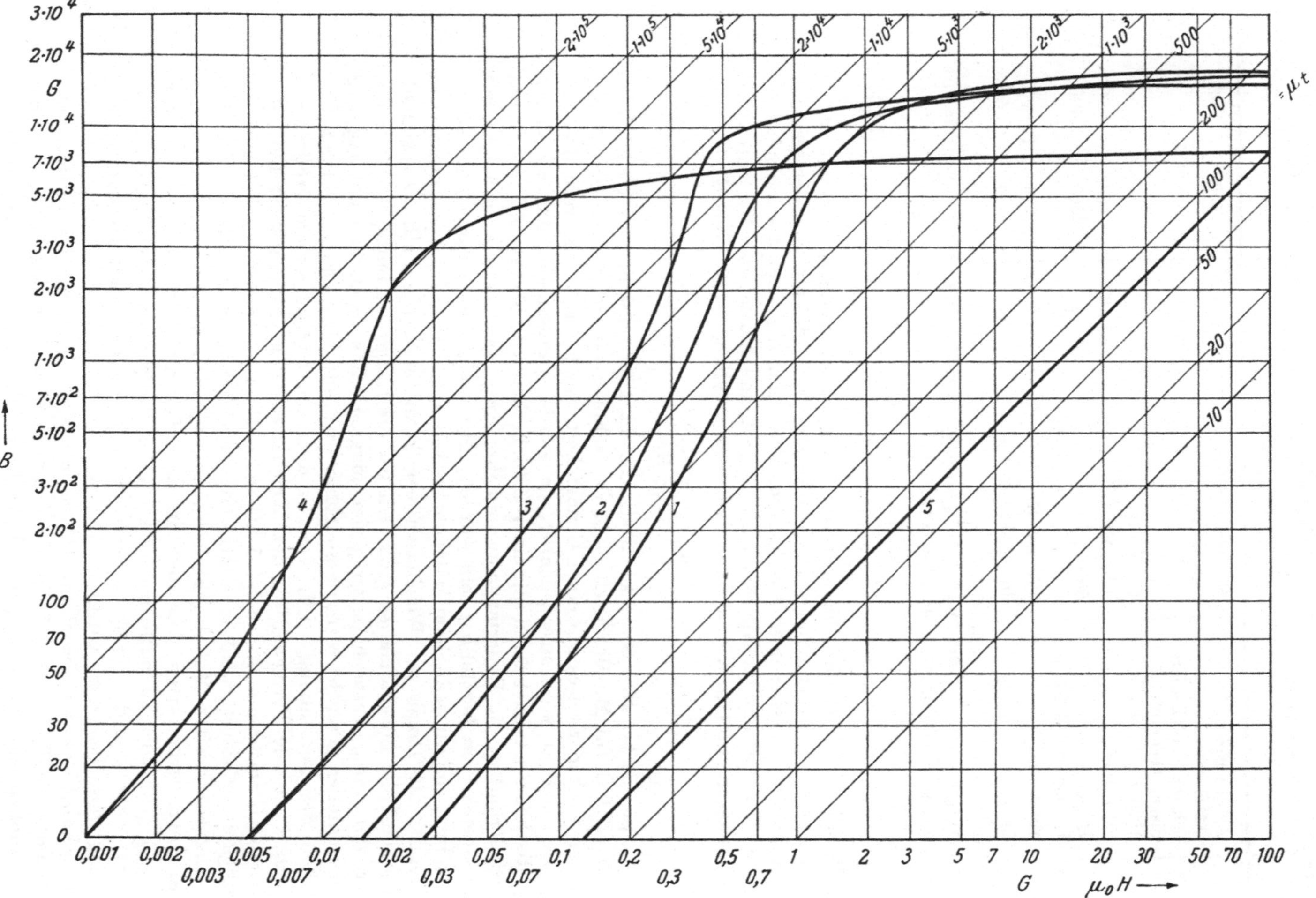


Abb. 11.4. Magnetisierungskurven magnetisch weicher Baustoffe. Vergleiche Tabelle 11.I.

Tabelle 11.I. *Eigenschaften magnetisch weicher Baustoffe.*

| Kurve Nr. | Bezeichnung | Ungefähre Zusammensetzung (Gewichtsprozent) | $H_c$ in Ö | $\mu_a$ | $\mu_{t\,max}$ |
|---|---|---|---|---|---|
| 1 | Armco-Eisen, AME-Eisen, schwed. Holzkohleneisen, Hyperm 0 | Fe, geringer Gehalt an C, O | 1,0...1,3 | 300 | 5000 |
| | Hyperm 0 (0,5 Ö) | Fe, C, O | 0,5 | 300 | 10000 |
| 2 | Siliz. Eisen | 4 Si, Fe | 0,3...0,5 | 400 | 8000 |
| 3 | Hyperm 50, Permenorm 4801 | 50 Ni, Fe | 0,1 | 2500 | 17000 |
| 4 | Mu-Metall | 75 Ni, 5 Cu, 2 Cr, Fe | 0,06 | 10000 | 100000 |
| 5 | Isoperm | 36 Ni, 11 Cu, Fe | | 60 | 60 |

Wir vergleichen die magnetische Spannung entlang dem Weicheisenteil mit der magnetischen Spannung des Luftspaltes

$$v = \frac{H_e l_e}{H_a l_a} = \frac{\mu_0 H_e l_e}{B_a l_a}. \tag{11.28}$$

Aus $B_a$ läßt sich über das Querschnittsverhältnis $q_e/q_a$ und die Streuung auf $B_e$ schließen, den zu $B_e$ gehörenden Feldstärkewert $H_e$ entnimmt man der Magnetisierungskurve. Für eine erste Abschätzung kann man die magnetische Induktion im Weicheisenteil und im Nutzraum gleich groß annehmen: $B_e = B_a$. Aus einem für zulässig erachteten Wert $v$ folgt dann das mögliche Größenverhältnis

$$\frac{l_e}{l_a} = \frac{v B_a}{\mu_0 H_e}. \tag{11.29}$$

Zum Beispiel ist bei $B_a = B_e = 2$ kG nach Abb. 11.4 für schwedisches Holzkohleneisen $H_e = 0{,}9$ Ö, für Mu-Metall $H_e = 0{,}02$ Ö. Nehmen wir an, daß die Berechnung des magnetischen Kreises mit einer Genauigkeit von 1 % geleistet werden könne. Diese Genauigkeit wäre ausgezeichnet, sie würde voraussetzen, daß die dauermagnetischen Zustandskurven mit einer Unsicherheit von höchstens 1 % bekannt und wiederholbar, die Dauermagnete und ihre Ausgangsbaustoffe höchstens mit dieser Unsicherheit herstellbar sein würden. Mit $v = 0{,}01$ wird dann $l_e/l_a = 22$ bei Verwendung von schwedischem Holzkohleneisen, $l_e/l_a = 1000$ bei Verwendung von Mu-Metall: die Länge der Weicheisenwege kann im ersten Falle zwanzigmal, im zweiten Falle tausendmal so groß sein wie die Länge des Luftspaltes, bis der Fehler, der durch Vernachlässigung der magnetischen Spannung entlang den Weicheisenteilen gemacht wird, vergleichbar wird mit der gesamten übrigen Unsicherheit der Berechnung. $l_e/l_a$ wird in dem Zustandspunkt am größten, in welchem die totale Permeabilität des Weicheisens den größten Wert hat, also für $B_e \approx 8$ kG im ersten, für $B_e \approx 2{,}5$ kG im zweiten Beispielsfall. Wenn es die Genauigkeit erfordert, wird man also die Berechnung nach einer ersten Abschätzung ein zweites Mal durchführen, und für den zweiten Rechnungsgang sowohl einen verbesserten Wert des Streuungsfaktors $\sigma$ einführen — vgl. Abschnitt 12 —, als auch an Stelle des Wertes $l_a$ den wenig veränderten Wert $l_a(1+v)$ benutzen, wobei $v$ in der gezeigten Weise (11.28) aus dem ersten Rechnungsgang schätzungsweise bestimmt wird.

Die Ähnlichkeit der Beziehung (11.6) mit der Gleichung des Entmagnetisierungsfaktors (10.1) liegt auf der Hand und tritt auch in der Ähnlichkeit der beiden graphischen Darstellungen Abb. 11.1 und 10.1 zutage: in beiden Fällen wird ein von den magnetischen Zustandsgrößen unabhängiger, geometrischer

Faktor durch eine Ursprungsgerade dargestellt. Daher liegt es nahe, auch bei der Berechnung des geschlitzten magnetischen Kreises von einem Entmagnetisierungsfaktor zu sprechen und diesen der Neigung $\operatorname{tg}\alpha = \mu_0 H/B$ gleichzusetzen. Diese Ausdrucksweise ist indessen nicht vorteilhaft. Beim Verfahren des Zusatzfeldes handelt es sich ausschließlich um bestimmte Körperformen, homogene, isotrope Substanzen, homogene Magnetisierung in bestimmten Richtungen; wird eine dieser Voraussetzungen verlassen, so bedarf der Entmagnetisierungsfaktor $\operatorname{tg}\beta = N$ besonderer Definition, seine durch Messungen bestimmte Größe wird vom Meßverfahren, von der Größe der auftretenden Felder und von anderen Umständen abhängig. Der Faktor $\operatorname{tg}\alpha$ bei der Berechnung des geschlitzten magnetischen Kreises dagegen ist in jedem Fall definiert, er ist unabhängig von besonderen Körperformen (innerhalb der über den Luftanteil des Kreises gemachten Voraussetzungen), nicht an bestimmte Magnetisierungsarten gebunden und von der Bedingung frei, daß der Kreis aus einheitlicher Substanz gebildet sei. Allerdings wird bei diesem Verfahren nur die Bestimmung von örtlichen Mittelwerten der magnetischen Zustandsgrößen ermöglicht und erstrebt; kennzeichnend ist die Berücksichtigung der magnetischen Streuung durch den Faktor $\sigma$, für den bei dem Verfahren des Zusatzfeldes schon durch seine Voraussetzungen kein Platz und keine Notwendigkeit vorhanden ist.

**b) Magnete mit freien Enden**

behandeln wir in der Idealform der homogen entlang einer Hauptachsenrichtung magnetisierten, homogenen Rotationsellipsoide.

Kann zunächst angenommen werden, daß die Wirkung des Magneten gleichfalls durch das Produkt der magnetischen Induktion und der magnetischen Feldstärke entlang der Zustandskurve des Magneten bestimmt wird, so legen die Bestwertkoordinaten $B_{opt}$, $\mu_0 H_{opt}$ des Höchstwertes $(BH)_{max}$ auch eine günstigste Größe $N_{opt}$ des Entmagnetisierungsfaktors fest: mit den bekannten Beziehungen

$$(\operatorname{tg}\alpha)_{opt} = \frac{\mu_0 H_{opt}}{B_{opt}}, \qquad N = \frac{\mu_0 H}{M} = \operatorname{tg}\beta \tag{11.30}$$

ist diese Größe

$$N_{opt} = \frac{(\operatorname{tg}\alpha)_{opt}}{1 + (\operatorname{tg}\alpha)_{opt}}. \tag{11.31}$$

Es ist $N_{opt} < (\operatorname{tg}\alpha)_{opt}$, weil im II. Quadranten allgemein gilt $B = M - \mu_0 H$. Ist aber $\mu_0 H_{opt} \ll B_{opt}$, so ist $M_{opt} \approx B_{opt}$ und

$$N_{opt} \approx (\operatorname{tg}\alpha)_{opt}. \tag{11.32}$$

In Abb. 11.5 sind die Zusammenhänge für eine remanente Zustandskurve veranschaulicht. Nach Tabelle 18.I, Spalte 8 kommen für $(\operatorname{tg}\alpha_r)_{opt} \approx 1/m$ nur in Ausnahmefällen Werte vor, die größer als 0,2 sind. Für diese Zahl ist also $N_{opt} = 0{,}167 < 0{,}2$, und allgemein ist für remanente Magnete

$$N_{opt} \approx \frac{1}{m+1}. \tag{11.33}$$

Für permanente Magnete gilt entsprechend mit (11.17)

$$N_{opt} = \frac{1}{\mu_P + 1} = \frac{1}{\varkappa_P + 2}. \tag{11.34}$$

Nach Tabelle 18.I, Spalte 22 kommen nur in Ausnahmefällen Werte von $\mu_P$ vor, die kleiner als 3 sind. Für diese Zahl ist $N_{opt} = 0{,}25 < 1/3$. — Aus $N_{opt}$ erhält man durch Abb. 8.2.3 oder die zugehörigen Beziehungen (8.19...26a) das zugehörige Achsenverhältnis $p_0$. Bei den neueren Magnetbaustoffen ist $m$ und $\mu_P$, daher $p_0$ kleiner als bei den älteren. Auch Magnete mit offenen Enden werden also zweckmäßig gedrungener gebaut, wenn sie aus einem der neueren Magnetbaustoffe hergestellt werden. — Diese Betrachtungsweise wird natürlich erst dann vollständig, wenn durch eine zweite Beziehung auch die absolute Größe des Magneten bestimmt werden kann.

Für eine genauere Beschreibung liegen die Verhältnisse beim Magneten mit offenen Enden viel weniger einfach, als beim geschlitzten magnetischen Kreis. Das magnetische Feld im Außenraum ist weder homogen, noch kann im allgemeinen ein Mittelwert sinnreich definiert werden. Als neuer Parameter wird daher die Entfernung des betrachteten Feldpunktes von dem Magneten zu berücksichtigen sein.

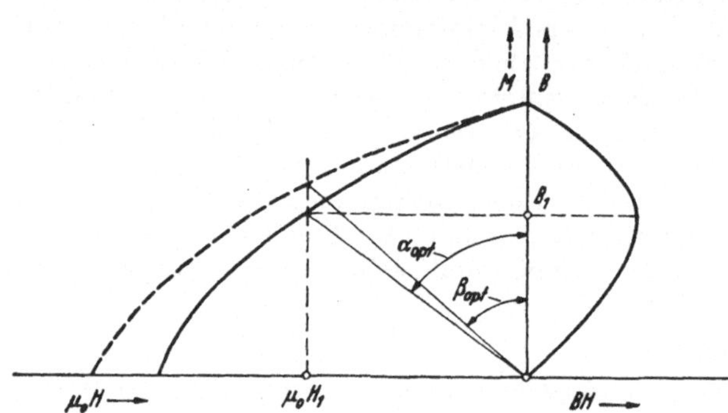


Abb. 11. 5. Günstigste Neigung im $B$, $\mu_0 H$-Diagramm. $(\mathrm{tg}\,\alpha)_{opt}$ und Entmagnetisierungsfaktor $\mathrm{tg}\,\beta_{opt} = N$ für eine remanente Zustandskurve.

Als Beispiel behandeln wir hier das homogene, gestreckte Rotationsellipsoid, das in Richtung der großen Achse homogen magnetisiert ist. Wir werden im Anhang die sogleich gebrauchten Ausdrücke (11.35a, b) für das magnetische Feld im Außenraum und im Zusammenhang mit ihnen die folgende merkwürdige, nur dieser Körperform anhaftende Eigenschaft ableiten:

Ein homogenes magnetisierendes Feld $\mathfrak{H}_a$ parallel zur großen Achse eines gestreckten Rotationsellipsoides bringt in diesem eine Magnetisierung $\mathfrak{M}$ hervor. Kann diese homogen angenommen werden, so darf man sich die Feldstärke im Innern $\mathfrak{H}_i$ additiv zusammengesetzt denken aus dem homogenen Feld $\mathfrak{H}_a$ und einer gleichfalls homogenen, zu $\mathfrak{H}_a$ antiparallelen und daher „entmagnetisierend" genannten Feldstärke $\mathfrak{H}_e = -\mathfrak{M} N/\mu_0$. Die gesamte Feldstärke im Innern $\mathfrak{H}_i = \mathfrak{H}_a - \mathfrak{M} N/\mu_0$ ist daher gleichfalls homogen und kleiner als $\mathfrak{H}_a$. $N$ ist ein rein geometrischer, nur durch das Achsenverhältnis bestimmter Faktor. Bleibt nach Aufhören des magnetisierenden Feldes $\mathfrak{H}_a$ eine Magnetisierung zurück, ist der Körper also dauermagnetisch geworden, so ist im Innern die homogene magnetische Feldstärke $\mathfrak{H}_e$ vorhanden.

Die Lage der Achsen für die Beschreibung des magnetischen Feldes geht aus Abb. 11.6 hervor. Das Verhältnis der großen Achse $a$ zur kleinen Achse $b$ sei

$$p = \frac{a}{b} > 1,$$

die lineare Exzentrizität ist

$$e = \frac{\sqrt{p^2 - 1}}{p}.$$

$M$ sei die als homogen vorausgesetzte Magnetisierung parallel zur großen Achse. Das magnetische Feld in jedem Punkt $P(\xi, \eta)$ des Außenraumes besteht aus den Komponenten

$$\mu_0 H_x = -\frac{2\pi M}{p^2}\left\{-\frac{a}{\sqrt{(a-\xi)^2+\eta^2}} - \frac{a}{\sqrt{(a+\xi)^2+\eta^2}} + \ln\frac{a-\xi+\sqrt{(a-\xi)^2+\eta^2}}{-a-\xi+\sqrt{(a+\xi)^2+\eta^2}}\right\}, \tag{11.35a}$$

$$\mu_0 H_y = \frac{2\pi M}{p^2}\,\eta\left\{\frac{\xi}{\eta^2}\left(\frac{a-\xi}{\sqrt{(a-\xi)^2+\eta^2}}+\frac{a+\xi}{\sqrt{(a+\xi)^2+\eta^2}}\right)\right.$$
$$\left.-\frac{1}{\sqrt{(a-\xi)^2+\eta^2}}+\frac{1}{\sqrt{(a+\xi)^2+\eta^2}}\right\}. \quad (11.35\text{b})$$

Feldpunkte auf der $x$-Achse ($\eta=0$, $\alpha=0$) bezeichnet man als in der I. *Gaußschen* Hauptlage, Feldpunkte auf der $y$-Achse ($\xi=0$, $\alpha=\pi/2$) als in der II. *Gaußschen* Hauptlage in bezug auf das Ellipsoid gelegen. In beiden Hauptlagen ist $H_y=0$[1], das Feld parallel zur großen Achse gerichtet. In großer Entfernung vom Magneten ist das Feld in der I. Hauptlage

$$\mu_0 H_{I\infty} = \frac{2 M\tau}{\xi^3}, \quad (11.36)$$

und in der II. Hauptlage

$$\mu_0 H_{II\infty} = \frac{M\tau}{\eta^3}. \quad (11.37)$$

Das stimmt mit dem überein, was in (3.15a) über das magnetische Feld in weiter Entfernung von einem Dipol gesagt worden ist.

Wir untersuchen nun mit Hilfe von (11.35a, b) das magnetische Feld in seiner Abhängigkeit von der Entfernung $\varrho$ zwischen Feldpunkt $P$ und Mittelpunkt 0 des Magneten (Abb. 11.6) und von dessen Volumen $\tau$ und Gestalt $p$. Dazu führen wir $\varrho\cos\alpha=\xi$ und $\varrho\sin\alpha=\eta$ in (11.35a,b) ein und ersetzen den Parameter $a$ durch $\tau$: aus $p=a/b$ und $\tau=ab^2\cdot 4\pi/3$ folgt

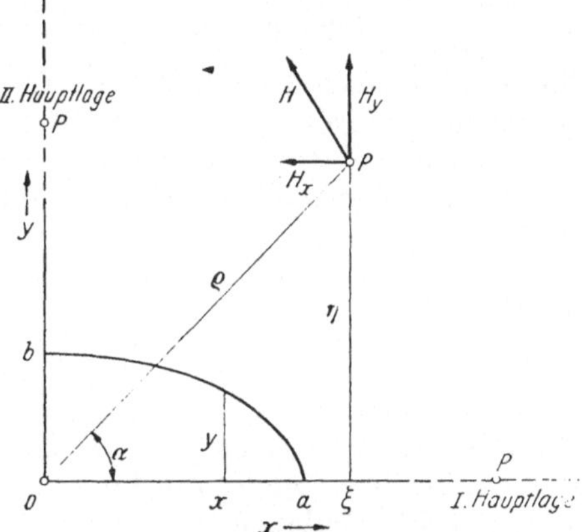

Abb. 11.6. Bezeichnungen zur Bestimmung des Feldes des gestreckten Rotationsellipsoides.

$$a=\sqrt[3]{\frac{3}{4\pi}\,p^2\tau}=0{,}62036\,\sqrt[3]{p^2\tau}. \quad (11.46)$$

Wir beziehen ferner $a$ und $\varrho$ auf $\tau$ vermittels

$$a'=\frac{a}{\sqrt[3]{\tau}}=\sqrt[3]{\frac{3}{4\pi}\,p^2}, \qquad \varrho'=\frac{\varrho}{\sqrt[3]{\tau}}. \quad (11.47)$$

Auf diese Weise erhält man $H_x$ und $H_y$ als Funktionen von $\varrho'\cos\alpha$ und $\varrho'\sin\alpha$ mit den Parametern $a'$ und $p^2$. Wir verzichten auf die umständliche Erörterung dieser Ausdrücke für jeden beliebigen Winkel $\alpha$ und betrachten nur die beiden Hauptlagen, in denen $H_y=0$ ist. In der ersten Hauptlage ist $\alpha=0$ und die magnetische Feldstärke hat, bezogen auf die Magnetisierung, die Größe

$$\frac{\mu_0 H_I}{M}=\frac{1}{2p^2}\left\{\frac{a'}{\varrho'-a'}+\frac{a'}{\varrho'+a'}-\ln\frac{\varrho'+a'}{\varrho'-a'}\right\}=f_I(p,\varrho'). \quad (11.48)$$

In der zweiten Hauptlage ist $\alpha=\pi/2$, die magnetische Feldstärke hat, bezogen auf die Magnetisierung, die Größe

$$\frac{\mu_0 H_{II}}{M}=\frac{1}{2p^2}\left\{-\frac{2a'}{\sqrt{a'^2+\varrho'^2}}+\ln\frac{a'+\sqrt{a'^2+\varrho'^2}}{-a'+\sqrt{a'^2+\varrho'^2}}\right\}=f_{II}(p,\varrho'). \quad (11.49)$$

[1] Das erkennt man für $\eta=0$ am einfachsten aus (11. 52, 53), für $\xi=0$ aus (11.35b).

$f_I(p, \varrho')$ ist in Abb. 11a und b und $f_{II}(p, \varrho')$ ist in Abb. 11.9a und b dargestellt[1]. Fü die Bestimmung der absoluten Größen von $H_I$ und $H_{II}$ muß man die Magnet sierung des Ellipsoides, also die im gegebenen Fall geltende Magnetisierung kurve $M = M(\mu_0 H)$ kennen. Sie bestimmt zusammen mit dem Gestaltsfaktor N der eine Funktion von $p$ allein ist, den Arbeitspunkt, wie zu (10.1) ausgefüh wurde. Für einen remanenten Magneten gilt also die Konstruktion von Abb. 10.1 a für einen permanenten Magneten die Beziehung (10.5).

Anwendungsbeispiel: $H_I$ und $H_{II}$ im Abstand $\varrho = 65$ cm vom Mittelpunk eines Ellipsoides, das durch $p = 5$ und $\tau = 100\ \text{cm}^3$ gegeben ist. Mit $\varrho' = \frac{\varrho}{\sqrt[3]{\tau}} = \frac{65\ \text{cm}}{\sqrt[3]{100\ \text{cm}^3}} = 14$ liest man über $p = 5$ ab $\frac{\mu_0 H_I}{M} = 0{,}000059$ und $\frac{\mu_0 H_{II}}{M} = 0{,}000029$ Für $p = 5$ ist nach Tabelle 8.I der Gestaltsfaktor $N(5) = 0{,}558$. Eine Ursprungs gerade mit der Neigung $\operatorname{tg}\beta = 0{,}558$ gegen die $M$-Achse möge mit einer gegebene magnetischen Zustandskurve den Schnittpunkt mit der Ordinate $M = 3{,}6$ kG haben. Dann ist $\mu_0 H_I = 0{,}000059 \cdot 3{,}6\ \text{kG} = 0{,}212$ G und $\mu_0 H_{II} = 0{,}000029 \cdot 3{,}6$ kG $= 0{,}104$ G.

Für große Abstände $\varrho \gg a$ gehen die Beziehungen (11.48, 49) in (11.36, 37 über:

$$\frac{\mu_0 H_{I\infty}}{M} = \frac{2}{\varrho'^3}, \qquad \frac{\mu_0 H_{II\infty}}{M} = \frac{1}{\varrho'^3}. \tag{11.50}$$

Diese Ausdrücke sind unabhängig von $p$, werden also in den Abb. 11.8 und 9 durch Kurventeile wiedergegeben, die zur $p$-Achse parallele Geradenstücke sind In Abb. 11.9b verbindet die Linie $b$ die Punkte, in denen die Beziehung (11.50) mit etwa 5% Fehler, die Linie $a$ die Punkte, in denen sie mit etwa 2% Fehler die Feldstärke $H_{II}$ wiedergibt.

Wir fragen ferner, ob es eine günstigste Gestaltung ($p$) des Magneten gibt derart, daß mit gegebenem Magnetvolumen $\tau$ in einem gegebenen Feldpunkt das magnetische Feld möglichst groß wird, oder daß dort eine geforderte Größe des magnetischen Feldes mit einem möglichst kleinen Magnetvolumen erreicht wird. Zur Beantwortung gehen wir von gegebenen Werten $\tau$, $\varrho$ und $p$ aus, halten Volumen $\tau$ und Abstand $\varrho$ fest und lassen $p$ größer, das Ellipsoid also schlanker werden. Mit wachsendem $p$ fällt $N = \operatorname{tg}\beta$, daher wird die Magnetisierung des Ellipsoides bei gegebener magnetischer Zustandskurve größer, $f_I$ steigt, $f_{II}$ fällt. Daher nimmt $\mu_0 H_I = M f_I$ mit wachsendem $p$ monoton zu, dagegen ist es möglich, daß $\mu_0 H_{II} = M f_{II}$ wegen der Gegenläufigkeit der beiden Faktoren einen Höchstwert durchschreitet. Eintreten und Schärfe dieses Maximums hängt unter anderem von der im einzelnen Fall gegebenen magnetischen Zustandskurve ab, durch die $M$ bestimmt wird. Verlauf und Höchstwert der Funktion $H_{II}(p)$ kann dann analytisch ausgedrückt werden, wenn die Magnetisierung $M$ als Funktion von $p$ im gegebenen Fall analytisch angegeben werden kann. Wegen des verhältnismäßig verwickelten Baues der Funktion $N(p)$, vgl. (8.25, 25a), wird man im allgemeinen es vorziehen, die Magnetisierung des Ellipsoides mit Hilfe der Arbeitsgeraden von der Neigung $\operatorname{tg}\beta = N(p)$ gegen die $M$-Achse und der Magnetisierungskurve $M = M(\mu_0 H)$ zu bestimmen, also nach Abb. 10.1a bei remanenten, nach Abb. 10.1b und Beziehung (10.5) bei permanenten Zustandskurven.

Anwendungsbeispiele sind in Abschnitt 14 gegeben.

Das bei dieser Fragestellung (Feld in gegebenem Abstand) in Erscheinung tretende günstigste Achsenverhältnis $p_{opt}$ ist ein anderes, als das günstigste Achsenverhältnis $p_0$, das in der eingangs geübten, summarischen, energetischen

[1] Nach *H. Neumann* und *K. Warmuth*, El. Nachr.-Techn. 13 (1936) S. 300/1 und 14 (1937) S. 170.

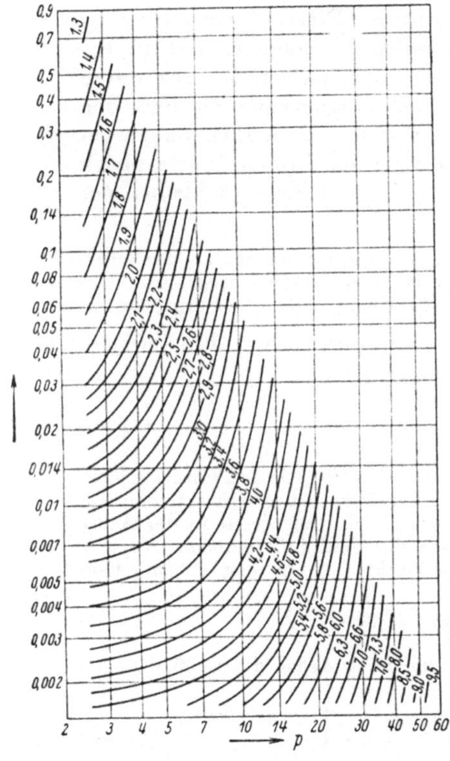


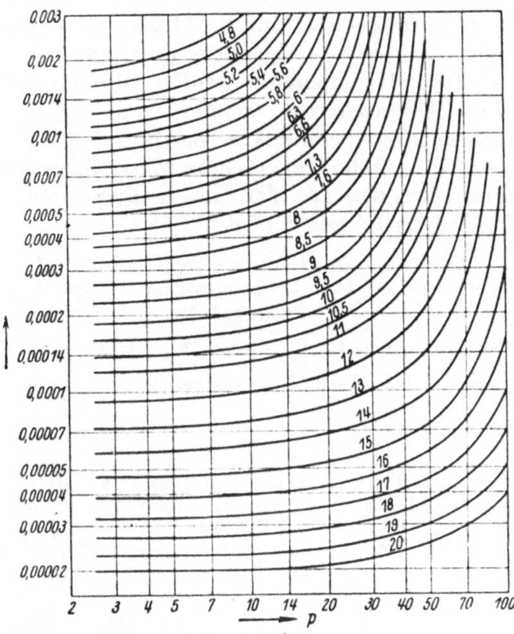


Abb. 11. 8a, b. Das Außenfeld des homogen magnetisierten, gestreckten Rotationsellipsoides für Feldpunkte in der I. *Gauß*schen Hauptlage in Abhängigkeit vom Achsenverhältnis $p$ und dem Verhältnis $\varrho' = \varrho/\sqrt[3]{\tau}$, wobei $\varrho$ Mittelpunktsabstand, $\tau$ Volumen. Beigeschriebene Zahlen: Werte von $\varrho'$. Ordinaten: $f_{I}(p, \varrho')$ nach (11.48).

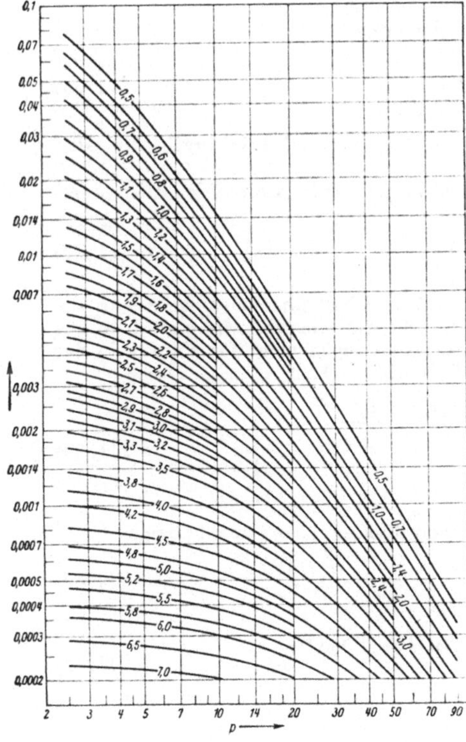


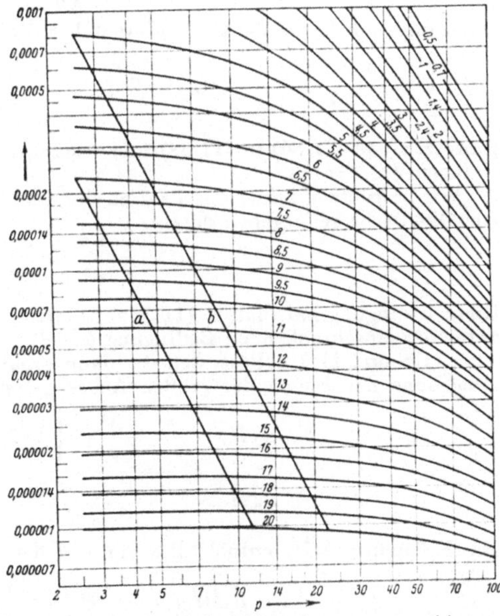


Abb. 11. 9a, b. Das Außenfeld des homogen magnetisierten, gestreckten Rotationsellipsoides für Feldpunkte in der II. *Gauß*schen Hauptlage in Abhängigkeit von Achsenverhältnis $p$ und dem Verhältnis $\varrho' = \varrho/\sqrt[3]{\tau}$, wobei $\varrho$ Mittelpunktsabstand, $\tau$ Volumen. Beigeschriebene Zahlen: Werte von $\varrho'$. Ordinaten: $f_{II}(p, \varrho')$ nach (11.49).

Betrachtungsweise durch (11.33, 34) gefunden wurde. Dieser Unterschied ist auch verständlich, denn zur Bestimmung von $p_0$ haben die magnetischen Eigenschaften des Magnetbaustoffes allein geführt, $p_{opt}$ aber wird nicht nur durch diese Eigenschaften, sondern auch noch durch das Magnetvolumen und den Abstand des Feldpunktes bestimmt. (*Neumann* und *Warmuth* a. a. O. haben gefunden, daß bei remanenten Zustandskurven für $\gamma = 1$ die beiden Werte gleich sind, und daß sie sich um so mehr voneinander unterscheiden, je kleiner der Ausladungsfaktor $\gamma$ wird.)

Anhang. Ableitung des Feldes im Außenraum (11.35a, b), des Feldes an der Oberfläche und im Innern des längsmagnetisierten, gestreckten Rotationsellipsoides.

Der Fluß der homogenen Magnetisierung durch einen Querschnitt des Ellipsoides an der Stelle $x$ (Abb. 11. 6) ist $\Phi_m = y^2 \pi M = \frac{M\pi}{p^2}(a^2 - x^2)$. Durch einen bandförmigen Streifen der Oberfläche zwischen $x$ und $x + dx$ tritt daher der Fluß

$$-d\Phi_m = \frac{2\,M\pi\,x\,dx}{p^2} \tag{11.50}$$

(denn der Fluß durch den Querschnitt ändert sich mit dem Orte $x$). Dieser Fluß ist gleichbedeutend mit einer magnetischen Flächenladung dieses Streifens von gleicher Größe. Da diese nur Funktion von $x$, von $y$ aber explizit unabhängig ist, dürfen wir sie in der Achse ($y = 0$) zwischen $x$ und $x + dx$ vereinigt denken, wenn wir das Feld außerhalb des Körpers bestimmen wollen. Die Ladung $-d\Phi_m$ bringt in einem Punkt $\xi, \eta$ ein magnetisches Feld

$$\mu_0\,dH = \frac{-d\Phi_m}{\eta^2 + (x-\xi)^2} \tag{11.51}$$

hervor, dessen Komponenten in der Richtung der $x$- und der $y$-Achse die Größen haben

$$\left.\begin{aligned} -\mu_0\,dH_x &= \frac{-d\Phi_m}{[\eta^2 + (x-\xi)^2]^{3/2}}\,, \\ \mu_0\,dH_y &= \frac{-\,d\Phi_m\,\eta}{[\eta^2 + (x-\xi)^2]^{3/2}}\,. \end{aligned}\right\} \tag{11.52}$$

Das gesamte Feld im Punkt $\xi, \eta$ hat daher die Komponenten

$$H_x = \int_{-a}^{+a} dH_x\,, \qquad H_y = \int_{-a}^{+a} dH_y\,. \tag{11.53}$$

Einsetzen von (11.50) in (11.52) und Ausführen der Integrationen (11.53) ergibt die Gleichungen (11.35a, b).

Wir bestimmen ferner das Feld an der Oberfläche, darauf das im Innern des Ellipsoides. Die Oberfläche sei gegeben durch

$$\frac{\xi_0^2}{a^2} + \frac{\eta_0^2}{b^2} = 1\,. \tag{11.38}$$

Diese Bedingung hat man in (11.35a, b) einzuführen. Man erhält übersichtliche Ausdrücke unter der einschränkenden Bedingung $(a-\xi) \ll \eta$; sie bedeutet offenbar, wie man auch aus Abb. 11.6 und 11.7 abliest, daß die dann erhaltenen Beziehungen nicht für Punkte in der Umgebung der Enden der großen Achse gelten. Es ergibt sich

$$\left.\begin{aligned} \mu_0 H_x &= -\,\frac{M}{p^2}\left\{\ln 2\,p - 1 - \frac{\xi_0^2}{p^2\,\eta_0^2}\right\}, \\ \mu_0 H_y &= \frac{M\,\xi_0}{p^2\,\eta_0}\,. \end{aligned}\right\} \tag{11.39}$$

Die Komponente $H_x$ enthält also ein von den Ortskoordinaten $\xi_0$, $\eta_0$ unabhängiges Glied

$$\mu_0 (H_x)_0 = -\,M\,\frac{\ln 2\,p - 1}{p^2} = -\,M \cdot N'\,, \tag{11.40}$$

somit ist

$$\begin{aligned} \mu_0 H_x &= -M \cdot N' + M \cdot \delta^2 = \mu_0 (H_x)_0 + \mu_0 (H_x)_1\,, \\ \mu_0 H_y &= \phantom{-}M \cdot \delta\,, \end{aligned} \tag{11.41}$$

wenn zur Abkürzung

$$\delta = \frac{\xi_0}{p^2 \eta_0} \tag{11.42}$$

geschrieben wird. $\delta$ läßt sich so veranschaulichen: es ist allgemein $\eta^2 = \frac{a^2 - \xi^2}{p^2}$, daher ist an der Oberfläche, vergleiche Abb. 11.7,

$$\left(\frac{d\eta}{d\xi}\right)_{\xi = \xi_0,\ \eta = \eta_0} = \operatorname{tg} \alpha = -\frac{\xi_0}{p^2 \eta_0} = -\operatorname{tg} \delta , \tag{11.43}$$

und da Punkte in der Nähe der Endpunkte der großen Achse ausgeschlossen worden sind, ist $\operatorname{tg} \delta \approx \delta \ll 1$. Der von den Ortskoordinaten abhängige Teil des magnetischen Feldes an der Oberfläche

$$\mu_0 H_n = \mu_0 \sqrt{(H_x)_1^2 + H_y^2} = M\delta \sqrt{1 + \delta^2} \approx M\delta \tag{11.44}$$

ist normal zur Oberfläche gerichtet und wird in seiner Größe im wesentlichen durch $H_y$ bestimmt. Ihm überlagert sich ein zweiter Anteil $(H_x)_0 = -M N'/\mu_0$, der für jedes Oberflächenelement der gleiche ist. $(H_x)_0$ ist also homogen, wie $M$, und zu $M$ antiparallel gerichtet, kann daher als „entmagnetisierendes" Feld aufgefaßt werden. In der Äquatorebene $\xi_0 = 0$ besteht das Feld einzig aus dem Anteil $(H_x)_0$.

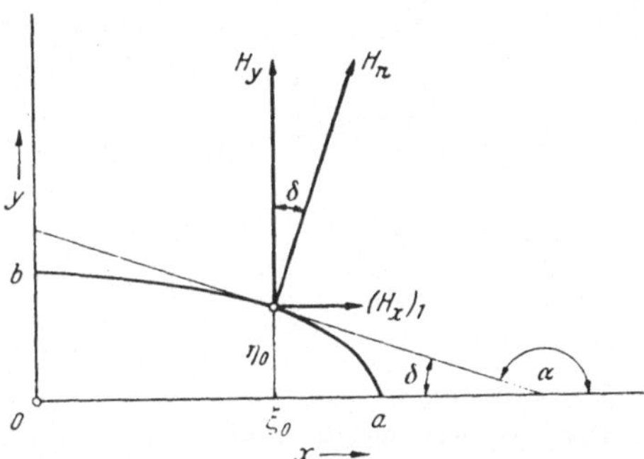

Abb. 11.7. Zur Bestimmung des magnetischen Feldes an der Oberfläche des längsmagnetisierten gestreckten Rotationsellipsoides.

Von dem Feld im Innern des Ellipsoides läßt sich der Wert auf der großen Achse am einfachsten bestimmen. Aus Symmetriegründen ist dort überall $H_y = 0$. Wir stellen uns vor, daß die Magnetisierung in magnetischen Oberflächenladungen Quellen und Senken hat. Wir fragen nach der zugehörigen Feldstärke $H_e$. Man findet, daß $H_e$ auf der Längsachse ($\eta = 0$) von $\xi$ nicht abhängt, also überall dieselbe Größe hat. Diese ist

$$\mu_0 (H_e)_{\eta = 0} = -M \frac{1 - e^2}{e^2} \left\{ \frac{1}{2e} \ln \frac{1 + e}{1 - e} - 1 \right\} = -M \cdot N . \tag{11.45}$$

Den Faktor $N$ haben wir schon in Abschnitt 8, insbesondere in Gleichung (8.25) als den Entmagnetisierungsfaktor $N$ des längsmagnetisierten, gestreckten Rotationsellipsoides kennengelernt. Für $p \ll 1$ ist $\frac{1 + e}{1 - e} \approx 4p^2$, daher

$$\mu_0 (H_e)_{\eta = 0} = -M \frac{\ln 2p - 1}{p^2} = -M \cdot N' : \tag{11.45 a}$$

Die Feldstärke ist im Inneren entlang der Achse konstant und die gleiche, wie an der Oberfläche in der Äquatorebene (11.40), an der Oberfläche setzt sie sich aus einer Komponente von eben dieser Größe und einer flächennormalen Komponente zusammen. Damit ist außerordentlich nahegelegt, wenn auch nicht in voller Strenge bewiesen, daß die Feldstärke in jedem Punkt des Inneren des Ellipsoides denselben Betrag hat.

Durch diese Beziehungen, besonders (11.44, 45), sind die eingangs ausgesprochenen, vor (11.35a, b) gestellten Sätze über die Eigenschaften des Feldes des homogen magnetisierten Ellipsoides abgeleitet.

### c) Ersatzbild des permanentmagnetischen Kreises mit Streuung.

Beim permanenten Magneten sind innerhalb des Stabilisierungsbereiches die eingeprägte magnetische Feldstärke $H^e$ und die eingeprägte magnetische Spannung (die magnetomotorische Kraft) $V^e$ definierte und konstante Größen (7.34, 35). Für einen magnetischen Kreis, der in $\nu$ Abschnitte eingeteilt ist, gilt nach (8.11) entlang einem geschlossenen Weg

$$\sum_{\circ} R_\nu \Phi_\nu = \sum_{\circ} V^e . \tag{11.54}$$

Dieser Ausdruck entspricht der ersten *Kirchhoff*schen Gleichung für die Berechnung stationärer elektrischer Ströme in linearen Leitern. Dort ergibt sich die zweite *Kirchhoff*sche Gleichung aus der Quellenfreiheit des stationären Stromdichtevektors. Ganz analog folgt hier aus der Quellenfreiheit des Flußdichtevektors für die Verzweigung eines magnetischen Flusses in $\nu$ Teilflüsse

$$\sum_{0} \Phi_\nu = 0 \,. \tag{11.55}$$

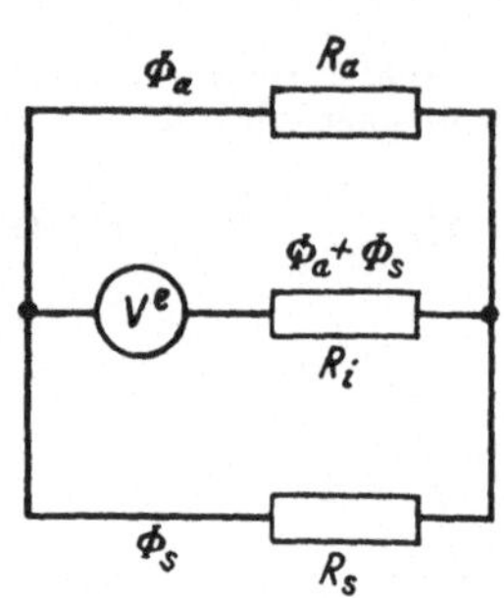

Abb. 11. 10. Ersatzbild des permanentmagnetischen Kreises mit Streuung.

Wegen dieser vollkommenen formalen Analogie kann man magnetische Kreisedefinierte eingeprägte magnetische Spannungen (oder elektrische Durchflutungen; 8.11) vorausgesetzt, ebenso berechnen wie Gleichstromverteilungen in Netzwerken linearer elektrischer Leiter.

Für den in a) behandelten dauermagnetischen Kreis ergibt sich so das in Abb. 11.10 gezeigte Ersatzbild. $R_i$, $R_a$, $R_s$ sind die magnetischen Widerstände des Magnetinnern, des Nutzraumes, der Streuflußstrecke, $\Phi_a$ ist der Fluß im Nutzraum, $\Phi_s$ der Streufluß, $V^e$ ist die eingeprägte magnetische Spannung des Dauermagneten. Wir drücken sie angenähert durch $V^e = H^e l$ aus und rechnen mit Mittelwerten der magnetischen Größen so, wie wenn es sich um homogene magnetische Felder handeln würde.

(11.54) und (11.55) ergeben hier

$$\left.\begin{aligned} R_a \Phi_a &= R_s \Phi_s = V \,, \\ R_i (\Phi_a + \Phi_s) + R_a \Phi_a &= V^e \,. \end{aligned}\right\} \tag{11.56}$$

$V = H_a l_a$ ist die magnetische Spannung entlang dem Nutzraum. Ist der magnetische Kreis vollkommen eisengeschlossen, so hat der Fluß seinen größten Wert

$$\Phi = \Phi_k = \frac{V^e}{R_i} \quad \text{für } R_a = 0 \,. \tag{11.57}$$

Aus (11.56) folgt der Nutzfluß, der Streufluß und die Luftspaltspannung

$$\left.\begin{aligned} \Phi_a &= \frac{V^e / R_i}{1 + \dfrac{R_a}{R_s} + \dfrac{R_a}{R_i}} \,, \qquad \Phi_s = \Phi_a \frac{R_a}{R_s} \,, \\ V &= \frac{V^e / R_i}{\dfrac{1}{R_a} + \dfrac{1}{R_s} + \dfrac{1}{R_i}} \,. \end{aligned}\right\} \tag{11.58}$$

Ohne Streuung hätte man die Werte

$$\Phi_a \to (\Phi_a)_\infty = \frac{V^e}{R_a + R_i} \,, \qquad V \to V_\infty = \frac{V^e / R_i}{\dfrac{1}{R_a} + \dfrac{1}{R_i}} \quad \text{für } R_s \to \infty \,. \tag{11.59}$$

In derselben Form kann man $\Phi_a$ und $V$ auch bei endlicher Streuung ausdrücken: führt man zwei Ersatzgrößen ein durch

$$V^{e\prime} = \frac{V^e}{1 + \dfrac{R_i}{R_s}} \,, \qquad R_i' = \frac{R_i}{1 + \dfrac{R_i}{R_s}} \,, \tag{11.60}$$

so nimmt (11.58) die Gestalt an

$$\left.\begin{aligned} \Phi_a &= \frac{V^{e\prime}/R_i'}{1+\dfrac{R_a}{R_i'}} = \frac{V^{e\prime}}{R_a+R_i'}\,, \\ V &= \frac{V^{e\prime}/R_i'}{\dfrac{1}{R_a}+\dfrac{1}{R_i'}} = \frac{V^{e\prime}}{1+\dfrac{R_i'}{R_a}}\,. \end{aligned}\right\} \qquad (11.61)$$

Die endliche Streuung kommt hier also dadurch zum Ausdruck, daß die eingeprägte Spannung und der innere Widerstand in demselben Verhältnis verringert sind, das nach (11.60) durch $R_i/R_s$ bestimmt wird. Es ist natürlich

$$\frac{V^{e\prime}}{R_i'} = \frac{V^e}{R_i} = \Phi_k; \qquad (11.62)$$

$\Phi_k$ ist der Grenzwert, den der Nutzfluß $\Phi_a$ mit verschwindendem $R_a$ annimmt, $V^{e\prime} = R_i'\Phi_k$ ist der Grenzwert, dem die Luftspaltspannung $V$ mit unbegrenzt wachsendem $R_a$ zustrebt. Führen wir als Veränderliche ein

$$\frac{R_a}{R_i'} = \eta\,, \qquad (11.63)$$

so wird

$$\frac{\Phi_a}{\Phi_k} = \frac{1}{1+\eta}\,, \qquad \frac{V^e}{V^{e\prime}} = \frac{1}{1+\dfrac{1}{\eta}}\,. \qquad (11.64)$$

Die gesamte magnetische Energie ist wegen der Parallelschaltung

$$W_d = \frac{1}{2}\Phi_k V = \frac{1}{2}\,\frac{(V^e/R_i)^2}{\dfrac{1}{R_a}+\dfrac{1}{R_s}+\dfrac{1}{R_i}} = \frac{1}{2}\,\frac{(V^{e\prime}/R_i')^2}{\dfrac{1}{R_a}+\dfrac{1}{R_i'}} \qquad (11.65)$$

$$= \frac{1}{2}\,\frac{(V^{e\prime})^2/R_i}{1+\dfrac{1}{\eta}}\,.$$

Sie geht also mit unbegrenzt wachsendem $R_a$ bei sonst konstanten Parametern gegen den Höchstwert

$$W_d \to W_0 = \frac{1}{2}\,\frac{(V^{e\prime})^2}{R_i'} = \frac{1}{2}\Phi_k V^{e\prime}\,. \qquad (11.66)$$

Die gesamte magnetische Energie dieses permanentmagnetischen Kreises wird also am größten, wenn der magnetische Widerstand des Nutzraumes unendlich groß wird. Die magnetische Energie im Nutzraum $W_a$ und im Streuraum $W_s$ ist

$$W_a = \frac{1}{2}\Phi_a V\,, \qquad W_s = \frac{1}{2}\Phi_s V\,. \qquad (11.67)$$

Daher wird auch

$$\frac{W_a}{W_0} = \frac{1}{(1+\eta)\left(1+\dfrac{1}{\eta}\right)}\,, \qquad (11.68)$$

$$\frac{W_d}{W_0} = \frac{1}{1+\dfrac{1}{\eta}}\,, \qquad \frac{W_i-W_s}{W_0} = \frac{1}{\left(1+\dfrac{1}{\eta}\right)^2}\,.$$

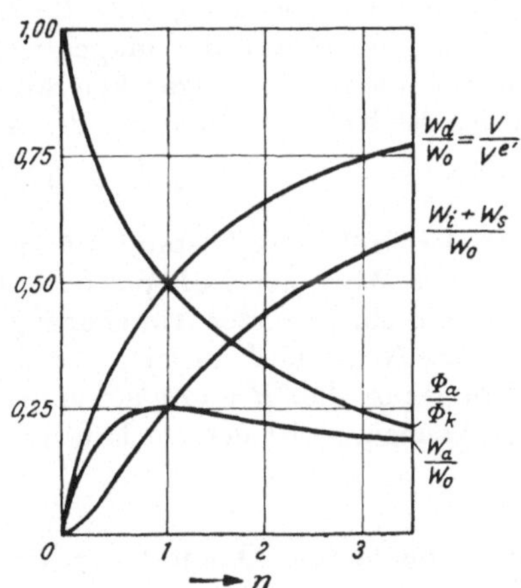


Abb. 11.11. Zum Ersatzbild des permanentmagnetischen Kreises mit Streuung.

Abb. 11.11. Kommt es also auf möglichst große Gesamtenergie $W_d$ an, so muß $R_a/R_i'$ möglichst groß gemacht werden, $W_d$ geht gegen $W_0$ nach (11.66). Dagegen hat die magnetische Energie im Nutzraum ihren Höchstwert im Fall $R_a/R_i'=1$ oder

dabei ist
$$\frac{1}{R_a}=\frac{1}{R_i}+\frac{1}{R_s}, \tag{11.69}$$

$$\left.\begin{aligned} W_a &= (W_a)_{\max} = \frac{1}{4}W_0=\frac{1}{8}\Phi_k V^{e'},\\ W_d &= \frac{1}{2}W_0=\frac{1}{4}\Phi_k V^{e'},\quad \Phi_a=\frac{1}{2}\Phi_k,\quad V=\frac{1}{2}V^{e'}.\end{aligned}\right\} \tag{11.70}$$

In jedem Fall kommt es somit darauf an, daß

$$W_0=\frac{1}{2}\frac{(V^e)^2}{R_i}\cdot\frac{1}{1+\dfrac{R_i}{R_s}} \tag{11.71}$$

möglichst groß wird. $R_i$ soll klein, $V^e$ und $R_s$ sollen groß sein. Ist $\tau=ql$ das Volumen des Dauermagneten, so ist

$$\frac{W_0}{\tau}=\frac{1}{2}\mu_P\,\mu_0\,(H^e)^2\frac{1}{1+\dfrac{R_i}{R_s}}\;; \tag{11.72}$$

$\mu_P$ und $H^e$ sind von der geometrischen Gestaltung unabhängige Stoffeigenschaften. Der letzte Faktor ist durch die Streuung des Kreises bestimmt.

### d) Dauermagnete als Tragmagnete.

1. *Abschätzung der Tragkraft.* Besteht ein magnetisches Feld in dem Raum zwischen einem Magneten und seinem Anker oder zwischen zwei einander anziehenden Magneten und ändert sich die gesamte magnetische Energie $W$ mit der Änderung eines Parameters $x$, der die gegenseitige Lage der zwei einander anziehenden Körper beschreibt, so ist die mechanische Kraft

$$K_x=\left|\frac{\partial W}{\partial x}\right|. \tag{11.73}$$

Man muß zum Beispiel mechanische Arbeit gegen die Anziehungskräfte aufwenden, um den Abstand zu vergrößern. Dabei wächst die Feldenergie beim permanenten Magneten (9.32), beim Elektromagneten mit konstanter Durchflutung nimmt sie ab (9.35). Aus der Energieänderung läßt sich ein häufig genannter Ausdruck zur Abschätzung der Tragkraft (Anzugskraft) eines Magneten finden, wenn der Querschnitt $q$ und die Länge $l$ des Luftspaltes definierte Größen sind und der Mittelwert der magnetischen Flußdichte $B$ über den Querschnitt des kurzen Luftspaltes angegeben werden kann. Ändert sich der Abstand $l$ um $dl$, so ist die Kraft in Richtung der Änderung bestimmt durch

$$|K_l\,dl|=dW=d(wql)=d\left(\frac{B^2}{2\mu_0}ql\right). \tag{11.74}$$

Von der Größe des Abstandes $l$ der einander anziehenden Körper hängt insbesondere der Wert der Luftspaltinduktion $B$, aber auch die Größe der wirksamen Fläche $q$ ab. In erster Annäherung ist $q$ die Fläche der Polschuhe, aus denen der gesamte Nutzfluß $\Phi$ austritt. Ist also in einer betrachteten Lage $l$ die Änderung $dl$ klein genug, daß $B$ und $q$ als unbeeinflußt von der Lageänderung angesehen werden können, so ist der mechanische Zug

$$p=\frac{|K_l|}{q}=\frac{B^2}{2\mu_0} \tag{11.75}$$

proportional zum Quadrat der herrschenden mittleren Luftspaltinduktion $B$, die Kraft

$$|K_l|=\frac{\Phi^2}{2\mu_0 q} \tag{11.76}$$

proportional zum Quadrat des Nutzflusses $\Phi$. Mißt man die Luftspaltinduktion $B$ in Kilogauß kG, die Kraft in Kraftgramm $g_f$, so ergibt sich mit den im 4. Abschnitt genannten Einheitenbeziehungen

$$p = 40{,}6\left(\frac{B}{\mathrm{kG}}\right)^2 \frac{g_f}{\mathrm{cm}^2}\,, \tag{11.75a}$$

$$\frac{K}{\mathrm{k}g_f} = 0{,}0406\left(\frac{B}{\mathrm{kG}}\right)^2 \frac{q}{\mathrm{cm}^2}\,. \tag{11.76a}$$

Den Verlauf als Funktion des Abstandes $l$ erhält man hieraus, wenn man die (starke) Abhängigkeit der Luftspaltinduktion B und des gesamten wirksamen Querschnittes $q$ vom Abstand $l$ kennt.

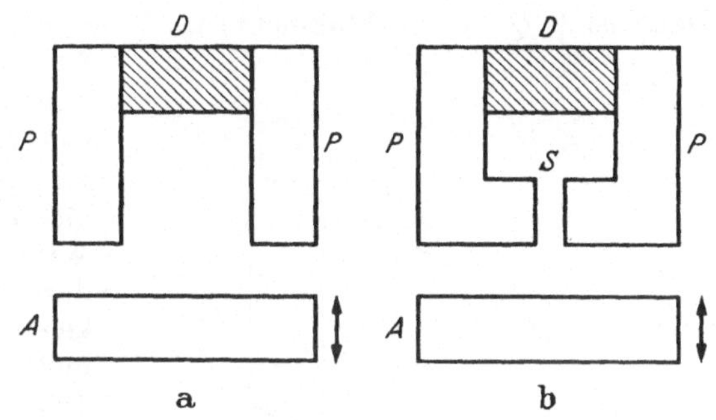

Abb. 11.12. Tragmagnet, schematisch. a ohne, b mit Nebenschlußluftspalt S.

2. *Graphische Darstellung der magnetischen Verhältnisse.* Wir betrachten als erstes einen Tragmagnet, der nach Abbildung 11.12a aus einem dauermagnetischen Stück $D$, Polschuhen $P$ und einem in den Richtungen des Doppelpfeiles beweglichen Anker $A$ besteht. $A$ und $P$ seien aus magnetisch sehr weichem Eisen hergestellt, dessen Sättigung nicht erreicht werde. Der Anker sei zunächst sehr weit entfernt. Nach beendigtem Magnetisierungsvorgang sei $A_1$ in der Darstellung Abb. 11.13a der magnetische Zustandspunkt. Es ist $\alpha_1 < \pi/2$, weil wegen der magnetischen Streuung der gesamte äußere magnetische Widerstand nicht unendlich groß ist. Wird der Anker genähert, so rückt der Zustandspunkt von der Lage $A_1$ auf einer inneren Magnetisierungskurve in Richtung wachsender magnetischer Induktion gegen den Punkt $P_1$, der dem idealen magnetischen Kurzschluß bei luftspaltloser Berührung des Ankers mit den Polschuhen entspricht. $P_1$ ist also der Grenzwert der magnetischen Induktion. Wird der Anker auf dem gleichen Wege wieder entfernt und diese Hin- und Herbewegung mehrfach wiederholt, so bewegt sich der Zustandspunkt schließlich nach den Ausführungen des Abschnittes 7b (Abb. 7.11,12) auf einer festen permanenten Zustandskurve. Die Kurve $A_1 P_1$ in Abbildung 11.13a wollen wir nunmehr als die permanente Zustandskurve auffassen, nicht als die erstmalig durchlaufene innere Magnetisierungskurve, und in den weiteren Ausführungen dieses Abschnittes wollen wir den Unterschied zwischen beiden unerwähnt lassen.

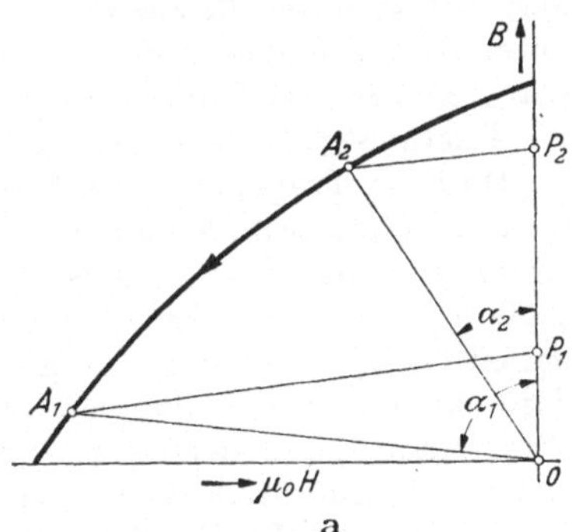

Abb. 11.13. Darstellung der magnetischen Verhältnisse eines Tragmagneten.

Wir betrachten als zweites die Ausführung des Tragmagneten nach Abb. 11.12b. Sie unterscheidet sich von der ersten Ausführung durch einen festen Nebenschlußluftspalt $S$. Wieder sei zunächst der Anker weit entfernt. Da dann der magnetische Widerstand des Nebenschlusses $S$ verhältnismäßig klein ist, liegt der Zustandspunkt $A_2$ nach beendetem Magnetisierungsvorgang bei einem höheren Induktionswert, als $A_1$ im Fall a). Der Winkel $\alpha_2$ der Arbeitsgeraden wird im wesentlichen durch den Nebenschluß S bestimmt. Bei Annäherung des Ankers rückt der Zustandspunkt von $A_2$ in Richtung $P_2$. Berührt der Anker die Polschuhe luftspaltlos, so ist der Nebenschluß kurzgeschlossen und $P_2$ ist dabei (nahezu) der Wert der magnetischen Induktion. Die für die Tragkraft im Idealfall verantwortliche Induktion $P_2$ ist also größer als $P_1$: die Tragkraft ist bei kurzschlußähnlichen Zuständen erheblich vergrößert. In Abb. 11.13b möge der Zustandspunkt $Q$ zwischen $A_2$ und $P_2$ und der Winkel $\alpha$ einer bestimmten Ankerstellung entsprechen. Dann ist $\overline{Q''Q}=B$ die Flußdichte im Dauermagnet, $\overline{Q''Q'}=B_s$ die Flußdichte im Nebenschlußluftspalt, da dieser dem konstanten Winkel $\alpha_2$ entspricht, daher ist $\overline{Q'Q}=B_a$ die Flußdichte im Luftspalt zwischen Anker und Polschuhen, die für die Tragkraft maßgebend ist (11.75, 76). Wird der Anker angenähert und dadurch $\alpha$ verkleinert, so wird $B_a$ größer, $B_s$ kleiner, $B_a$ geht gegen $P_2$ und $B_s$ gegen null. Der die Tragkraft bestimmende Induktionswert $B_a$ erreicht und übertrifft also den größtmöglichen Induktionswert $P_1$ der Ausführung a), der erst bei luftspaltloserBerührung erreicht wird, schon bei endlicher Länge des Abstandes zwischen Polschuhen und Anker. Dieser Umstand ist aus ersichtlichen Gründen von technischer Bedeutung.

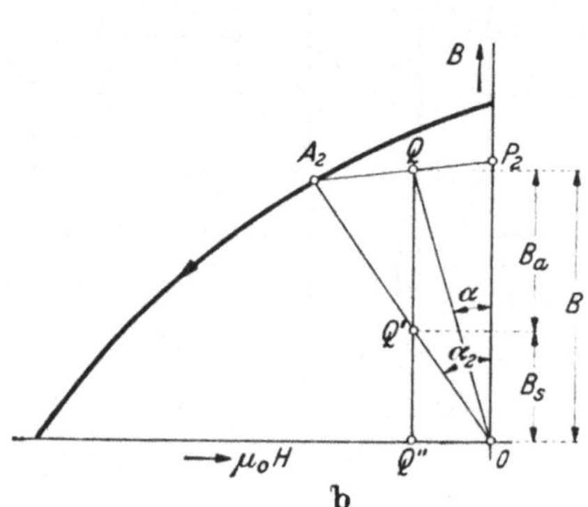

Abb. 11, 13b. Darstellung der magnetischen Verhältnisse eines Tragmagneten mit Nebenschlußluftspalt.

Das Ersatzbild der Ausführung b) stimmt mit Abb. 11.10 völlig überein, wenn unter $R_a$ der magnetische Widerstand des Luftspaltes zwischen Polschuhen und Anker, unter $R_s$ der magnetische Widerstand des Nebenschlußluftspaltes $S$, unter $R_i$ der magnetische Widerstand des dauermagnetischen Stückes verstanden wird. Die in Abschnitt 11c) gegebenen Berechnungen für die Flußverteilungen, die Energieverhältnisse usw. gelten daher unverändert auch hier.

Da jeder Tragmagnet ein Streufeld hat, das eine von null verschiedene magnetische Energie enthält, so lange der Anker nicht kurzschließt, kommt man zu der Auffassung, daß das Streufeld in jedem Fall die Induktion im Kurzschlußfall vergrößert, wobei es selbst verschwindet (für die Ausführung a ist in Abb. 11.13a bei entferntem Anker nur wegen des Streufeldes tg $\alpha_1$ nicht unendlich groß, sondern endlich). Doch wird der Gewinn erst dann erheblich, wenn der magnetische Widerstand der Streustrecke, verglichen mit dem äußeren magnetischen Widerstand bei entferntem Anker, verhältnismäßig klein ist. Das wird durch die Anordnung b) erreicht. Ein Beispiel für die technische Ausführung wird in Abschnitt 19 beschrieben.

## 12. Bestimmung der Streuung.

Die magnetische Streuung wirkt so, wie wenn nicht die Induktion $B$, sondern die Induktion $\sigma B$ des Magneten wirksam wäre. Der Streuungsfaktor $\sigma$ als das Verhältnis des Induktionsflusses durch den Nutzraum $\Phi_a$ zum größten Induktionsfluß $\Phi$ des Magneten liegt zwischen null und eins. Die Differenz dieser beiden Flüsse bezeichnen wir summarisch als Streufluß $\Phi_s$:

$$\frac{\Phi_a}{\Phi}=\sigma, \qquad \Phi-\Phi_a\equiv\Phi_s=\Phi(1-\sigma)\,, \tag{12.1}$$

bei großem Streufluß ist also $\sigma$ klein.

Für die Berechnung von Magneten scheint es zunächst störend zu sein, daß $\sigma$ von den geometrischen Abmessungen abhängt, deren Größe sich durch die vorzunehmende Berechnung erst endgültig ergibt oder ganz oder teilweise ändert, wobei die Streuung $\sigma$ wiederum geändert wird. Indessen ist $\sigma$ wenig empfindlich gegen kleine Änderungen der geometrischen Gestalt, so daß die Berechnung mit einem geschätzten Näherungswert für $\sigma$ durchgeführt werden kann; diese Schätzung wird nur selten eine reine Vermutung sein, häufig werden Anhaltspunkte aus der Erfahrung vorliegen, dann vor allem, wenn der grundsätzliche Aufbau des zu berechnenden magnetischen Kreises gegeben ist. Aus dem ersten Rechnungsgang ergeben sich die geometrischen Abmessungen; diese legen den Wert $\sigma$ fest. Wenn dieser Wert erheblich vom zuerst angenommenen Schätzungswert abweicht, wird man das Ergebnis durch einen zweiten Rechnungsgang verschärfen. Übrigens ändert sich $\sigma$ auch mit der Permeabilität.

Der Streuungsfaktor kann durch Messung zweier der drei Flüsse $\Phi$, $\Phi_a$, $\Phi_s$ bestimmt werden. Das geschieht grundsätzlich am einfachsten dadurch, daß man eine vom Nutzfluß $\Phi_a$ durchsetzte Probespule und eine den größten Fluß $\Phi$ in der neutralen Zone umfassende Probespule aus dem Feld entfernt oder eine Probespule über das Gebiet des Streuflusses $\Phi_s$ bewegt, sofern der geometrische Aufbau des magnetischen Kreises diese Maßnahmen erlaubt. Aus den ausgelösten Spannungsstößen folgen dann die Flußverhältnisse (12.1).

Eine exakte Berechnung der geometrischen Gestalt des Magnetfeldes und damit der Flüsse wird kaum jemals möglich sein. Ist das Feld ein ebenes Feld, das durch zwei Ortskoordinaten in einer Querschnittsebene beschrieben werden kann, so können für eine Anzahl von Feldbegrenzungen mit der Methode der konformen Abbildung die Felder berechnet werden. Dabei ist allerdings vorausgesetzt, daß die begrenzenden Konturen Niveaulinien des wirbelfreien Feldes sind. Das ist nur dann der Fall, wenn die Permeabilitäten der angrenzenden Teile viel größer sind, als die des Luftspaltes. Bei Dauermagneten kann man dies, wie schon mehrfach betont, nur selten voraussetzen. Die exakte Berechnung des Feldes des homogen magnetisierten Rotationsellipsoides wurde in Abschnitt 11b gezeigt. Hierfür aber spielt der Begriff der magnetischen Streuung keine Rolle.

Für das Ersatzbild Abb. 11.10 ist

$$\sigma = \frac{\Phi_a}{\Phi_a + \Phi_s} = \frac{R_s}{R_a + R_s} = \frac{\Lambda_a}{\Lambda_s + \Lambda_a}, \tag{12.1a}$$

wenn $R_s = 1/\Lambda_s$ der magnetische Widerstand der Streustrecke, $R_a = 1/\Lambda_a$ der des Nutzraumes ist. Hiernach wird $\sigma$ vom inneren magnetischen Widerstand des Dauermagnetstückes nicht beeinflußt. Das Ersatzbild hat zur Voraussetzung, daß $R_i$, $R_a$, $R_s$ gegebene, voneinander unabhängige Größen sind.

Ebene und rotationssymmetrische Felder können recht genau zeichnerisch dargestellt, die Feldbilder zur quantitativen Bestimmung der Streuung benutzt werden, wenn man sich für die Zeichnungen an bestimmte Regeln hält. Das Verfahren ist in der Hochspannungstechnik und im Elektromaschinenbau ein bewährtes Hilfsmittel und ist auch für die Berechnung dauermagnetischer Kreise unentbehrlich. Wir betrachten zunächst ein ebenes Feld, also ein solches, das in zueinander parallelen Querschnittsebenen dasselbe ist. Das Feld wird dann dargestellt durch Feldröhren (durch deren Wandungen kein Fluß hindurchtritt) und äquipotentielle Flächen, die diese Röhren senkrecht schneiden. Zwei äquipotentielle Flächen, die die magnetische Spannungsdifferenz $V_1$ haben, mögen von einer Feldröhre, die durch den Querschnitt $f$ den Fluß $\Phi_1$ führt, einen Abschnitt der Länge $l$ begrenzen. Dann ist

$$V_1 = \int_0^l \mathfrak{H}\, d\mathfrak{s} = \frac{1}{\mu_0}\int_0^l B\, dl = \frac{\Phi_1}{\mu_0}\int_0^l \frac{dl}{f} \quad \frac{\Phi_1}{\Lambda_1}. \tag{12.2}$$

Der gesamte Fluß durch den Raum, der durch die zwei äquipotentiellen Flächen begrenzt wird, ist also

$$\Phi = \Sigma \Phi_1 = V_1 \Sigma \Lambda_1 \equiv V_1 \Lambda . \tag{12.3}$$

Wir teilen jede Feldröhre in $\nu$ aufeinanderfolgende Abschnitte, deren Querschnitt konstant gleich $f_\nu$, deren Länge $l_\nu$ ist. Hierfür ist

$$V_1 = \sum_\nu H_\nu l_\nu , \qquad \frac{1}{\Lambda} = \frac{1}{\mu_0} \sum_\nu \frac{l_\nu}{f_\nu} . \tag{12.4}$$

Für einen Feldröhrenabschnitt eines ebenen Feldes, der die Tiefe $L$ senkrecht zur betrachteten Querschnittsebene, die mittlere Länge $a$ und die mittlere Breite $b$ hat, gilt somit

$$\frac{1}{\Lambda_1} = \frac{1}{\mu_0 L} \cdot \frac{a}{b} . \tag{12.5}$$

Zeichnet man zwischen zwei äquipotentiellen Flächen (das sind Linien in der Querschnittsebene) die Feldröhren so, daß für jede die mittlere Breite gleich der mittleren Länge ist: $a=b$, so ist für jede dieser Röhren $\Lambda_1 = \mu_0 L = \text{const}$. Weist der betrachtete Feldteil $m$ solche Einheitsröhren auf, so ist der ihn durchsetzende magnetische Fluß

$$\Phi_1 = V_1 \cdot m \mu_0 L , \tag{12.6}$$

also proportional zur Anzahl $m$. Man erhält demnach das Feldbild in der Querschnittsebene, indem man ein Netz von Feldlinien und äquipotentiellen Linien so entwirft, daß mittlere Länge und mittlere Breite jeder Zelle einander gleich sind. Die so erhaltenen rechtwinkeligen Kurvenvierseite werden Quadraten um so ähnlicher, je feiner man die Unterteilung macht. Ist nun der Nutzraum in $m$ Einheitsröhren geteilt, während $n$ Einheitsröhren außerhalb des Nutzraumes verlaufen, so ist $\sigma = m/(m+n)$. — Das Verfahren kann auf alle flächennormalen Felder angewandt werden. Bei rotationssymmetrischen Feldern lautet die einzuhaltende Bedingung nicht $a/b = \text{const}$, sondern $a/br = \text{const}$, wenn $r$ der Abstand der betrachteten Zelle von der Rotationsachse ist.

Das Verfahren ist nicht darauf beschränkt, daß die Feldlinien auf der Oberfläche der Eisenkörper senkrecht stehen. Das ist nur bei ungesättigtem, magnetisch weichem Eisen ohne Strombelag der Fall. Der Entwurf des Feldbildes ist bei dauermagnetischen Stoffen wegen deren geringer Permeabilität (zwischen 60 und 3) mit einer größeren Unsicherheit behaftet, als wenn man Permeabilitätswerte von $10^3$ und größer annehmen kann. Aber auch im Elektromaschinenbau kommen stark gesättigte Einzelteile elektrischer Maschinen vor, bei denen die Permeabilität vergleichbar und sogar kleiner als bei Dauermagneten wird. Die zeichnerische Bestimmung der Streuung ist unter den gegenwärtig bekannten Hilfsmitteln das vielseitigste, seine Genauigkeit genügt noch vielfach den heutigen Ansprüchen.

Als Beispiele sind vier von *W. Fischer*[1] entworfene Streuungsbilder von magnetischen Kreisen für Drehspulinstrumente in Abb. 12.1 gezeigt. Die angeschriebenen Werte für $\sigma$ beziehen sich auf den größten ausnutzbaren Ausschlagwinkel der Drehspule im Luftspalt. Es ist offenbar vorteilhaft, den Dauermagnet möglichst nahe zum Nutzraum zu bringen und den Dauermagnet selbst recht gedrungen zu machen. Dieser zweiten Forderung kommen die Eigenschaften der modernen Magnetlegierungen entgegen. Es wurde schon darauf hingewiesen, und es wird später genauer ausgeführt werden, daß diese zu gedrungeneren Formen neigen, als die älteren Magnetbaustoffe. Trotzdem läßt sich nicht die allgemeine Regel aufstellen, daß ein möglichst gedrungener Dauermagnet eine möglichst kleine Streuung ergibt. In Abb. 12.2 sind zwei Magnetgestelle für

[1] *W. Fischer*, Dissertation Techn. Hochsch. Karlsruhe 1937.

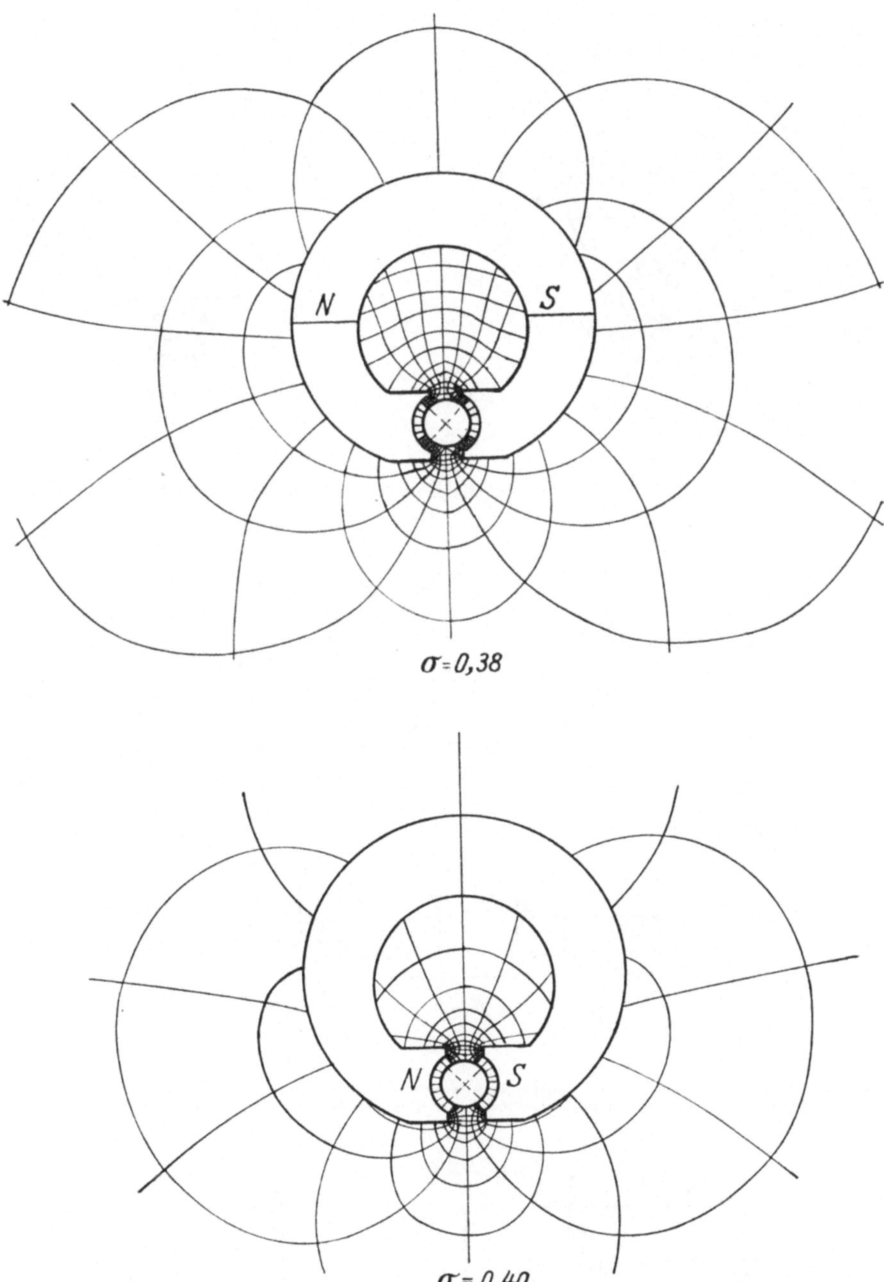


Abb. 12. 1. Streuungsbilder von magnetischen Kreisen von Drehspulgeräten. Nach *W. Fischer* a. a. O. Fortsetzung S. 112.

Lautsprecher vom gleichen Typ gezeichnet; die Bauweise *b* hat zwar gedrungenere Magnete, sicher aber größere Streuung, kleineres $\Phi_a/\Phi = \sigma$. Dagegen ist die Forderung grundsätzlich richtig, daß im magnetischen Kreis der Dauermagnet möglichst nahe an den Nutzraum heran gehört, und das schließende Joch aus

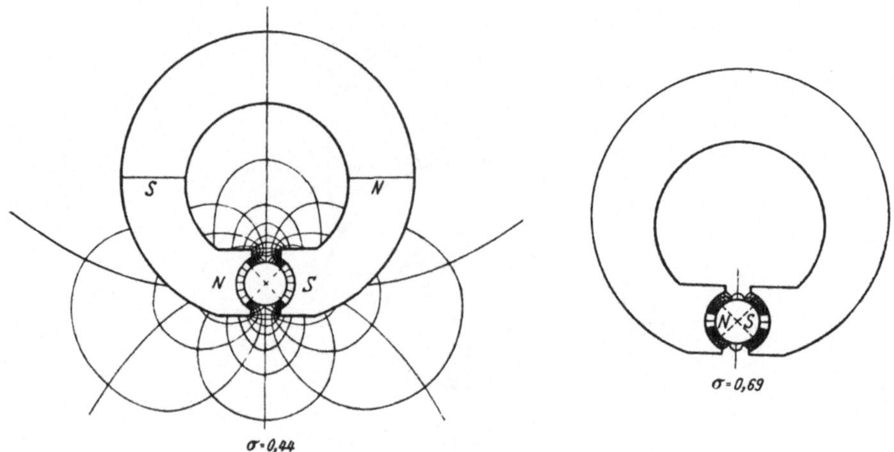


Abb. 12. 1. Fortsetzung. Streuungsbilder von magnetischen Kreisen von Drehspulgeräten. Nach *W. Fischer* a. a. O.

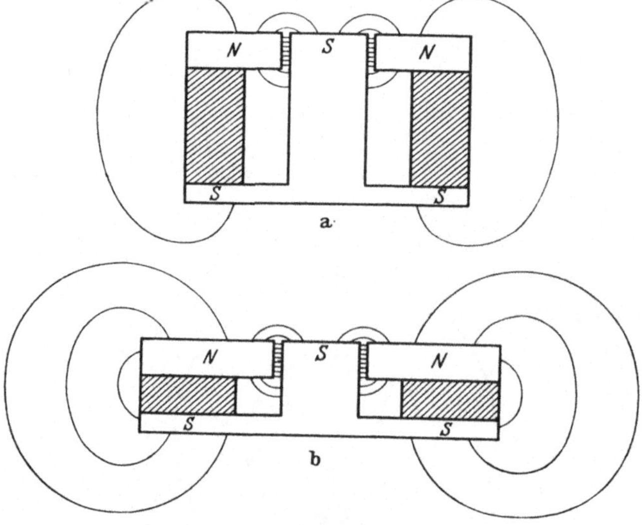


Abb. 12. 2. Magnetischer Kreis von Lautsprechern. Vermehrte Streuung der gedrungenen Bauweise b gegenüber der schlankeren a. Magnetstahl schraffiert ,weiches Eisen nicht schraffiert.

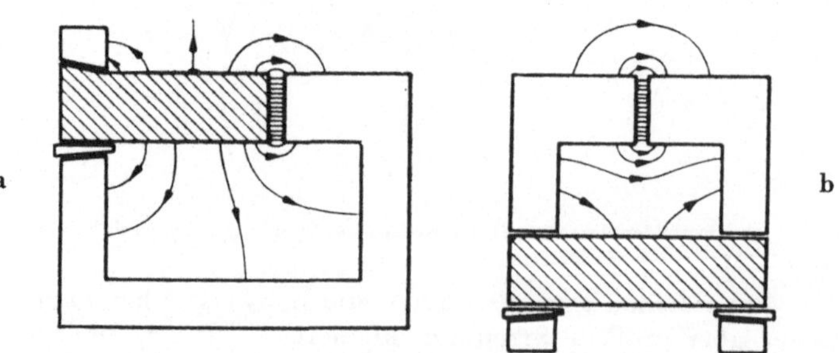


Abb. 12. 3. Günstige (a) und ungünstige (b) Anordnung des Magnetstahles. Weiches Eisen nicht schraffiert, Magnetstahl schraffiert.

Weicheisen sein soll, nicht umgekehrt. In der Anordnung nach Abb. 12.3b ist die magnetische Spannung zwischen den streuenden Flächen und daher der Streufluß viel größer als bei der richtigen Anordnung nach Abb. 12.3a. Von den modernen Magnetbaustoffen sind einige mechanisch sehr schwer bearbeitbar, andere neigen zu magnetischen Unregelmäßigkeiten durch Gußblasenbildung. In solchen Fällen wird man auf ein Zwischenstück aus weichem Eisen zwischen Magnet und Luftspalt nicht verzichten können, dieses jedoch möglichst kurz und gedrungen halten.

Bei geometrisch ähnlicher Änderung des Luftspaltes bleibt der Streuungsfaktor in erster Annäherung erhalten. Man erkennt das aus folgendem: Es sei $\sigma_1$ der Streuungsfaktor, der durch Berechnung, Zeichnung oder Messung bei dem Querschnitt $q_1$, der Länge $l_1$ und dem Umfang $u_1$ des Luftspaltes bestimmt wurde. Dann ist der Nutzfluß $\Phi_{a1} = \mu_0 H_{a1} q_1$. Den Streufluß $\Phi_{s1}$ schätzen wir ab, indem wir ihn proportional zur magnetischen Spannung $H_{a1} l_1$ entlang dem Luftspalt und zu dessen Umfang $u_1$ setzen: $\Phi_{s1} = k_1 \cdot \mu_0 H_{a1} l_1 u_1$. Daher ist nach (12.1)

$$\frac{1}{\sigma_1} = 1 + \frac{k_1 u_1 l_1}{q_1}. \tag{12.8}$$

Mit den Abmessungen $q_2$, $l_2$, $u_2$ des veränderten Luftspaltes gilt ebenso

$$\frac{1}{\sigma_2} = 1 + \frac{k_2 u_2 l_2}{q_2}. \tag{12.9}$$

Ist die Änderung klein, so darf man abschätzend $k_2 \approx k_1$ annehmen, ist sie geometrisch ähnlich, so gilt diese Setzung recht genau. So kommt

$$\frac{\frac{1}{\sigma_1} - 1}{\frac{1}{\sigma_2} - 1} = \frac{u_1 l_1 q_1}{u_2 l_2 q_2}. \tag{12.10}$$

Bei geometrisch ähnlicher Veränderung der Abmessungen ($l_2 = \varepsilon l_1$, $u_2 = \varepsilon u_1$, $q_2 = \varepsilon^2 q_1$) ist demnach $\sigma_2 = \sigma_1$.

Die bekannt gewordenen Näherungsverfahren zur rechnerischen Bestimmung der Streuung sind ausnahmslos Schätzungen; sie sind von der Notwendigkeit diktiert, bei Fehlen exakter Methoden wenigstens Anhaltspunkte zu gewinnen für diese Größe, die in der Berechnung der Dauermagnete nach Ausweis des Abschnittes 11a an entscheidender Stelle steht. Sie gehen davon aus, den magnetischen Fluß in geeignete Teilflüsse zu zerlegen und diese zu bestimmen aus dem Produkt des Mittelwertes der magnetischen Spannung und der magnetischen Leitfähigkeit, wobei diese Größe abgeschätzt wird, indem für den betrachteten Teilfluß eine rohe, aber übersichtliche Annahme über den „mittleren" Querschnitt und über den Verlauf (über die mittlere Länge) gemacht wird. Das Verfahren gründet sich also gleichfalls auf die Beziehungen (12.2...6), mit dem Unterschied, daß die Teilflüsse nicht zeichnerisch ermittelt, sondern rechnerisch durch geeignete geometrische Annahmen abgeschätzt werden. Unter Umständen wird man auch eine so durchgeführte rechnerische Abschätzung mit der Messung desselben Flusses am Modell vergleichen können, dann nämlich, wenn die erwähnte Aufteilung in Teilflüsse den physikalischen Tatsachen ungefähr entspricht, und wenn die Messung überhaupt technisch möglich ist. Auf diese Weise erhält man eine halb-empirische Methode. Die Annahmen über Querschnitt und Verlauf eines Teilflusses werden natürlich um so willkürlicher, je länger die Feldlinien werden.

Als Beispiel behandeln wir die Abschätzung des magnetischen Streuflusses im halbzylinderförmigen Jochraum eines Hufeisenmagneten, vgl. Abb. 12.4. Der Magnet habe senkrecht zur Zeichenebene eine so große Höhe $h$, daß das magnetische Feld näherungsweise als ebenes Feld aufgefaßt werden darf, die Öffnung des Magneten sei $2r$, die magnetische Spannung $V$ möge von der neutralen Zone $\alpha=\pi/2$ bis zum Höchstwert $V_m$ für $\alpha=0$ proportional zu $\pi/2-\alpha$ zunehmen:

$$V(\alpha)=V_m\,\frac{\frac{\pi}{2}-\alpha}{\frac{\pi}{2}}, \tag{12.11}$$

die Feldlinien mögen gerade Linien sein, die senkrecht auf der Symmetrieebene $x=0$ stehen. Eine stabförmige Feldröhre von der Länge $l=2x=2r\cos\alpha$ und dem Querschnitt $h\,dy=hr\cos\alpha\,d\alpha$ führt den magnetischen Fluß $d\Phi=V\cdot d\Lambda$, und es ist nach (12.4)

$$d\Lambda=\frac{\mu_0\,h\,dy}{l}=\frac{\mu_0\,h}{2}\,d\alpha\,. \tag{12.13}$$

Daher ist der ganze Fluß im Jochbogen

$$\Phi=\int\limits_{\alpha=0}^{\pi/2}V\,d\Lambda=\frac{V_m\mu_0 h}{2\pi}\int\limits_{0}^{\pi/2}(\pi-2\alpha)\,d\alpha=V_m\mu_0 h\cdot\frac{\pi}{8}\,. \tag{12.14}$$

Wir vergleichen diesen Raum von der Form eines halben Kreiszylinders mit einem quaderförmigen Feldraum, dessen ebene Begrenzungen den Abstand $2r$

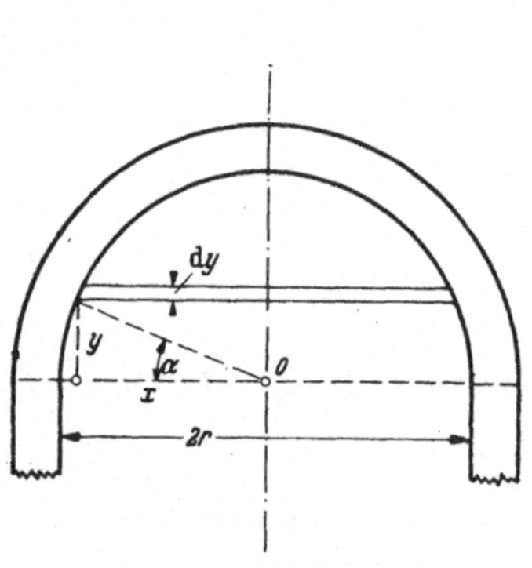


Abb. 12. 4. Zur Abschätzung des Streuflusses im halbzylinderförmigen Jochraum eines Hufeisenmagneten.

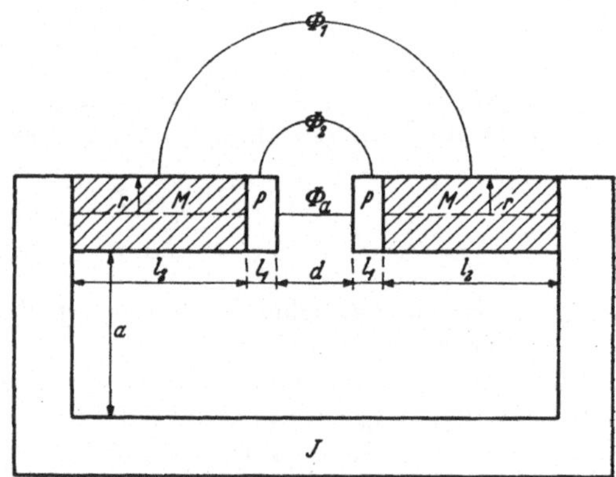


Abb. 12. 5. Zur Abschätzung der magnetischen Flüsse eines dauermagnetischen Kreises.

voneinander, die Tiefe $h$ und die Länge $b$ haben mögen; entlang $b$ nehme die magnetische Spannung vom Wert $V_m$ am oberen Ende bis zum Wert null am unteren Ende linear ab; der Mittelwert ist also $V_m/2$; die Feldlinien mögen Gerade von der Länge $2r$ sein. Dann ist der magnetische Fluß durch den Querschnitt $bh$ von der Größe

$$\Phi=\frac{V_m}{2}\,\Lambda=\frac{V_m}{2}\cdot\frac{\mu_0 h b}{2r}=V_m\mu_0 h\cdot\frac{b}{4r}\,. \tag{12.15}$$

Beide Flüsse (12.14, 15) sind für

$$b=\frac{\pi}{2}\,r=1{,}57\,r \tag{12.16}$$

gleich groß. In ähnlicher Weise kann man weitere Teilflüsse des Hufeisenmagneten abschätzen und aus der Beziehung des Nutzflusses zum Gesamtfluß schließlich den Streuungsfaktor bestimmen[1].

Ein weiteres Beispiel[2] ist der in Abb. 12.5 schematisch angedeutete magnetische Kreis. Die Polschuhe $P$ und die Dauermagnetblöcke $M$ seien walzenförmig

[1] *W. Cramp* und *M. J. Calderwood*, Journ. J. E. E. 61 (1923) S. 1061.

[2] *A. Th. v. Urk*, Philips Techn. Rundsch. 5 (1940) S. 34.

und von gleichem Halbmesser $r$; die Permeabilität der Polschuhe und des Schlußjoches $J$ wird als unendlich groß angenommen. $V$ sei die magnetische Spannung entlang der Länge $d$ des Nutzraumes. Somit ist der Nutzfluß

$$\Phi_a = V \cdot \Lambda_a = V \frac{\mu_0 \pi r^2}{d}. \tag{12.17}$$

Den Streufluß, der außerhalb des Nutzraumes $\pi r^2 d$ verläuft, teilen wir in den Fluß $\Phi_1$ zwischen den Dauermagnetblöcken und den Fluß $\Phi_2$ zwischen den Polschuhen. Die Entfernung $a$ sei groß genug, daß die Streuung zum Joch $J$ hin unberücksichtigt bleiben kann. Entlang dem Dauermagnet von der Länge $2l_2$ fällt die magnetische Spannung vom Wert $V$ auf den Wert null, da die Weicheisenteile wegen ihrer unendlich hohen Permeabilität keinen Anteil zur magnetischen Spannung ergeben. Daher herrscht die Spannung $V/2$ zwischen den Endpunkten der in Abb. 12.5 eingezeichneten mittleren Länge des Flußweges ($\Phi_1$), die wir als einen Halbkreis von der Länge $\pi\left(\frac{d}{2}+l_1+\frac{l_2}{2}\right)$ veranschlagen; als Querschnitt des Flusses setzen wir die Oberfläche des einen Magnetblockes $2\pi r l_2$; so kommt

$$\Phi_1 = \frac{V}{2}\Lambda_1 = \frac{V}{2}\frac{2\pi r l_2 \mu_0}{\pi\left(\frac{d}{2}+l_1+\frac{l_2}{2}\right)} = V\mu_0 \frac{2 r l_2}{d+2l_1+l_2}. \tag{12.18}$$

Für den Fluß $\Phi_2$ ist $V$ die Größe der Spannung, die Polschuhoberfläche $2\pi r l_1$ der Querschnitt, der eingezeichnete Halbkreis von der Länge $\pi\frac{d+l_1}{2}$ die geschätzte mittlere Länge des Weges, daher ist

$$\Phi_2 = V\Lambda_2 = V\frac{2\pi r l_1 \mu_0}{\pi\left(\frac{d}{2}+\frac{l_1}{2}\right)} = V\mu_0\frac{4 r l_1}{d+l_1}. \tag{12.19}$$

Werden nun diese beiden Flüsse durch Messung als $\Phi_{1m}$ und $\Phi_{2m}$ gefunden (die magnetische Spannung folgt aus (12.17) durch Messung des Nutzflusses), so werden beim Vergleich mit den Abschätzungen (12.18, 19):

$$\Phi_{1m} = c_1\Phi_1, \qquad \Phi_{2m} = c_2\Phi_2$$

die empirischen Faktoren $c_1$ und $c_2$ vermutlich größer sein, als eins, denn die beiden Flüsse $\Phi_1$ mal $\Phi_2$ sind eher zu klein als zu groß geschätzt worden. Wir erhalten somit den Streuungsfaktor $\sigma$ (an $\Phi_a$ ist ein Korrektionsfaktor, der von eins merklich verschieden wäre, nicht anzubringen) durch

$$\frac{1}{\sigma} = \frac{\Phi}{\Phi_a} = 1 + \frac{c_1\Phi_1 + c_2\Phi_2}{\Phi_a}$$

$$= \frac{2 d l_1 l_2}{\pi r}\left\{\frac{c_1}{l_1(d+2l_1+l_2)} + \frac{2c_2}{l_2(d+l_1)}\right\}. \tag{12.20}$$

Kennt man $c_1$ und $c_2$ durch Messung an einem Modell, und werden die Abmessungen geändert, so bleibt gleichwohl erfahrungsgemäß eine Beziehung von der Art (12.20) innerhalb verhältnismäßig weiter Grenzen ein guter Anhalt für die Größe des Streuungsfaktors, auch wenn die Änderung nicht geometrisch ähnlich erfolgt, wenn nur der Aufbau des Kreises grundsätzlich erhalten bleibt.

## 13. Anwendungen und Beispiele.

Für die praktische Berechnung sind Eigenschaftswerte von Dauermagnetbaustoffen in Tabelle 18.I und den zugehörigen Kurven zusammengetragen, unter denen zum Beispiel Abb. 18.23 eine Übersicht gibt. Die Verschiedenheiten der einzelnen magnetischen Eigenschaften sind erheblich: die Grenzen des gegenwärtig Erreichten verhalten sich zueinander in runden Zahlen[1]

bei der Remanenz $B_r$ wie 4,5:1,
bei der Koerzitivkraft $H_c$ wie 40:1,
beim Faktor $m = B_r/\mu_0 H_c = 1/(\mathrm{tg}\,\alpha_r)_{opt}$ wie 120:1,
bei der permanenten Permeabilität $\mu_P = 1/(\mathrm{tg}\,\alpha_P)_{opt}$ wie 30:1,
bei der reversibeln Permeabilität $\mu_r$ wie 25:1,
beim Produkt $B_r H_c$ wie 20:1, bei Berücksichtigung der Magnete mit Vorzugsrichtung wie 30:1,
beim Produkt $B_1 H_1 = (BH)_{max}$ wie 20:1, bei Berücksichtigung der Magnete mit Vorzugsrichtung sogar wie 40:1,
beim Ausladungsfaktor $\gamma$ wie 2,5:1.

a

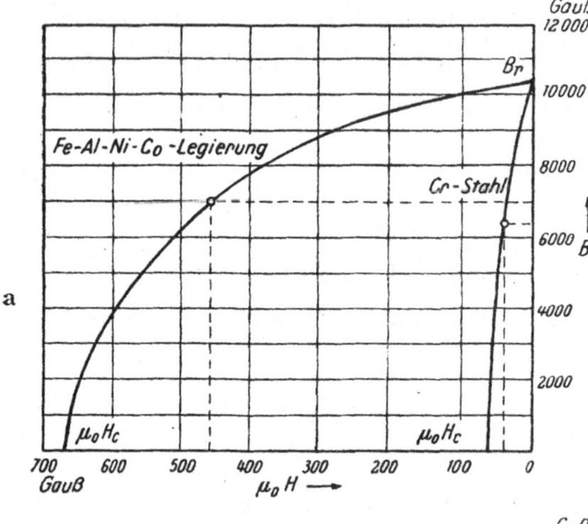


b

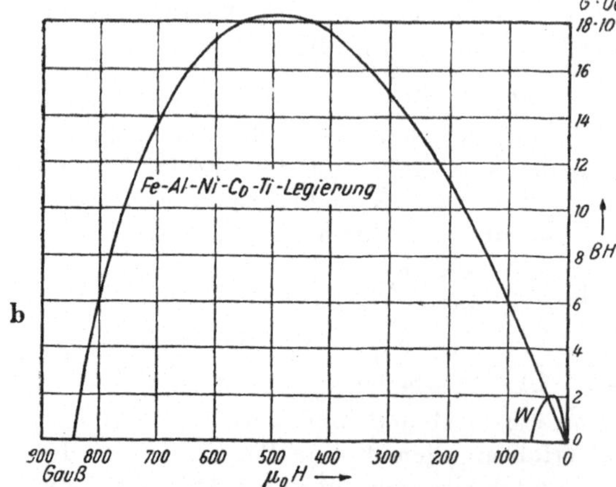


Abb. 13.1. Beispiele zum Vergleich alter und neuer Magnetlegierungen: a) zwei Legierungen mit sehr verschiedenen Koerzitivkräften (wie 1:10), b) zwei Legierungen mit sehr verschiedenen Produkten $(BH)_{max}$ (wie 1:10). In beiden Fällen sehr verschiedene Lagen des günstigsten Arbeitspunktes.

Abb. 13.1 gibt zwei anschauliche Vergleiche.

Als allgemeine Richtung läßt sich erkennen, daß die Entwicklung von kleineren zu größeren Werten von $B_1 H_1$ und von größeren zu kleineren Werten von $\mu_P$ und $\mu_r$ fortschreitet; im allgemeinen wird zugleich $m$ kleiner, also $B_r$ kleiner, $H_c$ größer. Daraus ergibt sich mit den Beziehungen (11.6, 17, 20, 21, 31...34), die hier in (13.3, 5) wiederholt sind, daß für die neueren Magnetbaustoffe die günstigste Neigung der Arbeitsgeraden gegen die $B$-Achse im allgemeinen größer ist, als für die älteren[2]. Nach (11.6, 13.3) hat daher ein richtig bemessener Dauermagnet aus einer der neueren Legierungen bei gegebenem Luftspalt $l_a/q_a$ eine gedrungenere Form, als bei den älteren Stählen (vergleichbares $\sigma$ vorausgesetzt, vgl. Abb. 12.2), und bei gegebenen Magnetabmessungen $l/q$ ist mit den neueren Magnetbaustoffen ein größerer Wert $l_a/q_a$ des Nutzraumes erreichbar. Man darf also nicht etwa nach der Beziehung (11.10) erwarten, daß man eine $\sqrt{10}$mal so große Luftspaltinduktion $B_a$ erhält, wenn man in einem dauermagnetischen Kreis den alten Stahl durch einen

[1] Die platinreichen Legierungen (Zeile 18, 19, 20 der Tabelle 18.I) sind außer Betracht gelassen.

[2] In Abb. 18.23 ist durch einen kleinen Kreis im Zuge jeder Kurve der Punkt angemerkt, der die Bestwertkoordinaten $B_1$, $\mu_0 H_1$ hat.

**neuen mit 10mal so großem $(BH)_{max}$ ersetzt, ohne die Form sinngemäß zu ändern. Für den permanenten Magneten gilt eben, daß die günstigste Neigung gleich dem Kehrwert der permanenten Permeabilität ist (allerdings mit der in Abschnitt 14 behandelten Einschränkung), für den remanenten Magneten liegen die in Abb. 10.2d gezeigten Verhältnisse vor: ist $\mathrm{tg}\,\alpha_r$ hinreichend klein, so ist die Hysteresiskurve mit dem größeren $B_r$ die günstigere, ist $\mathrm{tg}\,\alpha_r$ hinreichend groß, so ist die Kurve mit dem größeren $H_c$ die bessere, wenn unter zwei verschiedenen Kurven mit vergleichbaren $(BH)_{max}$ entschieden werden soll.**

Führen wir für die Berechnung zur besseren Übersicht das Verhältnis der Luftspaltlänge zur Magnetlänge und das Verhältnis des Luftspaltquerschnittes zum Magnetquerschnitt ein:

$$\frac{l_a}{l} = v_l, \qquad \frac{q_a}{q} = v_q, \tag{13.1}$$

so sind die Grundlagen zur Berechnung:

a) die Zustandskurven

$$B = B(\mu_0 H), \qquad B_a = \mu_0 H_a, \tag{13.2}$$

b) die Arbeitsgerade

$$\frac{\mu_0 H}{B} = \frac{\sigma l_a q}{l q_a} = \frac{\sigma v_l}{v_q} = \mathrm{tg}\,\alpha, \tag{13.3}$$

c) das Produkt

$$BH = \frac{2 W_a}{\sigma \tau} = \frac{B_a H_a}{\sigma} \cdot v_l v_q, \tag{13.4}$$

dessen Höchstwert $(BH)_{max} = B_1 H_1$ mit bestimmten geometrischen Verhältnissen $\sigma v_l / v_q$ erreicht werden kann, wenn man nämlich mit den zu (11, 17, 21) angeführten Einschränkungen macht

$$(\mathrm{tg}\,\alpha_p)_{opt} = \frac{1}{\mu_P}, \qquad (\mathrm{tg}\,\alpha_r)_{opt} = \frac{\mu_0 H_e}{B_r} = \frac{1}{m}, \tag{13.5}$$

d) die Werte im Nutzraum

$$\left.\begin{aligned} B_a &= \sqrt{\mu_0 \sigma \frac{\tau}{\tau_a} BH} = \frac{\sigma q}{q_a} B = \frac{\sigma B}{v_q}, \\ H_a &= \frac{l}{l_a} H = \frac{H}{v_l}. \end{aligned}\right\} \tag{13.6}$$

$B(\mu_0 H)$, $v_l$, $v_q$, $\sigma$ sind die bestimmenden Größen. Über den Einfluß der Abmessungen bei gegebener Zustandskurve läßt sich daher folgendes sagen:

Wir vergleichen den Magneten (1)

$$\mathrm{tg}\,\alpha_1 = \frac{\sigma_1 v_{l1}}{v_{q1}}; \quad B_1, \quad \mu_0 H_1;$$

$$B_{a1} = \frac{\sigma_1 B_1}{v_{q1}}, \quad H_{a1} = \frac{H_1}{v_{l1}}$$

mit dem anderen (2)

$$\mathrm{tg}\,\alpha_2 = \frac{\sigma_2 v_{l2}}{v_{q2}}; \quad B_2, \quad \mu_0 H_2;$$

$$B_{a2} = \frac{\sigma_2 B_2}{v_{q2}}, \quad H_{a2} = \frac{H_2}{v_{l2}},$$

der dieselbe Zustandskurve habe. Abb. 13.2. Sowohl die permanente als auch die remanente Zustandskurve im II. Quadranten ist in jedem Fall eine fallende Funktion. Daher ist das Größenverhältnis

$$\mathrm{tg}\,\alpha_2 > \mathrm{tg}\,\alpha_1 \tag{13.7}$$

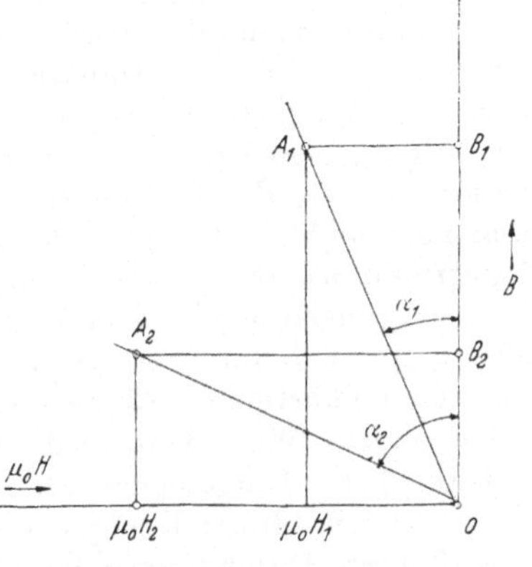


Abb. 13.2. Einfluß der Abmessungen bei gegebener Zustandskurve durch die Punkte $A_1$ und $A_2$.

stets gleichbedeutend mit

$$B_2 < B_1\,, \qquad H_2 > H_1 \tag{13.7a}$$

bei beliebiger Zustandskurve. Wir fragen nach der Luftspaltinduktion $B_a$. Zwei Grenzfälle lassen sich mit Hilfe von (13.6) angeben: Ist erstens $v_{q2}=v_{q1}$, $\sigma_2=\sigma_1$, so ist mit (13.7) also $v_{l_2} > v_{l_1}$ und daher

$$\frac{B_{a2}}{B_{a1}} = \frac{B_2}{B_1} < 1\,.$$

Ist zweitens $v_{l2}=v_{l1}$, $\sigma_2=\sigma_1$, so ist mit (13.7) also $v_{q2} < v_{q1}$ und daher

$$\frac{H_{a2}}{H_{a1}} = \frac{H_2}{H_1} > 1\,. \tag{13.9}$$

Vergrößerung der Neigung durch Vergrößerung des Längenverhältnisses allein verkleinert die Luftspaltinduktion, Vergrößerung der Neigung durch Verkleinerung des Querschnittverhältnisses allein vergrößert die Luftspaltinduktion. Verändert man also den Arbeitspunkt, wobei die Neigung der Arbeitsgeraden von dem alten Wert $\operatorname{tg}\alpha_1$ auf den neuen Wert $\operatorname{tg}\alpha_2=v_a\cdot\operatorname{tg}\alpha_1$ geht, so ist das Verhältnis des neuen Wertes der Luftspaltinduktion zum alten unabhängig von der Zahl $v_a$ innerhalb gewisser Grenzen, die einerseits durch die Grundbeziehungen (13.2....6) bestimmt werden, andererseits davon abhängen, welche geometrischen und physikalischen Größen als feste Parameterwerte vorgegeben sind. Dieser wichtige Satz läßt sich demnach so beweisen: es ist

$$\frac{\operatorname{tg}\alpha_2}{\operatorname{tg}\alpha_1} = \frac{v_{q1}\,v_{l2}}{v_{q2}\,v_{l1}} = v_a\,, \tag{13.10a}$$

es ist ferner

$$\frac{B_{a2}}{B_{a1}} = p = \frac{B_2}{B_1}\,\frac{v_{q1}}{v_{q2}} = v_B\,\frac{v_{q1}}{v_{q2}}\,, \tag{13.10b}$$

schließlich ist

$$\frac{H_{a2}}{H_{a1}} = p = \frac{H_2}{H_1}\,\frac{v_{l1}}{v_{l2}} = v_H\,\frac{v_{l1}}{v_{l2}}\,. \tag{13.10c}$$

Im Beispiel (13.7), Abb. 13.2, war $v_a>1$, $v_B<1$, $v_H>1$. Durch Einsetzen von (13.10b) und (13.10c) in (13.10a) wird erhalten

$$v_a = \frac{p}{v_B}\cdot\frac{v_H}{p} = \frac{v_H}{v_B} \tag{13.11}$$

unabhängig von $p$; das bedeutet: die Änderung der Neigung ($v_a$) ist unabhängig von der Änderung der Luftspaltinduktion ($p$). — Der Einfluß möglicher Änderungen des Wertes von $\sigma$ ist hier nicht in Rechnung gestellt.

Verändert man also von einem Arbeitspunkt $\operatorname{tg}\alpha_1$ zum günstigsten Wert $\operatorname{tg}\alpha_2=\operatorname{tg}\alpha_{opt}$, so kann (innerhalb gewisser Grenzen) $B_{a_2}$ kleiner, gleich oder größer als $B_{a_1}$ gemacht werden. Geht man vom günstigsten Arbeitspunkt aus: $\operatorname{tg}\alpha_1=\operatorname{tg}\alpha_{opt}$, so kann man nach dem oben Gesagten zum Beispiel durch Verkleinern von $v_l$ die Luftspaltinduktion vergrößern. Der magnetische Kreis ist dann aber nicht mehr optimal bemessen, es wird nicht mehr mit dem kleinsten Magnetvolumen die größte Energie im Nutzraum hergestellt. Liegen schließlich die Bedingungen für den Nutzraum fest und wird nach dem günstigsten Magneten gefragt, so ist dadurch schon dessen Länge und Querschnitt festgelegt. Ändert man diese günstigsten Abmessungen, so wird die Luftspaltinduktion in jedem Fall geringer. Wir erläutern diese Sätze an einigen Beispielen.

Beispiel: Ringmagnet eines Drehspulgerätes, Abb. 13.3a. Außendurchmesser 53 mm, Innendurchmesser 25 mm, mittlerer Durchmesser 39 mm, Bohrung 10,6 mm Durchmesser, Kern aus hochpermeablem Eisen mit 7,9 mm Durchmesser. Mittlere Feldlinienlänge im Magnetstahl $l=\pi\cdot 39$ mm $-$ 10,6 mm $=$ 112 mm,

a

25

53

7,9

10,6

**Abb. 13. 3.**
**Berechnung eines Dauermagneten.**
**a) Abmessungen, b) Gebrauch als remanenter Magnet aus Kobaltstahl und aus Chromstahl, c) Gebrauch als permanenter Magnet aus Kobaltstahl.**

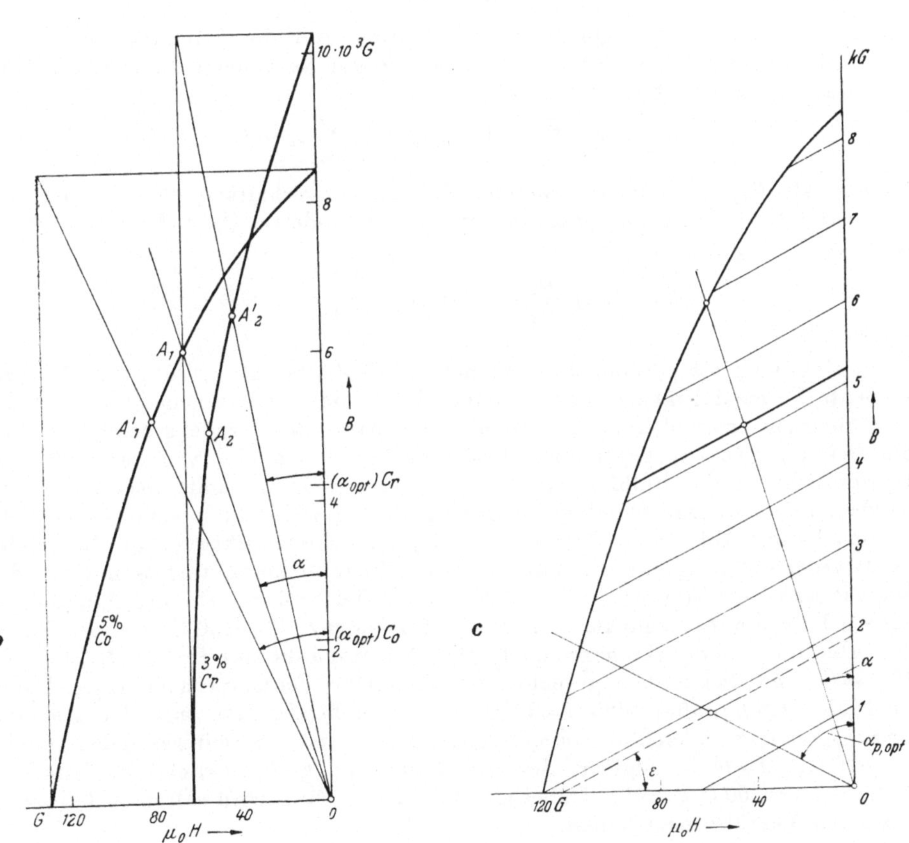

Luftspaltlänge $l_a = 2{,}7$ mm. Streuungsfaktor $\sigma = 0{,}4$ nach Abb. 12.1. Hier ist $q = q_a$, $v_q = 1$. Daraus ergibt sich

$$\operatorname{tg}\alpha = \frac{\sigma v_l}{v_q} = \frac{0{,}4 \cdot 2{,}7\,\text{mm}}{112\,\text{mm}} = 0{,}965 \cdot 10^{-2}.$$

a) Gebrauch als remanenter Magnet aus Kobaltstahl mit 5% Co: die Magnetisierungskurve Abb. 13.3b ergibt den Arbeitspunkt ($A_1$) $B = 6$ kG, $H = 60$ Ö, $BH = 36 \cdot 10^4$ GÖ. Daher ist

$$B_a = \sqrt{\mu_0 \sigma \frac{v_q}{v_l} BH} = \sqrt{1 \frac{\text{G}}{\text{Ö}} \cdot 0{,}4 \cdot \frac{112\,\text{mm}}{2{,}7\,\text{mm}} \cdot 36 \cdot 10^4\,\text{GÖ}} = 2400\,\text{G};$$

gemessen wurde: 2400 G.

b) Gebrauch als remanenter Magnet aus Chromstahl mit 3% Cr: nach der Magnetisierungskurve Abb. 13.3b ist der Arbeitspunkt ($A_2$) $B = 4{,}8$ kG, $H = 50$ Ö, $BH = 24 \cdot 10^4$ GÖ, daher $B_a = 1920$ G; das ist das 0,8fache der Luftspaltinduktion, die mit Kobaltstahl erreicht wird. Auch dies entspricht der Beobachtung.

c) Der Ausladungsfaktor $\gamma$ (11.23) ist für den Kobaltstahl $\gamma = 39{,}3 \cdot 10^4$ GÖ/8380 G·123 Ö $= 0{,}38$, für den Chromstahl $\gamma = 24 \cdot 10^4$ GÖ/10300 G·64 Ö $= 0{,}364$.

d) Wir wollen den remanenten Kobaltmagneten a) günstiger gestalten. Der günstigste Arbeitspunkt ist $B_1 = 5{,}1$ kG, $H_1 = 77$ Ö, $B_1 H_1 = (BH)_{max} = 39{,}3 \cdot 10^4$ GÖ, $(\operatorname{tg}\alpha_r)_{opt} = \mu_0 H_1 / B_1 = 77/5100 = 1{,}51 \cdot 10^{-2}$, also

$$\frac{\operatorname{tg}\alpha_2}{\operatorname{tg}\alpha_1} = \frac{1.51 \cdot 10^{-2}}{0{,}965 \cdot 10^{-2}} = 1{,}57.$$

Lassen wir erstens das Querschnittsverhältnis und die Streuung bei diesem Wechsel unverändert; $v_{q2} = v_{q1}$, $\sigma_2 = \sigma_1$, so ist das veränderte Längenverhältnis $v_{l2} = 1{,}57 \cdot v_{l1}$, und nach (13.8) wird

$$B_{a2} = B_{a1} \frac{B_2}{B_1} = 2440\,\text{G} \cdot \frac{5{,}1\,\text{kG}}{6\,\text{kG}} = 2070\,\text{G}$$

kleiner, als $B_{a1}$. Lassen wir zweitens das Längenverhältnis und die Streuung unverändert: $v_{l2} = v_{l1}$, $\sigma_2 = \sigma_1$, so ist das veränderte Querschnittsverhältnis $v_{q2} = v_{q1}/1{,}57$ und nach (13.9) ist

$$B_{a2} = B_{a1} \frac{H_2}{H_1} = 2440\,\text{G} \cdot \frac{77\,\text{Ö}}{60\,\text{Ö}} = 3100\,\text{G}$$

größer als $B_{a1}$.

e) Gebrauch als permanenter Magnet aus Kobaltstahl mit 5% Co. Die permanente Permeabilität ist rund $\mu_P = 16$. Wir nehmen vereinfachend an, daß die permanenten Zustandskurven untereinander parallele Geradenstücke sind, die die Neigung $\operatorname{tg}\varepsilon = \mu_P$ gegen die Abszissenachse haben und von der äußersten Hysteresiskurve des Stahles einerseits, von der $B$-Achse andererseits begrenzt werden, und daß jede beliebige Zustandsgerade gewählt und technisch erreicht werden kann. Abb. 13.3c. Wir suchen diejenige Zustandskurve, die die größte Feldstärkenänderung erlaubt, ohne daß die Zustandskurve verlassen wird, der Magnet also seine Stabilität verliert. Man findet leicht durch Probieren, daß diese Eigenschaft die Zustandskurve mit der Permanenz $P = 5150$ G hat, sie ist in der Abbildung verstärkt gezeichnet. Der Arbeitspunkt auf ihr ist $B = 4460$ G, $H = 44$ Ö, und dies ist die gesuchte größtmögliche Feldstärkenänderung. Dabei wird $B_a = \sigma B q/q_a = 0{,}4 \cdot 4460$ G $= 1780$ G. Die Arbeitsgerade mit der Neigung $(\operatorname{tg}\alpha_p)_{opt} = 1/\mu_p$ ist gleichfalls eingetragen. Auf ihr ist ein weiterer Arbeitspunkt $B = 920$ G, $H = 60$ Ö möglich, der die überhaupt größtmögliche Feldstärkenänderung von 60 Ö erlaubt. Dabei ist $B_a = 370$ G. Man wird selten Anlaß zu so extremen Verhältnissen haben.

Die **Bestimmung des günstigsten Magneten**, wenn die Forderungen für den Nutzraum festliegen, geschieht ähnlich einfach: Sind $B_a$, $l_a$, $q_a$ vorgegeben, so benutzt man unter verschiedenen zur Wahl stehenden Magnetstählen den mit dem größten Produkt $(BH)_{max}$ und erhält mit dessen Bestwerten $B_1$, $H_1$ aus (13.4) das kleinste Magnetvolumen, mit dem man die Forderungen erfüllen kann:

$$\tau_{min} = \frac{B_a^2 l_a q_a}{\mu_0 \sigma (BH)_{max}} \qquad (13.12)$$

mit einem zunächst geschätzten Wert $\sigma$, ferner erhält man aus (13.6) Querschnitt und Länge des Magneten einzeln

$$q = \frac{B_a q_a}{\sigma B_1}, \qquad l = \frac{B_a l_a}{\mu_0 H_1}, \qquad (13.13)$$

und die Benutzung dieser Werte ist gleichbedeutend mit der Einhaltung der günstigsten Neigung (13.3, 5). Beide Werte sind durch (13.13) vollständig bestimmt, man kann nicht etwa einem der beiden eine zusätzliche Bedingung (zum Beispiel $q = q_a$) auferlegen.

Beispiel: Remanenter Magnet aus Kobaltstahl 5 % Co, gefordert $B_a = 2{,}7$ kG, $l_a = 0{,}27$ cm, $q_a = 4$ cm², Abb. 13.3a. Aus der Magnetisierungskurve entnimmt man $B_1 = 5{,}1$ kG, $H_1 = 77$ Ö, $B_1 H_1 = 39{,}3 \cdot 10^4$ GÖ. Nach (13.12) wird das kleinstmögliche Magnetvolumen

$$\tau_{min} = \frac{2{,}7^2 \cdot 10^6 \text{ G}^2 \cdot 0{,}27 \text{ cm} \cdot 4 \text{ cm}^2}{1 \text{ G/Ö} \cdot 0{,}4 \cdot 39{,}3 \cdot 10^4 \text{ GÖ}} = 50 \text{ cm}^3,$$

und mit (13. 13) erhält man die Magnetabmessungen

$$q = \frac{2{,}7 \cdot 10^3 \text{ G} \cdot 4 \text{ cm}^2}{0{,}4 \cdot 5{,}1 \cdot 10^3 \text{ G}} = 5{,}3 \text{ cm}^2, \qquad l = \frac{2{,}7 \cdot 10^3 \text{ Ö} \cdot 0{,}27 \text{ cm}}{77 \text{ Ö}} = 9{,}4 \text{ cm}.$$

Wir untersuchen in drei weiteren Beispielen[1] die Luftspaltinduktion als Funktion der Magnetlänge bei festgehaltenem Querschnitt des Magneten, dann als Funktion des Magnetquerschnittes bei festgehaltenem Volumen des Magneten, schließlich als Funktion des Magnetvolumens bei festgehaltenem $B_1 H_1$. Gegeben sei jedesmal der Luftspalt durch $l_a = 0{,}2$ cm, $q_a = 4$ cm², der Streuungsfaktor $\sigma = 0{,}8$, der in erster Näherung als konstant angenommen wird, außerdem der Magnetbaustoff, dessen remanente Zustandskurve Abb. 13.4 zeigt (Fe-Al-Ni-Legierung).

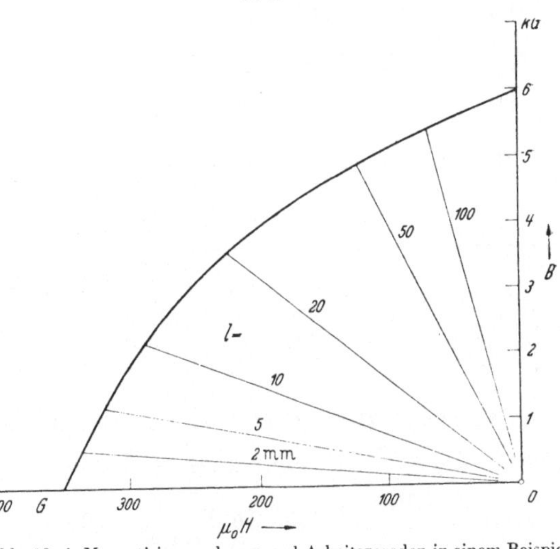

Abb. 13. 4. Magnetisierungskurve und Arbeitsgeraden in einem Beispiel.

$\alpha$) $B(l)$ bei $q = q_a = \text{const.}$ Nach (13.3) ist $\operatorname{tg} \alpha = \frac{\sigma l_a}{l} = \frac{0{,}8 \cdot 0{,}2 \text{ cm}}{l}$, und nach (13.6) ist $B_a = 0{,}8\, B$. Die Neigungen in Abhängigkeit von $l$ sind in Abb. 13.4 eingetragen, sie ergeben $B$ und $B_a$. Das Ergebnis ist in Tabelle 13.I und in Abb. 13.5

[1] Zahlenwerte nach *K. Küpfmüller*, Einführung in die theoretische Elektrotechnik, Berlin 1941, S. 179.

wiedergegeben. Anfänglich wächst die Luftspaltinduktion stark mit zunehmender Magnetlänge, später bringt es keinen merklichen Gewinn mehr, das Magnetvolumen zu steigern.

Tabelle 13. I. *Beispiel für $B_a(l)$; $q=$ const.*

| | | | | | | | |
|---|---|---|---|---|---|---|---|
| $l$ = | 2 | 5 | 10 | 20 | 50 | 100 | mm |
| tg $\alpha$ = | 0,8 | 0,32 | 0,16 | 0,08 | 0,0032 | 0,0016 | |
| $B$ = | 530 | 1220 | 2230 | 3560 | 4940 | 5460 | G |
| $B_a$ = | 424 | 970 | 1780 | 2850 | 3960 | 4370 | G |
| $\tau$ = | 0,8 | 2 | 4 | 8 | 20 | 40 | cm³ |

$\beta$) $B_a(q)$ bei $\tau=\text{const}=10\ \text{cm}^3$. Für $q \neq q_a$ muß der Übergang vom Luftspaltquerschnitt zum Magnetquerschnitt durch entsprechende Leitstücke hergestellt werden. Hier kann man (13.3, 6) schreiben

$$\text{tg}\,\alpha = \frac{\sigma\, l_a\, q}{l\, q_a} = \frac{\sigma\, l_a\, \tau}{l^2\, q_a} = \frac{0{,}8 \cdot 0{,}2\ \text{cm} \cdot 10\ \text{cm}^3}{4\ \text{cm}^2 \cdot l^2} = \frac{0{,}4\ \text{cm}^2}{l^2}\,,$$

$$B_a = \frac{\sigma\, q}{q_a}\, B = \frac{\sigma\, \tau}{q_a\, l}\, B = \frac{0{,}8 \cdot 10\ \text{cm}^3}{4\ \text{cm}^2}\, \frac{B}{l} = 2\ \text{cm} \cdot \frac{B}{l}\,.$$

Wie in $\alpha$) vorgehend, findet man das in Tabelle 13.II und Abb. 13.6 wiedergegebene Ergebnis. Anfänglich wächst die Luftspaltinduktion mit zunehmendem Magnetquerschnitt, nach Überschreitung eines Höchstwertes fällt sie.

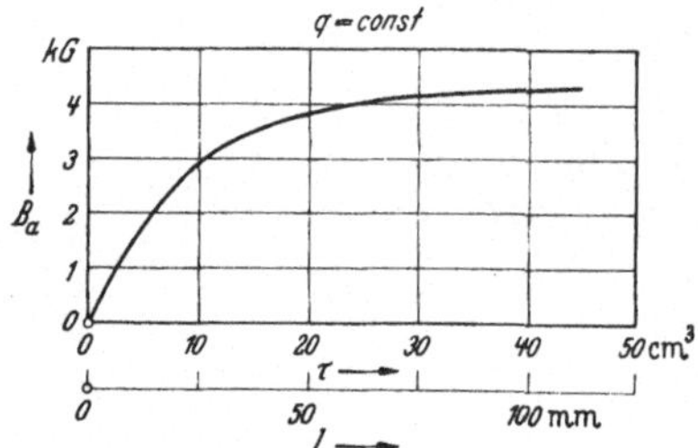

Abb. 13. 5. $B_a$ als Funktion von $l$ bei $q$=const.

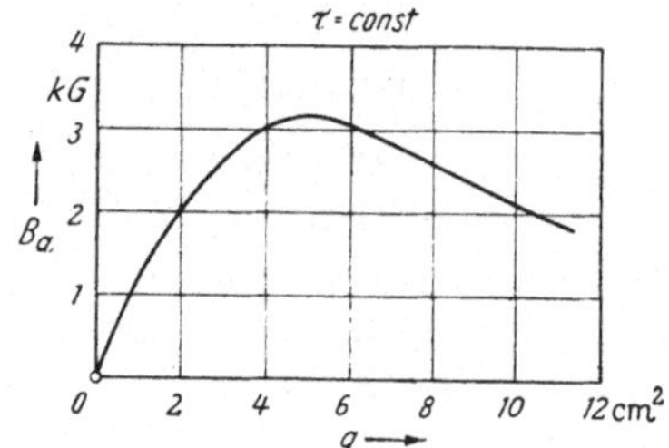

Abb. 13. 6. $B_a$ als Funktion von $q$ bei $\tau$=const.

Tabelle 13.II. *Beispiel für $B_a(q)$; $\tau=$ const.*

| | | | | | |
|---|---|---|---|---|---|
| $l$ = | 10 | 20 | 50 | 100 | mm |
| tg $\alpha$ = | 0,4 | 0,1 | 0,016 | 0,004 | |
| $B$ = | 1030 | 3140 | 5460 | 5870 | G |
| $B_a$ = | 2060 | 3140 | 2180 | 1170 | G |
| $q$ = | 10 | 5 | 2 | 1 | cm² |

$\gamma$) $B_a(\tau)$ bei $BH=B_1H_1=$ const. Für die Zustandskurve Abb. 13.4 ist $B_1=$ 3740 G, $H_1 = 237\ \text{A/cm}$, $B_1H_1 = 3740 \cdot 10^{-8}\,\frac{\text{Vs}}{\text{cm}^2} \cdot 237\,\frac{\text{A}}{\text{cm}} = 8{,}9\,\frac{\text{mWs}}{\text{cm}^3}$ und $(\text{tg}\,\alpha_r)_{opt} = \frac{\mu_0 H_1}{B_1} = 1{,}256 \cdot 10^{-8}\,\frac{\text{Vs}}{\text{A cm}} \cdot 237\,\frac{\text{A}}{\text{cm}} \Big/ 3740 \cdot 10^{-8}\,\frac{\text{Vs}}{\text{cm}^2} = 0{,}08$.

Wäre nun auch $B_a$ vorgegeben, so wäre der Magnet durch (13.12, 13), wie dort gezeigt, vollständig festgelegt. Hier soll aber $B_a$ in Abhängigkeit von $\tau$ untersucht werden. Aus (13.6) wird hier erhalten

$$B_a{}^2 = \mu_0\, \sigma\, B_1 H_1\, \frac{\tau}{\tau_a} = 1{,}256 \cdot 10^{-8}\,\frac{\text{Vs}}{\text{A cm}} \cdot 0{,}8 \cdot 8{,}9 \cdot 10^{-3}\,\frac{\text{VAs}}{\text{cm}^3} \cdot \frac{\tau}{0{,}2\ \text{cm} \cdot 4\ \text{cm}^2}\,,$$

$$B_a(\tau) = 10{,}6 \cdot 10^{-6}\,\frac{\text{Vs}}{\text{cm}^2}\,\sqrt{\frac{\tau}{\text{cm}^3}}\,;$$

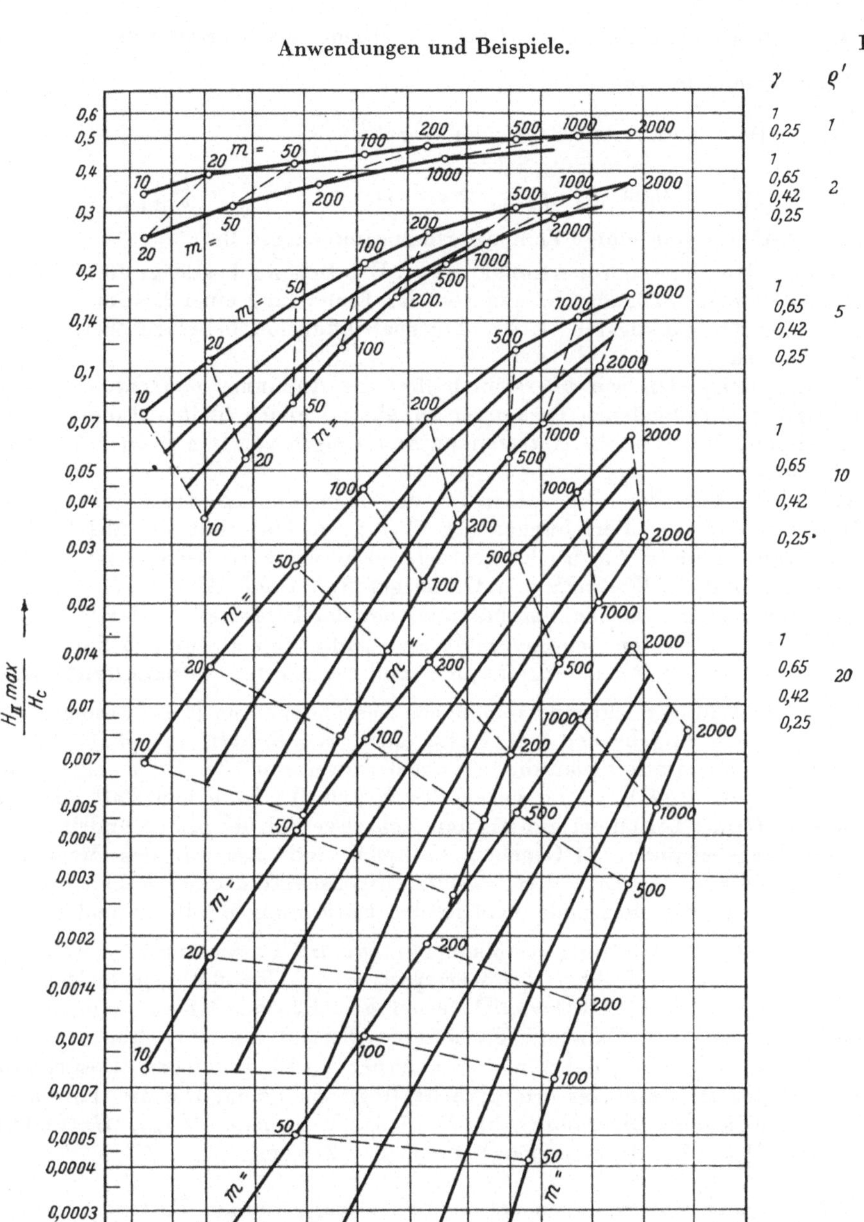

Abb. 13. 7. Höchstwert der Feldstärke in der II. Hauptlage $H_{II max}$ und günstigstes Achsenverhältnis $p_{opt}$ für verschiedene Werte $\varrho'$, $\gamma$, $m$, $H_c$ als Parameter.

Tabelle 13.III. *Beispiel für $B_a(\tau)$ bei $B_1 H_1 =$ const, $(tg\ \alpha_r)_{opt} =$ const.*

| | | | | | | | |
|---|---|---|---|---|---|---|---|
| $\tau$ = | 1 | 2 | 5 | 10 | 20 | 50 | $cm^3$ |
| $B_a$ = | 1060 | 1490 | 2370 | 3340 | 4720 | 7430 | G |
| $q$ = | 1,41 | 2,0 | 3,16 | 4,46 | 6,31 | 10 | $cm^2$ |
| $l$ = | 0,71 | 1,0 | 1,58 | 2,24 | 3,17 | 5,0 | cm |

(13.3) formt man um zu

$$(\operatorname{tg}\alpha_r)_{opt} = \frac{\sigma\, l_a\, q^2}{q_a\, \tau}\,; \qquad q^2 = (\operatorname{tg}\alpha_r)_{opt} \cdot \frac{q_a\, \tau}{\sigma\, l_a}\,,$$

$$q(\tau) = \sqrt{0{,}08\,\frac{4\ \mathrm{cm}^2 \cdot \tau}{0{,}8 \cdot 0{,}2\ \mathrm{cm}}} = \sqrt{2\ \mathrm{cm} \cdot \tau}\,, \quad l = \frac{\tau}{q} = \sqrt{\frac{\tau}{2\ \mathrm{cm}}}\,.$$

In Tabelle 13.III sind einige Zahlenwerte zusammengestellt.

Es wachsen also $B_a$, $q$, $l$ proportional zu $\sqrt{\tau}$. Das Beispiel bestätigt die zu (13.11) gemachte Aussage, daß, unabhängig von der Einhaltung einer bestimmten Neigung — hier der günstigsten —, der Luftspaltinduktion beliebige Werte erteilt werden können.

In allen Beispielen war übersichtshalber die Annahme gemacht, daß $\sigma$ bei Änderung der verschiedenen Parameter annähernd gleich bleibt. Eine genauere Rechnung muß die allenfalls eintretenden Änderungen von $\sigma$ in zweiter Näherung berücksichtigen.

Beispiele für die Berechnung von Dauermagneten mit freien Enden mit Hilfe der Beziehungen (11.48, 49) wurden schon im Abschnitt 11 im Anschluß an diese Ausdrücke gebracht. Ein weiteres Beispiel ist die von *H. Neumann* und *K. Warmuth* a. a. O. mitgeteilte Tafel, Abb. 13.7. Sie zeigt den Zusammenhang zwischen dem Maximalwert der Feldstärke in der II. Hauptlage und dem günstigsten Achsenverhältnis in Abhängigkeit von den Parametern Koerzitivkraft $H_c$, $m$, Ausladungsfaktor $\gamma$ und reduzierter Aufpunktsentfernung $\varrho' = \varrho/\sqrt[3]{\tau}$. Zugrunde gelegt sind remanente Zustandskurven (Hysteresiskurven), deren jede durch Angabe der drei Werte $\mu_0 H_c$, $m = B_r/\mu_0 H_c$, $\gamma = B_1 H_1/B_r H_c$ in drei Punkten bestimmt ist (von diesen liegt der zweite auf der Ursprungsgeraden mit der Neigung $(\operatorname{tg}\alpha_r)_{opt} = 1/m$ gegen die $B$-Achse). In jedem Fall wird ein Höchstwert $H_{II\,max}$ bei einem günstigsten Achsenverhältnis $p_{opt}$ gefunden.

Anwendungsbeispiele: 1) Gegeben Volumen und Baustoff des Magneten: $\tau = 512\ \mathrm{cm}^3$, $m = 50$, $\gamma = 0{,}42$, $\mu_0 H_c = 210$ G (Eigenschaften eines kobaltlegierten Stahles); gesucht das maximale Feld in der Entfernung $\varrho = 40$ cm und die zugehörige günstigste Gestaltung des Magneten. Die drei Parameter $m$, $\gamma$, $\varrho' = \varrho/\sqrt[3]{\tau}$ legen im Diagramm Abb. 13.7 das Wertepaar $H_{II\,max}/H_c = 0{,}017$, $p_{opt} = 14{,}5$ fest. Daher ist $H_{II\,max} = 0{,}017 \cdot 210\,\text{Ö} = 3{,}6\,\text{Ö}$, ferner $a = 0{,}62036\,(p^2\tau)^{1/3} = 29$ cm, $b = a/p = 2$ cm. — 2) Gegeben Baustoff, Form und Abstand des Magneten: $\gamma = 0{,}58$, $B_r = 8{,}4$ kG, $\mu_0 H_c = 185$ G, daher $m = 45{,}5$, ferner $p = 15$, $\varrho = 60$ cm. Gesucht die maximale Feldstärke und das erforderliche Magnetvolumen. Die drei Parameter $\gamma$, $m$, $p$ legen in dem Diagramm Abb. 13. 7 das Wertepaar $H_{II\,max}/H_c = 0{,}003$, $\varrho' = 10$ fest. Daher ist $H_{II\,max} = 0{,}56\,\text{Ö}$, $\tau = \varrho^3/\varrho'^3 = 216\ \mathrm{cm}^3$.

## 14. Theorie und Anwendungen der permanentmagnetischen Zustandskurven.

a) *Eigenschaften und Feinstruktur der permanenten Zustandskurven.* b) *Lanzettförmige Zustandskurven in allgemeiner Lage; reversible Zustandsänderungen; Rayleigh-Schleife; Darstellung der permanenten Zustandskurven.* c) *Anwendungen der permanenten Zustandskurve.* d) *Analytische Darstellung.*

### a) Eigenschaften und Feinstruktur der permanenten Zustandskurven.

In Abschnitt 7b, Abb. 11, 12a, b war der Übergang vom remanenten in den permanenten Zustand gezeigt worden. Er besteht darin, daß, von irgendeinem remanentmagnetischen Zustand ausgehend, eine Feldstärkenänderung von konstantem, endlichem Betrag $H_{st}$ hinreichend oft durchlaufen wird. Dabei ist es, wie *Laub* gezeigt hat[1], gleichgültig, ob diese Feldstärkenänderung durch definierte,

[1] *H. Laub*, Arch. f. El. 16 (1926) S. 490.

wechselnde Änderung des magnetischen Schließungskreises mechanisch oder mit einem Strom durch eine Spule elektrisch vorgenommen wird. Das Ergebnis dieses Stabilisierungsvorganges ist eine schmale, lanzettartige Schleife von fester Lage und Gestalt, die bei Änderungen der Feldstärke um den Betrag der Stabilisierungsfeldstärke $H_{st}$ durchlaufen wird. Diese schmalen Schleifen haben wir (Abb. 7.13) durch das ihre spitzen Enden miteinander verbindende Geradenstück ersetzt, seine Neigung gegen die $\mu_0 H$-Achse als permanente Permeabilität $\mu_P$, seinen Achsenabschnitt auf der $B$-Achse als Permanenz $P$, das Geradenstück selbst als permanentmagnetische Zustandsgerade bezeichnet (7.33, 36). Abb. 10.3 zeigt an verschiedenen Magnetbaustoffen gemessene permanente Zustandsgerade. Wird $H_{st}$ beliebig klein, so geht nach Definition (7.27) $\mu_P$ in die reversible Permeabilität $\mu_r$ über, und diese selbst, im unmagnetischen Zustand des Stoffes, ist die Anfangspermeabilität $\mu_a$ (7.29); die Neigung des unteren (aufsteigenden) Astes der permanenten Zustandskurve im unteren Endpunkt, ebenso die Neigung des oberen (absteigenden) Astes der permanenten Zustandskurve im oberen Endpunkt kann als reversible Permeabilität definiert werden (wie im Anschluß an (7.27) bemerkt wurde).

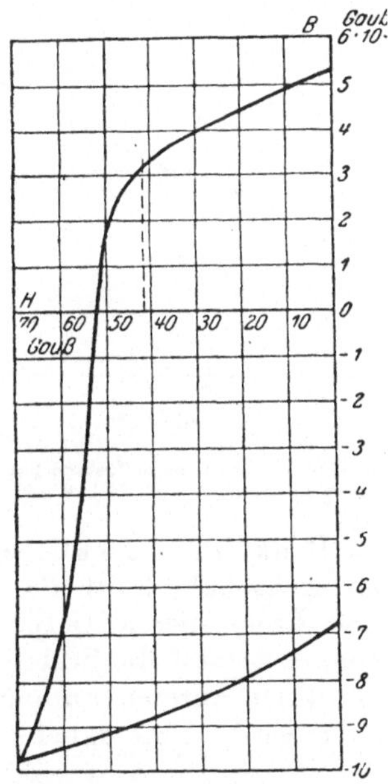

Abb. 14. 1. Übergang vom permanenten in den remanenten Zustand (Zerstörung der Stabilität). Nach *H. Laub*. — Die Abszissenachse ist mit $H$ anstatt mit $\mu_0 H$ beziffert.

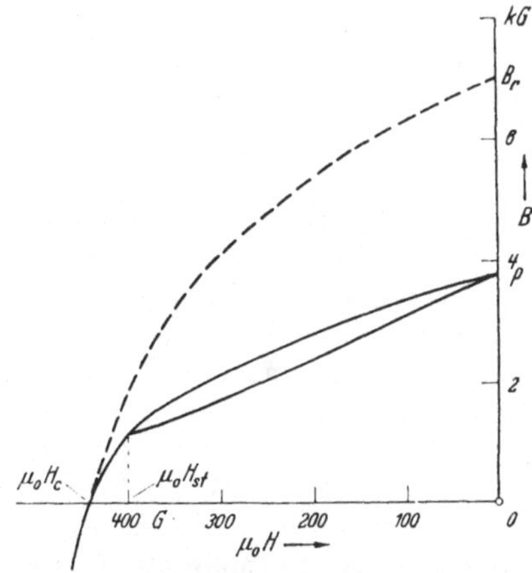

Abb. 14. 2. Übergang vom permanenten zum remanenten Zustand (Zerstörung der Stabilität). Gestrichelt: äußerste Hysteresiskurve. Nach *W. Breitling*[1].

Voraussetzung für das Durchlaufen der permanenten Zustandskurve ist, daß die zugefügten Feldstärkeänderungen innerhalb des Intervalles $H_{st}$ bleiben, das zur Stabilisierung benutzt worden ist. Sonst wird die Stabilität zerstört, der Zustandspunkt geht auf eine Hysteresiskurve über. Abb. 14.1 und 14.2[1] zeigen solche Übergänge aus dem permanenten in den remanenten Zustand bei Verlust der Stabilität; in der ersten ist die Stabilisierungsfeldstärke $H_{st}=41{,}5$ G$/\mu_0$ $=33$ A/cm, in der zweiten 400 G$/\mu_0=318$ A/cm. An der photographischen Aufnahme Abb. 14.2 ist merkwürdig, daß der untere Endpunkt der permanenten Zustandskurve nicht auf der äußersten Hysteresiskurve liegt, sondern innerhalb. Wir werden sehen, daß auch der obere Endpunkt nicht notwendig auf der $B$-Achse liegen muß.

[1] Nach *W. Breitling*, Elektrot. u. Masch.bau 61 (1943) S. 315.

Abb. 14.3[1] zeigt die Aufnahme einer Stabilisierung durch ein Wechselfeld mit abnehmender Amplitude. Mit kleiner werdender Wechselfeldamplitude kommen die Schleifen flacher zur $\mu_0 H$-Achse zu liegen, die permanente Permeabilität nimmt also ab (und geht mit verschwindender Amplitude in die reversible Permeabilität über). Mit abnehmender Amplitude fällt somit auch die Permanenz. $\mu_P$ liegt zwischen den Grenzen 5,3...4,4, $P$ in den Grenzen 5,65 kG...5,52 kG. Abb. 14.4 zeigt eine permanente Zustandskurve zwischen den Punkten $B=3{,}55$ kG, $\mu_0 H=333$ G und $B=4{,}35$ kG, $\mu_0 H=153$ G, also einen Stabilitätsbereich $\mu_0 H_{st}=180$ G. Hier wurde der obere Endpunkt der stabilen Schleife durch Verringerung des äußeren magnetischen Widerstandes bis zum Kurzschluß ($\operatorname{tg}\alpha=0$) über-

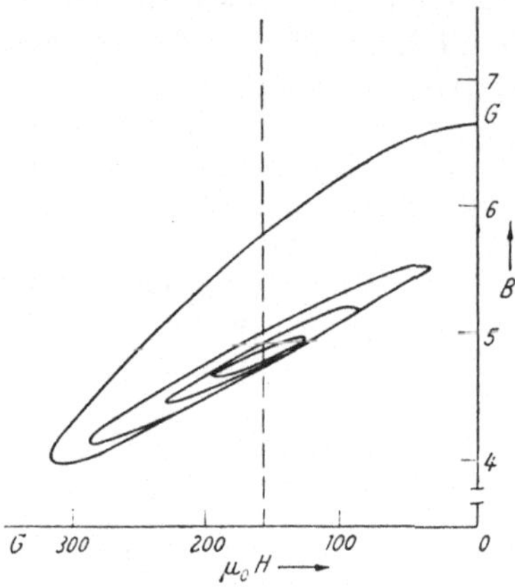


Abb. 14. 3. Stabilisierung durch ein abnehmendes Wechselfeld. Nach *W. Breitling*[1].

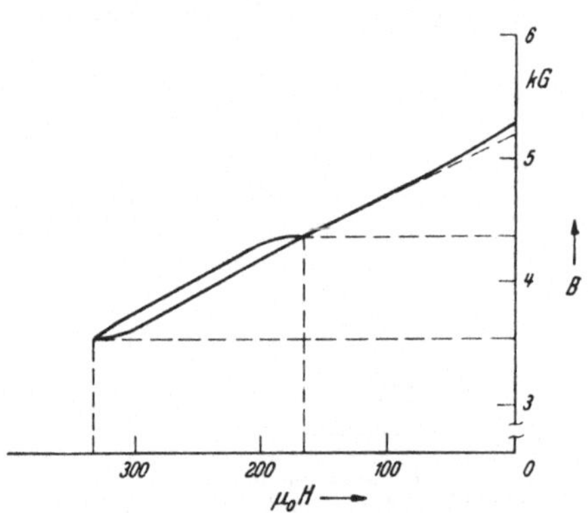


Abb. 14. 4. Permanente Zustandskurve und Übergang gegen $H=0$. Nach *W. Breitling*[1].

schritten. Die Kurve trifft dabei die $B$-Achse im Punkt $P_k=5{,}25$ kG, während die Verbindungsgerade der beiden Endpunkte den Achsenabschnitt $P=5{,}13$ kG hat. Wird also die permanente Zustandskurve von ihrem oberen Endpunkt aus in Richtung abnehmender Feldstärke überschritten, so nimmt die Stabilität viel weniger Schaden, als wenn die Zustandskurve von ihrem unteren Endpunkt aus in Richtung zunehmender Feldstärke überschritten wird, denn dabei geht die Stabilität verloren (Abb. 14.1 und 2).

In Abb. 14.5 sind permanente Zustandskurven wiedergegeben, die an einem Dauermagneten aus Chromstahl von *Laub* (a. a. O.) aufgenommen worden sind. Ihre unteren Endpunkte liegen nicht gemeinsam auf derselben Hysteresiskurve. Während hier die permanente Permabilität $\mu_P$, als Neigung der Verbindungsgeraden der Endpunkte (7.33), für alle vier Zustandskurven etwa denselben Wert 45,5 hat, liegt die reversible Permeabilität, als Neigung des aufsteigenden Kurvenastes im unteren Endpunkt bestimmt, zwischen den Werten 25 und 35; sie nimmt mit wachsender Permanenz $P$ ab. Die Verhältnisse werden im Anschluß an Tabelle 14.I eingehender erörtert werden. Daß $\mu_r$ eine fallende Funktion der Induktion ist, haben schon die Untersuchungen von *R. Gans* gezeigt, siehe die Abb. 7.8, 9, 10. Wie die reversible und die permanente Permeabilität bei den einzelnen Magnetbaustoffen von der Induktion abhängen, wird in Abschnitt 18 gezeigt werden.

Wir suchen nunmehr ganz allgemein nach einer analytischen Darstellung der permanentmagnetischen Zustandskurve, einerseits, um einen Einblick in den Zusammenhang zwischen $\mu_P$ und $\mu_r$ zu gewinnen, andererseits, um die Größe

[1] *W. Breitling*, Elektrot. u. Masch.bau 61 (1943) S. 315.

der Fläche und damit den bisher vernachlässigten Hysteresisverlust beurteilen zu können. Das Wesentliche der permanenten Zustandskurven ist ihre lanzettartige Gestalt mit spitzen Enden. Wir wählen als analytische Darstellung den Ersatz der beiden Kurvenäste durch Parabelbögen.

Bei der Untersuchung schwacher magnetischer Felder ($H \ll H_c$) vom unmagnetischen Zustand des Eisens aus hat wohl als erster *C. Baur*[1] eine Abhängigkeit von der Form

$$\Delta B = a\mu_0 \cdot \Delta H + b\mu_0^2(\Delta H)^2 \tag{14.1}$$

gefunden und formuliert. Unabhängig davon wurde diese Beziehung von *Rayleigh*[2] in einer berühmten Arbeit wieder gefunden und ausgewertet, und nach dem Urteil von *Becker*[3] handelt es sich hierbei nicht um den trivialen Fall einer nach dem zweiten Glied abgebrochenen Potenzreihenentwicklung, sondern um ein wirkliches Naturgesetz: in dem vorzeichenabhängigen ersten Glied von (14.1) kommen die reversibeln, in dem quadratischen Glied die nicht reversibeln magne-

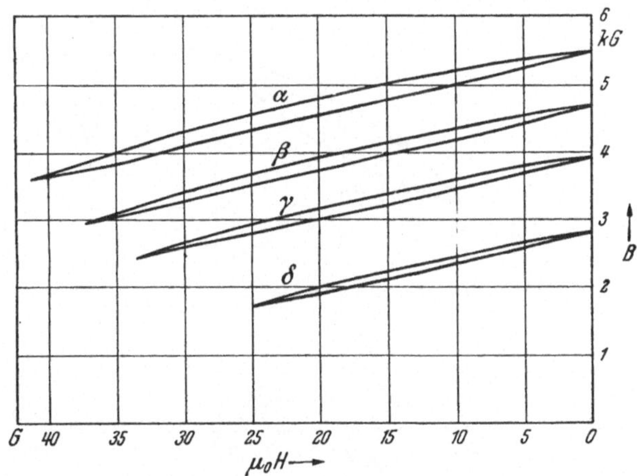


Abb. 14. 5. Permanente Zustandskurven eines Magneten aus Chromstahl. Nach *H. Laub* a. a. O.

tischen Zustandsänderungen zum Ausdruck; ihr Zusammenwirken kennzeichnet nach den in Abschnitt 7d genannten mikrophysikalischen Anschauungen das Verhalten ferromagnetischer Substanzen ganz allgemein. Dann aber kann die Konstante $a$ in (14.1) nach Definition nichts anderes sein, als die reversible Permeabilität $\mu_r$, bei Ausgehen vom unmagnetischen Zustand aus nichts anderes, als die Anfangspermeabilität $\mu_a$. Es kommt ja aus (14.1)

$$\lim_{\Delta H \to 0} \frac{d}{dH} \Delta B = a\mu_0 = \mu_r \mu_0 \tag{14.2}$$

nach Definition (7.27) von $\mu_r$. Die Untersuchungen und Formulierungen von *Rayleigh* sind bekanntlich für die Beschreibung schwacher magnetischer Wechselfelder in der Schwachstromtechnik fruchtbar geworden[4]. Je kleiner die permanentmagnetischen Zustandskurven von Dauermagneten werden, um so ähnlicher werden ihre Voraussetzungen mit denen der Untersuchungen von *Rayleigh*. Über die Hysteresiserscheinungen bei sinusförmiger Wechselmagnetisierung wird im 21. Abschnitt berichtet.

[1] *C. Baur*, Wied. Ann. 11 (1880) S. 394, besonders S. 399.
[2] *Lord Rayleigh*, Phil. Mag. (5) 23 (1887) S. 225.
[3] *R. Becker* und *W. Döring*, Ferromagnetismus, Berlin 1939; hier S. 218, unter Berufung auf die Ergebnisse von *H. Jordan*[4].
[4] *H. Jordan*, El. Nachr. techn. 1 (1924) S. 7.

**b) Lanzettförmige Zustandskurven in allgemeiner Lage; reversible Zustandsänderungen; Rayleigh-Schleife; Darstellung der permanenten Zustandskurven.**

Wir betrachten als erstes eine Lanzette, die zwischen den Endpunkten $B_1$, $\mu_0 H_1$ und $B_2$, $\mu_0 H_2$ durch zwei Parabelbögen gebildet wird. Nach Abb. 14.6 sei $B_1 < B_2$ und $H_2 \ll H_1$. Der mit abnehmendem $H$ steigende, vom Nullpunkt aus gesehen konvexe Parabelbogen hat die Gleichung

$$B\uparrow - B_1 = a\,\mu_0(H_1 - H) + b\,\mu_0^2(H_1 - H)^2\,, \tag{14.3}$$

und der mit zunehmendem $H$ absteigende, vom Nullpunkt aus gesehen konkave Parabelbogen hat die Gleichung

$$B_2 - B\downarrow = a\,\mu_0(H - H_2) + b\,\mu_0^2(H - H_2)^2\,. \tag{14.4}$$

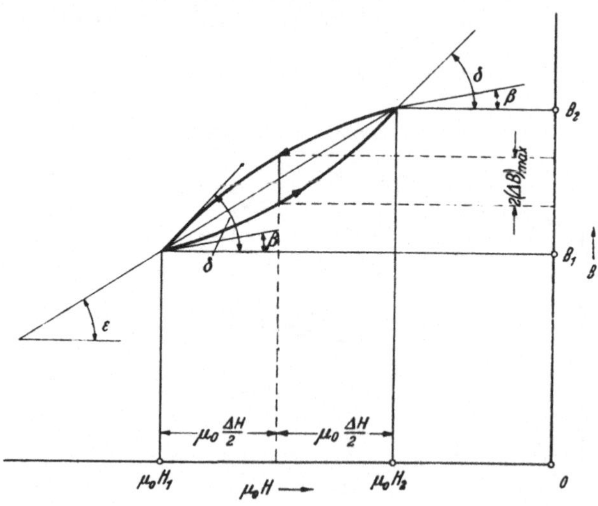


Abb. 14. 6. Lanzette aus Parabelbögen als permanentmagnetische Zustandskurve.

Die Neigung der die beiden Endpunkte verbindenden Geraden gegen die Abszissenachse ist

$$\operatorname{tg}\varepsilon = \frac{B_2 - B_1}{\mu_0(H_1 - H_2)} = a + b\,\mu_0(H_1 - H_2) \tag{14.5}$$

oder nach dem oben (14.2) gesagten auch

$$\mu_P = \mu_r + b\,\mu_0(H_1 - H_2)\,. \tag{14.6}$$

Die Neigungen der Kurven in den Endpunkten sind

$$\left.\begin{aligned}
-\frac{1}{\mu_0}\left(\frac{\partial B\uparrow}{\partial H}\right)_{H=H_1} &= a = \operatorname{tg}\beta\,,\\
-\frac{1}{\mu_0}\left(\frac{\partial B\uparrow}{\partial H}\right)_{H=H_2} &= a + 2b\,\mu_0(H_1 - H_2) = \operatorname{tg}\delta\,,\\
-\frac{1}{\mu_0}\left(\frac{\partial B\downarrow}{\partial H}\right)_{H=H_1} &= a + 2b\,\mu_0(H_1 - H_2) = \operatorname{tg}\delta\,,\\
-\frac{1}{\mu_0}\left(\frac{\partial B\downarrow}{\partial H}\right)_{H=H_2} &= a = \operatorname{tg}\beta\,.
\end{aligned}\right\} \tag{14.7}$$

Es ist also, wie oben bemerkt wurde, $\mu_r$ die Neigung der abgehenden Kurve in jedem Endpunkt:

$$\mu_r = \operatorname{tg}\beta = a\,. \tag{14.8}$$

Ferner ist der Unterschied zwischen der Neigung der Verbindungsgeraden und jeder Kurventangente überall gleich $b\,\mu_0(H_1-H_2)$:

$$\operatorname{tg}\delta - b\,\mu_0(H_1-H_2) = \operatorname{tg}\varepsilon = \operatorname{tg}\beta + b\,\mu_0(H_1-H_2)\,. \tag{14.9}$$

Mit diesem Zusammenhang läßt sich zum Beispiel der Koeffizient $b$ aus $\mu_P$ und $\mu_r$ bestimmen.

Wir bestimmen ferner die Differenz $\Delta B$ der Ordinaten des fallenden Parabelbogens und der Verbindungsgeraden; man findet

$$\Delta B = b\,\mu_0^2(H_1-H)\,(H-H_2)\,. \tag{14.10}$$

Die Differenz der Ordinaten der Verbindungsgeraden und des steigenden Parabelbogens ist $-\Delta B$. Die Größe $|\Delta B|$ ist unabhängig von $\operatorname{tg}\beta$ und $\operatorname{tg}\varepsilon$. Für die Abszisse

$$H = \frac{H_1+H_2}{2} \tag{14.11}$$

hat sie ihren größten Wert

$$(\Delta B)_{max} = b\,\mu_0^2\left(\frac{H_1-H_2}{2}\right)^2. \tag{14.12}$$

Indem man aus dem Kurvenbild $H_1$ und $H_2$ und $(\Delta B)_{max}$ bei der Abszisse (14.11) abliest, erhält man die Konstante $b$ zu

$$b = \frac{4\,(\Delta B)_{max}}{\mu_0^2\,(H_1-H_2)^2}\,, \tag{14.13}$$

weiter $a$ aus $\mu_P$ und (14.6), oder $\mu_P$ aus $\mu_r$ und (14.6), indem man noch die Werte $B_1$ und $B_2$ aus dem Kurvenbild entnimmt:

$$a = \mu_P - \frac{4\,(\Delta B)_{max}}{\mu_0\,(H_1-H_2)}\,. \tag{14.14}$$

Der Flächeninhalt der Lanzette ist mit (14.10) leicht anzugeben:

$$\begin{aligned}|w| = 2\int_{H_1}^{H_2}\Delta B\cdot dH &= \frac{b}{3}\,\mu_0^2(H_1-H_2)^3 = \frac{4}{3}\,(H_1-H_2)\,(\Delta B)_{max}\\ &= \frac{4}{3}\,\Delta H\cdot(\Delta B)_{max}\,.\end{aligned} \tag{14.15}$$

Wir betrachten drei verschiedene Anwendungen dieser Ergebnisse (14.3...15):

1. Wir stellen mit ihnen die reversibeln Zustandskurven nach Abb. 14.6a als kleine Lanzetten aus Parabelbögen dar. Die Koordinaten des unteren Endpunktes $P'$ seien $B_1$, $\mu_0 H_1$; die des oberen Endpunktes $P''$ sind dann $B_2 = B_1 + \Delta' B$, $\mu_0 H_2 = \mu_0(H_1-\Delta H)$. Diese Werte in (14.3, 4, 7) einsetzend, bestätigt man zunächst die in Abschnitt 14 getroffene Definition, nach der die reversible Permeabilität $\mu_r = \operatorname{tg}\beta = a$ die kleinere Kurventangente in jedem der beiden Endpunkte ist, ferner gilt nach (14.6) für die permanente Permeabilität $\mu_P = \mu_r + b\,\mu_0\Delta H$; der Unterschied zwischen beiden Permeabilitäten wird um so geringer, je kleiner die reversible Feldänderung $\Delta H$ wird. Für die Abszisse $H = H_1 - \Delta H/2$, in der Mitte zwischen den Endpunkten, hat die Lanzette ihre größte Breite in Ordinatenrichtung $2(\Delta B)_{max}$, und nach (14.12, 13) ist

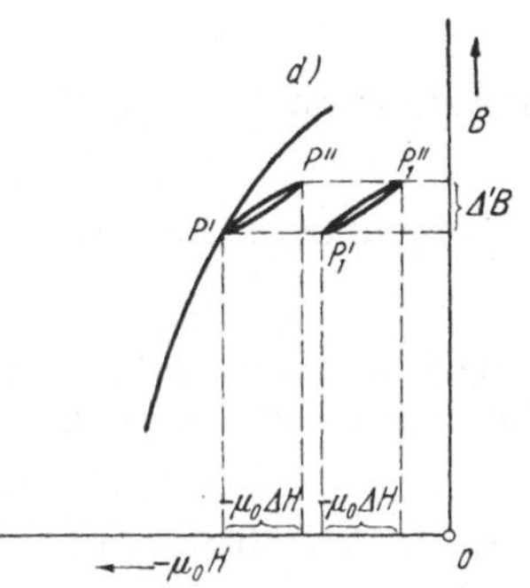


Abb. 14.6a. Reversible Zustandskurven im II. Quadranten.

$$(\Delta B)_{max} = b\,\mu_0^2\left(\frac{\Delta H}{2}\right)^2\,, \tag{14.16}$$

$$b = \frac{4\,(\Delta B)_{max}}{(\mu_0\,\Delta H)^2}\,. \tag{14.17}$$

Ferner ist der Flächeninhalt der Lanzette, also der Hysteresisverlust bei Durchlaufen eines reversibeln Zyklusses, bezogen auf die Volumeneinheit, nach (14.15)

$$w = \frac{b}{3}\,\mu_0^2(\Delta H)^3 = \frac{4}{3}\,\Delta H\,(\Delta B)_{max}\,. \tag{14.18}$$

Bei hinreichender Kleinheit von $\Delta H$ ist also $(\Delta B)_{max}$ und erstrecht $w$ klein von höherem Grade.

2. Die Darstellung sehr kleiner Hysteresisschleifen nach *Rayleigh* erhält man durch eine Parallelverschiebung des Koordinatensystemes, derart, daß zu dem Nullpunkt $0'$ des verschobenen Systemes $(B', \mu_0 H')$ die Lanzette Punktsymmetrie aufweist. Abb. 14.6b. Dazu muß $0'$ die Ordinate $B = B_1 + \frac{B_2 - B_1}{2}$ und die Abszisse $\mu_0 H = \mu_0\left(H_2 + \frac{H_1 - H_2}{2}\right)$ erhalten. Zwischen den beiden Koordinatensystemen besteht dann, unabhängig vom Vorzeichen von $B'$ und von $H'$, die Beziehung

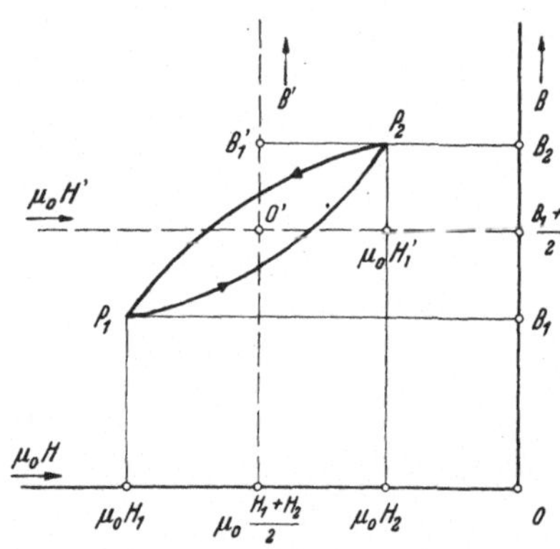


Abb. 14.6b. Zur Ableitung der *Rayleighschen* Hysteresisschleife.

$$B - B' = \frac{B_1 + B_2}{2}\,,$$

$$H + H' = \frac{H_1 + H_2}{2}\,. \tag{14.19}$$

Bei dieser Lage der Schleife zu den neuen Achsen hat der untere Endpunkt $P_1$ die Koordinaten $(-B_1', -\mu_0 H_1')$, der obere Endpunkt $P_2$ hat die Koordinaten $(B_1', \mu_0 H_1')$. Daher ist auch

$$B_2 - B_1 = 2\,B_1'\,.$$

$$H_1 - H_2 = 2\,H_1'\,. \tag{14.20}$$

Durch Einsetzen von (14.19, 20) in (14.3) und (14.4) erhält man den von $P_1$ nach $P_2$ aufsteigenden, unteren Kurvenast

$$B' + B_1' = a\,\mu_0(H' + H_1') + b\,\mu_0^2(H' + H_1')^2 \tag{14.21}$$

und den von $P_2$ nach $P_1$ absteigenden, oberen Kurvenast

$$-B' + B_1' = a\,\mu_0(-H' + H_1') + b\,\mu_0^2(-H' + H_1')^2\,. \tag{14.22}$$

Nun ist aber offenbar $B' = B_1'$ für $H' = H_1'$, also kommt auch

$$B_1' = a\,\mu_0 H_1' + 2\,b\,\mu_0^2 H_1'^2\,. \tag{14.23}$$

Indem man mit dieser Beziehung $B_1'$ eliminiert, erhält man für den aufsteigend durchlaufenen Kurvenast

$$B' = \mu_0 H'(a + 2b\,\mu_0 H_1') - b\,\mu_0^2(H_1'^2 - H'^2) \tag{14.24}$$

und für den absteigend durchlaufenen Kurvenast

$$B' = \mu_0 H'(a + 2b\,\mu_0 H_1') + b\,\mu_0^2(H_1'^2 - H'^2)\,. \tag{14.25}$$

In dieser Form werden die beiden Äste der *Rayleigh*schen Hysteresisschleife gewöhnlich angegeben.

Da diese Darstellung nur für sehr kleine Hysteresisschleifen gelten soll ($H_1'$ in der Größenordnung der mA/cm), betrachten wir sogleich die Kurventangente in dem Grenzfall, daß die Lanzette unbegrenzt klein wird: sie ist nach Definition die Anfangspermeabilität; wir erhalten

$$\mu_a = \lim_{\substack{H_1' = 0\\ H' = 0}} \frac{\partial B'}{\mu_0\,\partial H'} = a\,. \tag{14.26}$$

**Bei nicht unendlich kleinem $H_1'$ ist die Tangente $\operatorname{tg}\beta$ an den aufsteigenden Ast (14.24) im Punkte $P_2$ und die Tangente $\operatorname{tg}\beta$ an den absteigenden Ast (14.25) im Punkte $P_1$ nach Definition gleich der Anfangspermeabilität; es wird erhalten**

$$\operatorname{tg}\beta = a\,, \quad \text{daher wieder } \mu_a = a\,. \tag{14.27}$$

**Die größere Kurventangente ist in beiden Punkten $\operatorname{tg}\delta = a + 4b\mu_0 H_1'$, und in der Mitte $H'=0$ stimmt die Kurventangente überein mit der Neigung der Verbindungsgeraden der beiden Endpunkte, die wir darum als mittlere Permeabilität $\mu_m$ bezeichnen können:**

$$\operatorname{tg}\varepsilon = \mu_a + 2b\mu_0 H_1' = \mu_m\,. \tag{14.28}$$

Es werden also die linearen Glieder in den Ausdrücken für beide Kurvenäste durch $\mu_m$ bestimmt:

$$B' = \mu_m \mu_0 H' \mp b\mu_0^2 (H_1'^2 - H'^2)\,. \tag{14.24a, 25a}$$

Für $H_1'=0$ ist somit $\mu_m = \mu_a = a$, wie schon bekannt. — Die Remanenz $B_r'$ ist der im Falle $H'=0$ vorhandene Induktionswert; aus (14.25) ergibt sich

$$B_r' = b\mu_0^2 H_1'^2\,; \tag{14.29}$$

die Koerzitivkraft $H_c'$ wird als die für $B'=0$ vorhandene Feldstärke aus (14.25) erhalten zu

$$\mu_0 H_c' = \sqrt{\mu_0^2 H_1'^2 + \left(\frac{\mu_m}{2b}\right)^2} - \frac{\mu_m}{2b}\,; \quad \frac{\mu_m}{2b} = \frac{\mu_a}{2b} + \mu_0^2 H_1'^2\,. \tag{14.30}$$

Daher ist

$$\frac{1}{m} = \frac{\mu_0 H_c'}{B_r'} = \sqrt{\frac{1}{b} + \left(\frac{\mu_m}{2b\,B_r'}\right)^2} - \frac{\mu_m}{2b\,B_r'}\,; \quad \frac{\mu_m}{2b\,B_r'} = \frac{\mu_a + 2b\mu_0 H_1'}{2b^2 \mu_0^2 H_1'^2}\,. \tag{14.31}$$

Für die Abszisse $H'=0$, also in der Mitte zwischen den Endpunkten, hat die Schleife ihre größte Breite in Ordinatenrichtung von der Größe

$$2(\Delta B)_{max} = 2B_r' = 2b\mu_0^2 H_1'^2\,, \tag{14.32}$$

daher ist die *Rayleigh*-Konstante $b$ bestimmt durch

$$b = \frac{B_r'}{\mu_0^2 H_1'^2}\,. \tag{14.33}$$

Schließlich ist der Flächeninhalt der Schleife, also der Hysteresisverlust für einen Zyklus, bezogen auf die Raumeinheit,

$$w = \frac{4}{3} \cdot 2 H_1' B_r' = \frac{8}{3} b\mu_0^2 H_1'^3 \tag{14.34}$$

proportional zum Produkt der Projektion auf die Abszissenachse mit der Remanenz, oder zur dritten Potenz der Projektion.

3. Wir betrachten schließlich die (vollständige) permanente Zustandskurve, die einerseits im Permanenzpunkt $B_2 = P$, $\mu_0 H_2 = 0$, andererseits im Punkte $B_1$, $\mu_0 H_1$ endet. Die Verbindungsgerade, die wir als permanente Zustandsgerade bezeichnen, hat die Gleichung

$$B = P - \mu_P \mu_0 H\,; \qquad B_1 \leqq B \leqq P\,, \tag{14.35}$$

und die Neigung

$$\operatorname{tg}\varepsilon = \frac{P - B_1}{\mu_0 H_1} = \mu_P\,. \tag{14.36}$$

Der bei abnehmender Feldstärke durchlaufene steigende Kurvenast hat als Parabel die Gleichung

$$B\uparrow = P - a\mu_0 H - b\mu_0^2 H(2H_1 - H)\,, \tag{14.37}$$

der bei wachsender Feldstärke durchlaufene fallende Kurvenast hat als Parabel die Gleichung

$$B\downarrow = P - a\mu_0 H - b\mu_0^2 H^2\,, \tag{14.38}$$

wobei gilt
$$P=B_1+a\mu_0 H_1+b\mu_0^2 H_1^2\,, \tag{14.39}$$
$$\mu_P=a+b\mu_0 H_1\,. \tag{14.40}$$
Die Tangentenrichtungen in den Endpunkten sind aus (14.10) mit $H_2=0$ abzulesen. es gilt also unverändert
$$a=\operatorname{tg}\beta=\mu_r\,. \tag{14.41}$$
Der Unterschied zwischen den Ordinaten der Verbindungsgeraden (14.35) und denen eines der beiden Parabelbögen (14.37, 38) hat den Betrag
$$\Delta B=b\mu_0^2 H(H_1-H)\,, \tag{14.42}$$
er hat für die mittlere Abszisse $H=H_1/2$ den Höchstwert
$$(\Delta B)_{max}=b\mu_0^2\frac{H_1^2}{4}\,, \tag{14.43}$$
daher hat man durch Ablesen von $H_1$ und $(\Delta B)_{max}$ die Konstanten
$$b=\frac{4(\Delta B)_{max}}{\mu_0^2 H_1^2}\,,\qquad a=\mu_P-\frac{4(\Delta B)_{max}}{\mu_0 H_1}\,. \tag{14.44}$$
Der Flächeninhalt der Lanzette, das ist der Hysteresisverlust für einen Zyklus, bezogen auf die Volumeneinheit, ergibt sich mit $\Delta B$ einfach zu
$$|w|=2\int_{H_1}^{0}\Delta B\cdot dH=\frac{1}{3}b\mu_0^2 H_1^3=\frac{1}{3}\frac{b}{\mu_0}\left(\frac{P-B_1}{\mu_P}\right)^3=\frac{4}{3}H_1(\Delta B)_{max}\,. \tag{14.45}$$
Der Flächeninhalt ist von $a$ (von $\mu_r$) und von $\mu_P$ unabhängig und proportional zu $bH_1^3$. Er wird einfach aus der Abszisse $H_1$ und der maximalen Breite der Schleife in Ordinatenrichtung bei der Abszisse $H_1/2$ gefunden.

Beispiel: Die Lanzetten $\alpha$, $\beta$, $\gamma$, $\delta$ der Abb. 14.5. In Tabelle 14.I sind in den ersten vier Zeilen die abgelesenen Werte $P$, $B_1$, $\mu_0 H_1$ und $(\Delta B)_{max}$ aufgezeichnet. Aus den drei ersten folgt $\mu_P$ nach (14.36), aus $H_1$ und $(\Delta B)_{max}$ ergibt sich $b$ nach (14.44), aus $b$ und $\mu_P$ folgt $\mu_r$ nach (14.40). — Man beachte die Unterschiede zwischen den Werten $\mu_r$ und $\mu_P$; sie werden kleiner, je kürzer die permanenten Zustandskurven werden. Eine Vorstellung von der Größe der Hysteresisfläche $w$ der permanenten Zustandskurven vermittelt zum Beispiel der Vergleich mit dem Produkt $(BH)_{max}$ an der äußersten Hysteresiskurve, das nach Tabelle 18.I die Größenordnung $10^3 \ldots 10^4$ $\mu$W s/cm³ hat. In diesem Fall wird der Zusammenhang zwischen $\mu_r$ und $P$ recht gut durch die einfache lineare Beziehung
$$\mu_r=47\left\{1-\frac{0{,}08\cdot 10^{-3}P}{\mathrm{kG}}\right\} \tag{14.46}$$
dargestellt, allgemeine Bedeutung kommt ihr aber nicht zu. Die permanente Zustandsgerade, die zum Beispiel der Lanzette $\alpha$ zugehört, hat demnach die Gleichung
$$B=5520\ \mathrm{G}-44\,\mu_0 H;\qquad 3600\ \mathrm{G}\leqq B\leqq 5520\ \mathrm{G}\,,$$
die größte vorkommende Abweichung ist $\pm(\Delta B)_{max}=\pm 380$ G, sie tritt bei der Abszisse $\mu_0 H_1/2=21$ G auf. Die beiden Kurvenäste sind
$$B\uparrow=5520\ \mathrm{G}-25{,}4\,\mu_0 H-\frac{0{,}44}{\mathrm{G}}\mu_0 H\,(84\ \mathrm{G}-\mu_0 H)\,,$$
$$B\downarrow=5520\ \mathrm{G}-25{,}4\,\mu_0 H-\frac{0{,}44}{\mathrm{G}}\mu_0^2 H^2\,.$$

Als wesentliches Ergebnis von Abschnitt 14.b3) wurde also erhalten: Ersetzt man die Lanzette, welche die permanente Zustandskurve bildet, durch zwei Parabelbögen, so ist die Hysteresisfläche zwei Drittel des Produktes aus maxi-

Tabelle 14.I. *Permanentmagnetische Zustandskurven nach Abb. 14.5.*

| Lanzette | | α | β | γ | δ | |
|---|---|---|---|---|---|---|
| $P$ | = | 5,52 | 4,73 | 3,95 | 2,88 | kG |
| $B_1$ | = | 3,6 | 3,0 | 2,45 | 1,74 | kG |
| $\mu_0 H_1$ | = | 42 | 37 | 34 | 25 | G |
| $(\Delta B)_{max}$ | = | 380 | 280 | 240 | 125 | G |
| $\mu_P$ | = | 44 | 46,8 | 45,5 | 45,5 | |
| $b$ | = | 0,44 | 0,416 | 0,412 | 0,40 | 1/G |
| $\mu_r$ | = | 25,4 | 30,4 | 31,6 | 35,6 | |
| $w$ | = | 10,9 | 7,04 | 5,4 | 2,08 | kGÖ |
| | = | 87 | 56 | 43 | 16,5 | $\mu$Ws/cm³ |

maler Breite in Ordinatenrichtung $2(\Delta B)_{max}$ und Länge der Projektion auf die Abszissenachse $\Delta H$:

$$w = \frac{2}{3} \cdot 2(\Delta B)_{max} \cdot \Delta H = \frac{b\mu_0^2}{3} (\Delta H)^3 , \tag{14.47}$$

und der Unterschied zwischen permanenter und reversibler Permeabilität ist gleich dem doppelten Verhältnis dieser beiden Größen

$$\mu_P - \mu_r = \frac{4(\Delta B)_{max}}{\mu_0 \Delta H} . \tag{14.48}$$

Die permanente Permeabilität geht in die reversible über, wenn die permanente Zustandsgerade verschwindend kurz wird. In der Tat verschwindet

$$\frac{4(\Delta B)_{max}}{\mu_0 \Delta H} = b\mu_0 \Delta H \tag{14.49}$$

mit unbegrenzt abnehmendem $\Delta H$, unabhängig von $P$, also für jeden möglichen Wert $O \leqq P \leqq B_r$.

Hat man an einer vorgelegten permanenten Zustandskurve (Lanzette) aus der Tangentenrichtung in einem Endpunkt $\mu_r$, aus den Koordinaten der Endpunkte $\mu_P$ bestimmt, so ist auch

$$b = \frac{\mu_P - \mu_r}{\mu_0 \Delta H} . \tag{14.50}$$

Wie verhalten sich nun die Konstanten $\mu_r$, $\mu_P$, $b$ in Abhängigkeit von $B$? Die in Abschnitt 7 mitgeteilten Untersuchungen von *Gans* lassen erwarten, daß $\mu_r$ mit wachsendem $B$ monoton abnimmt. Das von *Laub* gemessene Beispiel Abb. 14.5 bestätigen dieses Verhalten. Die von *Breitling* gemessenen permanenten Zustandskurven, siehe Tabelle 10.I und Abb. 10.3, liegen um so flacher zur $\mu_0 H$-Achse, je größer die Permanenz ist: auch die permanente Permeabilität nimmt also mit wachsender Induktion ab.

Um noch weitere Aufschlüsse zu gewinnen, sind in Abschnitt 18 von *Neumann* mitgeteilte Zustandskurven ausgewertet. Die Abbildungen 18.1...20 zeigen für die angegebenen Magnetbaustoffe $\mu_r$ und $\mu_P$ als Funktionen von $B$. Danach fallen diese Werte mit zunehmender Induktion, und das gleiche gilt auch für die nach (14.50) ermittelte Konstante $b$, vgl. Tabelle 18.I, Spalte 23. Zur rohen Abschätzung kann die Regel dienen, daß im allgemeinen ein stärkerer Abfall oberhalb des Induktionswertes $B_1$ auftritt, bei dem $BH$ den größten Wert hat; bei einigen Legierungen ist das Durchlaufen eines Höchstwertes erkennbar. Theoretische Hinweise dafür, wie $\mu_r$, $\mu_P$ und $b$ in Abhängigkeit von $B$ verlaufen sollten, bestehen bis heute nicht, ausgenommen die in (7.32) von *Gans* angegebene Beziehung. Auch die bisher bekannt gewordenen Messungen muß man noch als recht spärlich bezeichnen; erwünscht wären ausführliche Messungen permanenter

Zustandskurven an den verschiedensten Baustoffen, unter den verschiedensten Bedingungen, mit besonders für diese Zwecke entwickelten Meßmethoden. – Die Tabelle 18.I zeigt, daß die neueren Magnetbaustoffe im Vergleich zu den älteren kleineres $\mu_r$, $\mu_P$ und $b$ aufweisen. Erst nach weiteren eingehenden Messungen wird man auch die merkwürdige Erscheinung genauer beurteilen können, daß $\mu_r$ und $\mu_P$ in Abhängigkeit von $B$ zwischen $B=0$ und $B=B_r$ bei manchen Magnetbaustoffen einen flachen Höchstwert durchlaufen.

**c) Anwendungen der permanenten Zustandskurve.**

Für die praktischen Anwendungen ersetzen wir jede Lanzette durch das ihre Endpunkte miteinander verbindende Geradenstück mit der Neigung $\operatorname{tg}\varepsilon=\mu_P$ gegen die $\mu_0 H$-Achse:

$$B=P-\mu_P\mu_0 H\,. \tag{14.35}$$

Die Lage der Zustandsgeraden innerhalb der Fläche, die durch die beiden Achsen und die äußerste Hysteresiskurve im II. Quadranten begrenzt wird, kommt nach den Ausführungen des Abschnitts 7b wie folgt zustande: Der Magnet werde in einem Joch im magnetischen Kurzschluß bis zur Induktion $B_r$ magneti-

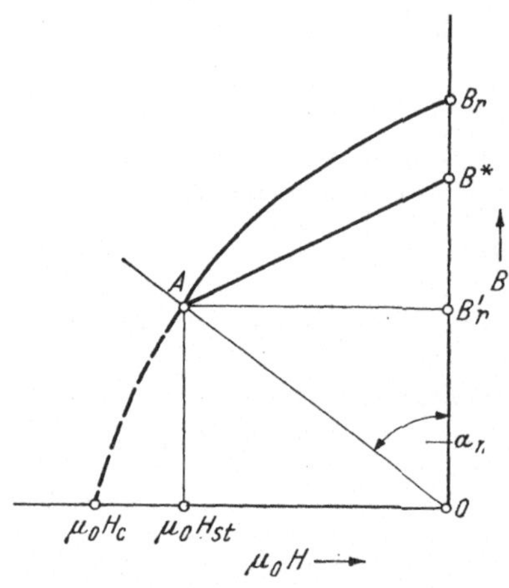


Abb. 14.7. Entstehung der permanenten Zustandsgeraden, schematisch.

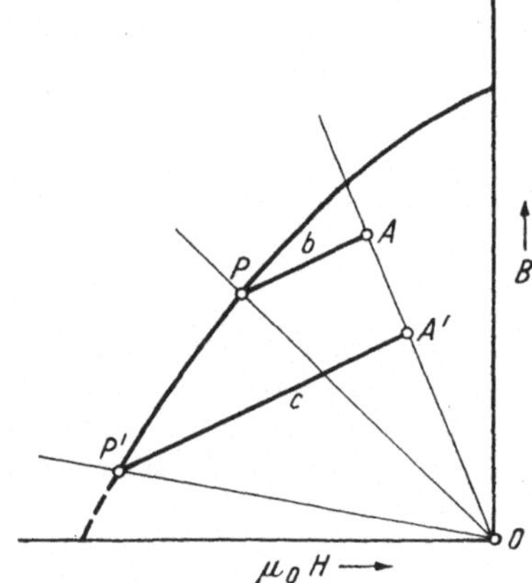


Abb. 14.8. Magnetisieren nach und vor dem Zusammenbau des magnetischen Kreises, schematisch.

siert. Hierauf werde der magnetische Widerstand vergrößert, zum Beispiel durch Herausnehmen des Magneten aus dem kurzschließenden Joch, allgemein durch Einfügen eines Luftspaltes (Herstellen eines magnetischen Nutzraumes). Diesem Zustand entspricht eine äußere Arbeitsgerade, die die Neigung $\operatorname{tg}\alpha_m$ gegen die $B$-Achse hat. Dabei ist die erreichte Induktion $B_r'<B_r$, der Zustandspunkt ist $A$ in Abb. 14.7. Wird hierauf der magnetische Widerstand wieder verkleinert, so bewegt sich der Zustandspunkt nicht auf der äußersten Hysteresiskurve bis zum Punkt $H=0$, $B=B_r$, sondern auf einer darunter liegenden Kurve bis zum Punkt $H=0$, $B=B^*<B_r$. Diese Kurve wird gelegentlich als „innere Magnetisierungskurve" bezeichnet. Nach häufigem Wiederholen dieses Vorgangs wird, wie die Abb. 7.11, 12a, b zeigen, eine stabile Zustandskurve durchlaufen, die dicht unterhalb der Kurve $\overline{AB^*}$ liegt. Die Permanenz $P$ ist also wenig kleiner als $B^*$, die Lage der permanenten Zustandsgeraden ist somit im wesentlichen durch den größten Winkel $\alpha_m$ bestimmt, der nach beendetem Magnetisierungsvorgang auftritt.

**Wenn man es darauf anlegt, möglichst große Permanenz *P* zu erreichen, muß man es vermeiden, daß der äußere magnetische Widerstand nach beendetem Magnetisierungsvorgang, also der Winkel $\alpha_m$, wenn auch nur vorübergehend, unnötig groß wird. Wie große Unterschiede man bei richtigem und bei falschem Vorgehen erhalten kann, zeigt folgendes Beispiel: Der magnetische Kreis besteht im allgemeinen aus einem Magneten, Leitstücken (Polschuhen) und dem Nutzraum. Damit $\alpha_m$ nach dem Magnetisierungsvorgang nicht unnötig groß wird, wird man den magnetischen Kreis vor der Vornahme der Magnetisierung möglichst weitgehend fertigstellen, also zum Beispiel an einen Hufeisenmagneten die Leitstücke (Polschuhe), die den endgültigen magnetischen Kreis ausmachen, schon vor dem Magnetisieren anbauen.** Abb. 14.8 zeigt den Vorgang: Nach dem Magnetisieren mit angebauten Leitstücken ist *P* der Zustandspunkt. Wird das Magnetsystem dann vollends zusammengebaut, so wird mit der Verringerung des magnetischen Widerstandes auf den endgültigen Betrag des fertigen magnetischen Kreises der Zustandspunkt *A* erreicht. Wird dagegen der Magnet für sich allein magnetisiert, so ist *P'* der Zustandspunkt nach Beendigung des Magnetisierungsvorganges, und der Arbeitspunkt *A'*, der durch endgültigen Zusammenbau des magnetischen Kreises nach dem Magnetisierungsvorgang erreicht wird, liegt viel tiefer als *A*. In praktischen Fällen wurden Unterschiede von 25...30 % gemessen.

Es ist gleichgültig, ob die Stabilisierung durch häufige Veränderung des äußeren magnetischen Widerstandes um immer den gleichen Betrag vorgenommen wird, oder durch einen elektrischen Wechselstrom. Abb. 14.9 zeigt den hierbei auftretenden Vorgang: Nach beendetem Magnetisierungsvorgang ist *P* der Zustandspunkt, der der äußeren Arbeitsgeraden mit der Neigung tg $\alpha_m$ entspricht. Wird hierauf durch ein magnetisches Wechselfeld von der Größe $H_{st}$ stabilisiert, so spielt sich ein stabiler Zustand entlang der Zustandskurve *P'*...*P''* ein, *A* ist der endgültige Arbeitspunkt, der dem gegebenen äußeren Kreis ($\alpha_m$) entspricht. Verkleinern wir die Feldstärke bis zum Werte null. so ist die Zustandskurve nach den Ausführungen zu Abb. 14.4 bis zum Punkt *P'''* in erster Annäherung stabil, die Zustandskurve wird bis zu diesem Punkt näherungsweise reversibel durchlaufen.

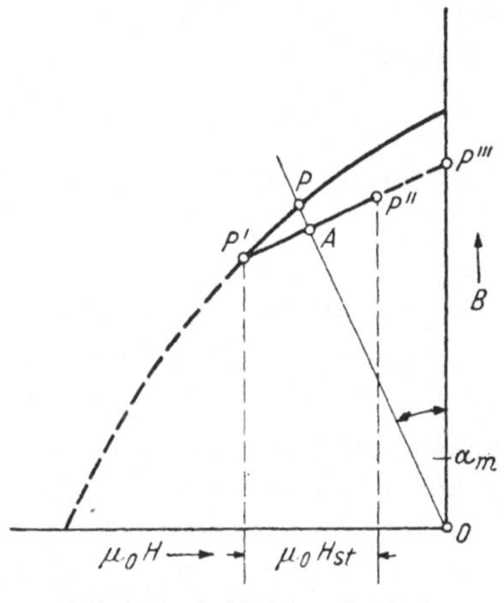

Abb. 14.9. Stabilisierung durch eine Wechselfeldstärke.

Diese Überlegungen gelten ohne wesentliche Änderungen auch dann, wenn das Magnetisieren nicht in einem magnetischen Joch vorgenommen wird, sondern mit einer Stromschiene, die durch den magnetischen Kreis durchgeführt und von einem Stromstoßtransformator gespeist wird. Die Abb. 14.9 beschreibt auch den Stabilisierungsvorgang bei einem Magneten mit offenen Enden, also bei einem Rotationsellipsoid. Der Winkel zwischen Ursprungsgerade und *M*-Achse ist durch den Gestaltsfaktor *N* festgelegt, der Arbeitspunkt befindet sich stets auf dieser Geraden. Die Magnetisierung des Rotationsellipsoides geschieht in einem homogenen Feld, also zum Beispiel im Innern einer hinreichend langen Zylinderspule; die Stabilisierung kann dann anschließend durch einen Wechselstrom von konstanter Amplitude geschehen.

Die Projektion des permanenten Geradenstückes auf die $\mu_0 H$-Achse ergibt in jedem Fall die Feldstärke, innerhalb deren Zustandsänderungen wiederholbar sind. Wir nennen sie Stabilisierungs- oder Grenzfeldstärke $H_{st}$. Indem wir den zu Abb. 14.7 beschriebenen Versuch mit allen möglichen Werten von $H_{st}$, also mit allen möglichen Werten äußerer magnetischer Widerstände ($\alpha_m$) durchführen, gewinnen wir ein Feld von Zustandsgeraden. Für die zunächst beabsichtigte erste Unterrichtung nehmen wir an, daß diese alle praktisch parallel zueinander liegen. Dann ist $\mu_P$ kennzeichnend für den Magnetbaustoff, $P$ kennzeichnend für die einzelne Zustandsgerade. Die Tatsache, daß $\mu_P$ nicht völlig konstant ist, vielmehr mit wachsendem $P$ etwas abnimmt, kann in zweiter Näherung im Sinn einer Korrektion berücksichtigt werden.

Die vollständige Zustandsgerade zwischen den Punkten $B_s$, $\mu_0 H_s$ auf der äußersten Hysteresiskurve und dem Punkt $P$, 0 auf der $B$-Achse (daher $P = B_s + \mu_P \mu_0 H_s$ nach (14.35)) hat die Gleichung

$$B - B_s = \frac{P - B_s}{H_s}(H_s - H) = \mu_P \mu_0 (H_s - H)\,, \tag{14.51}$$

ihre Länge ist

$$S = \mu_0 H_s \sqrt{\mu_P + 1} = \frac{P - B_s}{\mu_P}\sqrt{\mu_P + 1}\,. \tag{14.52}$$

Die größte Länge hat die durch den Koerzitivkraftpunkt gehende permanente Zustandsgerade mit der Permanenz $P = \mu_P \mu_0 H_c$, die kleinste Länge hat die Zustandsgerade, deren Permanenz $P = B_r$ ist; sie ist an dieser Grenze nur dann von null verschieden, wenn die differentielle Permeabilität im Remanenzpunkt kleiner ist als die permanente: $(\mu_d)_r < \mu_P$.

Nach diesen Vorbereitungen wenden wir uns folgenden Fragen zu: 1. Welches ist die günstigste Arbeitsgerade (die rationellste Bauweise) bei gegebener permanenter Zustandsgeraden? 2. Welches ist die günstigste permanente Zustandsgerade, wenn die Arbeitsgerade gegeben ist und eine konstante, kleine Grenzfeldstärke $H_{st}$ vorausgesetzt wird? 3. Welches sind die günstigsten Verhältnisse, wenn eine Grenzfeldstärke von beträchtlicher Größe nach beiden Seiten vom Zustandspunkt gefordert ist?

1. Für die *günstigste Arbeitsgerade bei gegebener Zustandsgeraden* wurde schon in (11.13...19) gefunden: das Produkt $BH$ entlang der Zustandsgeraden nimmt seinen größten Wert

$$(BH)_{max} = \frac{P^2}{4\,\mu_P \mu_0} = 2\,w_P \tag{14.53}$$

an, wenn die Arbeitsgerade die Neigung

$$(\operatorname{tg} \alpha_p)_{opt.} = \frac{1}{\mu_P} = \frac{1}{\operatorname{tg} \varepsilon} \tag{14.54}$$

gegen die $B$-Achse hat; dabei sind die Bestwerte

$$(B_p)_{opt} \equiv B_1 = \frac{P}{2}\,, \qquad (H_p)_{opt} \equiv H_1 = \frac{P}{2\,\mu_P \mu_0}\,. \tag{14.55}$$

Kann man diese günstigsten Verhältnisse aus irgendeinem Grund nicht einhalten, so findet man für den mit den abweichenden Werten $B$, $H$ gegebenen relativen Verlust

$$1 - \frac{BH}{(BH)_{max}} = \left(1 - 2\,\mu_P \mu_0 \frac{H}{P}\right)^2 = \zeta\,. \tag{14.56}$$

Nun ist aber nach (11.55) auch $H/H_1 = 2\,\mu_P \mu_0 H/P$, daher ist auch

$$\zeta = \left(1 - \frac{H}{H_1}\right)^2. \tag{14.57}$$

Verhältnismäßig starke Abweichungen der Feldstärke vom Bestwert bringen demnach noch keinen allzu großen Verlust hinsichtlich $BH$ (für $H=0{,}9\,H_1$ und $H=1{,}1\,H_1$ ist $\zeta=0{,}01$). Abb. 14.10. Es ist auch

$$\zeta=\left(1-\frac{\operatorname{tg}\alpha_p}{(\operatorname{tg}\alpha_p)_{opt}}\cdot\frac{B}{P/2}\right)^2. \tag{14.58}$$

2. *Die günstigste Zustandsgerade bei gegebener (günstigster) Arbeitsgeraden.* Zu dieser Fragestellung legt das Ergebnis von (1) nahe, daß man eine Zustandskurve mit möglichst großer Permanenz erstreben müsse, denn $P$ geht ja quadratisch in $w_P$ ein. Mit dieser Feststellung ist jedoch die Frage nach dem absoluten Höchstwert des Produktes $BH$ in Abhängigkeit von $P$ nicht vollständig beantwortet. Nimmt nämlich $P$ von sehr kleinen Werten an fortwährend zu — nach Voraussetzung können wir durch Einstellung des Wertes $\alpha_m$ oder $H_{st}$ nach beendetem Magnetisierungsvorgang jede Zustandskurve verwirklichen und erreichen—, und werden für $B$ und $H$ auf jeder Zustandskurve die Bestwerte $B_1$,

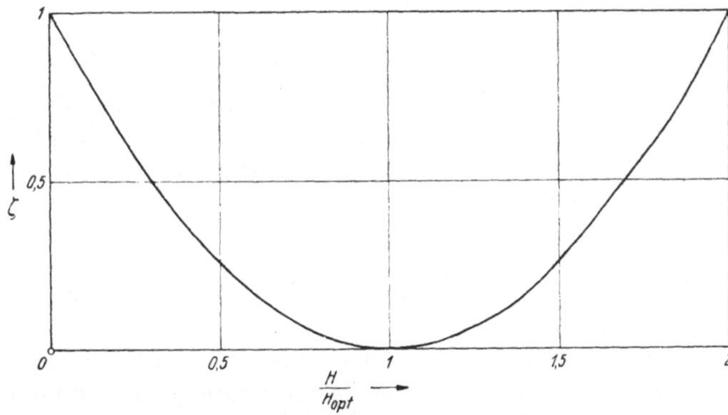


Abb. 14. 10. Relativer Verlust bei Abweichung von den günstigsten Werten bei der permanenten Zustandsgeraden.

$H_1$ eingehalten, so wird $B_1H_1$ mit wachsendem $P$ ständig größer, und der durch die Koordinaten $B_1$, $\mu_0H_1$ gegebene günstigste Zustandspunkt wandert auf einer gegen die $B$-Achse um den Winkel $(\alpha_p)_{opt}=\frac{\pi}{2}-\varepsilon$ geneigten Ursprungsgeraden nach außen bis zum Schnittpunkt $G$ dieser Geraden mit der äußersten Hysteresiskurve. Die Koordinaten dieses Punktes $G$ seien $B_g$, $\mu_0H_g$, die Permanenz der durch $G$ gehenden Zustandsgeraden sei $P_g$. Bei weiterer Vergrößerung der Permanenz würden bei Beibehaltung der günstigsten Neigung $(\alpha_P)_{opt}$ Zustandspunkte gefordert werden, die auf der genannten Geraden außerhalb der Fläche liegen, die durch die äußerste Hysteresiskurve und die beiden Achsen begrenzt wird, die also nicht verwirklicht werden können. Der in diesem Falle $P>P_g$ nicht mehr einhaltbaren günstigsten Neigung $(\alpha_p)_{opt}$ kommt man dann mit einer kleineren Neigung der Arbeitsgeraden gegen die $B$-Achse am nächsten, wenn der Zustandspunkt auf der äußersten Hysteresiskurve selbst liegt. Entlang dieser Kurve nimmt jedoch das Produkt $BH$ einen Höchstwert in einem Punkt $R$ mit den Koordinaten $(B_r)_{opt}$, $\mu_0(H_r)_{opt}$ an, wobei die Neigung der Arbeitsgeraden gegen die $B$-Achse die Größe hat

$$(\operatorname{tg}\alpha_r)_{opt}=\frac{1}{\mu_A}=\frac{\mu_0(H_r)_{opt}}{(B_r)_{opt}}.$$

Nach (11.21) wird dieser günstigste Punkt $R$ näherungsweise durch die Rechteckkonstruktion gefunden, die gekennzeichnet ist durch

$$(\operatorname{tg}\alpha_r)_{opt}\approx\frac{\mu_0H_c}{B_r}=\frac{1}{m}. \tag{14.59}$$

Hieraus folgt für die günstigste Neigung im Feld der permanenten Zustandsgeraden:

α) Im Fall

$$(\operatorname{tg} \alpha_P)_{opt} < (\operatorname{tg} \alpha_r)_{opt} \quad \text{oder} \quad \mu_P > m \text{ (genauer } \mu_P > \mu_A) \tag{14.60}$$

wird der absolute Höchstwert von $BH$ in einem Punkte mit den Koordinaten $B_g$, $\mu_0 H_g$ erreicht, der der Schnittpunkt $G$ der äußersten Hysteresiskurve mit der Ursprungsgeraden mit der Neigung (14.54) gegen die $B$-Achse ist; die zugehörige permanente Zustandsgerade hat die Permanenz

$$P_g = B_g + \mu_P \, \mu_0 H_g = 2 \, B_g \, . \tag{14.61}$$

$(\alpha_P)_{opt}$ und daher $\mu_P$ ist die den günstigsten Arbeitspunkt allein bestimmende Größe.

β) Im gegenteiligen Fall

$$(\operatorname{tg} \alpha_P)_{opt} > (\operatorname{tg} \alpha_r)_{opt} \quad \text{oder} \quad \mu_P < m \text{ (genauer } \mu_P < \mu_A) \tag{14.62}$$

wird der absolute Höchstwert von $BH$ in dem Punkt $R$ mit den Koordinaten $(B_r)_{opt}$, $\mu_0 (H_r)_{opt}$ erreicht, in welchen das Produkt $BH$ entlang der äußersten Hysteresiskurve seinen Höchstwert hat. Die zugehörige permanente Zustandskurve hat die Permanenz

$$\begin{aligned} P_r &= (B_r)_{opt} + \mu_P \, \mu_0 (H_r)_{opt} \\ &= (B_r)_{opt} \left\{ 1 + \frac{\mu_P}{\mu_A} \right\} \approx (B_r)_{opt} \left\{ 1 + \frac{\mu_P}{m} \right\} < 2 \, (B_r)_{opt} \, . \end{aligned} \tag{14.63}$$

Bestimmend für die günstigste Zustandsgerade ist in diesem Falle nicht $\mu_P$, sondern $m$, die günstigste Neigung der Arbeitsgeraden wird in diesem Falle beim permanenten Magneten durch dieselbe Vorschrift bestimmt, wie beim remanenten Magneten[1]. Beim permanenten Magneten soll der Arbeitspunkt auf einer durch einen Stabilisierungsvorgang reell hergestellten permanenten Zustandskurve liegen. Nach abgeschlossenem Magnetisierungsvorgang wird man also höchstens den Winkel $\alpha_m = (\alpha_r)_{opt}$ zulassen und ungefähr mit einem Feldstärkewert vom Betrag $H_{st} = (H_r)_{opt}$ zu stabilisieren haben.

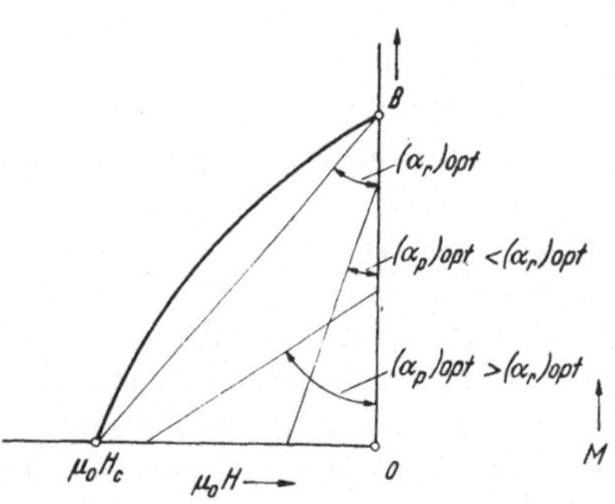


Abb. 14. 11. Steiler und flacher Verlauf der permanenten Zustandsgeraden im Vergleich zur Diagonalen zwischen Koerzitivkraft- und Remanenzpunkt.

Offenbar ist der Fall β), $\mu_P < m$, der beherrschende: in den Zahlenwerten der Tabellen 10.I und 18.I, die die wichtigsten bis heute entwickelten Dauermagnetlegierungen enthalten, findet sich nirgends das gegenteilige Größenverhältnis $\mu_P > m$. Abb. 14.11 veranschaulicht die beiden Möglichkeiten: nach den heute bekannten Zahlen verlaufen offenbar die permanenten Zustandskurven

[1] Für den Fall β) ist angenommen, daß das Produkt $BH$, das zunächst bis zum Wert $B_g H_g$ ansteigt, wenn $P$ von sehr kleinen Werten an ständig bis zum Wert $P_g$ zunimmt, bei weiterer Vergrößerung der Permanenz über $P_g$ hinaus monoton bis zu seinem absoluten Höchstwert $(B_r)_{opt}$ $H_r)_{opt}$ im Punkte $R$ ansteigt, und nach dessen Überschreitung bis zum Wert null für $P \to B_r$ abnimmt. Es ist natürlich auch denkbar, daß zwischen den Punkten $G$ und $R$ das Produkt $BH$ ein relatives Minimum durchläuft. Dazu muß allerdings die Hysteresiskurve oberhalb vom Punkte $G$ verhältnismäßig stark nach innen gekrümmt sein, was praktisch wohl höchstens ausnahmsweise vorkommt.

flacher, als die Diagonale, die durch die Punkte $\mu_0 H_c$ und $B_r$ geht. Wenn man die in (10.9, 10) gefundene Regel über den Zusammenhang zwischen $\mu_P$ und $H_c$ gelten läßt: $\mu_P H_c = \text{const} \approx 1800$ A/cm, so kann man die Grenzen zwischen den beiden Fällen abschätzen, sie würde allgemein durch $B_r \approx (2{,}3 \pm 0{,}5)$ kG gegeben sein. In der Tat liegen die Remanenzwerte fast aller Magnetbaustoffe (Tabelle 18.I) über dieser Größe, was mit dem Vorherrschen des Falles $\beta$): $\mu_P < m$, gleichbedeutend ist. Für die Auswahl der günstigsten permanenten Zustandskurve ist also meist die äußerste Hysteresiskurve mitbestimmend. So wenig die Eigenschaften der permanenten Magnete durch Angabe der äußersten Hysteresiskurve allein bestimmt werden, so wenig sind sie allein durch die permanente Permeabilität gegeben.

Für $P > P_g$ liegen die günstigsten permanenten Zustandspunkte auf der äußersten Hysteresiskurve. An den unteren Endpunkten jeder permanenten Zustandskurve ist aber die Stabilität gefährdet, sie wird nach Ausweis der Abb. 14.1 und 2 bei nur geringer Vergrößerung der Feldstärke nachhaltig zerstört; bei Benutzung dieser Punkte ist die Stabilität nur bei Verkleinerung der Feldstärke gewährt. Im praktischen Falle fordert man Stabilität nach beiden Seiten des Arbeitspunktes um den Betrag $H_{st}/2$; wir haben hier vorausgesetzt, daß die Grenzfeldstärke klein ist: $H_{st} \ll H$. Bei Berücksichtigung dieser Forderung kann der Zustandspunkt nicht äußersten Falles auf der äußersten Hysteresiskurve liegen, er liegt vielmehr auf einer Kurve, die aus dieser durch Verminderung aller Abszissenwerte, also durch eine Verschiebung nach rechts, um den Betrag $\mu_0 H_{st}/2$ hervorgeht, und der höchste Zustandspunkt bleibt von der $B$-Achse um den gleichen Betrag $\mu_0 H_{st}/2$ entfernt. Abbildung 14.2. An den Bestwerten der Winkel (14.54) und (14.59) ändert sich daher, wie man leicht erkennt, nichts wesentliches, solange $H_{st}$ nicht groß wird. Die Größe des erreichbaren Höchstwertes ist nicht $(B_r)_{opt}(H_r)_{opt}$, sondern $(B_r)_{opt}(H_r)_{opt} - (B_r)_{opt} H_{st}/2$.

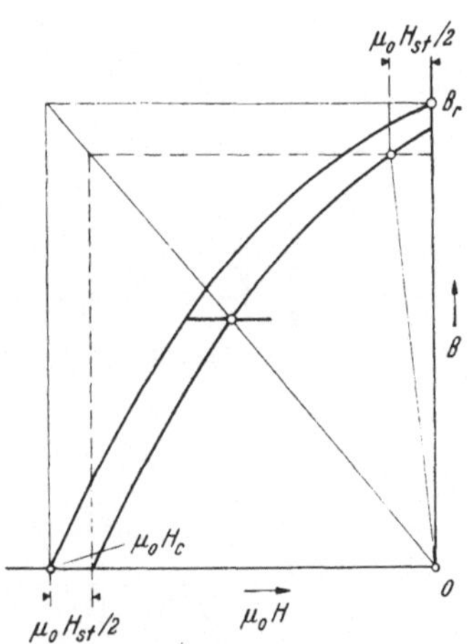


Abb. 14. 12. Verschobene Hysteresiskurve bei Berücksichtigung zweiseitiger kleiner Zustandsänderungen um den Betrag $H_{st}/2$.

In Abb. 14.13a sind die Verhältnisse (ohne Berücksichtigung von $H_{st}$) an der Aluminium-Nickel-Legierung der Abb. 10.3 gezeigt. Hier ist $\mu_P = 4{,}9 < m = 11{,}6$, es liegt der Fall $\beta$) vor. Für alle permanenten Zustandsgeraden, deren Permanenzen kleiner sind als $P_g = 4{,}45$ kG, ist die günstigste Neigung $(\text{tg}\, \alpha_P)_{opt} = 1/\mu_P = 0{,}204$. Der absolute Höchstwert des Produktes $BH$ ist jedoch durch $(\text{tg}\, \alpha_r)_{opt} = 1/m = 0{,}086$ bestimmt; die dem günstigsten Punkt $R$ angehörende permanente Zustandsgerade hat die Permanenz $P_R = 5{,}6$ kG. Die Koordinaten von $G$ sind $B_g = 2{,}23$ kG, $\mu_0 H_g = 0{,}45$ kG, die Koordinaten von $R$ sind $(B_r)_{opt} = 4$ kG, $\mu_0 (H_r)_{opt} = 0{,}34$ kG; das Verhältnis ihrer Produkte ist $(B_r)_{opt}(H_r)_{opt} : B_g H_g \approx 1{,}34 : 1$. Indem man also über den Punkt $G$ hinausgeht und die Neigung $(\alpha_r)_{opt} < (\alpha_P)_{opt}$ im günstigsten Punkt $R$ benutzt, gewinnt man rund ein Drittel. Die Kurven in Abb. 14.13b zeigen den Verlauf von $BH$ in Abhängigkeit von $H$ für die permanente Zustandsgerade $(\overline{OG'})$ und die äußerste Hysteresiskurve $(\overline{OR'G'})$. Man sieht in $G'$ und $R'$ die unterschiedliche Lage und Größe der Höchstwerte.

Die gefundene Regel sagt also aus: Der günstigste Arbeitspunkt permanenter Magnete, deren Zustandskurve sich von einem Punkt der äußersten Hysteresiskurve bis zum Permanenzpunkt auf der $B$-Achse erstreckt, wird bei kleiner Grenzfeldstärke mit guter Annäherung im Falle $\mu_P/m > 1$ durch $1/\mu_P$, im gegenteiligen Fall durch 1/m, genauer durch $\mu_0 (H_r)_{opt} / (B_r)_{opt}$ bestimmt, wobei $(B_r)_{opt}$ und $\mu_0 H_r)_{opt}$ die Koordinaten des Höchstwertes $(BH)_{max}$ entlang der äußersten Hysteresiskurve sind.

3. *Gewinnung günstigster Verhältnisse, wenn eine Grenzfeldstärke von beträchtlicher Größe $H_{st}/2$ beiderseits des Zustandspunktes gefordert ist.* Für diese Aufgabe gehen wir wieder davon aus, daß durch $\mu_P$ und die äußerste Hysteresiskurve das Feld der permanenten Zustandsgeraden eines bestimmten Magnetbaustoffes gegeben ist, und daß die unteren Endpunkte der permanenten Zustandsgeraden auf der äußersten Hysteresiskurve liegen; unter gegebenen Bedingungen ist diejenige unter ihnen die günstigste, die die größte Permanenz hat. Wir finden sie durch Konstruktion bei folgenden Aufgaben:

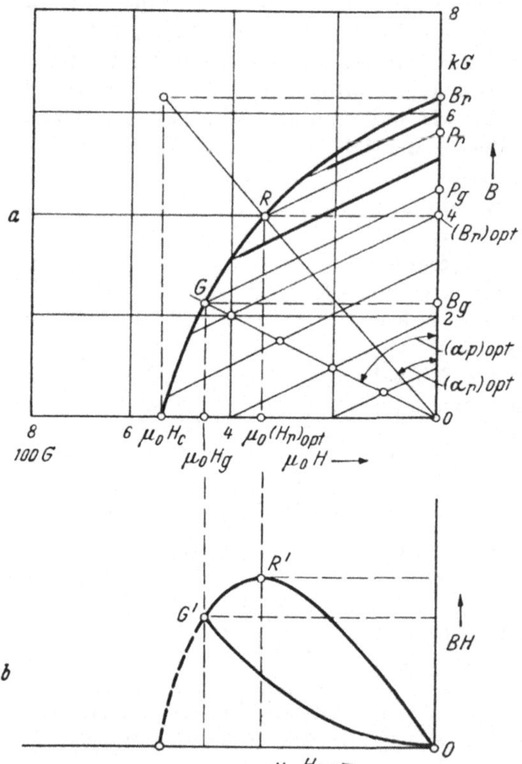


Abb. 14.13. Beispiel für das Aufsuchen der günstigsten permanentmagnetischen Zustandskurve und der günstigsten Arbeitsgeraden.

α) Die Grenzfeldstärke $H_{st}$ sei vorgegeben. Dann ergibt der Schnittpunkt der Ordinate, die zur Abszisse $\mu_0 H_{st}$ gehört, mit der Hysteresiskurve den unteren Endpunkt der permanenten Zustandskurve in höchstmöglicher Lage, daher mit gegebenem $\mu_P$ diese selbst. Abb. 14.14. Der Schnittpunkt der Ordinate, die zur Abszisse $H_{st}/2$ gehört, mit der permanenten Zustandskurve ist der Arbeitspunkt $A$, von dem aus Zustandsänderungen nach beiden Seiten um den Feldstärkebetrag $\pm H_{st}/2$ möglich sind. Aus der Lage von $A$ folgt die Neigung $\alpha_p$ der Arbeitsgeraden. Je kleiner also das geforderte $H_{st}$ ist, um so größer ist $P$ und um so kleiner wird $\alpha_p$. — Zur Abszisse $\mu_0 H_{st}$ möge auf der äußersten Hysteresiskurve die Ordinate $B_1$ gehören, und es sei

$$\operatorname{tg} \alpha_1 = \frac{\mu_0 H_{st}}{B_1} . \tag{14.64}$$

Dann ist die Permanenz der günstigsten permanenten Zustandsgeraden

$$P = B_1 + \mu_P \mu_0 H_{st} = B_1 (1 + \mu_P \operatorname{tg} \alpha_1) , \tag{14.65}$$

und für den Winkel $\alpha_p$ zwischen der Arbeitsgeraden $\overline{OA}$ und der $B$-Achse gilt

$$\operatorname{tg} \alpha_p = \frac{\mu_0 H_{st}}{B_1 + P} ; \quad \frac{1}{\operatorname{tg} \alpha_p} = \mu_P + \frac{2}{\operatorname{tg} \alpha_1} . \tag{14.66}$$

Durch $\alpha_p$ sind, wie bekannt, wesentliche geometrische Abmessungen des magnetischen Kreises bestimmt, aus $\alpha_1$ läßt sich abschätzen, wie groß der magnetische

Widerstand des Kreises nach im magnetischen Kurzschluß durchgeführter Magnetisierung höchstens werden darf.

$\beta$) Ist umgekehrt die Zustandskurve durch $\mu_P$ und $P$ gegeben, so ergibt ihre Projektion auf die $\mu_0 H$-Achse die größtmögliche Grenzfeldstärke $\mu_0 H_{st}$. Abb. 14.14. Der Schnittpunkt der Ordinate, der zur Abszisse $\mu_0 H_{st}/2$ gehört, mit der permanenten Zustandsgeraden ist der Arbeitspunkt $A$, womit auch die Neigung $\alpha_p$ der Arbeitsgeraden festgelegt ist.

$\gamma$) Ist ferner die Neigung der Arbeitsgeraden in beliebiger Größe vorgegeben, zum Beispiel der günstigste Wert $(\alpha_p)_{opt}$, und wird die größtmögliche Grenzfeldstärke und die zugehörige permanente Zustandsgerade gesucht, so geht man wie folgt vor: die gegebene Arbeitsgerade schneidet das Feld der permanenten Zustandsgeraden, und eine bestimmte dieser Zustandsgeraden wird in Hälften geteilt; diese ist die günstigste, der Schnittpunkt ist der Arbeitspunkt $A$. Abb. 14.14. Ihre Projektion auf die $\mu_0 H$-Achse ergibt das größtmögliche $\mu_0 H_{st}$.

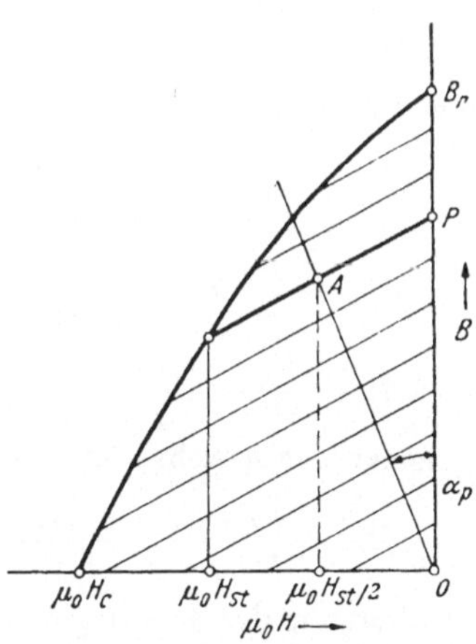


Abb. 14.14. Aufsuchen der günstigsten Verhältnisse bei beträchtlicher Größe der Grenzfeldstärke $H_{st}$.

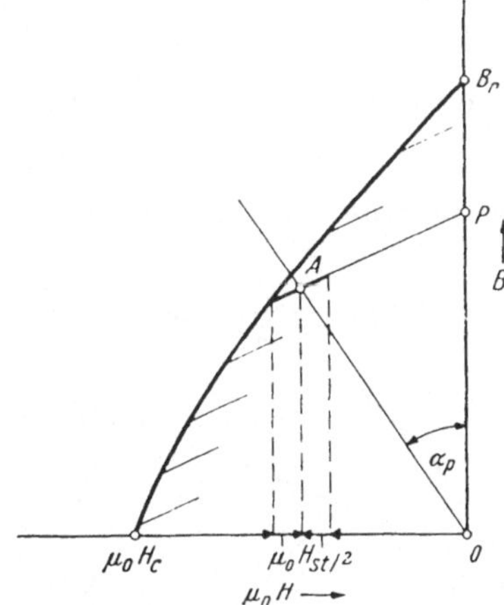


Abb. 14.15. Aufsuchen der günstigsten Zustandskurve bei gegebenem $\alpha_p$ und $H_{st}$.

$\delta$) Ist schließlich die Neigung der Arbeitsgeraden in beliebiger Größe vorgegeben, ferner ein verhältnismäßig kleiner Wert der Grenzfeldstärke, so trägt man, um die günstigste permanente Zustandsgerade zu finden, unter einander parallele Geradenstücke mit der Neigung $\operatorname{tg} \alpha_P = \mu_P$ und der Länge $S = \mu_0 H_{st} \sqrt{\mu_P + 1}$ mit ihren unteren Endpunkten entlang der Hysteresiskurve an. Abb. 14.15. Eines dieser Geradenstücke wird von der Arbeitsgeraden in Hälften geteilt. Dieser Schnittpunkt ist der Arbeitspunkt, das Geradenstück ist die günstigste Zustandsgerade mit der Permanenz $P$.

**d) Analytische Darstellung.**

Diese läßt die in c) behandelten Verhältnisse besonders deutlich erkennen, ihre Genauigkeit ist für eine erste Unterrichtung oft ausreichend. Wir ersetzen dazu die äußerste Hysteresiskurve im II. Quadranten durch einen Hyperbelast. Berechtigung, Bedeutung und Genauigkeit dieser Wahl werden in Abschnitt 15 eingehend nachgewiesen. Hier ist das Koordinatensystem $b$, $h$:

$$b = \frac{B}{B_r}, \quad h = \frac{H}{H_c} \tag{14.67}$$

zweckmäßig. Die Hyperbel

$$b = \frac{1-h}{1-kh} \quad \text{oder} \quad h = \frac{1-b}{1-kb} \tag{14.68}$$

ist durch die drei Parameter $B_r$, $H_c$ und

$$\left.\begin{aligned} &k = 1 - \left(\frac{1}{\sqrt{\gamma}} - 1\right)^2, \\ &0 \leqq k \leqq +1, \qquad \tfrac{1}{4} \leqq \gamma \leqq 1 \end{aligned}\right\} \tag{14.69}$$

bestimmt; $\gamma$ ist der aus (11.23) bekannte Ausladungsfaktor. Bezeichnen wir in dieser Darstellung die Neigung der Arbeitsgeraden gegen die $b$-Achse mit $\operatorname{tg}\beta = h/b$, so gilt also

$$\operatorname{tg}\beta = m \operatorname{tg}\alpha \tag{14.70}$$

wenn $\operatorname{tg}\alpha = \mu_0 H/B$ die Neigung der Arbeitsgeraden nach bisheriger Definition (11.6) im Koordinatensystem $B$, $\mu_0 H$ ist. Daher ist die günstigste Neigung der Arbeitsgeraden für die Hysteresishyperbel (14.68)

$$(\operatorname{tg}\beta_r)_{opt} = 1\,, \tag{14.71}$$

ferner ist der Höchstwert des Produktes $bh$ entlang dieser Kurve

$$(b_r)_{opt}\,(h_r)_{opt} = \gamma\,. \tag{14.72}$$

Die permanente Zustandsgerade hat die Gleichung

$$b = p - \frac{\mu_P}{m} h \tag{14.73}$$

$$p \equiv \frac{P}{B_r}\,,$$

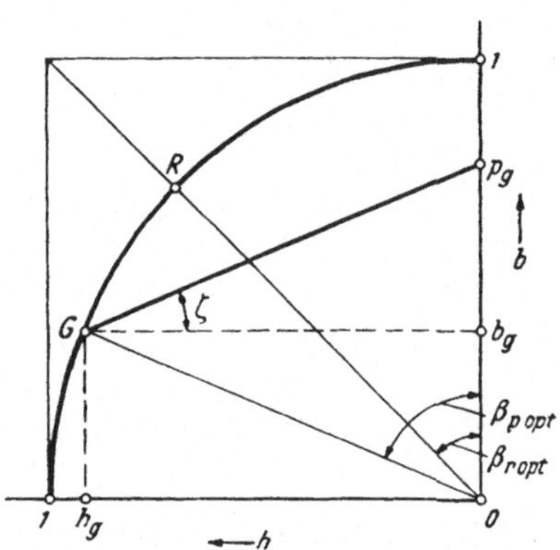


Abb. 14.16. Ermittlung der günstigsten permanenten Zustandskurve bei gegebener günstigster Arbeitsgeraden.

ihre Neigung gegen die $h$-Achse ist

$$\operatorname{tg}\zeta = \frac{\mu_P}{m}\,. \tag{14.74}$$

Die günstigste Neigung der Arbeitsgeraden gegen die $b$-Achse ist

$$(\operatorname{tg}\beta_P)_{opt} = \frac{m}{\mu_P} = \frac{1}{\operatorname{tg}\zeta}\,, \tag{14.75}$$

der Höchstwert des Produktes $bh$ entlang der permanenten Zustandsgeraden ist

$$(b_P)_{opt}\,(h_P)_{opt} = \frac{p^2}{4\,\mu_P/m}\,. \tag{14.76}$$

Die *Ermittlung der günstigsten permanenten Zustandsgeraden bei gegebener günstigster Arbeitsgerade* (Aufgabe 2 mit Abb. 14.13 in Abschnitt 14.c) ist nach diesen Vorbereitungen außerordentlich einfach: In Abb. 14.16 ist der Fall $(\beta_P)_{opt} > (\beta_r)_{opt}$ aufgezeichnet. Dafür ist die Neigung aller Zustandsgeraden $\operatorname{tg}\zeta = \mu_P/m < 1$. Von allen diesen Zustandsgeraden, die von der Arbeitsgeraden mit der günstigsten Neigung geschnitten werden, hat die durch den Punkt $G$ verlaufende den größten Wert $p = p_g = 2\,b_g$, ist also die günstigste. Im Punkt $G$ hat das Produkt $bh$ entlang der Hysteresiskurve den Wert $b_g h_g$, der mit dem Höchstwert $\gamma$ im Punkte $R$ zu vergleichen ist. Entscheidend ist also die Neigung der Arbeitsgeraden $(\operatorname{tg}\beta_P)_{opt} = \frac{m}{\mu_P}$ im Verhältnis zu $(\operatorname{tg}\beta_r)_{opt} = 1$. In dem in Abb. 14.16 gezeichneten Fall ist

$$\frac{m}{\mu_P} > 1\,, \tag{14.77}$$

daher ist

$$b_g h_g < \gamma \,. \tag{14.78}$$

**Durch Verkleinern der Neigung der Arbeitsgeraden bis auf den Wert eins vergrößert man daher $bh$ bis zum größtmöglichen Wert $\gamma$. Im gegenteiligen Fall**

$$\left.\begin{aligned} &(\operatorname{tg}\beta)_{opt} < (\operatorname{tg}\beta_r)_{opt}\,,\\ &\frac{m}{\mu_P} < 1 \end{aligned}\right\} \tag{14.79}$$

wäre es aber sinnlos, die Neigung der Arbeitsgeraden auf den Wert eins zu vergrößern: in diesem Fall haben die Zustandsgeraden die Neigung gegen die $h$-Achse $\operatorname{tg}\zeta = \frac{1}{(\operatorname{tg}\alpha_p)_{opt}} = \frac{\mu_P}{m} > 1$, verlaufen also steiler als die Diagonale, die die Punkte $h=1$ und $b=1$ miteinander verbindet, daher liegen die Schnittpunkte der Arbeitsgeraden mit den permanenten Zustandsgeraden innerhalb der von der äußersten Hysteresiskurve und den beiden Achsen begrenzten Fläche. Vgl. hierzu auch Abb. 14.11.

Um im ersten Fall den Unterschied (14.78) zu erfassen, kann man wie folgt vorgehen: Aus

$$\operatorname{tg}\beta = \frac{h}{b} = \frac{1-b}{b(1-kb)} \tag{14.80}$$

folgt durch Auflösen nach $b$

$$\left.\begin{aligned} b &= \alpha_1 - \sqrt{\alpha_1^2 - \alpha_2}\,,\\ \alpha_1 &= \frac{1+\operatorname{tg}\beta}{2k\operatorname{tg}\beta}\,,\\ \alpha_2 &= \frac{1}{k\operatorname{tg}\beta}\,. \end{aligned}\right\} \tag{14.81}$$

Ferner ist

$$bh = \frac{b(1-b)}{1-kb}\,. \tag{14.82}$$

Durch Einsetzen der gegebenen Werte $k$ und $\operatorname{tg}\beta = (\operatorname{tg}\beta_p)_{opt}$ erhält man aus (14.81, 82) $b_g$ und $b_g h_g$, was mit $\gamma$ zu vergleichen ist.

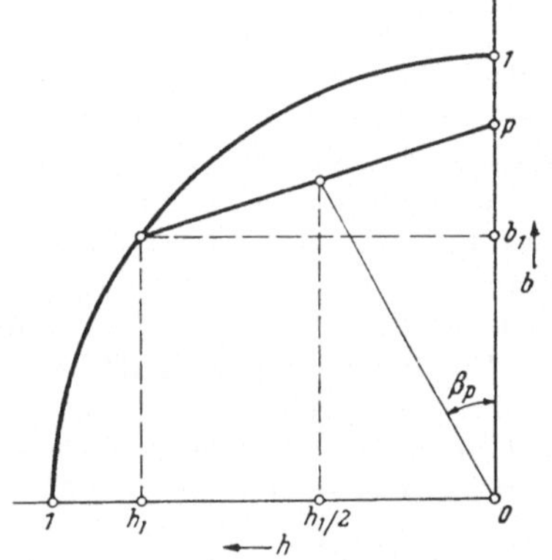


Abb. 14.17. Ermittlung günstigster Verhältnisse bei gegebener Grenzfeldstärke.

Beispiel: Für die Hysteresiskurve des Beispieles Abb. 14.13 gilt, roh geschätzt, $\gamma = 0{,}324$, $\sqrt{\gamma} = 0{,}57$, daher $k = 0{,}44$ nach (14.69); ferner mit den dort angegebenen Werten $\mu_p = 4{,}9$, $m = 11{,}6$ nach (14.75) auch $(\operatorname{tg}\beta_p)_{opt} = 2{,}37$. Hiermit aus (14.81, 82): $b_g = 0{,}32$, $b_g h_g = 0{,}252$. Es ist $\gamma$: $b_g h_g = 1{,}28:1$. Durch Verändern des Arbeitspunktes von $G$ nach $R$ gewinnt man rund 28%.

Für die *Ermittlung günstigster Verhältnisse bei gegebener Grenzfeldstärke* $h_1/2$ von beträchtlicher Größe zu beiden Seiten des Arbeitspunktes (Aufgabe 3 mit Abb. 14.14 in Abschnitt 14c) gilt mit Hilfe von Abb. 14.17:

Die Koordinaten des unteren Endpunktes der günstigsten permanenten Zustandsgeraden sind $b_1$, $h_1$:

$$b_1 = \frac{1-h_1}{1-kh_1} \quad \text{auf der Hysteresishyperbel,} \tag{14.83}$$

$$b_1 = p - \frac{\mu_P}{m} h_1 \quad \text{auf der Zustandsgeraden.} \tag{14.84}$$

Daher ist die Permanenz

$$p = b_1 + \frac{\mu_P}{m} h_1 = \frac{1-h_1}{1-kh_1} + \frac{\mu_P}{m} h_1\,. \tag{14.85}$$

Die Koordinaten des Arbeitspunktes $A$ sind

$$h_A = \frac{h_1}{2}, \qquad b_A = b_1 + \frac{p - b_1}{2}, \tag{14.86}$$

daher ist die Neigung der Arbeitsgeraden gegen die b-Achse

$$\operatorname{tg}\beta_P = \frac{h_A}{b_A} = \frac{h_1}{p + b_1}; \qquad \frac{1}{\operatorname{tg}\beta_P} = \frac{\mu_P}{m} + \frac{2(1-h_1)}{\frac{1}{h_1} - k}. \tag{14.87}$$

Als gegeben anzusehen ist wieder $\mu_P/m$, also das Feld der untereinander parallelen permanenten Zustandsgrößen, und $k$, also die Hysteresiskurve.

Ist somit erstens eine bestimmte größtmögliche Grenzfeldstärke $H_{st}/2$ zu beiden Seiten vom Arbeitspunkt gefordert, so ergibt sich mit $H_{st}/H_c = h_1$ aus (14.83) auch $b_1$, aus (14.85) die Permanenz $p$ der günstigsten Zustandsgeraden. Aus $p$, $b_1$, $h_1$ hat man mit (14.86, 87) die Koordinaten des Arbeitspunktes $b_A$, $h_A$ und die Neigung $\operatorname{tg}\beta_P$ der Arbeitsgeraden.

Beispiel: Es sei, wie oben, $k = 0{,}44$, $\mu_P/m = 0{,}42$, dazu sei gefordert $H_{st} = 0{,}6$ $H_c$ oder $h_1 = 0{,}6$. Damit ergibt sich $b_1 = 0{,}543$ und $p = 0{,}801$. Dies ist die günstigste Zustandskurve. Also ist der Arbeitspunkt $A$ gegeben durch $h_A = 0{,}3$, $b_A = 0{,}672$, $\operatorname{tg}\beta_P = 0{,}446$.

Ist zweitens nicht die Grenzfeldstärke gefordert, sondern die permanente Zustandsgerade vorgegeben: $p = P/B_r$, so folgt $h_1$ mit $p$ aus der nach $h_1$ aufgelösten Gleichung (14.85) (positive reelle Wurzel einer quadratischen Gleichung); hieraus der Reihe nach $b_1$ mit (14.83), $h_A$, $b_A$, $\operatorname{tg}\beta_P$ mit (14.86, 87).

Ist drittens die Neigung der Arbeitsgeraden $\operatorname{tg}\beta_P$ vorgegeben, so ergibt sich $h_1$ mit $\operatorname{tg}\beta_P$ aus der nach $h_1$ aufgelösten Gleichung (14.87) (positive reelle Wurzel einer quadratischen Gleichung); hieraus erhält man der Reihe nach $b_1$ und $p$ mit (14.84) und (14.85,) $h_A$ und $b_A$ einzeln mit (14.86).

Die Beziehungen (14.83...87) zeigen wieder: je größer $h_1$, um so kleiner ist $p$ und um so größer tg.

Zu einer vollständigen Beschreibung sind also vier Parameter notwendig und ausreichend: $\mu_P$, $\gamma$, $B_r$, $H_c$.

## 15. Die Zustandskurven remanenter Magnete als Kurven zweiten Grades.

a) *Die Bestwertkoordinaten.* b) *Eigenschaften der Kurven.* c) *Anwendungen.* d) *Folgerungen.*

Die Zustandskurven permanenter Magnete konnten wir durch Geradenstücke annähern. Das hat nicht nur die Beschreibung der physikalischen Vorgänge und Zustände solcher Magnete und ihrer Eigenschaften sehr übersichtlich gemacht (Abschnitt 7, 9, 14), sondern auch die technische Berechnung außerordentlich erleichtert (Abschnitt 11, 13, 14). Diese Erfahrung legt den Wunsch nahe, auch die Zustandskurven remanenter Magnete analytisch auszudrücken, das heißt durch analytische Kurven zu ersetzen. Diese Näherung muß einerseits rechnerisch hinreichend einfach, andererseits zahlenmäßig so treffend sein, daß in der Beschreibung wie in der Vorausberechnung die gegenwärtig erreichbare und die heute geforderte Genauigkeit eingehalten wird. Außerdem muß zu einer vorgelegten empirischen Zustandskurve die individuelle, ersetzende Kurve und ihr analytischer Ausdruck (die Zahlenwerte der Konstanten in ihrer Gleichung) auf möglichst einfache Weise bestimmt werden können. Nicht nur für die remanenten Magnete selbst sind die remanenten Zustandskurven bestimmend, sondern auch für die permanenten Magnete, wie der Abschnitt 14 gezeigt hat.

Die Kurven zweiten Grades bieten offenbar die einfachste Möglichkeit. Wir untersuchen ihre Eignung für die Darstellung äußerster Hysteresiskurven im

II. Quadranten. Über den Ersatz experimentell aufgenommener Magnetisierungskurven durch Kegelschnitte ist bis heute folgendes bekannt:

***Würschmid*** hat gefunden[1], daß die Hysteresiskurven einiger Magnetbaustoffe (Chromstahl, Koerzit) im II. Quadranten im Koordinatensystem ($B/m$; $\mu_0 H$) durch Kreisbögen ersetzt werden können, deren Mittelpunkte auf der Mediane liegen, die also mit zwei Konstanten $\alpha$ und $\beta$ die Gleichung haben

$$(\mu_0 H + \alpha)^2 + (B/m + \alpha)^2 - \beta^2 = 0\,. \tag{15.1}$$

Wie in Abschnitt 14 berichtet wurde, hat *Baur*[2] und nach ihm *Rayleigh*[3] für $H \ll H_c$ die parabolische Abhängigkeit

$$B = \alpha H + \beta H^2 \tag{15.2}$$

experimentell gefunden und verwertet ($\alpha$, $\beta$ Konstante). Obwohl dadurch nahegelegt, wurde doch der Ersatz der äußersten Hysteresiskurven im II. Quadranten durch Parabelstücke bis heute nicht näher untersucht. *Fröhlich*[4] hat die Magnetisierungskurven von weichem Eisen im I. Quadranten, um das Verhalten von Gleichstromgeneratoren zu kennzeichnen, durch den Hyperbelast

$$B = \frac{H}{\alpha + \beta H} \tag{15.3}$$

wiedergegeben und diese Kurve experimentell bestätigt ($\alpha$, $\beta$ Konstante). *Watson*[5] ist von der Annahme ausgegangen, daß die Magnetisierungskurve die sogenannte *Lamont*sche Beziehung befolge. Hierunter wird die sinnfällige Annahme verstanden, daß die Steilheit der Magnetisierungskurve $B = B(\mu_0 H)$ in jedem Punkt proportional sei zur Differenz zwischen Sättigungsinduktion $B_s$ und Induktion $B$ im betrachteten Punkt; als Maß der Steilheit wird dabei die totale Permeabilität $B/\mu_0 H$ angesehen. Für eine Magnetisierungskurve im I. Quadranten lautet diese Annahme also einfach

$$\frac{B}{H} = k(B_s - B)\,. \tag{15.4}$$

mit einem Proportionalitätsfaktor $k$. Hieraus kommt durch Auflösen

$$B = k B_s \frac{H}{1 + kH} \tag{15.5}$$

identisch mit der Gleichung (15.3) von *Fröhlich*. Ob man also sagt, man gehe von der *Fröhlich*schen oder von der *Lamont*schen Annahme aus, ist dasselbe. *Watson* hat die Beziehung (15.4) auf die Hysteresiskurven von Magneten im II. Quadranten angewandt und für diese Hyperbeläste die in (11.21) genannte Rechteckkonstruktion der Bestwertkoordinaten gefunden.

**a) Die Bestwertkoordinaten.**

Ein Ziel der Berechnung ist es, die Werte $B_1$, $H_1$ zu finden, bei denen das Produkt $BH$ entlang der remanenten Zustandskurve seinen Höchstwert hat. Hierfür war in (11.21) ein Näherungsverfahren zunächst ohne Begründung mitgeteilt, jedoch an empirischem Zahlenmaterial eingehend geprüft worden. Es besteht in folgender Regel, die wir Rechteckkonstruktion genannt haben: Die Koordinaten $B_1$, $\mu_0 H_1$ des Schnittpunktes der äußersten Hysteresiskurve $B = B(\mu_0 H)$ mit der Ursprungsgeraden, die die Neigung $\operatorname{tg}\alpha = \mu_0 H_c / B_r = 1/m$ gegen die $B$-Achse hat, ergeben den Höchstwert $(BH)_{max}$; Abb. 11.3; oder: die Bedingung dafür, daß $B_1 H_1 = (BH)_{max}$ ist, lautet $B_1 = m \cdot \mu_0 H_1$.

[1] *J. Würschmid*, Z. f. Phys. 29 (1924) S. 175.
[2] *C. Baur*, Wied. Ann. 11 (1880) S. 394, besonders S. 399.
[3] *Lord Rayleigh*, Phil. Mag. (5) 23 (1887) S. 225.
[4] *O. Fröhlich*, Elektrot. Z. 1 (1881) S. 134 und 170; 2 (1882) S. 69 und besonders S. 71.
[5] *E. A. Watson*, Journ. Inst. Electr. Eng. 61 (1923) S. 641.

Wir fragen zunächst, welche Eigenschaften die Kurven haben müssen, damit diese Regel zutrifft. Hierfür und für alles folgende erleichtern wir uns die Darstellung wesentlich, indem wir an Stelle des Koordinatensystemes $B$, $\mu_0 H$ andere Koordinaten $b$, $h$ benutzen, die definiert sind durch

$$b = \frac{B}{B_r}, \qquad h = \frac{H}{H_c}. \tag{15.6}$$

Die Kurven $b(h)$, die hierdurch aus $B = B(\mu_0 H)$ eindeutig hervorgehen, nennen wir gleichfalls äußerste Hysteresiskurven oder remanente Zustandskurven. Die Neigung der Arbeitsgeraden gegen die $b$-Achse bezeichnen wir mit $\operatorname{tg}\beta$. Dann gilt für die Übersetzung von dem einen Koordinatensystem in das andere

$$\frac{h}{b} = \operatorname{tg}\beta = m\frac{\mu_0 H}{B} = m\cdot\operatorname{tg}\alpha, \quad \frac{\partial B}{\partial \mu_0 H} = m\frac{\partial b}{\partial h}, \tag{15.7}$$

$$(b\,h)_{max} = b_1 h_1 = (B\,H)_{max}/B_r H_c. \tag{15.8}$$

Damit lautet die genannte Regel: die Koordinaten $b_1$, $h_1$, die für das Produkt $bh$ entlang der Zustandskurve $b = b(h)$ den größten Wert $(bh)_{max}$ ergeben, sind bestimmt durch den Schnittpunkt der Geraden mit der Neigung

$$\operatorname{tg}\beta = 1, \tag{15.9}$$

also der Mediane $b = h$, mit der Kurve $b = b(h)$. Die Gleichung der Bestwertkoordinaten ist somit

$$b(h_1) = b_1 = h_1. \tag{15.10}$$

Mit (11.23, 15.8) gilt

$$b_1 h_1 = \gamma, \qquad b_1 = h_1 = \sqrt{\gamma}, \tag{15.11}$$

Abb. 15.1. Man kann die Aufgabe mathematisch auch so formulieren: ist $F(b,h) = 0$ die Gleichung der remanenten Zustandskurve, so lautet die Bedingung dafür, daß das Produkt $bh$ einen extremen Wert annimmt:

$$b + \lambda\frac{\partial F}{\partial h} = 0, \qquad h + \lambda\frac{\partial F}{\partial b} = 0, \tag{15.12}$$

oder nach Elimination des willkürlichen Parameters $\lambda$

$$b\frac{\partial F}{\partial b} + h\frac{\partial F}{\partial h} = 0, \qquad \frac{b}{h} = -\frac{\partial F}{\partial h}\Big/\frac{\partial F}{\partial b} = -\frac{db}{dh}. \tag{15.13}$$

Von den Magnetisierungskurven wird also die Eigenschaft verlangt, daß sie im Schnittpunkt mit der Mediane gleich große Koordinaten $b_1 = h_1$ aufweisen, nachdem sie in ein Koordinatensystem $b$, $h$ überführt sind, in welchem sie gleich große Achsenabschnitte der Größe eins haben. Diese Eigenschaften haben sicher alle Kurven, die zur Mediane symmetrisch sind (die in sich selbst übergehen, wenn sie an der Mediane gespiegelt werden). Unter den Kegelschnitten sind das Kreise, deren Mittelpunkte auf der Mediane liegen, und Äste gleichseitiger Hyperbeln mit achsenparallelen Asymptoten. Das findet man natürlich auch rechnerisch, indem man die allgemeine Gleichung der Kegelschnitte in die Bedingungsgleichung (15.13) einsetzt.

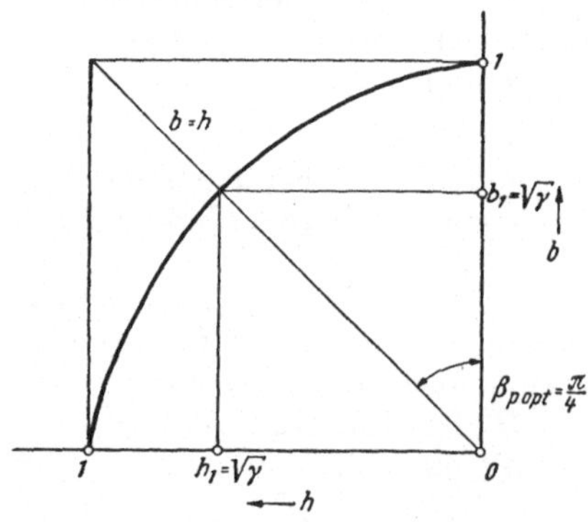

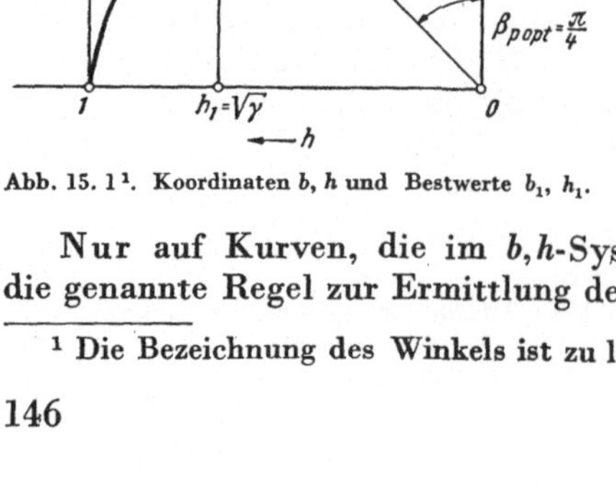

Abb. 15. 1[1]. Koordinaten $b$, $h$ und Bestwerte $b_1$, $h_1$.

Nur auf Kurven, die im $b,h$-System zur Mediane symmetrisch sind, trifft die genannte Regel zur Ermittlung der Bestwerte zu, daher gilt auch umgekehrt:

[1] Die Bezeichnung des Winkels ist zu lesen $\beta_{opt}$, nicht $\beta_{p\,opt}$.

erkennt man die Rechteckkonstruktion für die Ermittlung der Bestwerte als ausreichend an, so betrachtet man damit zugleich die Hysteresiskurven als Kurven, die im $b,h$-System symmetrisch zur Mediane verlaufen; für Kurven, die nicht so beschaffen sind, können die Bestwerte nicht durch die Rechteckkonstruktion gefunden werden, zum mindesten nicht exakt.

**b) Eigenschaften der Kurven.**

Die Abb. 15.2a, b, c, d geben einen Überblick über die in Betracht kommenden Kurven, Tabelle 15.I über ihre wichtigsten Eigenschaften. Ziel ist die Bestimmung der Bestwertkoordinaten, ihres Produktes und ihres Verhältnisses. Die Größen der Bestwertkoordinaten sind für jede Kurve an den Achsen angetragen. Der einfachste Weg, um zu einer vorgelegten Zustandskurve den analytischen Ersatz zu bestimmen, ist der unmittelbare Kurvenvergleich (hierfür wird man vorteilhaft die in den Maßstab der Abb. 15.2 übertragene Zustandskurve auf durchsichtiges Papier zeichnen und versuchsweise zur Deckung bringen, nötigenfalls interpolieren). Jede Ersatzkurve ist durch drei Werte bestimmt, von denen zwei $B_r$ und $H_c$ sind, so daß im $b,h$-System nur ein Kurvenparameter übrigbleibt; sein Wert bestimmt in der Gleichung der Kurvengattung eindeutig die individuelle Kurve. Solche Kurvenparameter, deren Definition natürlich eine Frage der Zweckmäßigkeit ist, sind jeder einzelnen Kurve in der Abb. 15.2 beigeschrieben, ihre Bedeutung wird für jede Kurvengattung im folgenden erläutert. Nach Angabe der Tabelle 15.I kann der Kurvenparameter zum Beispiel bei den Kreisbögen durch Ermittlung des Halbmessers bestimmt werden, bei den anderen Kurvengattungen mit Hilfe von Tangenten-Achsenabschnitten. Hierunter ist folgendes verstanden: die Tangente an die Magnetisierungskurve $B = B(\mu_0 H)$ im Remanenzpunkt $B = B_r$, $H = 0$ schneidet aus der $\mu_0 H$-Achse den Abschnitt $\mu_0 H'$, die Tangente im Koerzitivkraftpunkt $B = 0$, $H = H_c$ schneidet aus der $B$-Achse den Abschnitt $B'$, wie in Abb. 11.3 veranschaulicht ist. Mit (15.7) gilt dann

$$\left.\begin{aligned} -\frac{1}{m}\left(\frac{\partial B}{\partial \mu_0 H}\right)_{H=H_c} &= \frac{B'}{\mu_0 H_c}\cdot\frac{1}{m} = \frac{B'}{B_r} = -\left(\frac{\partial b}{\partial h}\right)_{h=1}, \\ -\frac{1}{m}\left(\frac{\partial B}{\delta \mu_0 H}\right)_{H=0} &= \frac{B_r}{\mu_0 H'}\cdot\frac{1}{m} = \frac{H_c}{H'} = -\left(\frac{\partial b}{\partial h}\right)_{h=0}. \end{aligned}\right\} \tag{15.14}$$

Mit diesen Beziehungen können auf die im folgenden für jede Kurvengattung angegebene Weise die Parameter aus dem Verhältnis zweier Strecken $B'/B_r$ oder $H'/H_c$ bestimmt werden, wobei die Strecken jeweils auf derselben Achse liegen, also in beliebigem Maßstab abgelesen werden können.

Nach Tabelle 15.I hat, wie vorausgesagt, die günstigste Neigung nur für Kreisbögen und Hyperbeläste den konstanten Wert 1. Wird also für eine vorgelegte Zustandskurve die Rechteckkonstruktion für eine zureichende Näherung gehalten, so kommen für den Ersatz nur diese beiden Kurvengattungen in Betracht. Bei den Parabeln weicht die günstigste Neigung der Arbeitsgeraden vom Wert 1 höchstens um $-0{,}134$ und $+0{,}155$ ab. Für im $b,h$-System nicht zur Mediane symmetrische Kurven ist die Rechteckkonstruktion der günstigsten Neigung nur eine Näherung, die allerdings um so besser wird, je weniger ausladend die Kurve ist, und solche unsymmetrischen Kurven können nur durch Parabeln wiedergegeben werden. Über die Anwendungsgrenzen gilt: der Bereich ist am schmalsten für die Parabeln, für die er von $\gamma = 0{,}25$ nur bis $\gamma = 0{,}385$ geht. Für die Kreisbögen erstreckt er sich bis $\gamma = 0{,}5$, dieser Ersatz ist geometrisch besonders einfach. Bei den Hyperbelästen liegt keinerlei Beschränkung vor, alle Werte zwischen der schrägen Geraden $\gamma = \frac{1}{4}$ und dem Rechteck $\gamma = 1$ sind möglich. Nach Tabelle 18.I gibt es Magnetbaustoffe mit $\gamma > 0{,}5$. Bei Beschränkung auf Kurven zweiten Grades können diese nur durch Hyperbeläste wiedergegeben

Tabelle 15.I. *Eigenschaften der ersetzenden Kurven zweiten Grades.*

| | Kreisbögen | Parabeln I | Parabeln II | Hyperbeln |
|---|---|---|---|---|
| Abbildung | 2a | 2b | 2c | 2d |
| Kurvengleichung | 15 | 22, 29 | 33 | 38, 39, 43, 45 |
| Kurvenparameter | $s$: Gl. 18 | $p$: Gl. 26 | $p$: Gl. 35 | $a$: Gl. 41, 42 |
| | $r$: Gl. 17 | $q$: Gl. 28, 30 | $q$: Gl. 36 | $\lambda$: Gl. 44, 47 |
| | Abb. 4 | Abb. 5 | Abb. 5 | Abb. 6, 7, 8 |
| wird erhalten durch | Konstruktion des Halbmessers | Tangenten-Achsenabschnitte | Tangenten-Achsenabschnitte | Tangenten-Achsenabschnitte |
| | | $q=\frac{B'}{B_r}=2-\frac{H_c}{H'}$ | $q=\frac{H'}{H_c}=2-\frac{B_r}{B'}$ | $\lambda=\frac{H_c}{H'}=\frac{B_r}{B'}$ |
| Bestwerte: $h_1$ | Gl. 16, Abb. 4 | $=\psi$, Gl. 23, Abb. 5 | $=\chi$, Gl. 34, Abb. 5 | Gl. 41, 47, Abb. 6, 7, 8 |
| $b_1$ | $b_1=h_1=\sqrt{\gamma}$ | $=\chi$, Gl. 24, Abb. 5 | $=\psi$, Gl. 34, Abb. 5 | $b_1=h_1=\sqrt{\gamma}$ |
| $\operatorname{tg}\beta$ | $=1$ | $=\psi/\chi$, Gl. 25, Abb. 5 | $=\chi/\psi$, Gl. 34, Abb. 5 | $=1$ |
| $h_1 b_1=\gamma$ | Gl. 16, Abb. 4 | $=\psi\chi$, Gl. 25, Abb. 5 | $=\chi\psi$, Gl. 34, Abb. 5 | Gl. 41, 47, Abb. 6, 7, 8 |
| Bereiche: $h_1$ | von 0,50 bis 0,707 | von 0,50 bis 0,587 | von 0,50 bis 0,667 | von 0,50 bis 1,0 |
| $b_1$ | von 0,50 bis 0,707 | von 0,50 bis 0,667 | von 0,50 bis 0,587 | von 0,50 bis 1,0 |
| $\operatorname{tg}\beta$ | $=1=$const | von 1,0 bis 0,866 | von 1,0 bis 1,155 | $=1=$const |
| $h_1 b_1=\gamma$ | von 0,25 bis 0,5 | von 0,25 bis 0,385 | von 0,25 bis 0,385 | von 0,25 bis 1,0 |

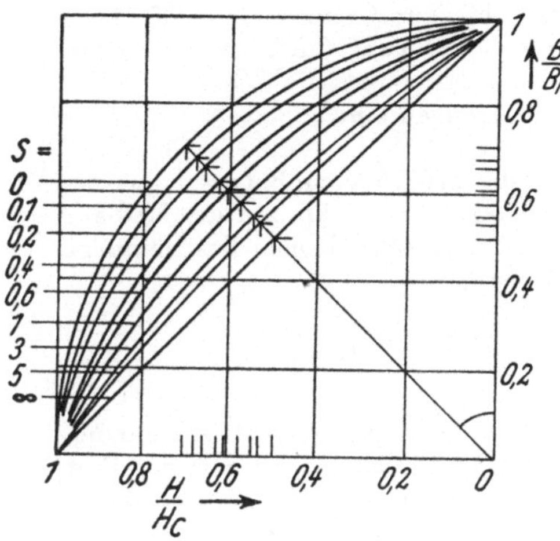


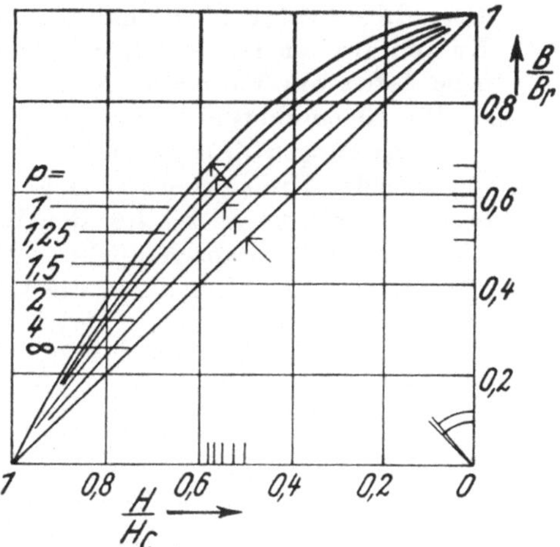


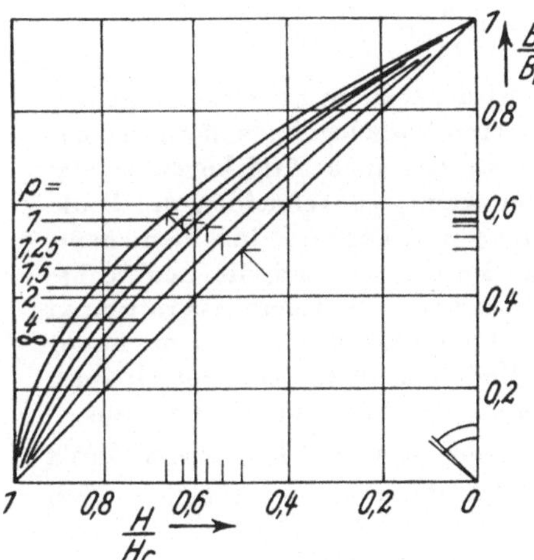


Abb. 15.2c. Parabelschar II mit Parameter und $q$ und Bestwertkoordinaten.

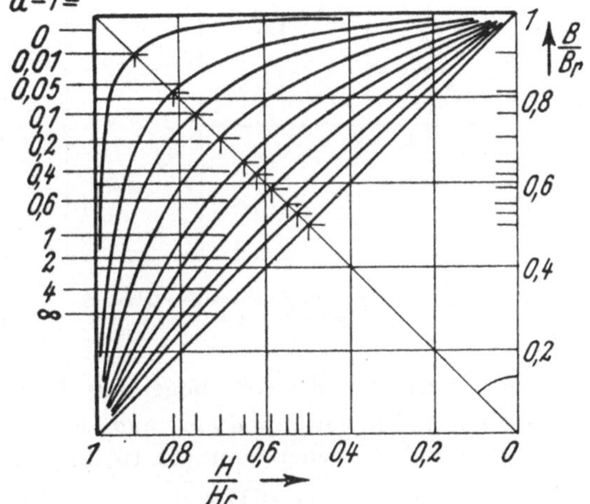


Abb. 15.2d. Hyperbelschar mit Parameter $a$ und $\lambda$ und Bestwertkoordinaten.

1. Zusammengehörende Parameterwerte der Kreisschar:

| | | | | | | | | | | |
|---|---|---|---|---|---|---|---|---|---|---|
| $s$ | = | 0 | 0,1 | 0,2 | 0,4 | 0,6 | 1 | 3 | 5 | ∞ |
| $r$ | = | 1 | 1,1 | 1,22 | 1,46 | 1,71 | 2,24 | 5,0 | 7,82 | ∞ |

2. Zusammengehörende Parameterwerte der Parabelschar:

| | | | | | | | |
|---|---|---|---|---|---|---|---|
| $p$ | = | 1 | 1,25 | 1,5 | 2 | 4 | ∞ |
| $q$ | = | 2,0 | 1,80 | 1,67 | 1,50 | 1,25 | 1 |

3. Zusammengehörende Parameterwerte der Hyperbelschar:

| | | | | | | | | | | | | |
|---|---|---|---|---|---|---|---|---|---|---|---|---|
| $a-1$ | = | 0 | 0,01 | 0,05 | 0,1 | 0,2 | 0,4 | 0,6 | 1 | 2 | 4 | ∞ |
| $\lambda$ | = | 0 | 0,01 | 0,05 | 0,09 | 0,166 | 0,285 | 0,375 | 0,500 | 0,667 | 0,80 | 1 |

werden, und diese sind im $b,h$-System symmetrisch zur Mediane. Kurven, die diese Eigenschaft nicht haben, können nur bis zur Grenze $\gamma = 0{,}385$ durch Kurven zweiten Grades wiedergegeben werden, und zwar durch zwei verschiedene Arten von Parabeln.

Die Eigenschaften der einzelnen Kurvengattungen sind:

1. *Kreisbögen (Ellipsen).*

Da jeder Kreisbogen der Schar gleich große Stücke vom Betrag 1 aus den beiden Achsen $b$ und $h$ schneidet, liegen die Kreismittelpunkte auf der Mediane, wie Abb. 15.3 veranschaulicht. Mit den dort angeschriebenen Bestimmungsstücken $s$ und $r$ lautet daher die Gleichung der Kreise

$$\left.\begin{aligned} (h+s)^2 + (b+s)^2 = r^2 = s^2 + (1+s)^2\,, \\ 0 \leqq s \leqq \infty\,. \end{aligned}\right\} \qquad (15.15)$$

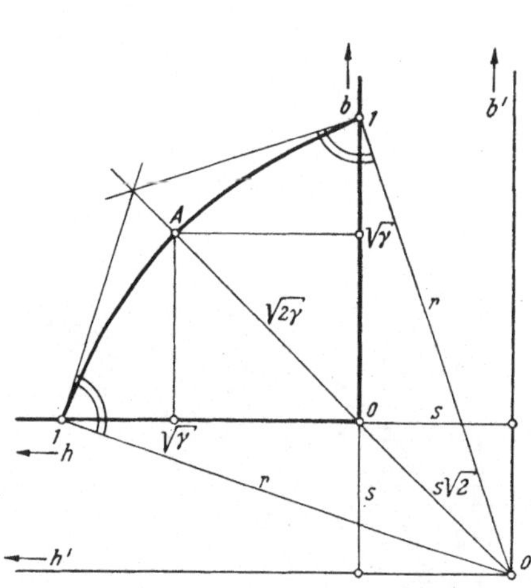


Abb. 15.3. Lage und geometrische Beziehungen der Kreisbögen.

Die Kurven sind symmetrisch zur Mediane $b=h$, daher folgt mit der Bestwertbedingung $h_1=b_1$ hieraus sofort

$$\left.\begin{aligned} &2\,(b_1+s)^2 = r^2\,, \\ &b_1 = h_1 = \frac{r}{\sqrt{2}} - s = \sqrt{\gamma}\,, \\ &b_1 h_1 = \left(\frac{r}{\sqrt{2}} - s\right)^2 = \gamma\,. \end{aligned}\right\} \qquad (15.16)$$

Man wird daher praktisch so vorgehen: wenn eine vorgelegte Magnetisierungskurve durch einen Kreisbogen ersetzt werden kann, so schneiden die Senkrechte zur Tangente im Remanenzpunkt $b=1$, $h=0$ und die Senkrechte zur Tangente im Koerzitivkraftpunkt $h=1$, $b=0$ einander in einem Punkt der Mediane, dem Kreismittelpunkt. Dadurch hat man den Kreisradius $r$. Ferner schneidet der Kreisbogen aus der Mediane die Strecke $\overline{OA} = \sqrt{2\gamma}$, wodurch man $b_1$ und $h_1$ gewonnen hat, und es ist $\overline{OO'} = s\sqrt{2}$. Man kann natürlich auch rechnerisch vorgehen: aus (15.16) folgt entweder

$$r = \sqrt{2s(s+1)+1}\,, \qquad \sqrt{\gamma} = \sqrt{s\,(s+1)+\tfrac{1}{2}} - s\,, \qquad (15.17)$$

oder

$$s = \tfrac{1}{2}\left(\sqrt{2r^2-1} - 1\right), \qquad \sqrt{\gamma} = \tfrac{1}{2}\left(r\sqrt{2} + 1 - \sqrt{2r^2-1}\right). \qquad (15.18)$$

$\sqrt{\gamma}$ und $\gamma$ als Funktionen von $s$ sind in Abb. 15.4 wiedergegeben.

In welchem Bereich können Magnetisierungskurven durch Kreisbögen ersetzt werden? Die untere Grenze ist die Entartung $r=\infty$, das ist die zur Mediane senkrechte Diagonale $b+h=1$. Für sie ist

$$b_1 = h_1 = \tfrac{1}{2}\,, \qquad \gamma = \tfrac{1}{4}\,. \qquad (15.19)$$

Die obere Grenze ist der Viertelskreisbogen $O=O'$, $s=0$, also $b^2+h^2=1$. Für ihn ist nach (15.16)

$$b_1 = h_1 = \sqrt{\gamma} = \frac{1}{\sqrt{2}}\,, \qquad b_1 h_1 = \gamma = \tfrac{1}{2}\,. \qquad (15.20)$$

Nach Tabelle 18.I kommen Werte $\gamma > 0{,}5$ bei Magnetbaustoffen vor. Der Ersatz durch Kreisbögen hat beschränkte Anwendungsmöglichkeit und Bedeutung. Abb. 15.2a.

Im Koordinatensystem $B$, $H$ werden die Kreisbögen des $b,h$-Systems zu Ellipsen mit der Gleichung

$$\left(\frac{H + s H_c}{\alpha}\right)^2 + \left(\frac{B + s B_r}{\beta}\right)^2 = 1 \tag{15.21}$$

mit der kleinen Achse $\alpha = (H_{opt} + s H_c)\sqrt{2}$ und der großen Achse $\beta = m\alpha$. Die Transformierung in Kreisbögen des $b,h$-Systemes ist der unmittelbaren Behandlung der Ellipsen bei weitem vorzuziehen.

Zur Veranschaulichung werde angenommen, daß eine vorgelegte Hysteresiskurve im zweiten Quadranten durch einen Ellipsenquadranten angenähert werden soll[1]. Seine Gleichung ist

$$\left(\frac{H}{H_c}\right)^2 + \left(\frac{B}{B_r}\right)^2 = 1\,. \tag{15.21a}$$

Hieraus kommt mit den Bezeichnungen in Tabelle 11.I und den Beziehungen (11.3, 4, 9)

$$\frac{H}{H_c} = -\frac{H_a}{H_c}\,\frac{l_a}{l} = \frac{1}{\sqrt{1 + \left(\frac{\mu_0 H_c}{B_r}\cdot\frac{q_a l}{q\, l_a \sigma}\right)^2}} = \frac{1}{\sqrt{1 + \left(\frac{1}{m \operatorname{tg}\alpha}\right)^2}}\,. \tag{15.21b}$$

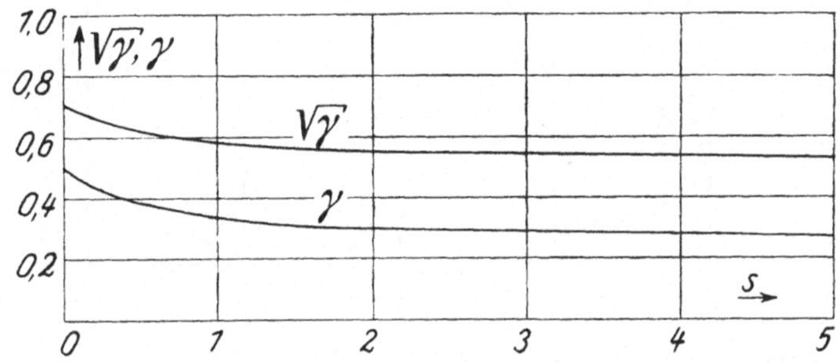


Abb. 15. 4. Kreisbögen: Bestwertkoordinaten $\sqrt{\gamma}$ und Ausladungsfaktor $\gamma$ in Abhängigkeit von Parameter $s$.

Sind die beiden Posten des Radikanden gleich groß, besteht also die aus (11.21) wohlbekannte Beziehung

$$\operatorname{tg}\alpha = \frac{1}{m} \quad \text{oder} \quad \frac{\sigma\, l_a q}{l\, q_a} = \frac{\mu_0 H_c}{B_r}\,, \tag{15.21c}$$

so ist

$$\frac{H}{H_c} = \frac{1}{\sqrt{2}}\,, \quad \text{daher} \quad \frac{B}{B_r} = \frac{1}{\sqrt{2}}\,. \tag{15.21d}$$

Für die Ellipse (15.21a) ist somit der Höchstwert des Produktes

$$(BH)_{max} = \tfrac{1}{2}\, B_r H_c\,. \tag{15.21e}$$

Der Ellipsenquadrant kann also nur eine solche Hysteresiskurve ersetzen, deren Ausladungsfaktor gerade den Wert $\gamma = \frac{1}{2}$ hat, und die im Koerzitivkraftpunkt und im Remanenzpunkt senkrecht in die Achsen einmündet. Keine dieser Voraussetzungen wird im allgemeinen erfüllt sein. Der Ellipsenquadrant in dieser (15.21a) besonders einfachen Lage kann offenbar höchstens dazu dienen, daß ein Stück der Ellipse mit einem Stück einer Hysteresiskurve zur Deckung gebracht wird; dabei haben $B_r$ und $H_c$ in (15.21a) nicht mehr die Bedeutung von Remanenz und Koerzitivkraft, sondern rein geometrisch die Bedeutung der beiden Ellipsen-

[1] *W. Elenbas*, Z. techn. Phys. 14 (1933) S. 192.

achsen, für deren Bestimmung man aufs Probieren angewiesen ist. Ein solcher regelloser Ersatz eines irgendwie ausgewählten, begrenzten Kurvenstückes kann recht genau ausfallen, er ist natürlich keineswegs auf die Anwendung gerade einer Ellipse beschränkt.

2. *Parabelbögen.*

Auch die Parabelbögen unterscheiden sich voneinander im $b,h$-System durch einen einzigen Parameter, da sie alle die zwei Punkte $b=0$, $h=1$ und $b=1$, $h=0$ gemeinsam haben. Zwei besondere Lagen kommen für die Parabelbögen in Betracht. Bei der einen Schar liegen die Scheitel im I. Quadranten, die stärker ge-

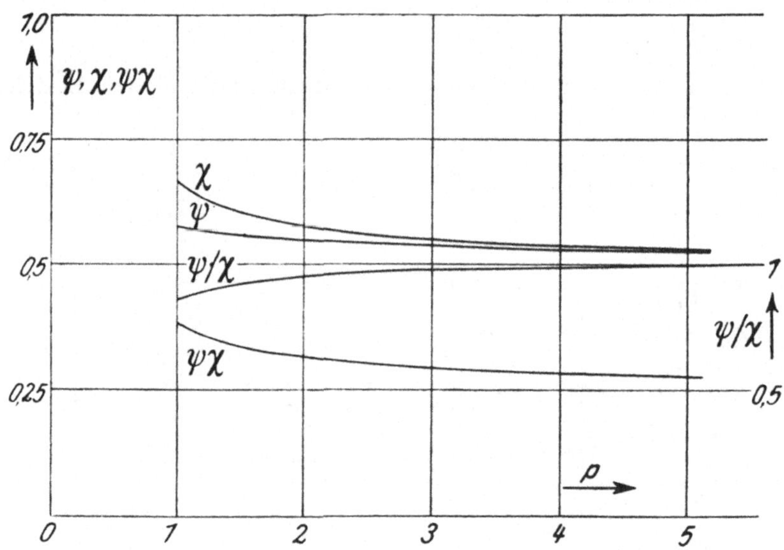


Abb. 15.5. Parabelbögen, Eigenschaften in Abhängigkeit vom Parameter $p$
a) nach Gleichung (15.22): $\psi=h_1$, $\chi=b_1$, $\psi/\chi=(\operatorname{tg}\beta)_{opt}$, $\psi\chi=\gamma$;
b) nach Gleichung (15.29): $\psi=b_1$, $\chi=h_1$, $\psi/\chi=1/(\operatorname{tg}\beta)_{opt}$, $\psi\chi=\gamma$.

krümmten Kurventeile liegen also in der Nachbarschaft der $b$-Achse, die schwächer gekrümmten in der Nachbarschaft der $h$-Achse. Ihre Gleichung lautet mit einem Parameter $p$:

$$b=(1-h)\left(1+\frac{h}{p}\right). \tag{15.22}$$

Diese Kurvenschar ist nicht symmetrisch zur Mediane, daher ist $b_1 \neq h_1$. Man findet für die Bestwertkoordinaten

$$h_1=\frac{1}{3}\left(1-p+\sqrt{(1-p)^2+3p}\right)=\psi(p), \tag{15.23}$$

$$b_1=(1-\psi)\left(1+\frac{\psi}{p}\right)=\chi(p). \tag{15.24}$$

Daher ist

$$(\operatorname{tg}\beta)_{opt}=\frac{\psi}{\chi}, \qquad b_1 h_1=\gamma=\psi\chi. \tag{15.25}$$

Diese Funktionen des Kurvenparameters $p$ sind in Abb. 15.5 wiedergegeben.

Zur Bestimmung des Kurvenparameters $p$ kann man natürlich einen dritten Kurvenpunkt benutzen und so die individuelle Parabel festlegen. Wesentlich einfacher ist die Bestimmung aus ausgezeichneten Tangenten. Aus (15.22) und (15.14) ergibt sich

$$p=\frac{1}{1-\frac{H_c}{H'}} \qquad \text{oder} \qquad p=\frac{1}{\frac{B'}{B_r}-1}\ ; \tag{15.26}$$

der Kurvenparameter ist allein durch das Verhältnis zweier Strecken (Abb. 11.3) auf derselben Achse bestimmt.

Die äußersten Kurven sind gegeben einerseits durch $p=\infty$, das ist die schräge Gerade $b=1-h$ und durch $p=1$ andererseits, das ist die Parabel $b=1-h^2$. Daher ist der Anwendungsbereich gegeben durch

$$\left.\begin{aligned} &\frac{1}{2}\leqq h_1\leqq\frac{1}{\sqrt{3}}=0{,}587\,, \qquad \frac{1}{2}\leqq b_1\leqq\frac{2}{3}=0{,}667\,,\\ &\frac{1}{4}\leqq\gamma\leqq\frac{2}{3\sqrt{3}}=0{,}385\,, \qquad 1\geqq(\mathrm{tg}\,\beta)_{opt}\geqq\frac{\sqrt{3}}{2}=0{,}866\,. \end{aligned}\right\} \tag{15.27}$$

Durch die Beziehung (15.26) werden die möglichen Werte für $p$ und damit die Bereichsgrenzen besonders anschaulich: Nähert sich $H'$ der Größe $H_c$, so hat offenbar der Parabelbogen eine schwache Krümmung, daher nähert sich auch $B'$ der Größe $B_r$, und $p$ wächst unbegrenzt, wobei das Parabelstück in die zur Mediane senkrechte schräge Gerade übergeht. Andererseits kann $H'/H_c$ sehr groß werden: wächst dieses Verhältnis unbegrenzt, so fällt $p$ bis zur Grenze 1 nach Ausweis von (15.26), zugleich geht $B'/B_r$ gegen den Wert 2: schneidet die Parabel die $B$-Achse fast rechtwinkelig, so wird gleichwohl der Achsenabschnitt $B'$ der Tangente im Koerzitivkraftpunkt nie größer als $2B_r$. Der Grund für dieses eigentümliche Verhalten liegt darin, daß die Parabeln ihre Scheitel im I. Quadranten haben.

Man vermeidet die sehr großen Parameterwerte, die $p$ annehmen kann, durch Einführen eines anderen Parameters $q$

$$\left.\begin{aligned} &q=\frac{1+p}{p}\,, \qquad p=\frac{1}{q-1}\,,\\ &1\leqq p\leqq\infty\,, \qquad 2\geqq q\geqq 1\,. \end{aligned}\right\} \tag{15.28}$$

Mit ihm lautet die Parabelgleichung (15.22)

$$b=(1-h)(1-h+qh)\,, \tag{15.29}$$

und aus Tangenten-Achsenabschnitten erhält man ihn einfach zu

$$q=\frac{B'}{B_r} \qquad \text{oder} \qquad q=2-\frac{H_c}{H'}\ ; \tag{15.30}$$

dagegen sind die Ausdrücke für die Bestwertkoordinaten weniger einfach, nämlich

$$h_1=\psi(p)=\psi'(q)=\frac{1}{3(q-1)}\left\{q-2+\sqrt{(q-1)^2+q}\right\}, \tag{15.31}$$

$$b_1=\chi(p)=\chi'(q)=(1-\psi')\ (1-\psi'+q\psi')\,. \tag{15.32}$$

Diese Parabelschar I ist in Abb. 15.2b wiedergegeben. Wir spiegeln sie an der Mediane $b=h$ und erhalten so die in Abb. 15.2c gezeichnete Parabelschar II. Die Scheitel liegen im III. Quadranten, die Kurven sind für den Ersatz solcher Hysteresiskurven geeignet, deren Krümmung in der Nachbarschaft der $h$-Achse größer, in der Nachbarschaft der $b$-Achse kleiner ist. Die Spiegelung ist gleichbedeutend mit der Vertauschung von $h$ mit $b$ und von $b$ mit $h$ in den bisher gewonnenen Gleichungen. Die wichtigsten Beziehungen für die gespiegelte Parabelschar I lauten daher: die Gleichung der Parabelschar II

$$h=(1-b)\left(1+\frac{b}{p}\right)=(1-b)(1-b+qb)\ ; \tag{15.33}$$

die Bestwertkoordinaten

$$\left.\begin{aligned} b_1 &= \psi(p)\,, & h_1 &= \chi(p)\,,\\ (\mathrm{tg}\,\beta)_{opt} &= \frac{\chi}{\psi}\,, & \gamma &= \chi\,\psi\,. \end{aligned}\right\} \tag{15.34}$$

Bestimmung der Kurvenparameter $p$ und $q$ aus Tangenten-Achsenabschnitten:

$$p = \frac{1}{\frac{H'}{H_c} - 1} = \frac{1}{1 - \frac{B_r}{B'}}\,, \tag{15.35}$$

$$q = \frac{H'}{H_c} = 2 - \frac{B_r}{B'}\,. \tag{15.36}$$

Bereichsgrenzen:

$$\left.\begin{aligned} &\frac{1}{2} \leqq h_1 \leqq \frac{2}{3} = 0{,}667\,, & &\frac{1}{2} \leqq b_1 \leqq \frac{1}{\sqrt{3}} = 0{,}587\,,\\ &\frac{1}{4} \leqq \gamma \leqq \frac{2}{3\sqrt{3}} = 0{,}385\,, & &1 \leqq (\mathrm{tg}\,\beta)_{opt} \leqq \frac{2}{\sqrt{3}} = 1{,}155\,. \end{aligned}\right\} \tag{15.37}$$

Der Bereich ist bei den Parabeln schmaler als bei den Kreisbögen. Von de Rechteckkonstruktion, die durch $\mathrm{tg}\,\beta = 1$ gekennzeichnet ist, weicht die günstigst Neigung um höchstens $-0{,}134$ für die erste, um höchstens $+0{,}151$ für die zweit Parabelschar ab.

3. *Hyperbeläste.*

Die Äste gleichseitiger Hyperbeln, die die Punkte $b=0$, $h=1$ und $b=1$, $h=$ gemeinsam haben, können mit einem Parameter $a$ dargestellt werden durch

$$b = \frac{1-h}{1-h/a}\,. \tag{15.38}$$

Hieraus kommt durch Auflösen

$$h = \frac{1-b}{1-b/a}\,. \tag{15.39}$$

Die Kurven sind also symmetrisch zur Mediane. Daraus folgt

$$b = a \text{ für } h \to \infty \quad \text{und} \quad h = a \text{ für } b \to \infty\,;$$

die Asymptoten haben die Abstände $h_a = a$, $b_a = a$ von den Achsen, ihr Schnitt punkt liegt im II. Quadranten; $a$ liegt zwischen den Grenzen $+1$ und $\infty$[1]. Au

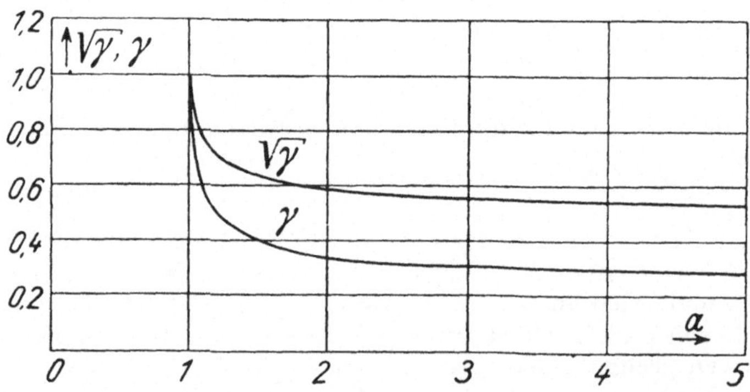


Abb. 15. 6. Hyperbeln: Bestwertkoordinaten $h_1 = b_1 = \sqrt{\gamma}$ und Maximalwert $b_1 h_1 = \gamma$ als Funktionen des Parameters (des Asymptodenabstands) $a$.

[1] Die Abstände der Asymptoten im System $B$, $\mu_0 H$ sind also $B_a = a\,B_r$ und $H_a = a\,H_c$. — In bezug auf ein verschobenes Koordinatensystem $b' = a - b$, $h' = a - h$ wird aus (15.38) oder (15.39) die gewohnte Gleichung gleichseitiger Hyperbeln

$$b'h' = a(a-1)\,. \tag{15.40}$$

der Bestimmungsgleichung (15.10) der Bestwertkoordinaten folgt sofort

$$\left.\begin{aligned} h_1 = b_1 &= \sqrt{\gamma} = a - \sqrt{a(a-1)}\,, \\ b_1 h_1 &= \gamma = \left\{ a - \sqrt{a(a-1)} \right\}^2 . \end{aligned}\right\} \tag{15.41}$$

$\sqrt{\gamma}$ und $\gamma$ in Abhängigkeit vom Parameter $a$ sind in Abb. 15.6 wiedergegeben; $\sqrt{\gamma}$ geht von 1 bis 1/2, wenn $a$ von 1 bis $\infty$ geht.

Die Größe $B_a = aB_r$, als Wert der Induktion $B = bB_r$ für $H/H_c \gg 1$, ist man versucht, als Sättigungsinduktion auszulegen. Diese Größe ist aber für viele Magnetbaustoffe entweder nicht bekannt oder schlecht meßbar, weil wenig ausgeprägt, vor allem darf man nicht erwarten, daß die innerhalb des II. Quadranten befriedigende Näherung noch weit außerhalb dieses Bereiches mit einem Kurvenpunkt des Sättigungsgebietes übereinstimmt. Wir ziehen daher eine andere Auslegung vor, bei der nicht, wie in (15.41), der Ausladungsfaktor aus dem Parameter $a$ abgeleitet wird, sondern die umgekehrt davon ausgeht, daß die Magnetbaustoffe, deren Kurven durch Hyperbeln ersetzt werden sollen, durch den Faktor $\gamma$ gekennzeichnet werden: aus (15.41) folgt durch Auflösen

$$a = \frac{1}{1 - \left(\frac{1}{\sqrt{\gamma}} - 1\right)^2}\,, \tag{15.42}$$

vgl. Abb. 15.6. Somit ist

$$b = \frac{1-h}{1 - h + h\left(\frac{1}{\sqrt{\gamma}} - 1\right)^2} \tag{15.43}$$

die Gleichung der ersetzenden Hyperbeln bei Kennzeichnung durch die drei Parameter $B_r$, $H_c$ und $\gamma$. Wir schreiben noch zur Abkürzung

$$\lambda = \left(\frac{1}{\sqrt{\gamma}} - 1\right)^2 = 1 - \frac{1}{a}\,;$$

$$a = \frac{1}{1-\lambda}\,, \tag{15.44}$$

daher

$$b = \frac{1-h}{1 - h + \lambda h}\,. \tag{15.45}$$

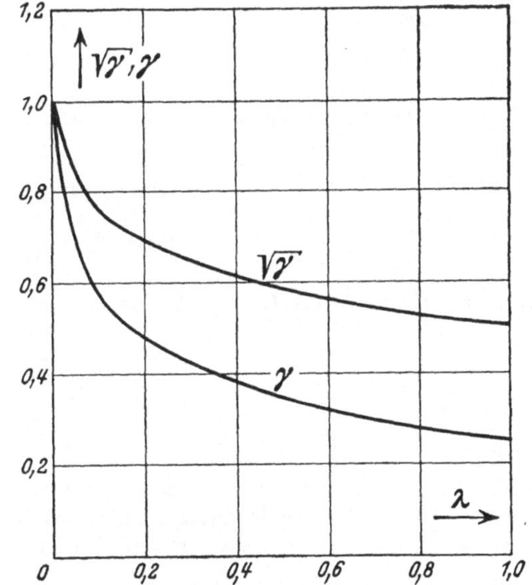


Abb. 15.7. Hyperbeln: Bestwertkoordinaten $\sqrt{\gamma}$ und Ausladungsfaktor $\gamma$ als Funktion von $\lambda = \frac{H_c}{H'} = \frac{B_r}{B'}$

Kennt man den Wert $\gamma$ nicht zum voraus, so bestimmt man den Parameter $\lambda$ aus Tangenten-Achsenabschnitten nach Abb. 11.3: Aus (15.45) erhält man für (15.14)

$$-\left(\frac{\partial b}{\partial h}\right)_{h=0} = \lambda = \frac{H_c}{H'}\,. \qquad -\left(\frac{\partial b}{\partial h}\right)_{h=1} = \frac{1}{\lambda} = \frac{B'}{B_r}\,. \tag{15.46}$$

Dieses Streckenverhältnis ist also die einfache Bedeutung des Parameters $\lambda$ in der Kurvengleichung (15.45). Die Bestwertkoordinaten

$$b_1 = h_1 = \sqrt{\gamma} = \frac{1}{1 + \sqrt{\lambda}}\,, \qquad b_1 h_1 = \gamma \tag{15.47}$$

sind in Abb. 15.7 und 8 als Funktionen von $\lambda$ und von $1/\lambda$ wiedergegeben. Dan ist die Rechnung am Ziel, denn die Bereichsgrenzen

$$\left.\begin{array}{ll} \tfrac{1}{2}\leqq\sqrt{\gamma}\leqq 1\,, & \infty\geqq a\geqq +1\,, \\ \tfrac{1}{4}\leqq \gamma \leqq 1\,, & +1\geqq\lambda\geqq 0 \end{array}\right\} \qquad (15.4$$

zeigen, daß mit den Hyperbeln der ganze Bereich zwischen der schrägen Gerad $b=1-h$ und dem Rechteck aus den achsenparallelen Stücken $b=1$ und $h=$ überstrichen wird.

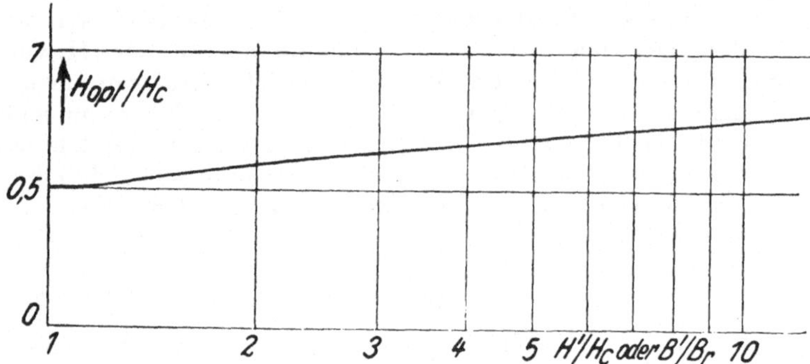


Abb. 15. 8. Hyperbeln: Bestwertkoordinaten $\sqrt{\gamma}$ als Funktion von $\frac{1}{\lambda}=\frac{H'}{H_c}=\frac{B'}{B_r}$.

*Watson* (a. a. O.)[1] hat für die ersetzenden Hyperbeln die Form

$$B=C_1-\frac{C_2}{H+C_3} \qquad (15.38\text{a}$$

mit drei Konstanten $C_1$, $C_2$, $C_3$ angegeben. Auch unser Ausdruck (15.38)

$$\frac{B}{B_r}=\frac{1-\frac{H}{H_c}}{1-\frac{H}{H_c}\cdot\frac{1}{a}} \qquad (15.38\text{b}$$

enthält drei Konstante, nämlich $B_r$, $H_c$ und $a=B_s/B_r$, wobei, wie erwähnt, de für $H/H_c\gg 1$ sich ergebende Induktionswert $B_s$ als Sättigungsinduktion gedeute werden kann, falls die Definition einer solchen sinnreich ist. Mit den drei Werte paaren: $B=B_s$ für $|H|=\infty$, $B=B_r$ für $H=0$, $B=0$ für $H=H_c$ werden die dre Konstanten *Watsons*

$$C_1=B_s\,, \qquad -C_2=\frac{B_s H_c}{B_r}(B_s-B_r)\,, \qquad -C_3=\frac{B_s H_c}{B_r}\,. \qquad (15.38\text{c}$$

Nach Einsetzen dieser Werte ist (15.38a) nicht sehr übersichtlich. Wir woller zeigen, daß die beiden Formen (15.38a) und (15.38, 38b) identisch sind. Ist die der Fall, so ist offenbar die von uns benutzte Form die wesentlich einfachere und leichter zu handhabende. In dieser Absicht schreiben wir *Watsons* Gleichung (15.38a) um in

$$b=c_1-\frac{c_2}{h+c_3}\,, \qquad (15.38\text{d})$$

worin wegen $b=B/B_r$, $h=H/H_c$ offenbar gilt

[1] Ebenso *K. L. Scott*, Electr. Eng. 51 (1932) S. 320, Bell. Syst. Techn. Journ. 9 (1932) S. 383.

$$\left.\begin{aligned} c_1 &= \frac{C_1}{B_r} = \frac{B_s}{B_r} = a\,, \\ c_2 &= \frac{C_2}{B_r\,H_c} = -\frac{B_s}{B_r}\left(\frac{B_s}{B_r}-1\right) = -a(a-1)\,, \\ c_3 &= \frac{C_3}{H_c} = -\frac{B_s}{B_r} = -a\,. \end{aligned}\right\} \tag{15.38e}$$

Durch Einsetzen in (15.38d) kommt

$$b = \frac{a(h-1)}{h-a} = \frac{1-h}{1-h/a}\,, \tag{15.38f}$$

was mit (15.38) übereinstimmt.

**c) Anwendungen.**

Wir prüfen die Brauchbarkeit der ersetzenden Kurven und die Genauigkeit der vorgeschlagenen Verfahren an einigen Beispielen. In Abb. 15.9 sind die in Abschnitt 18 wiedergegebenen äußersten Hysteresiskurven von zehn der in Tabelle 18.I angegebenen Magnetbaustoffe in das Koordinatensystem $b=B/B_r$, $h=H/H_c$ übertragen. Über jede Kurve ist gestrichelt eine gewählte Ersatzkurve gezeichnet, die in Tabelle 15.II in Spalte 7 angegeben ist. In den Spalten 8 und 9 sind die Bestwertkoordinaten der Ersatzkurven eingetragen, in den Spalten 10 und 11 die Unterschiede in Prozenten, bezogen auf die in Spalte 5 und 6 angegebenen Bestwerte, die aus den experimentell aufgenommenen Kurven unmittelbar ermittelt wurden. Die Übereinstimmung darf man im großen ganzen als befriedigend bezeichnen, wenigstens in Anbetracht der Einfachheit der aufgewandten mathematischen Hilfsmittel; gelegentlich ist sie sogar überraschend gut, und zwar nicht nur hinsichtlich des Kurvenzuges selbst, wie die Abb. 15.9a bis k ausweisen, sondern, was wichtiger ist, auch hinsichtlich der aus den Ersatzkurven sich ergebenden Bestwertkoordinaten. Bei gut gewählter Ersatzkurve darf man offenbar erwarten, daß die empirische Kurve und ihre analytische Wiedergabe nicht mehr als ungefähr $\pm 4\,\%\ldots\pm 5\,\%$ voneinander abweichen. Für die Bestimmung der Ersatzkurve bedarf es jeweils lediglich der Umzeichnung der empirischen Kurve in die Achsenmaßstäbe $b$, $h$, und des unmittelbaren Vergleiches mit den Kurvenbildern Abb. 15.2; alles Weitere ergibt sich ohne jede Rechnung durch Ablesen von Zahlenwerten aus den Diagrammen Abb. 15.4 bis 8; selbst das Anschreiben der Gleichung der individuellen Kurve ist nicht erforderlich.

Mit der angegebenen Genauigkeit ist also beispielsweise die äußerste Hysteresiskurve im II. Quadranten

von gehärtetem Gußeisen:

$$b=(1-h)\left(1+\frac{h}{2}\right); \qquad b=\frac{B}{3820\text{ G}}\,, \qquad h=\frac{H}{44\text{ Ö}}\,; \tag{15.49b}$$

von Oerstit 700:

$$h=(1-b)\left(1+\frac{b}{4}\right); \qquad b=\frac{B}{6100\text{ G}}\,, \qquad h=\frac{H}{750\text{ Ö}}\,; \tag{15.49f}$$

von gehärtetem Wolframstahl:

$$(h+0{,}1)^2+(b+0{,}1)^2-1{,}22=0; \quad b=\frac{B}{10\,800\text{ G}}\,, \; h=\frac{H}{68{,}1\text{ Ö}}\,; \tag{15.49g}$$

von gehärtetem WH-Stahl

$$b=\frac{1-h}{1-h/1{,}2}\,; \qquad b=\frac{B}{10\,100\text{ G}}\,. \qquad h=\frac{H}{79{,}3\text{ Ö}}\,. \tag{15.49i}$$

Um ferner die Bestimmung der Kurvenparameter aus Tangenten-Achsenabschnitten zu prüfen, sind in Abb. 15.10 an die Zustandskurven zweier Magnet-

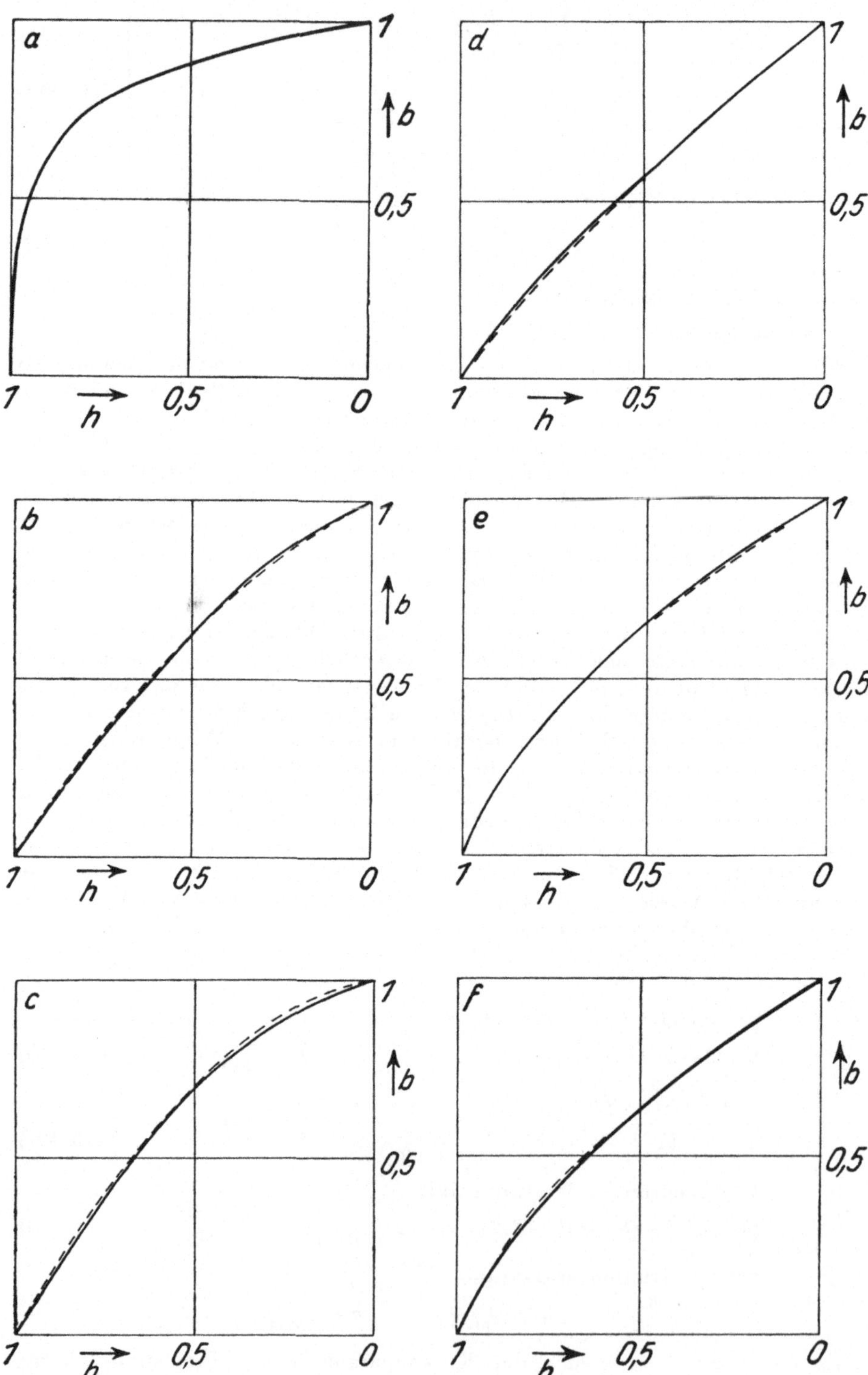
a
d
b
e
c
f
1
0,5
0
h
b

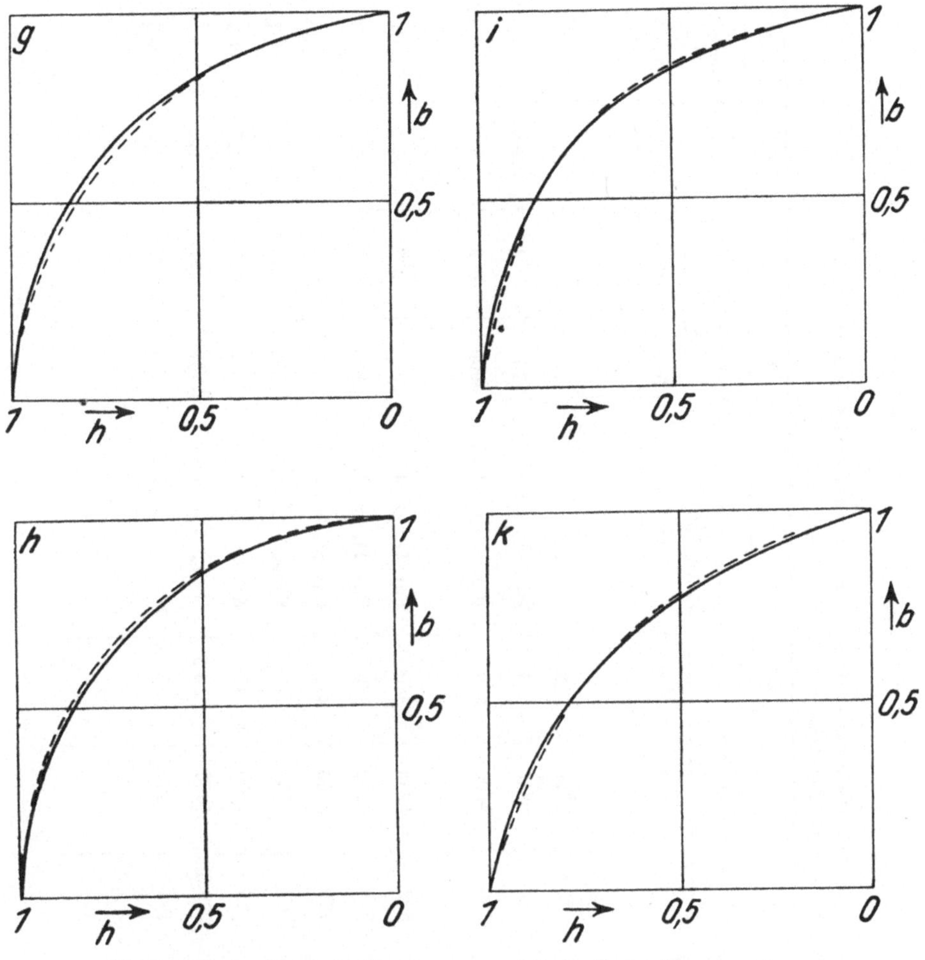

Abb. 15. 9a bis k. Experimentell aufgenommene äußerste Hysteresiskurven einiger Magnetbaustoffe in den Achsenmaßstäben $b = B/B_r$, $h = H/H_c$. Gestrichelte Kurvenzüge: Ersatzkurven nach Tabelle 15. II, Spalte 7.

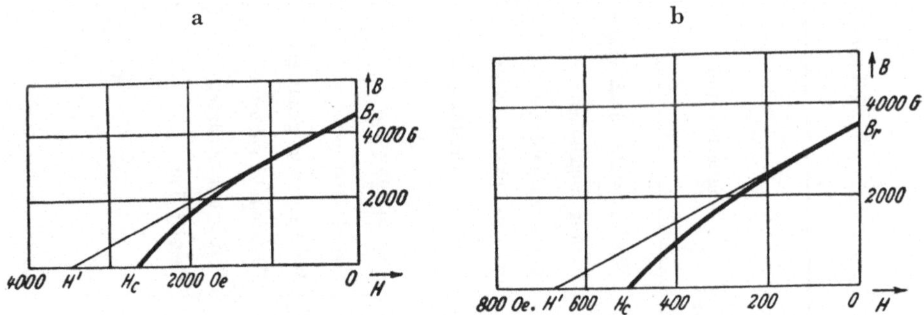


Abb. 15. 10. Bestimmung der Bestwertkoordinaten mit Hilfe einer Tangente an die experimentell aufgenommene Magnetisierungskurve.

Tabelle 15.II. *Ersatz von Magnetisierungskurven durch Kurven zweiten Grades nach Abb. 15.9.* *(Feldstärken in Ö, Induktionen in G, Unterschiede in %)*

| 1 | 2 | 3 | 4 | 5 | 6 | 7 | 8 | 9 | 10 | 11 |
|---|---|---|---|---|---|---|---|---|---|---|
| Abb. 9, Kurve | Magnetbaustoff | Experimentelle Kurven | | | | Gewählte Ersatzkurve und Parameter | Werte der Ersatzkurve | | Unterschiede | |
| | | $B_r$ | $H_c$ | $B_{opt}$ | $H_{opt}$ | | $B_{opt}$ | $H_{opt}$ | 8 gegen 5 | 9 gegen 6 |
| a | Wolframstahl, nach Härtung angelassen | 13900 | 23,4 | 10300 | 18,8 | — | — | — | — | — |
| b | Gußeisen gehärtet | 3820 | 44 | 2300 | 23 | Par. I, $p=2$ | 2190 | 24 | −4,8 | +4,3 |
| c | 76,7 Pt, 23,3 Co, Guß | 6400 | 1560 | 4000 | 890 | Par. I, $p=1{,}25$ | 4000 | 885 | 0 | −0,56 |
| d | Tromalit (Preßmagnet Oerstit 500) | 3550 | 508 | 1940 | 280 | Par. II, $p=4$ | 1860 | 275 | −4,1 | −1,8 |
| e | 77,8 Pt, 22,2 Fe | 5830 | 1570 | 3300 | 930 | Par. II, $p=1{,}5$ | 3300 | 940 | 0 | +1,1 |
| f | Oerstit 700 | 6100 | 750 | 3500 | 440 | Par. II, $p=1{,}5$ | 3450 | 450 | −1,4 | +2,3 |
| g | Wolframstahl gehärtet | 10800 | 68,1 | 7500 | 48 | Kreis, $s=0{,}1$ | 7350 | 46,5 | −2 | −3,1 |
| h | Chromstahl gehärtet | 10400 | 63,9 | 7300 | 47 | Kreis, $s=0$ | 7350 | 45 | +0,7 | −4,3 |
| i | WH-Stahl gehärtet | 10100 | 79,3 | 7000 | 58,5 | Hyp., $a=1{,}2$ | 7100 | 56,5 | −1,4 | −3,4 |
| k | Oerstit 500 | 6020 | 448 | 3800 | 305 | Hyp., $a=1{,}4$ | 3920 | 292 | +3,2 | −4,3 |

baustoffe mit den üblichen Achsenmaßstäben $B$ und $H$ die Tangenten im Remanenzpunkt eingetragen. Man liest die Achsenabschnitte $H'$ und $H_c$ in beliebigen Einheiten ab und findet $H'/H_c=1{,}31$ für die Kurve a), und $H'/H_c=1{,}32$ für die Kurve b). Damit ist der Wert des Kurvenparameters festgelegt: bei Auffassung der Kurven als Parabeln I. Art ist er $q=1{,}236$ für a), und $q=1{,}242$ für b), bei Auffassung als Hyperbeln ist er $\lambda=0{,}764$ für a), und $\lambda=0{,}758$ für b). Mit Hilfe von Zeile 6 in Tabelle 15.I erhält man daraus ohne jede weitere Rechnung oder Umzeichnung mit Hilfe der Diagramme Abb. 15.5 und 7 die Bestwertkoordinaten, wie sie in Tabelle 15.III angegeben sind. Diese zeigt, daß auch dieses Verfahren, wenn auch nur ganz überschlägig und ohne Betrachtung der Kurvenformen im einzelnen ausgeübt, doch brauchbare Werte für die Bestwertkoordinaten liefern kann. Daß der eingangs empfohlene unmittelbare Kurvenvergleich mit Hilfe der Abbildungen in Abb. 15.2 genauere Werte liefert, ist selbstverständlich.

Tabelle 15.III. *Bestimmung der Bestwertkoordinaten aus Tangenten-Achsenabschnitten nach Abb. 15.10.*
*(Feldstärken in Ö, Induktionen in G, Unterschiede in %)*

| | | | a) Pt-Co | b) Tromalit |
|---|---|---|---|---|
| 1 | $H_{opt}$ | experimentell | 1500 | 280 |
| 2 | $B_{opt}$ | experimentell | 2500 | 1940 |
| 3 | $H_c$ | experimentell | 2650 | 508 |
| 4 | $B_r$ | experimentell | 4530 | 3550 |
| 5 | $H'$ | abgelesen | 3480 | 675 |
| 6 | $H_{opt}$ | aus Tangente an Hyperbel | 1420 | 270 |
| 7 | $B_{opt}$ | aus Tangente an Hyperbel | 2430 | 1880 |
| 8 | Unterschied 6 gegen 1 | | −5,3 | −3,6 |
| 9 | Unterschied 7 gegen 2 | | −2,8 | −3,1 |
| 10 | $H_{opt}$ | aus Tangente an Parabel I | 1400 | 275 |
| 11 | $B_{opt}$ | aus Tangente an Parabel I | 2460 | 1900 |
| 12 | Unterschied 10 gegen 1 | | −6,7 | −3,1 |
| 13 | Unterschied 11 gegen 2 | | −1,6 | −2,1 |

**d) Folgerungen.**

Durch die ersetzenden analytischen Kurven erhält man nicht nur den Verlauf des Produktes $bh$ entlang der Zustandskurve, sondern man gewinnt auch zum Beispiel Einblick in die Energieverhältnisse, in den Verlauf der Permeabilität und andere Zusammenhänge. Wir behandeln hier als Beispiel die Hyperbeln wegen ihrer besonders weitgehenden Anwendbarkeit.

*Die Energieverhältnisse*: Der Energiezuwachs, bezogen auf die Raumeinheit, zwischen einem durch $B=0$ gekennzeichneten Anfangszustand und einem durch $B$ gegebenen Endzustand ist gegeben durch das Integral (3.28)

$$w=\int_{B=0}^{B} H\cdot dB \tag{15.50}$$

entlang der Magnetisierungskurve $B=B(\mu_0 H)$. Für die magnetische Zustandskurve im II. Quadranten ist daher

$$|w|=\int_{B=B_r}^{B} H\cdot dB=B_r H_c\int_{b=1}^{b} h\cdot db\,. \tag{15.51}$$

Für die Hyperbeln (15.39) erhält man mit dem Parameter $a$

$$\frac{|w|}{B_r H_c}=\omega=\int_{b=1}^{b} h\,db=\int_{b=1}^{b}\frac{1-b}{1-b/a}\,db=a^2\left\{\left(1-\frac{1}{a}\right)\ln\frac{1-b/a}{1-1/a}-\frac{1-b}{a}\right\}. \tag{15.52}$$

Der größtmögliche Energiezuwachs geht zwischen dem Anfangszustand $H=0$ und dem Endzustand $B=0$ vonstatten, er ist

$$\omega_{max} = \int_{b=1}^{0} h\,db = \frac{1}{(1-\lambda)^2}\left\{\lambda \ln \frac{1}{\lambda} - 1 + \lambda\right\} \tag{15.53}$$

mit dem Kurvenparameter (15.44)

$$\lambda = 1 - \frac{1}{a} = \left(\frac{1}{\sqrt{\gamma}} - 1\right)^2. \tag{15.54}$$

In Abhängigkeit von $\lambda$ hat die Energiedichte im Magneten bei $\gamma=\frac{1}{4}$ den kleinsten Wert $\omega_{max}=\frac{1}{2}$ und bei $\gamma=1$ den größten Wert $\omega_{max}=1$.

Im Luftspalt (Nutzraum) ist die Energiedichte nach (11.7) proportional zu $b\,h/2$, und ihr größter Wert ergibt sich für die Hyperbeln nach (15.41) proportional zu

$$\omega_{a_1} = \frac{b_1 h_1}{2} = \frac{\gamma}{2} = \tfrac{1}{2}\left(a - \sqrt{a\,(a-1)}\right)^2 = \frac{1}{2(1+\sqrt{\lambda})^2}. \tag{15.55}$$

Für diese magnetische Induktion $b_1 = \sqrt{\gamma_1}$ ist der Zuwachs an Energiedichte im Magneten

$$|\omega_1| = \int_{b=0}^{b_1} h\,db = \frac{1}{(1-\lambda)^2}\left\{\frac{\lambda}{2}\ln\frac{1}{\lambda} + \lambda - \sqrt{\lambda}\right\}. \tag{15.56}$$

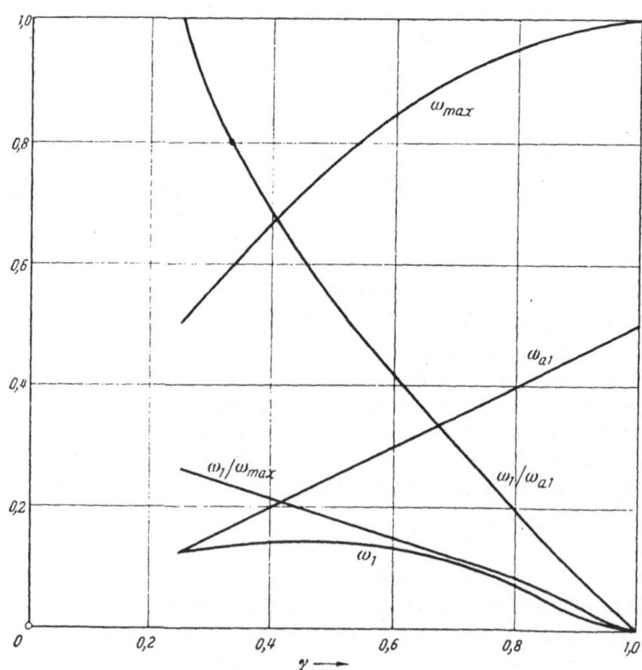


Abb. 15. 11. Energieverhältnisse bei Hyperbeln als Magnetisierungskurven.

Wächst $\gamma$ von seinem kleinsten Wert $\frac{1}{4}$ auf seinen größten Betrag 1, so fällt $|\omega_1|$ vom Wert $\frac{1}{8}$ bis zum Wert null. — Energiedichte im Luftraum und im Magneten sind, wie schon im Anschluß an (11.7) bemerkt wurde, ganz verschieden. Zum Beispiel ist für $a=1{,}2$ [Beispiel (15.49i), gehärteter WH-Stahl] $\lambda=0{,}167$,

**daher ist die größte Energiedichte im Luftraum proportional zu $w_{a1}=B_r H_c \cdot \gamma/2 = B_r H_c \cdot 0{,}245$, und dabei ist die Energiedichte im Magneten $w_1 = B_r H_c \cdot \omega_1 = B_r H_c \cdot 0{,}133$. In Abb. 15.11 und in Tabelle 15.IV sind als Funktionen der Parameter $\gamma$, $\lambda$ oder $\alpha$ wiedergegeben: der größtmögliche Energiedichtezuwachs $\omega_{a1}=b_1 h_1/2$ und die dabei vorhandene Energiedichte $\omega_1$ im Magneten, ihr Verhältnis $\omega_1/\omega_{a1}$ und schließlich $\omega_1/\omega_{max}$. Mit den drei Parametern $B_r$, $H_c$ und $\gamma$ beherrscht man also auch die Energieverhältnisse vollkommen.**

Tabelle 15.IV. *Energieverhältnisse bei Hyperbeln als Magnetisierungskurven remanenter Magnete.*

| $\gamma$ | $\lambda$ | $a$ | $\omega_{max}$ | $\omega_1$ | $\omega_{a1}$ | $\omega_1/\omega_{a1}$ | $\omega_1/\omega_{max}$ |
|---|---|---|---|---|---|---|---|
| 0,25 | 1 | ∞ | 0,50 | 0,125 | 0,125 | 1 | 0,25 |
| 0,4 | 0,337 | 1,51 | 0,672 | 0,134 | 0,2 | 0,671 | 0,20 |
| 0,5 | 0,177 | 1,21 | 0,763 | 0,133 | 0,25 | 0,533 | 0,174 |
| 0,6 | 0,084 | 1,09 | 0,845 | 0,122 | 0,3 | 0,407 | 0,144 |
| 0,7 | 0,040 | 1,04 | 0,902 | 0,103 | 0,35 | 0,295 | 0,114 |
| 0,8 | 0,0144 | 1,015 | 0,950 | 0,077 | 0,4 | 0,193 | 0,081 |
| 0,9 | 0,0025 | 1,0 | 0,982 | 0,040 | 0,45 | 0,089 | 0,041 |
| 1,0 | 0 | 1 | 1 | 0 | 0,5 | 0 | 0 |

*Die Permeabilitäten*: Wir definieren für die Magnetisierungskurve im II. Quadranten die totale Permeabilität durch

$$\mu_t = \frac{B}{\mu_0 (H_c - H)} = m \frac{b}{1-h} \tag{15.57}$$

und die differentielle Permeabilität durch

$$\mu_d = \frac{\partial B}{\mu_0 \partial (H_c - H)} = m \frac{\partial b}{\partial (1-h)}. \tag{15.58}$$

Für die Hyperbeln (15.38, 39) erhält man

$$\frac{\mu_t}{m} = \frac{a}{a-h} = \frac{a-b}{a-1}. \tag{15.59}$$

Sind $ab = B_a$ und $ah = H_a$, wie zu (15.39) vermerkt wurde, die Abstände der Asymptoten, so ist also auch

$$\mu_t = \frac{B_a}{\mu_0 (H_a - H)} = \frac{B_a - B}{\mu_0 (H_a - H_c)}. \tag{15.60}$$

Legt man $B_a$ mit den zu (15.41) gemachten Vorbehalten als Sättigungsinduktion aus, so enthält die zweite Form dieser Gleichung die eingangs (15.4) erwähnte *Lamont*sche Beziehung, daß die totale Permeabilität proportional ist zum Unterschied zwischen Sättigungsinduktion und Induktion im Kurvenpunkt. Für die differentielle Permeabilität erhält man

$$\frac{\mu_d}{m} = \frac{a(a-1)}{(a-h)^2} = \frac{(a-b)^2}{a(a-1)} = \left(\frac{\mu_t}{m}\right)^2 \left(1 - \frac{1}{a}\right), \tag{15.61}$$

sie ist also proportional zum Quadrat dieses Unterschiedes. Für die Bestwertkoordinaten $b_1$, $h_1$ nach (15.41) wird die differentielle Permeabilität gleich der günstigsten Neigung der Arbeitsgeraden:

$$(\mu_d)_{b=b_1} = m, \tag{15.62}$$

für die totale Permeabilität gilt dabei

$$(\mu_t)_{b=b_1} = \frac{m}{\sqrt{1-1/a}}. \tag{15.63}$$

Folgende ausgezeichnete Werte sind ferner bemerkenswert: im Remanen punkt ist

$$(\mu_t)_{h=0} = m\,, \qquad (\mu_d)_{h=0} = m\left(1-\frac{1}{a}\right), \qquad (15.6$$

die totale Permeabilität hat also dort denselben Wert $m$ wie die günstigste Neigu der Arbeitsgeraden. Im Koerzitivkraftpunkt ist

$$(\mu_t)_{b=0} = (\mu_d)_{b=0} = m\,\frac{a}{a-1}\,, \qquad (15.6$$

totale und differentielle Permeabilität sind im Koerzitivkraftpunkt gleich gro und größer als der Wert der günstigsten Neigung.

Beispiel: Mit den Zahlenwerten des Beispieles (15.49i), gehärteter WH-Stah $a=1{,}2$, $b=B/10{,}1$ kG, $h=H/63$ A/cm, $m=128$, wird

$$\frac{\mu_t}{m} = 5(1{,}2-b) = \frac{1{,}2}{1{,}2-h}\,, \qquad \frac{\mu_d}{m} = 4{,}17\,(1{,}2-b)^2 = \frac{1{,}24}{(1{,}2-h)^2}\,,$$

Abb. 15.12.

Im Anschluß an (15.4) sei noch bemerkt: Die Annahme, daß die total Permeabilität zur Differenz zwischen Sättigungsinduktion und Induktionswe im betrachteten Punkt der Magnetisierungskurve proportional sei, hat die Magn tisierungskurve als Hyperbel definiert:

$$\mu_t = \frac{B}{\mu_0 H} = k(B_a - B)\,, \qquad \text{daher} \qquad B = k\,B_a\,\frac{H}{1-kH}\,, \qquad (15.6$$

so im I. Quadranten; setzt man dagegen die differentielle Permeabilität pr portional zu dieser Differenz, so wird die Magnetisierungskurve durch eine E ponentialfunktion gegeben

$$\mu_d = \frac{\partial B}{\partial \mu_0 H} = k\,(B_a - B)\,,$$

daher

$$B = B_a\,(1 - e^{-k\mu_0 H})\,. \qquad (15.67$$

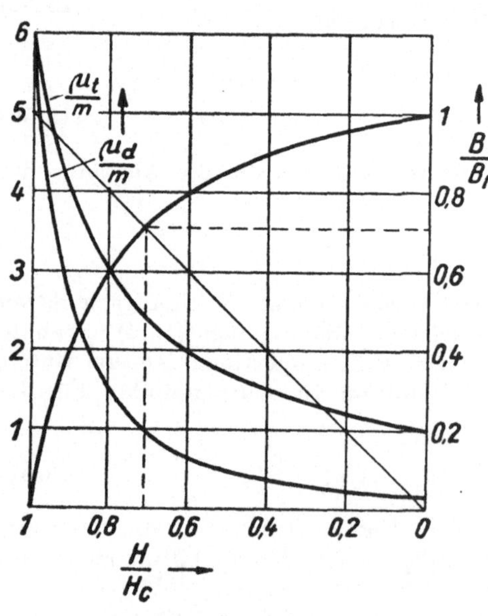


Abb. 15.12. Hyperbel vom Parameter $a=1{,}2$. Verlauf der totalen und der differentiellen Permeabilität.

Diese Näherung kann man verschär fen, indem man nicht nur ein Exponentialfunktion, sondern ein Summe solcher annimmt. Man kan dabei natürlich nicht so einfach Beziehungen erwarten, wie sie hie bei den Kurven zweiten Grades ge funden worden sind. — Unter de Sättigungsinduktion muß hier di Größe verstanden werden $B_a = M_s +$ $\mu_0 H_s$, worin $M_s$ die Sättigungsma gnetisierung und $H_s$ der kleinst Feldstärkewert ist, mit dem $M_s$ er reicht wird. Im Anschluß an (15.41 ist bemerkt worden, daß für Dauer magnetbaustoffe die Sättigung häufi nur ungenau oder gar nicht bekann ist. Man kann selbstverständlic auch in Ansätzen, die (15.66, 67) ent sprechen, die totale und die differentielle Suszeptibilität proportional setze zur Differenz zwischen Sättigungsmagnetisierung $M_s$ und Magnetisierung $M$ im betrachteten Punkt der Magnetisierungskurve $M = M(\mu_0 H)$, und wird dieses Vorgehen als das sorgfältigere auffassen dürfen, wenn die Sättigungsmagnetisierung $M_s$ ein bekannter und vor allem konstanter Wert ist.

# D. Magnetbaustoffe.

## 16. Zusammenhang der mikrophysikalischen und der makrophysikalischen Eigenschaften der eisenartigen Stoffe.

Die Untersuchung und Deutung des mikrophysikalischen Verhaltens der eisenartigen Stoffe, das in Abschnitt 7d nur kurz berührt worden ist, soll uns dazu verhelfen, die makrophysikalischen Eigenschaften und deren Zusammenhänge mit anderen, nicht magnetischen physikalischen Eigenschaften der Stoffe besser zu erkennen. Die Theorie führt im wesentlichen zu Aussagen über die Koerzitivkraft $K$ der Magnetisierung und die Anfangspermeabilität $\mu_a$.

Seit den grundlegenden Arbeiten von *Weiß* erklären wir das magnetische Verhalten der eisenartigen Stoffe durch die Grundannahme, daß in diesen Stoffen besonders starke atomare Richtkräfte vorhanden sind, die die Molekularmagnete untereinander parallel zu richten suchen. Diese von *Weiß* aus Beobachtungen und Überlegungen gefolgerte, um das Jahr 1908 aufgestellte Arbeitshypothese wurde 1928 von *Heisenberg*[1] quantenmechanisch als atomarer Austauscheffekt gedeutet. Auf den Gedankengang können wir hier nicht eingehen. Er führt auf den Begriff der Austauschenergie, den wir im folgenden an einer Stelle (16.5, 6) nicht entbehren können. Unterhalb der *Curie*-Temperatur sind nach diesen Vorstellungen verhältnismäßig große Raumteile vorhanden, in deren jedem die magnetischen Momente der Molekularmagnete untereinander parallel gerichtet sind und die gleiche Größe $M_s$ haben, die als Sättigungsmagnetisierung makroskopisch gemessen wird. Dieser spontanen Magnetisierung begrenzter Bezirke wirkt die Wärmebewegung der Moleküle entgegen. Die magnetischen Momente der Molekularmagnete selbst werden nicht dadurch erzeugt, daß die Elektronen in Bahnen umlaufen, sondern daß sie selbst Kreisel sind. Die Magnetisierungsrichtungen der einzelnen Raumteile, die *Weiß*sche Bezirke genannt werden, sind im makroskopisch unmagnetischen Zustand der Substanz völlig regellos verteilt. Durch ein außen angelegtes magnetisches Feld werden diese Richtungen unter Aufwand von Arbeit teils reversibel, teils irreversibel geändert, bis sie bei der makroskopischen Sättigung im wesentlichen zur Richtung des äußeren Feldes parallel gestellt sind.

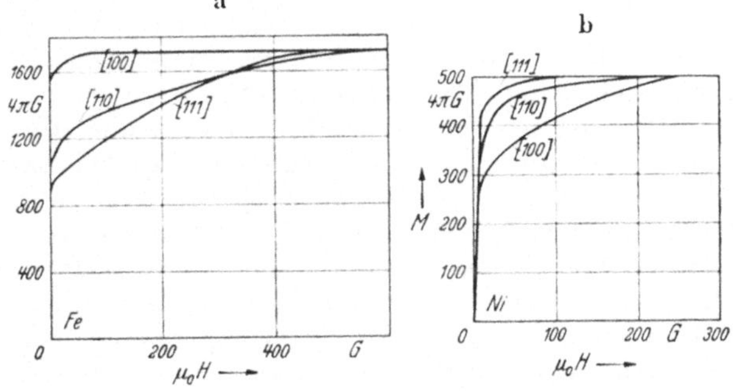


Abb. 16. 1. Magnetisierungskurven von Eisen- und Nickel-Einkristallen.

Bevor wir untersuchen, wie das im einzelnen vor sich geht, müssen wir fragen, wodurch denn die Richtung der spontanen Magnetisierung eines einzelnen Bezirkes gegeben sein kann. Drei Einflüsse: kristallographische Anisotropie, elastische Spannungen und die etwaige äußere Feldstärke wirken zusammen, um energiemäßig bevorzugte Richtungen, also Lagen relativer Stabilität, hervorzubringen.

[1] *W. Heisenberg*, Z. f. Phys. 49 (1928) S. 619.

Die kristallographische Anisotropie läßt erwarten, daß die Mikrokristalle, aus denen wir die Stoffe aufgebaut denken, in der einen Richtung leichter, in anderen schwerer magnetisierbar sind. Das findet man durch Messungen an makrophysikalischen Einkristallen bestätigt. Abb. 16.1[1] zeigt als Beispiel Magnetisierungskurven, die an Einkristallen aus Eisen (*a*) und aus Nickel (*b*) in verschiedenen kristallographischen Richtungen aufgenommen worden sind. Beim Eiseneinkristall ist offenbar die Würfelkante [100] die Richtung der leichtesten, die Richtung der Raumdiagonalen [111] die Richtung der schwersten Magnetisierbarkeit. Beim Nickeleinkristall liegen die Verhältnisse gerade umgekehrt. Die Fläche zwischen den beiden Magnetisierungskurven schwerster und leichtester Magnetisierbarkeit,

$$w_k = \int_{M=0}^{M_s} H \cdot dM \,. \tag{16.1}$$

stellt die räumliche Dichte der *Kristallenergie* dar. Diese wird positiv gerechnet, wenn die Würfelkante die Richtung der leichtesten Magnetisierbarkeit hat, wie bei Eisen. Die Größenordnung ist $w_k = 4 \cdot 10^5$ erg/cm³ bei Eisen, $w_k = -0{,}5 \cdot 10^5$ erg/cm³ bei Nickel.

Auch elastische Spannungen durch äußere oder innere Zugkräfte wirken als Anisotropie. Abb. 16.2a zeigt als Beispiele Magnetisierungskurven von Nickel in Abhängigkeit von der Größe der Zugspannung, die in Richtung des magnetisierenden Feldes angelegt worden ist: mit wachsender Zugspannung wird die Magnetisierungsarbeit immer größer, die Zugrichtung offenbar energiemäßig immer ungünstiger. Dieses Verhalten läßt sich mit Hilfe der Annahme verstehen, daß mit wachsendem Betrag des Zuges die Magnetisierungsvektoren $\mathfrak{M}_s$ der einzelnen *Weiß*schen Bezirke immer mehr quer zur Zugrichtung gestellt werden. Ein gegenteiliges Verhalten zeigt zum Beispiel die Eisen-Nickel-Legierung Permalloy unter Zug, wenn wieder die Richtungen des Zuges und des magnetisierenden Feldes gleich sind: wie Abb. 16.2b zeigt, werden mit wachsendem Zug die Magnetisierungskurven immer steiler, die Magnetisierungsarbeit wird immer kleiner; von einer bestimmten Größe des Zuges an werden die Hysteresisschleifen sogar praktisch rechteckig, die Magnetisierungsarbeit wird praktisch verschwindend klein. Dieses Verhalten läßt sich mit Hilfe der Annahme verstehen, daß mit wachsendem Betrag der Zugspannung die Magnetisierungsvektoren $\mathfrak{M}_s$ der einzelnen *Weiß*schen Bezirke immer mehr parallel zur Richtung des Zuges gestellt werden. Eine Erklärung für diese Eigenschaften hat *R. Becker* durch Berücksichtigung der *Magnetostriktion* gegeben. Unter der Magnetostriktion $\lambda_s$ bei Sättigung versteht man die Verlängerung $\Delta l/l$, die ein stabförmiger Probekörper in Richtung des angelegten Feldes bei Sättigungsmagnetisierung zeigt. Der Betrag hat die Größenordnung $\lambda_s \approx 3 \ldots 5 \cdot 10^{-5}$. Eine Volumenänderung ist damit in erster Annäherung nicht verbunden, quer zur Dehnung tritt also eine entsprechende Kontraktion ein. Permalloy zeigt eine positive Magnetostriktion, das heißt eine Verlängerung in Richtung des ausrichtenden magnetischen Feldes, und bei einer Verlängerung durch Zug richten sich die *Weiß*schen Bezirke nach unserer Annahme in Richtung des Zuges aus. Bei Nickel dagegen ist die Magnetostriktion negativ, parallel zur Richtung des ausrichtenden Feldes tritt eine Verkürzung, senkrecht dazu somit eine Verlängerung ein, und bei einer Verlängerung durch Zug richten sich die *Weiß*schen Bezirke nach unserer Annahme senkrecht zur Richtung des Zuges aus. Unter Zug stellen sich also die *Weiß*schen Bezirke stets so ein, daß diese Einstellung die Dehnung vergrößert, die durch die Zug-

[1] Nach *K. Honda* und *S. Kaya*, Sci. Rep. Tohoku Univ. 15 (1926) S. 721.

spannung hervorgebracht wird. Die Arbeit, die aufgewendet werden muß, um die Magnetisierung $\mathfrak{M}_s$ um den Winkel $\varepsilon$ aus der Richtung der Zugspannung $\sigma$ heraus zu drehen, kann darum stets mit Hilfe der Magnetostriktion $\lambda_s$ einfach angegeben werden: sie beträgt, bezogen auf die Raumeinheit

$$w_s = \frac{3}{2}\,\lambda_s \sigma \sin^2 \varepsilon\,, \qquad (16.2)$$

also

$$w_\sigma' = \frac{3}{2}\,\lambda_s\,\sigma \qquad (16.3)$$

bei Herausdrehen um einen rechten Winkel. Diese Energiedichte wird als Dichte der *Spannungsenergie* bezeichnet. Bei Nickel werden also die Kristallenergiedichte und die Spannungsenergiedichte bei einer Zugspannung der ungefähren Größe $\sigma = 10^9$ dyn/cm$^2$ $\approx 10$ kg/mm$^2$ von derselben Größenordnung, bei Eisen beim fünf-

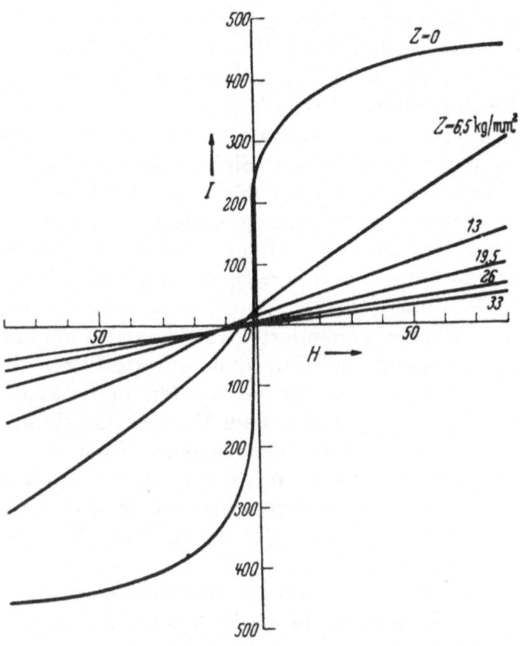

Abb. 16. 2a[1]. Magnetisierungskurven von Nickeldraht bei verschiedenen Zugspannungen Z. Es ist jeweils nur der obere Ast der äußersten Hysteresiskurve dargestellt.

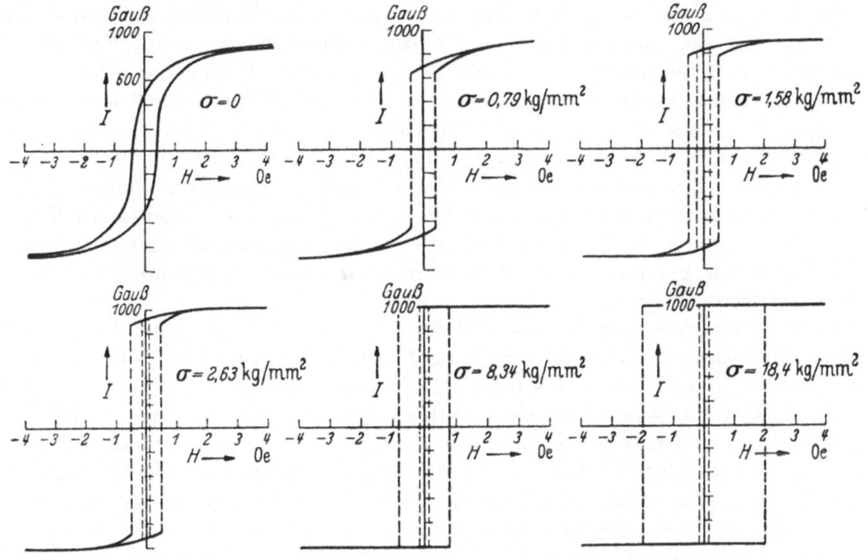

Abb. 16. 2b[2]. Hysteresisschleifen von Permalloy bei verschiedenen Zugspannungen $\sigma$.

[1] Nach *R. Becker* und *M. Kersten*, Z. f. Phys. 64 (1930) S. 660. — Aufgetragen ist über der Feldstärke $H$ in Ö die Größe $I = M/4\pi$ in G, wobei $M$ die Magnetisierung nach der von uns benutzten Definition (3.6) ist.

[2] Nach *F. Preisach*, Phys. Z. 33 (1932) S. 913. — Die Ordinatengröße ist $I = M/4\pi$, wobei $M$ die Magnetisierung nach der von uns benutzten Definition (3.6) ist.

bis zehnfachen Betrag dieser Spannung (wegen dieser Größenverhältnisse kan bei Nickel und Permalloy der Fall, daß die Spannungsenergie wesentlich über wiegt, technisch hergestellt und beobachtet werden, bei Eisen würde vorher scho die Zerreißfestigkeit überschritten). — Aber nicht nur bei Bestehen einer auße angelegten Zugspannung $\sigma$ werden die magnetischen Eigenschaften geändert vielmehr werden mit Sicherheit auch durch innere Spannungen (Eigenspan nungen) $\sigma_i$ der Stoffe die magnetischen Eigenschaften bestimmend beeinflußt Solche inneren Spannungen bleiben zum Beispiel bekanntlich zurück nach plasti schen Verformungen (Recken, Walzen, Ziehen, Hämmern); bei den Dauermagnet baustoffen treten innere Spannungen durch die in jedem Fall erforderliche Wärme behandlung (Härtung) auf, und zwar entweder dadurch, daß das Gefüge de Kristallgitters geändert wird (Umwandlungshärtung der älteren Magnetbaustoffe) oder dadurch, daß aus dem unterkühlten Mischkristall Bestandteile in feinste Verteilung ausgeschieden werden und dadurch (mindestens teilweise) Volumen änderungen gegenüber dem Mutterkristall mit sich bringen (Ausscheidungshärtung der neueren Magnetlegierungen). In allen drei Fällen wird ein Gefüge hervor gebracht, das reich an inneren Spannungen ist.

Durch diese beiden Anisotropiekräfte werden offenbar bestimmte Richtungen energiemäßig bevorzugt, an die der Vektor der spontanen Magnetisierung $\mathfrak{M}_s$ elastisch gebunden ist.

Ein dritter Anteil ist die *Feldenergiedichte.* Wird ein magnetisches Feld $\mathfrak{H}$ angelegt, so muß, bezogen auf die Raumeinheit, eine Arbeit von der Größe

$$w_H = -H M_s \cos\vartheta \tag{16.4}$$

aufgebracht werden, um die spontane Magnetisierung $\mathfrak{M}_s$ um den Winkel $\vartheta$ aus der Richtung des Feldes $\mathfrak{H}$ herauszudrehen.

Die Richtung der spontanen Magnetisierung eines Bezirkes ist nun dadurch bestimmt, daß die Summe der drei Energiedichten $w_k + w_\sigma + w_H$ gegenüber benachbarten Richtungen einen Kleinstwert aufweist. Damit ist allerdings die Lage im einzelnen nicht immer eindeutig festgelegt. Wenn an sich mehrere Vorzugslagen möglich sind, so hängt die wirklich angenommene Lage außer von der energiemäßigen Bevorzugung noch von der magnetischen Vorgeschichte ab.

Wie kommt nun unter dem Einfluß eines außen angelegten Feldes die Ausrichtung der einzelnen Bezirke aus den bevorzugten Lagen der spontanen Magnetisierung heraus, und damit schließlich die makroskopische Hysteresiskurve, zustande? Hierfür kennen wir zwei Elementarvorgänge. Wir nennen sie *Drehung* und *Wandverschiebung.*

Bei dem Drehvorgang werden die Magnetisierungsrichtungen der einzelnen *Weiß*schen Bezirke der Richtung des angelegten Feldes ähnlicher: die sämtlichen untereinander parallelen Molekularmagnete eines Bezirkes werden gleichzeitig um einen kleinen Winkel in dem Sinne gedreht, daß die Komponente der Magnetisierung in Richtung des angelegten Feldes mit dessen Anwachsen überall zunimmt. Nähere Untersuchung zeigt, daß Drehvorgänge hauptsächlich bei stärkeren Feldern (die größer sind als die Koerzitivkraft) bis zur Sättigung auftreten. (Bei Dauermagnetlegierungen scheint es allerdings nicht möglich zu sein, die verschiedenen Elementarvorgänge voneinander deutlich zu trennen.)

Der andere elementare Magnetisierungsvorgang besteht darin, daß Bezirke, deren spontane Magnetisierung günstig zum äußeren Felde liegt, also in dessen Richtung eine starke Komponente hat, größer werden auf Kosten von Bezirken, deren Magnetisierungsrichtung weniger günstig ist. Es verschiebt sich also eine Übergangsschicht, die schon und noch nicht ausgerichtete Magnetisierungen voneinander trennt. Auf diese Anschauung haben verschiedene experimentelle Befunde geführt. Die Beobachtung der *Barkhausen*-Sprünge und des unstetigen, stufenweisen Verlaufes der steilsten Teile der Magnetisierungskurve, über die in Abschnitt 7d berichtet worden ist, sind so zu deuten, daß einzelne, spontan magnetisierte Raumteile, eben die *Weiß*schen Bezirke, unter dem Einfluß des äußeren Feldes umklappen oder umspringen in eine neue, magnetisch stabilere Lage, in der die Richtung aller ihrer untereinander parallelen magnetischen Momente mit der des angelegten Feldes besser übereinstimmt als vorher. Man kann aus der gegebenen Größe dieser unstetigen Vorgänge Schlüsse auf die Größe der umklappenden Raumteile ziehen; man hat Größenordnungen von $10^{-9}$ cm³ gefunden. Die *Barkhausen*-Sprünge sind nun je nach Stoffen und Versuchsbedingungen sehr verschieden groß. *Preisach* hat Drähte aus einer Nickel-Eisen-Legierung (am besten ist ungefähr 75 % Nickel) einer starken homogenen Zugspannung in Richtung des angelegten Feldes ausgesetzt und dabei praktisch rechteckige Magnetisierungskurven erhalten. Unter geeigneten Versuchsbedingungen wird es erreicht, daß die Magnetisierung in einem einzigen riesigen *Barkhausen*-Sprung von $+M_s$ nach $-M_s$ springt und umgekehrt. Soll man sich nun vorstellen, daß in dem ganzen, beliebig langen Probekörper die sämtlichen *Weiß*schen Bezirke wie auf Kommando überall zur gleichen Zeit umklappen? *Sixtus* und *Tonks*[1] haben durch das Experiment gezeigt, daß die Ummagnetisierung an einer Stelle im Probekörper beginnt und von da aus sich mit endlicher Geschwindigkeit ausbreitet. Abb. 16.3 zeigt schematisch die Versuchsanordnung. Der gespannte Probedraht befindet sich im Innern einer langen zylindrischen Spule (sie ist in der Abbildung der Übersichtlichkeit wegen neben den Draht gezeichnet), Hauptfeld genannt, mit der er gleichmäßig längsmagnetisiert werden kann, ferner sind über dem Draht noch angebracht eine Auslösespule $S$, mit der in einem kleinen Gebiet des Probedrahtes eine zusätzliche Feldstärke erregt werden kann, und zwei Suchspulen I und II, die ein Zeitmeßgerät beeinflussen, wenn in ihnen Induktionsstöße entstehen. Zu Beginn des Versuches wird der Draht durch die lange Spule bis zur Sättigung magnetisiert; nach dem Ausschalten des erregenden Feldes bleibt die Magnetisierungsrichtung erhalten, da die Magnetisierungskurve rechteckig ist. Mit Hilfe der Auslösespule $A$ wird eine entgegengesetzt gerichtete Feldstärke in einem begrenzten Gebiet des Drahtes hervorgebracht. Wird eine bestimmte Größe dieser Feldstärke, die Auslösefeldstärke $H_a$, überschritten, so wächst das entgegengesetzt magnetisierte Gebiet weiter nach außen, auch wenn außerhalb der Auslösespule die Feldstärke kleiner als $H_a$ ist. Der Zeitunterschied zwischen dem Eintreffen der Wachstumsfront in den Suchspulen I und II wird durch das Zeitmeßgerät festgestellt. Die Wachstumsgeschwindigkeit $u$, deren Größenordnung 100 m/s ist, hängt von der Feldstärke $H$ des angelegten Hauptfeldes ab; *Sixtus* und *Tonks* haben mit einer Konstanten $k$ die Beziehung

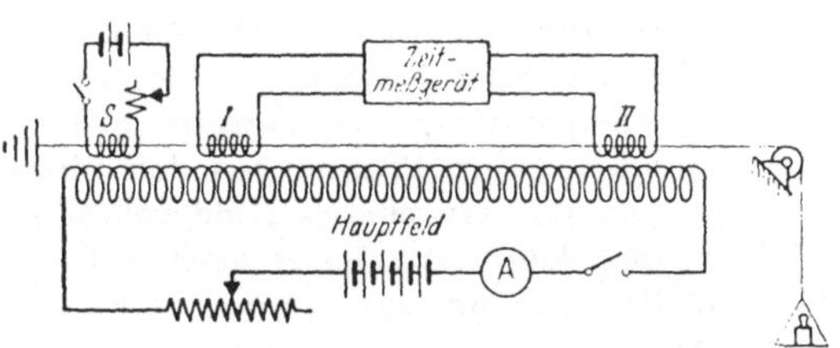

Abb. 16. 3. Versuchsanordnung von *Sixtus* und *Tonks*. $S$ Auslösespule, $I$ und $II$ Suchspulen.

$$u = k\,(H - H_0)$$

gefunden. Bei Feldstärken, die kleiner als $H_0$ sind, kann auch ein starkes Feld $H_a$ der Auslösespule den Ummagnetisierungsvorgang nicht mehr zum Ablauf bringen.

[1] *K. Sixtus* und *L. Tonks*, Phys. Rev. 37 (1931) S. 930; 39 (1932) S. 357; 42 (1932) S. 419; 43 (1933) S. 70, 931.

$H_0$ ist demnach die Feldstärke, die zum Vorwärtstreiben der Wachstumsfron mindestens erforderlich ist, sie wird darum Grenzfeldstärke genannt. Die Er scheinung entspricht der Überwindung ruhender Reibung bei mechanischen Be wegungen. Die beobachtete Wachstumsfront ist eine Übergangsschicht zwischei schon und noch nicht in die gleiche Richtung ausgerichteten *Weißschen* Bezirken sie wird als *Bloch*sche Wand bezeichnet, da *Bloch* als erster ihre Eigenschaftei theoretisch untersucht hat.

Nach diesen Beobachtungen besteht der elementare Magnetisierungsvorgan im Vorrücken einer Wand zwischen verschieden magnetisierten Bezirken über eii endliches Gebiet hinweg, ohne daß für den Ablauf des Vorganges eine weitere Felderhöhung notwendig wäre. Innerhalb des einzelnen Bezirkes ändert sick dabei die Richtung des Magnetisierungsvektors $\mathfrak{M}_s$, nicht aber seine Größe $M_s$. Der Vorgang kommt nur bei Bestehen einer gewissen Mindestfeldstärke $\mathfrak{H}_0$ zustande.

Für die Wandverschiebungen muß man voneinander unterscheiden: Wände zwischen Bezirken, deren Magnetisierungsrichtungen miteinander ungefähr oder genau einen rechten Winkel bilden, und Wände zwischen Bezirken, deren Magnetisierungsrichtungen zueinander entgegengesetzt sind. Die beiden Arten verhalten sich verschieden. In beiden Fällen jedoch sind reversible Verschiebungen möglich, die mit Erlöschen des äußeren Feldes wieder verschwinden, und irreversible Verschiebungen, die nach Verschwinden des äußeren Feldes nicht wieder zurückgehen. Bei den Wänden der zweiten Art, die eine besondere Rolle spielen, ist zum Beispiel eine gewisse kritische äußere Feldenergie nötig, um die Wand über eine energiemäßig ungünstigste Stelle hinwegzubewegen, ähnlich wie ein Wagen auf holprigem Pflaster aus dem Stand durch Aufwenden einer gewissen Mindestarbeit über ein kleines Hindernis hinweg in eine neue stabile Stellung gedrückt werden kann, aus der er nach Aufhören der Schiebekraft nicht mehr von selbst in die Ausgangslage zurückkehrt.

Die Bedingungen für *Bildung und Bewegung der Wand* sind für die weitere Erklärung der Vorgänge von entscheidender Bedeutung. Wir betrachten zwei aneinanderstoßende Raumteile, in denen die spontanen Magnetisierungen entgegengesetzte Richtungen haben. Sie werden durch eine sogenannte 180°-Wand voneinander getrennt, das ist eine Übergangsschicht, in der ohne scharfe Grenzen die Magnetisierungsrichtung vom Winkel $\vartheta=0$ im einen Bezirk in die Richtung $\vartheta=\pi$ im anderen Bezirk übergeht. Dieser Richtungsänderung innerhalb der Schicht widerstreben die starken atomaren Richtkräfte, welche die einzelnen magnetischen Momente der Elektronenkreisel untereinander parallel zu richten bestrebt sind. Wären außer ihnen keine anderen Kräfte vorhanden, so wäre der Übergang sehr breit und allmählich. Im entgegengesetzten Sinn aber wirken die oben definierten Anisotropiekräfte, die die Magnetisierungsrichtungen der einzelnen Bezirke in gewissen Vorzugslagen zu halten suchen. Diese Kräfte streben danach, die Übergangsschicht möglichst dünn zu machen, denn je dicker die Schicht ist, desto mehr einzelne magnetische Momente müssen aus der Vorzugslage herausgedreht werden. Aus diesen beiden einander widerstrebenden Wirkungen kann die Dicke der Wand abgeschätzt werden. Außerdem muß zu ihrer Bildung gegen diese Kräfte Arbeit aufgewandt werden. Auch zur Bildung einer Seifenblasenhaut muß Arbeit geleistet werden. Das Bestehen der Haut ist an das Vorhandensein einer Oberflächenenergie geknüpft. Entsprechend ist eine Energie der *Bloch*schen Wand in flächenhafter Verteilung vorhanden, die als Flächendichte der Bildungsarbeit der Wand gegen die beiden genannten Kräfte aufgefaßt werden kann. Die Abschätzung der Dicke $\delta$ und der Flächendichte der Energie $\gamma$ der Wand führt auf die Größen

$$\delta \approx a \sqrt{\frac{w_a}{w_\sigma' + c w_k}}\,, \tag{16.5}$$

$$\gamma \approx 2a \sqrt{w_a (w_\sigma' + c w_k)} = 2\delta (w_\sigma' + c w_k)\,. \tag{16.6}$$

Hierin ist $a$ die Gitterkonstante, die man als Atomabstand zu veranschaulichen pflegt, $w_a$ ein energetisches Maß für die genannten atomaren Richtkräfte, die räumliche Dichte der „Austauschenergie“. Sie kann nach *Heisenberg* für das kubisch flächenzentrierte und das kubisch raumzentrierte Gitter durch die Beziehung $w_a = k\Theta/a^3$ aus der Gitterkonstanten $a$, der *Boltzmann*schen Konstanten $k = 1{,}37 \cdot 10^{-23}$ VAs/Grad und der *Curie*-Temperatur $\Theta$ abgeschätzt werden. $c$ ist ein Zahlenfaktor in der Größenordnung eins, er stellt das Gewicht dar, mit dem $w_k$ neben $w_\sigma'$ eingeht, $w_k$ ist die räumliche Dichte der Kristallenergie, $w_\sigma' = \frac{3}{2} \lambda_s \sigma$ ist die in (16.3) genannte räumliche Dichte der größten Spannungsenergie. Man findet Größenordnungen von $\gamma \approx 1 \ldots 3$ erg/cm², also etwas kleinere Werte als die Oberflächenenergie gewöhnlicher Flüssigkeiten, und $\delta \approx 100\, a$, der Übergang ist über etwa hundert Atomabstände verteilt.

Bei dem Versuch von *Sixtus* und *Tonks* mußte die Ummagnetisierung durch eine gewisse Feldstärke $H_a$ ausgelöst werden, das heißt, es mußte in einem Teil des Probekörpers ein Keim der Ummagnetisierung gebildet werden, der dann weiter wachsen kann. Die Bildung des Keimes erfordert einen gewissen Energieaufwand, gerade so, wie die Entstehung der ersten kondensierten Tröpfchen bei übersättigtem Dampf: die Ursache ist in beiden Fällen die Oberflächenspannung des Keimes. Unter welchen Umständen ist das Wachstum des Keimes möglich? Wenn sich das Volumen $\tau$ des Keimes durch Vorrücken der Wand um $d\tau$ vergrößert, so wird für die Vergrößerung der Oberfläche $F$ um $dF$ die Energie $\gamma dF$ verbraucht. Außerdem wird die magnetische Feldenergie $W$ des entmagnetisierenden Feldes um den Betrag $dW$ geändert. Zugebracht wird dem Volumen $d\tau$ durch das Feld $H$ der Energiezuwachs $2HM_s d\tau$, denn in dem Volumen $d\tau$ geht die Richtung der Magnetisierung von der entgegengesetzten Richtung in die des Feldes $\mathfrak{H}$ über. Wenn nun das Vorrücken der Wand ohne Energieverlust vor sich ginge, so würde der Keim wachsen, wenn nur die zugeführte Energie die aufzuwendende überwiegen würde, wenn

$$2HM_s d\tau > \gamma dF + dW$$

wäre. In Wirklichkeit ist eine Mindestfeldstärke $H_0$ notwendig, damit das Wachstum überhaupt fortschreiten kann. Das bedeutet, daß selbst bei noch so langsamem Vorrücken der Wand der Energiebetrag $2\, H_0 M_s d\tau$ irreversibel in dem überstrichenen Volumen $d\tau$ verloren geht. Er spielt die Rolle einer Reibung. Deswegen wächst der Keim nur, wenn erfüllt ist

$$2\, HM_s d\tau > 2\, H_0 M_s d\tau + \gamma dF + dW\,.$$

Indem man spezielle Annahmen über die Form des Keimes macht, kann man diese Aussagen noch genauer gestalten (*Sixtus* und *Tonks* haben stets gefunden, daß der Keim im Draht viel länger, als dick ist).

Die *Grenzfeldstärke* $H_0$ ist diejenige Feldstärke, die mindestens zum Weiterrücken der Wand notwendig ist. Sie ist also ein Maß für die der Fortbewegung entgegenstehenden Hindernisse. Die Wand würde schon durch eine beliebig kleine Feldstärke beliebig weit fortgeschoben, wenn bei dieser Bewegung die Energiedichte $\gamma$ der Wand gänzlich unverändert bliebe. In Wirklichkeit werden örtliche Schwankungen vorkommen, und deswegen ist zum Verschieben der Wand eine Feldstärke von endlicher Größe notwendig. Nimmt zum Beispiel $\gamma$ entlang einer gewissen Wegstrecke der Bewegung zu, so muß das äußere Feld Arbeit leisten, um die Wand über diesen Energieberg weiterzuschieben; ist diese Strecke überwunden, so läuft die Wand weiter, und zwar ohne Hemmungen, abgesehen von der Energievernichtung durch Wirbelströme, bis ihr ein neues, größeres, relatives Maximum ein größeres Hindernis in den Weg stellt. In einem stark vereinfachenden Modell wollen wir annehmen, daß die Wand eben und von gleichbleibender Dicke sei und in der Richtung $x$ ihrer Normalen sich bewegen könne. Soll die Wand um die Strecke $dx$ weiterrücken, so muß die durch das äußere Feld $\mathfrak{H}$ geleistete Arbeit $2\,HM_sFdx$ mindestens so groß sein, wie der Zuwachs $\frac{d\gamma}{dx}Fdx$, der Wandenergie entlang der Strecke $dx$, es muß also sein

$$2\,HM_s > \frac{d\gamma}{dx}, \tag{16.7}$$

damit die Wand weiterrückt. Hieraus folgt: ist das treibende Feld $\mathfrak{H}=0$, so steht die Wand dort, wo $\gamma$ einen Kleinstwert, $\frac{d\gamma}{dx}$ daher den Wert null hat. Ein kleines Feld $\mathfrak{H}$ verschiebt die Wand so weit, bis die magnetische Flächenkraft gleich dem Anstieg der Spannung der Wand ist; die Gleichgewichtsbedingung für die Wand lautet daher

$$2\,HM_s = \frac{d\gamma}{dx}. \tag{16.8}$$

In einem hinreichend kleinen Feld ist die Verschiebung der Wand reversibel, nämlich so lange $\frac{d^2\gamma}{dx} > 0$ ist. Die Wand kehrt bei erlöschendem äußeren Feld erst dann nicht mehr in ihre Ausgangslage zurück, wenn sie mit wachsender treibender Feldstärke $\mathfrak{H}$ über ein erstes relatives Maximum von $\frac{d\gamma}{dx}$ hinweggeschoben worden

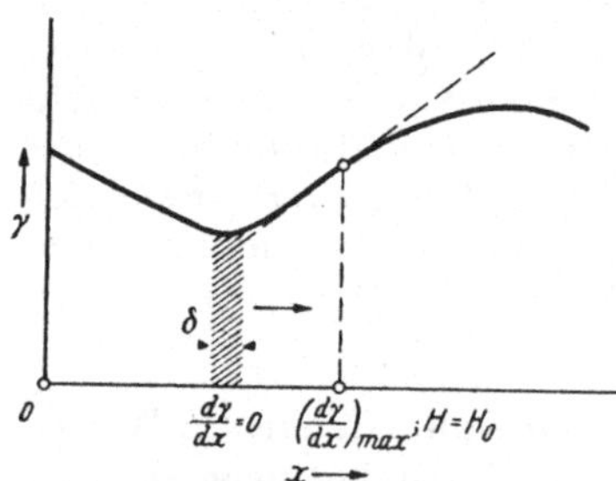


Abb. 16.4. Ebenes lineares Modell für das Fortschreiten der Wand und die Größe der Grenzfeldstärke.

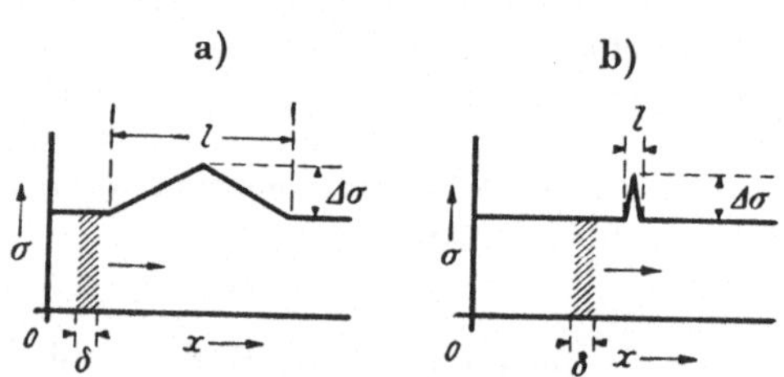


Abb. 16.5. Spannungsschwankungen mit dreieckigem Verlauf für das ebene lineare Modell der Wandbewegung. a) Spannungswulst, b) Spannungszacke.

ist. Von dieser Stelle an läuft die Wand ohne weitere Verstärkung von $\mathfrak{H}$ unter Wirbelstrombildung weiter, bis sie zu einer Stelle kommt, die ein höheres relatives Maximum von $\frac{d\gamma}{dx}$ aufweist, dessen Überwindung ein stärkeres Feld erfordert, als die Überwindung des vorangegangenen Maximums. Durch die Grenzfeldstärke $\mathfrak{H}_0$ werden die größten Schwankungen der Wandenergie $\gamma$ eben überwunden, sie ist daher

$$H_0 = \frac{1}{2\,M_s}\left(\frac{d\gamma}{dx}\right)_{max}. \tag{16.9}$$

Abb. 16.4 veranschaulicht dieses Modell.

Welche Größen können örtliche Schwankungen der Wandenergie verursachen? Nach der Beziehung (16.6) kommen örtliche Schwankungen der Dichte der Austauschenergie $w_a$, der Kristallenergie $w_k$ und der Spannungsenergie $w_\sigma' = \frac{3}{2}\lambda_s\sigma$

in Betracht. Eine nähere Untersuchung zeigt, daß örtliche Schwankungen von $w_a$ gewöhnlich vernachlässigbar klein sind, und daß $w_k$ gegenüber $w_\sigma'$ erst bei kleinen Spannungen ins Gewicht fällt. Örtliche Schwankungen der Spannung müssen daher in erster Linie berücksichtigt werden. Betrachten wir sie als die einzig vorhandenen Schwankungen, nehmen also $\frac{\partial w_a}{\partial x}=0$ und $\frac{\partial w_k}{\partial x}=0$ an, so ist $\frac{d\gamma}{dx}=\frac{3}{2}\lambda_s\delta\frac{d\sigma}{dx}$ mit (16.6), daher wird die Grenzfeldstärke

$$H_0=\frac{3}{4}\frac{\lambda_s\delta}{M_s}\left(\frac{d\sigma}{dx}\right)_{max} \tag{16.10}$$

gegeben durch den größten auftretenden Spannungsgradienten. Bei der wirklichen, nicht ebenen Wand wird man in dieser Abschätzungsformel einen geeigneten Mittelwert von $\frac{d\sigma}{dx}$ zu benutzen haben. Wir betrachten für unser ebenes, lineares Modell eine örtliche Spannungsschwankung von dreieckiger Gestalt nach Abb. 16.5a und b. Ihre Ausdehnung in Richtung $x$ sei $l$, ihr Betrag $\Delta\sigma$ sei klein genug, daß die Veränderung der Dicke $\delta$ der Wand, die nach (16.3, 5) von $\sigma$ abhängt, unberücksichtigt bleiben kann. Ist die Ausdehnung $l$ groß gegenüber der Wanddicke $\delta$, so darf man setzen $\frac{d\sigma}{dx}\approx\frac{\Delta\sigma}{l/2}$ und erhält damit für die Grenzfeldstärke

$$H_0\approx\frac{\lambda_s\Delta\sigma}{M_s}\cdot\frac{3}{2}\frac{\delta}{l}\,; \qquad l\gg\delta\,. \tag{16.11}$$

Im gegenteiligen Fall $l\ll\delta$ ist der Spannungswulst zu einer Spannungszacke geworden, und man findet auf etwas anderem Wege

$$H_0\approx\frac{\lambda_s\Delta\sigma}{M_s}\cdot 0{,}6\,\frac{l}{\delta}\,; \qquad \delta\gg l\,. \tag{16.12}$$

Man darf verallgemeinern: der Zusammenhang zwischen der örtlichen Spannungsschwankung und der Grenzfeldstärke wird in jedem Fall durch eine Beziehung von der Gestalt

$$H_0=p_0\frac{\lambda_s\Delta\sigma}{M_s} \tag{16.13}$$

gegeben, in der der Zahlenfaktor $p_0$ in erster Linie von der räumlichen Verteilung der inneren Spannungen abhängt; sein größter Wert ist ungefähr eins, er tritt ein, wenn die Erstreckung $l$ der Störung mit der Wanddicke $\delta$ vergleichbar ist. Der Höchstwert der Grenzfeldstärke kann also durch

$$(H_0)_{max}=\frac{\lambda_s\Delta\sigma}{M_s} \tag{16.14}$$

abgeschätzt werden. Die Grenzfeldstärke ist nach dieser Vorstellung im wesentlichen durch die Größe der Spannungsschwankungen gegeben; $\lambda_s$ und $M_s$ sind Stoffwerte.

Die makroskopisch beobachtete Koerzitivkraft $K$ ist offenbar nichts anderes, als ein Mittelwert der Grenzfeldstärken aller beteiligten Bezirke. Wir wünschen für $K$ eine Abschätzungsformel von ähnlicher Einfachheit wie (16.13). Das dort benutzte Schema war insofern recht grob, als in der wirklichen Substanz die Spannungsschwankungen nicht klein gegenüber einem Mittelwert sind, sondern alle Größen zwischen null und einem oberen Grenzwert haben, und wegen (16.5) gilt dann Entsprechendes von der Wanddicke $\delta$. Für eine Mittelung ersetzen wir $\Delta\sigma$ durch den Mittelwert $\sigma_i$ über die inneren Spannungen. Ferner müssen wir berücksichtigen, daß die Richtung der Magnetisierung $\mathfrak{M}_s$ eines Bezirkes im allgemeinen keineswegs mit der Richtung des angelegten Feldes $\mathfrak{H}$ übereinstimmt, wie wir für die Abschätzung von $\mathfrak{H}_0$ angenommen hatten. Für den Druck auf die Wand ist aber nur die Komponente von $\mathfrak{H}$ in Richtung von $\mathfrak{M}_s$ maßgebend. Die Mittelwertbildung aller Richtungen ergibt ungefähr den Faktor $\frac{3}{2}$ für $K$ gegenüber $H_0$ in Gleichung (16.13). So erhalten wir als Abschätzungsformel für die Koeffitivkraft

$$K = \frac{3}{2} p \frac{\lambda_s \sigma_i}{M_s}, \tag{16.15}$$

worin für den Zahlenfaktor $p$ sinngemäß das gleiche gilt, wie für $p_0$ in (16.13). Da dieser Faktor der Größenordnung nach höchstens den Wert eins annehmen kann, erhalten wir schließlich zur Abschätzung des größtmöglichen Wertes der Koerzitivkraft aus den inneren Spannungen, der Magnetostriktion und der Sättigungsmagnetisierung

$$K_{max} \approx \frac{3}{2} \frac{\lambda_s \sigma_i}{M_s}. \tag{16.16}$$

Diese Erklärung der Grenzfeldstärken aus Spannungsschwankungen und der Koerzitivkraft auf der Grenzfeldstärke verdanken wir *R. Becker.* Der Ausgangspunkt war die Vorstellung von den Wandverschiebungen. Die Theorie ist aber erst vollständig, wenn auch der andere Elementarvorgang, die *Drehung* der Magnetisierungen $\mathfrak{M}_s$ der einzelnen Bezirke berücksichtigt worden ist. Auch dies hat *Becker* geleistet in einer grundlegenden Arbeit über die Beeinflussung der Koerzitivkraft und der Anfangspermeabilität durch innere Spannungen[1], der wir hier folgen.

Für den Ummagnetisierungsvorgang durch Drehung des Vektors $\mathfrak{M}_s$ eines *Weißschen* Bezirkes aus der Vorzugsrichtung heraus, die durch innere Spannungen $\sigma_i$ bewirkt wird, betrachten wir die Magnetostriktion als konstant und positiv und nehmen $\sigma_i$ als reine Zugspannung an von konstantem Betrag, aber von Ort zu Ort wechselnder Richtung. In einem betrachteten Punkt sei $\varepsilon$ der Winkel, den die Richtung von $\sigma_i$ mit der Richtung des äußeren Feldes $\mathfrak{H}$ bildet. Bei der betrachteten Größe $H \neq 0$ sei $\vartheta$ der Winkel zwischen dem gedrehten $\mathfrak{M}_s$ und $\mathfrak{H}$, Abb. 16.6, und dieser Winkel ist dadurch gegeben, daß die von $\vartheta$ abhängige Energiedichte

$$w = w_\sigma + w_H = \frac{3}{2} \lambda_s \sigma_i \sin^2(\vartheta - \varepsilon) - H M_s \cos\vartheta, \tag{16.17}$$

vergleiche (16.2, 4) einen kleinsten Wert annimmt. $\frac{dw}{d\vartheta} = 0$ bedeutet Gleichheit der Drehmomente

$$\frac{dw_\sigma}{d\vartheta} = -\frac{dw_H}{d\vartheta}$$

der Spannungs- und der Feldenergie. Damit ist aber die Aufgabe auf eine Stabilitätsbetrachtung zurückgeführt, wie solche aus der Mechanik bekannt sind und in der Technik häufig geübt werden. Die Wurzeln der Gleichung $\frac{dw}{d\vartheta} = 0$ oder

$$\left.\begin{aligned} &\sin 2(\vartheta - \varepsilon) + \eta \sin\vartheta = 0, \\ &\eta = \frac{H}{H'}, \quad H' = \frac{3}{2} \frac{\lambda_s \sigma_i}{M_s} \end{aligned}\right\} \tag{16.18}$$

ergeben Minima oder Maxima von $w$. Als vorbereitendes Beispiel wählen wir den einfachen Fall aus, daß die Spannungsrichtung parallel zu $\mathfrak{H}$ ist: $\varepsilon = 0$. Dann ist die Gleichung (16.18) erfüllt für $\vartheta = 0, \pi, \ldots$, und bei $\vartheta = \pi$ liegt ein Minimum von $w$, wenn

$$\left(\frac{d^2 w}{d\vartheta^2}\right)_{\vartheta=\pi} = 2 - \eta > 0$$

[1] *R. Becker,* Z. f. Phys. 62 (1930) S. 253.

ist. Das bedeutet: in der Richtung, die dem äußeren Feld $\mathfrak{H}$ gerade entgegengesetzt ist, kann der Magnetisierungsvektor $\mathfrak{M}_s$ mit von null an zunehmender Größe der Feldstärke $\mathfrak{H}$ verharren, bis

$$H = 2H' = \frac{3\lambda_s \sigma_i}{M_s} \tag{16.19}$$

geworden ist. Wächst $H$ kontinuierlich über diesen Betrag hinaus, so ist diese Lage instabil geworden, die Magnetisierung des Bezirkes springt in einem irreversibeln Drehvorgang in die neue stabile Lage um. Für jede andere Ausgangsstellung $\varepsilon \neq 0$ findet man die Lösungen der Gleichung (16.18), nämlich $\vartheta$ in Abhängigkeit von $\varepsilon$ und von $\eta$, am einfachsten graphisch in der aus Abb. 16.7 hervorgehenden Weise. In diesem Beispiel zeigt die ausgezogene Kurve den Verlauf von $\sin 2(\vartheta - \varepsilon)$ für $\varepsilon = 20°$. Ihre Nullstellen I bei $\vartheta = \varepsilon$ und II bei $\vartheta = \varepsilon + \pi$ sind die Gleichgewichtslagen für $H = 0$. (Nur diese Nullstellen entsprechen kleinsten Werten von $w$.) Gestrichelt eingetragen sind drei Kurven $-\eta \sin\vartheta$ mit den Werten $\eta = \frac{1}{3}, \frac{5}{6}, \frac{5}{3}$. Ihre Schnittpunkte mit der ausgezogenen Kurve sind offenbar die

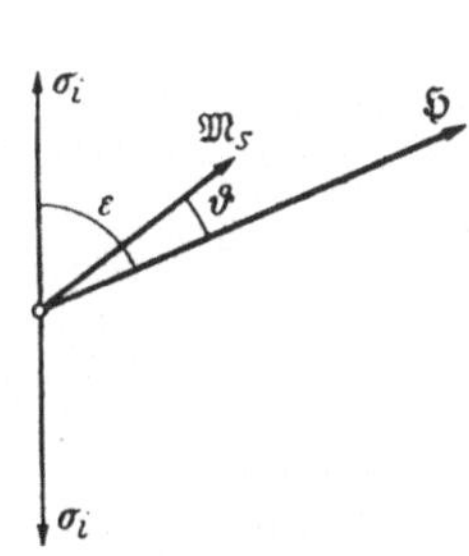


Abb. 16.6. Drehung des Magnetisierungsvektors $\mathfrak{M}_s$ aus der Vorzugslage heraus in die Richtung des Feldes $\mathfrak{H}$.

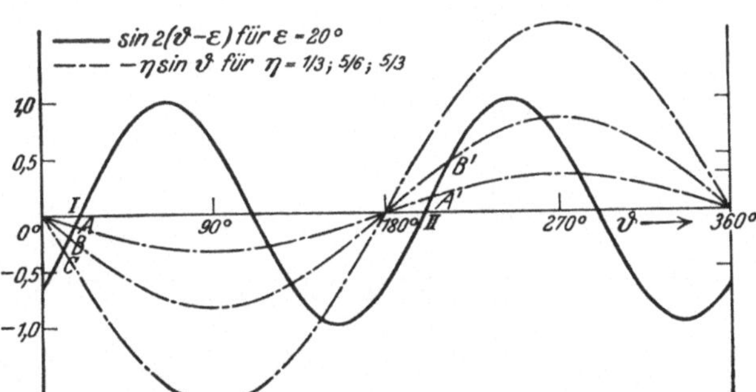


Abb. 16.7. Beispiel für Lösungen der Gleichung (16.18). Gleichgewichtslagen bei *I* und *II* und ihre Veränderung in Abhängigkeit von $\eta$. Für $\eta = 5/3$ bei *II* keine Gleichgewichtslage mehr.

gesuchten Wurzeln. Man sieht, wie mit wachsendem $\eta$ sich die Gleichgewichtslagen verschieben: die Lage I schließt einen immer kleineren Winkel $\vartheta$ mit der Feldrichtung ein, je größer $\eta = H/H'$ wird. Die Lage II dagegen erfährt nur bis zu einem bestimmten kritischen Wert $\eta = \eta_c$ eine kontinuierliche Veränderung; für $\eta > \eta_c$ wird die Lage II instabil, es gibt nur noch die Lage I als stabile Gleichgewichtslage. Bei Überschreiten der kritischen Feldstärke

$$H_0 = \eta_c H' \tag{16.20}$$

klappt der ursprünglich in der Lage II befindliche Magnetisierungsvektor $\mathfrak{M}_s$ in diese Lage um. Mit den so erhaltenen Wurzeln $\vartheta(\varepsilon, \eta)$ kann man nun die in die Feldrichtung fallende Komponente $M = M_s \cos\vartheta$ in Abhängigkeit von $H$ konstruieren. Abb. 16.8 zeigt das von *Becker* gefundene Ergebnis. Die Kurven haben folgende Eigenschaft: wenn man von sehr großen Werten $\eta = H/H'$ kommend $\eta$ abnehmen läßt, so wird zunächst die Kurve I durchlaufen. Bei $\eta = 0$ ist eine Remanenz vom Betrag $M_s \cos\varepsilon$ vorhanden, bei zunehmendem negativem $\eta$ springt bei $\eta = -\eta_c$ die Magnetisierung $\mathfrak{M}_s$ in die Lage II. Entsprechendes gilt, wenn man von sehr großen negativen Werten $\eta$ gegen null und ins Positive geht, für die Kurve II. Der betrachtete *Weiß*sche Bezirk zeigt also eine vollständige Hysteresisschleife mit den kennzeichnenden Eigenschaften: Koerzitivkraft, Remanenz, *Barkhausen*-Sprung, Hysteresisfläche. Der Sprung erfolgt bei $|\eta_c| = 2, 1, 0$ für $\varepsilon = 0, \pi/4, \pi/2$, die Schnittpunkte mit der $\eta$-Achse liegen in Abhängigkeit von $\varepsilon$

zwischen 2 und 0 um den Mittelwert $\approx 1$. Die makroskopische Koerzitivkraft $K$ muß sich aber durch Summation, das heißt als Mittelwertbildung über alle möglichen Werte $\varepsilon$ und $\sigma_i$ ergeben; sie muß also gegeben sein durch

$$K = H' = \frac{3}{2} \frac{\lambda_s \sigma_i}{M_s} . \tag{16.21}$$

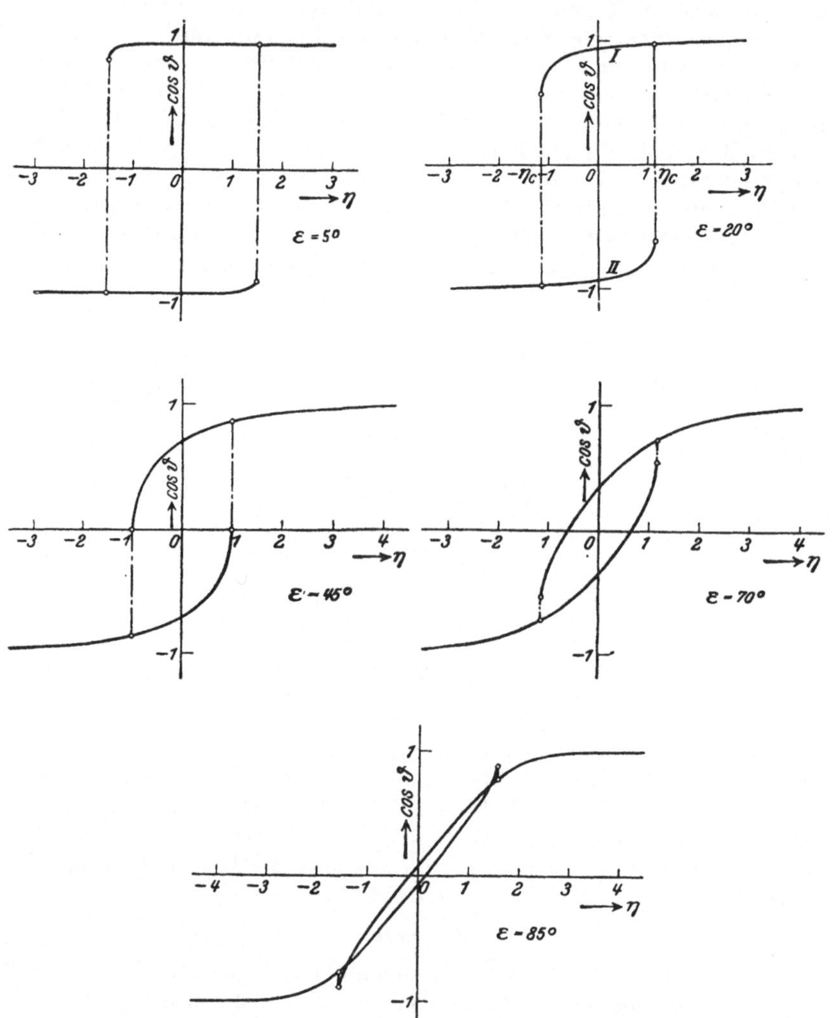


Abb. 16. 8. Verlauf von $\cos\vartheta$ als Funktion von $\eta$ nach (16. 18) für verschiedene Richtungen $\varepsilon$ (in anderem Maßstab: Verlauf von $M$ als Funktion von $H$).

Diese Beziehung ist mit (16.18) identisch (für ihre Ableitung ist aber nicht die Schwankung, sondern der Mittelwert der inneren Spannungen $\sigma_i$ benutzt worden). Die beiden elementaren Ummagnetisierungsvorgänge führen auf dieselbe Abschätzungsformel für die Koerzitivkraft.

Die *Remanenz* ist in dem gewählten Modell nur abhängig von der Verteilung der Ausgangsrichtungen $\varepsilon$:

$$M_r = M_s \overline{\cos\varepsilon} . \tag{16.22}$$

**Bei isotroper Verteilung ist das Mittel $\overline{\cos\varepsilon} = \frac{1}{2}$. Die praktisch beobachteten Werte liegen zwischen 0,3 und 0,8.**

**Im völlig unmagnetischen Zustand müssen die Lagen I und II durchschnittlich gleich häufig vorhanden sein. Wir erhalten daher die *Anfangssuszeptibilität* $\varkappa_a$ aus**

$$\varkappa_a = \left\{ \frac{d(M_s \cos\vartheta)}{\mu_0\, dH} \right\}_{H=0} = \frac{M_s}{\mu_0 H'} \left( \frac{d \cos\vartheta}{d\eta} \right)_{\eta=0,\ \vartheta=\varepsilon} . \tag{16.23}$$

Aus (16.18) finden wir $\dfrac{d\cos\vartheta}{d\eta} = -\sin\vartheta \dfrac{d\vartheta}{d\eta} = \dfrac{\sin^2\vartheta}{2\cos 2(\vartheta-\varepsilon) - \eta\cos\vartheta}$,

also mit $\eta = 0$ und $\vartheta = \varepsilon$:

$$\varkappa_a = \frac{M_s}{\mu_0 H'} \cdot \frac{\sin^2\varepsilon}{2} .$$

Die Mittelung aller Richtungen $\varepsilon$ über die Einheitskugel ergibt $\overline{\sin^2\varepsilon} = \frac{2}{3}$, daher wird

$$\varkappa_a = \frac{2}{9} \frac{M_s^2}{\mu_0 \lambda_s \sigma_i} . \tag{16.24}$$

Auch diese Formel ist eine Abschätzung. Mit ihrer Hilfe kann man zum Beispiel aus der gegebenen Anfangspermeabilität $\mu_a = 1 + \varkappa_a$ auf die Größenordnung des Mittelwertes der inneren Spannungen schließen. Nach hieran anschließenden Überlegungen sollte man erwarten dürfen, daß die reversible Suszeptibilität im Remanenzpunkt $\varkappa_r = (\mu_r - 1)_R$ bei starken inneren Zugspannungen gleich der Suszeptibilität $\varkappa_a$ im Anfangspunkt der Neukurve (16.24) ist, während bei kleinen inneren Spannungen $\varkappa_r$ den 0,3- bis 0,4fachen Wert haben soll. Weitere Ergebnisse der mikrophysikalischen Theorie über die reversible Permeabilität entlang der Magnetisierungskurve und innerhalb der äußersten Hysteresisschleife liegen bis heute nicht vor, auch nicht über den Zusammenhang der permanenten Zustandskurve und ihrer Eigenschaften mit den mikrophysikalischen magnetischen Vorgängen.

Die Bedeutung der Beziehungen (16.15, 22, 24) für Dauermagnete wird im folgenden Abschnitt 17 untersucht werden.

Führt man (16.24) in (16.15) ein, so erhält man für die Koerzitivkraft

$$K = \frac{p}{3} \frac{M_s}{\mu_0 \varkappa_a} . \tag{16.25}$$

Der Zahlenfaktor $p$ ist also durch die makroskopisch meßbaren Eigenschaften $K$, $M_s$, $\varkappa_a$ bestimmt:

$$p = \frac{3\mu_0 \varkappa_a K}{M_s} . \tag{16.26}$$

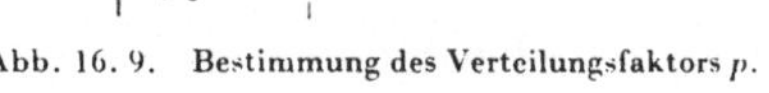


Abb. 16.9. Bestimmung des Verteilungsfaktors $p$.

Zum Beispiel schneidet im $M$, $\mu_0 H$-Diagramm die Tangente, die im Ursprungspunkt an die Neukurve gelegt wird, ($\text{tg}\,\varepsilon = \varkappa_a$), aus der im Koerzitivkraftpunkt $\mu_0 K$ errichteten Parallelen zur $M$-Achse den Abschnitt $\frac{1}{3}\, p M_s$. Abb. 16.9. Die Zahl $p$ ist, ebenso wie der Mittelwert der inneren Spannungen, eine die Magnetisierungskurve kennzeichnende Größe. Die Erfahrung lehrt: je kleiner der Betrag von $p$ ist, desto stärker gekrümmt verläuft die Neukurve, und desto ähnlicher einem Rechteck ist die Hysteresisschleife.

Die in den Beziehungen (16.10) bis (16.26) zum Ausdruck kommenden Überlegungen und Ergebnisse nennen wir die *Becker*sche Spannungstheorie. Sie ist die erste, die eine in sich widerspruchsfreie Erklärung des Zusammenhanges zwischen mikro- und makrophysikalischen magnetischen Erscheinungen bietet, die im besonderen den Zusammenhang zwischen Koerzitivkraft und Anfangspermeabilität einerseits und mechanischen Spannungen andererseits gezeigt hat, sei es, daß diese durch äußere Kräfte, sei es, daß sie durch innere Spannungen hervorgerufen werden. Die Zusammenhänge zwischen den magnetischen Eigenschaften und Spannungskräften hatte keine bis dahin entworfene Theorie der magnetischen Erscheinungen zu deuten vermocht; es war daher ein großer Erfolg, als durch die *Becker*sche Theorie mit einem Mal diese Zusammenhänge erkannt wurden und damit Ordnung und Übersicht in die Erscheinungen gebracht wurde.

Die jüngste Weiterentwicklung der Theorie hat *M. Kersten*[1] gegeben. Er geht davon aus, daß jede technische ferromagnetische Substanz fremde Stoffe in feinster Verteilung enthält. Dabei handelt es sich nicht etwa nur um die Berücksichtigung von Verunreinigungen, vielmehr werden die magnetischen Eigenschaften von Eisen durch Hinzulegieren von nicht oder andersartig ferromagnetischen Stoffen in ungeheuer weitgehendem Maße beeinflußt, wie es gerade die Entwicklung der Dauermagnetbaustoffe ganz besonders deutlich zeigt. Diese fein verteilten heterogenen Einschlüsse werden in der *Becker*schen Spannungstheorie als Erzeuger innerer Verspannungen der legierten Magnetbaustoffe berücksichtigt. Abgesehen davon aber muß man wohl erwarten, daß diese Fremdkörper einen unmittelbaren Einfluß auf die Wandverschiebungen selbst haben. Ihre Berücksichtigung, von *Kersten* als Fremdkörpertheorie bezeichnet, stellt eine erweiterte Erklärungsmöglichkeit neben die *Becker*sche Spannungstheorie, ohne diese abzulösen oder ihr zu widersprechen.

Um den Einfluß vorhandener Fremdkörper auf die Wandbewegungen abzuschätzen, knüpfen wir an an das ebene lineare Modell, Abb. 16.4, und die für dieses gegebene Gleichgewichtsbedingung: Wir hatten in Betracht gezogen, daß bei einer Verrückung der ebenen Wand um die Strecke $dx$ in Richtung der Normalen die Wand dann zum Stillstand kommt, wenn der Druck $2HM_s$ des treibenden Feldes $\mathfrak{H}$ der örtlichen Schwankung $\frac{d\gamma}{dx}$ der Flächendichte $\gamma$ der Wandenergie die Waage hält. In Wirklichkeit muß die Kraft $2HM_sF$ des Feldes $\mathfrak{H}$, die auf die ganze Wandfläche $F$ ausgeübt wird, mit der örtlichen Änderung $\frac{d(\gamma F)}{dx}$ der gesamten Energie $\gamma F$ der Wand $F$ im Gleichgewicht sein; die vollständige Gleichgewichtsbedingung lautet also an Stelle von (16.8):

$$2HM_sF = \frac{d(\gamma F)}{dx} = F\frac{d\gamma}{dx} + \gamma\frac{dF}{dx}\,. \tag{16.19}$$

Der erste Posten der Summe ist bisher allein untersucht worden; die örtlichen Schwankungen $\frac{d\gamma}{dx}$ wurden durch örtliche Schwankungen der Austausch-, Spannungs- und Kristallenergiedichte erklärt, und von diesen wurden im besonderen die Schwankungen der Spannungsenergie in Betracht gezogen. Wir betrachten nun den zweiten Summanden. Aus ihm folgt eine Grenzfeldstärke

$$H_0 = \frac{1}{2M_s}\,\frac{\gamma}{F}\left(\frac{dF}{dx}\right)_{max} \tag{16.20}$$

als Feldstärke, die mindestens nötig ist, um die Wand über die Stelle wegzuschieben, an der die Änderung der Wandfläche $\frac{dF}{dx}$ am größten ist. Für dieses $H_0$ sind also nicht die möglichen örtlichen Schwankungen der Austausch-, Spannungs-

[1] *M. Kersten*, Grundlagen einer Theorie der ferromagnetischen Hysterese und der Koerzitivkraft. Hirzel, Leipzig 1944.

und Kristallenergie in Betracht zu ziehen (das ist durch $\frac{d\gamma}{dx}$ schon geschehen), sondern die Beträge dieser Größen selbst. Änderungen der Größe der Wandfläche sind aber möglich, wenn Fremdkörper vorhanden sind. Sie bringen Löcher in der Wand hervor. Ohne äußeres treibendes Feld wird die Wand dort stehen bleiben, wo die Gesamtenergie $\gamma F$ der Wand dadurch einen Kleinstwert annimmt, daß die Wandfläche möglichst viele Fremdkörper in sich einschließt, also am kleinsten wird. Beim Fortrücken aus dieser Gleichgewichtslage wächst $\gamma F$ dadurch, daß, selbst bei örtlich konstantem $\gamma$, die Löcher kleiner werden, schließlich geschlossen werden müssen, wenn die Wand sich von den Fremdkörpern ablöst. An dem Modell der Seifenblasenhaut wird dieser Vorgang deutlich: in einem Rohr mit abwechselnd verengtem und erweitertem Querschnitt bleibt die Haut an der Stelle der kleinsten Energie $\gamma F$, also im kleinsten Rohrquerschnitt $F_{min}$ hängen. Bei allmählich anwachsendem Druck $p$ auf die Haut besteht Gleichgewicht, wenn die mit einer sehr kleinen Verschiebung $dx$ der Haut verbundene Vergrößerung der Oberflächenenergie $\gamma dF$ durch die Arbeit der Druckkraft $pFdx$ gedeckt wird; die Gleichgewichtsbedingung ist daher

$$p = \frac{\gamma}{F}\,\frac{dF}{dx}\,. \tag{16.21}$$

Die Verschiebung verläuft reversibel, solange $\frac{d^2F}{dx^2} > 0$ ist, also bis zu der Stelle eines relativen Höchstwertes $\left(\frac{dF}{dx}\right)_{max}$, also bis zur größten Querschnittszunahme. Ist aber diese Veränderung der Lage durch einen Grenzdruck $p_0$ herbeigeführt worden, so läuft die Haut von da an ohne Hemmungen weiter bis in eine neue Gleichgewichtslage (Reibungen an der Rohrwandung und die Wölbung der Haut sind außer Betracht gelassen). Das gleiche gilt für die Bewegung der *Bloch*schen Wand durch Gebiete hindurch, in denen Fremdkörper vorhanden sind.

Das einfachste Modell ist wieder eine ebene, eben und gleich dick bleibende Wand, die in Richtung ihrer Normalen $x$ durch eine mit Kugeln regelmäßig besetzte Gitterebene bewegt wird. Die Kugelmittelpunkte mögen jeweils Eckpunkte von Würfeln sein. Abb. 16.7 veranschaulicht das Modell. Es sei $d$ der Durchmesser der Kugeln, $s$ der Abstand ihrer Mittelpunkte voneinander, $\delta$ die Dicke der Wand. In der in der Abbildung angedeuteten Stellung der Wand $0 \leqq x \leqq \frac{d}{2}$ ist unter der Voraussetzung $\delta \ll d$

$$\frac{\gamma}{F}\,\frac{dF}{dx} \approx \frac{\gamma}{s^2}\,\frac{d}{dx}\left\{s^2 - \pi\left(\frac{d^2}{4} - x^2\right)\right\} = \frac{\gamma \cdot 2\pi x}{s^2}\,.$$

Der Höchstwert bei $x = d/2$ hat die Größe

$$\frac{\gamma}{F}\left(\frac{dF}{dx}\right)_{max} = \frac{\gamma\pi d}{s^2}\,.$$

daher ist die Grenzfeldstärke (16.20)

$$H_0 = \frac{\pi}{2}\,\frac{\gamma d}{M_s s^2}\,. \tag{16.22}$$

Werden an Stelle der Kugeln Würfel angenommen, so treten, auch bei verschiedenen Lagen der Würfel, an die Stelle von $\pi/2$ nur wenig andere Zahlenfaktoren. Wir bleiben daher beim Kugelgitter und führen durch (16.6) die Wanddicke $\delta$ ein:

$$H_0 = \frac{\pi d\delta}{M_s s^2}\left(\frac{3}{2}\lambda_s\sigma + cw_k\right). \tag{16.23}$$

In jedem Würfel vom Volumen $s^3$ ist das Kugelvolumen $\pi d^3/6$ einmal vorhanden; das Raumverhältnis ist

$$\eta = \frac{\pi}{6}\left(\frac{d}{s}\right)^3, \tag{16.24}$$

daher ist die Grenzfeldstärke auch

$$H_0 = \frac{4{,}83}{M_s}\left(\frac{3}{2}\lambda_s\sigma + c w_k\right)\frac{\delta}{d}\,\eta^{2/3};\quad \delta \ll d\,. \qquad (16.25)^1$$

Im gegenteiligen Fall $\delta \gg d$ ist die relative Verminderung der Wandenergie $\gamma$ durch Einschluß des Kugelvolumens $\pi d^3/6$ in das Wandvolumen $s^2\delta$:

$$\Delta\gamma = \gamma\,\frac{\pi d^3}{6 s^2 \delta}\,.$$

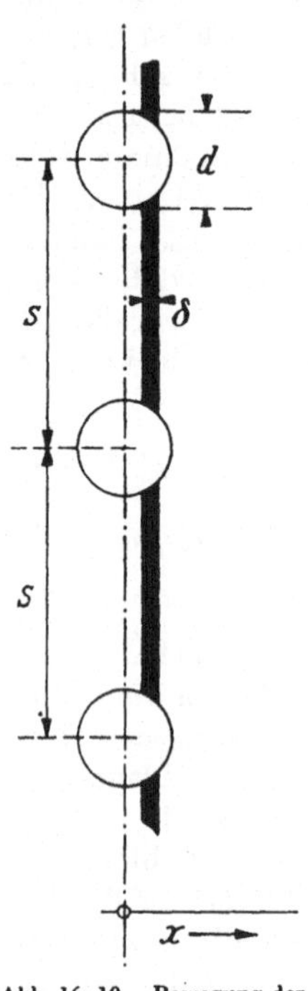

Abb. 16. 10. Bewegung der ebenen Wand durch eine Kugelgitterebene.

Setzen wir ferner

$$\frac{\gamma}{F}\left(\frac{dF}{dx}\right)_{max} \approx \frac{\Delta\gamma}{\delta/2}\,,$$

so erhalten wir aus (16.20) durch Einführen von $\delta$ und $\eta$

$$H_0 = \frac{1{,}61}{M_s}\left(\frac{3}{2}\lambda_s\sigma + c w_k\right)\frac{d}{\delta}\,\eta^{2/3};\quad \delta \gg d\,. \qquad (16.26)^1$$

Die Grenzfeldstärke kann also in jedem Fall ausgedrückt werden durch

$$H_0 = \frac{p\,\eta^{2/3}}{M_s}\left(\frac{3}{2}\lambda_s\sigma + c w_k\right), \qquad (16.27)$$

worin der Faktor $p$ eine Funktion von $\delta/d$ mit den Grenzwerten 4,83 für $\delta/\lambda \to 0$ und 4,83/3 für $\delta/d \to \infty$ ist. Die Zahlenwerte genauer zu kennen, ist nicht wichtig, da es sich doch nur um Abschätzungsformeln handelt, wofern man nur erwarten darf, daß sie nicht zwischen diesen beiden Grenzen extreme Werte annehmen.

Die Koerzitivkraft wird wieder durch Mittelung über die Werte $H_0$ der einzelnen Bezirke gefunden, wobei der Faktor $\frac{3}{2}$ hinzutritt, und unter $\sigma$ der Mittelwert $\sigma_i$ der inneren Spannungen zu verstehen ist. So kommt

$$K = \frac{3}{2}\,\frac{p\,\eta^{2/3}}{M_s}\left(\frac{3}{2}\lambda_s\sigma_i + c w_k\right). \qquad (16.28)$$

Nimmt man die eingeschlossenen Fremdkörper nicht kugel- oder würfelförmig an, sondern zylindrisch in Gestalt von Stäbchen oder Nadeln, so gelten dieselben Beziehungen (16.26, 27) mit unwesentlich veränderten Zahlenbeträgen des Faktors $p$, und es steht $\eta^{1/2}$ an Stelle von $\eta^{2/3}$ [für Stäbe mit parallelen Achsen von quadratischem Querschnitt, Seitenlänge $d$, Achsenabstand $s$ ist $\eta = \frac{\pi}{4}\left(\frac{d}{s}\right)^2$]. Ein Unterschied gegenüber der Spannungstheorie liegt darin, daß hier in $H_0$ und $K$ die Kristallenergiedichte $w_k$ unmittelbar eingeht, dort mittelbar durch die Wanddicke $\delta$. Für besonders spannungsarme, daher mechanisch weiche ferromagnetische Stoffe wird $\frac{3}{2}\lambda_s\sigma_i \ll c w_k$, so daß man mit $c \approx 1$ einen Höchstwert der Koerzitivkraft

$$K_{max} \approx \frac{3}{2}\,p\,\eta^{2/3}\cdot\frac{w_k}{M_s} \qquad (16.29)$$

erhält. $w_k$, $M_s$ und $\eta$ sind Größen, die sich unmittelbar messen lassen. Für die Auslegung muß man beachten, daß in $p$ die Wanddicke $\delta$ und in dieser $w_k$ ent-

[1] $4{,}83 = \pi\left(\frac{6}{\pi}\right)^{2/3} = \sqrt[3]{36\pi}\,;\quad 1{,}61 = 4{,}83/3\,;\quad \eta^{2/3} = 0{,}65\left(\frac{d}{s}\right)^2.$

halten ist. Aus dieser Beziehung folgt zum Beispiel der Temperaturgang der Koerzitivkraft aus der meßbaren Temperaturabhängigkeit der Kristallenergie und der Sättigungsinduktion. Beide Größen sind fallende Funktionen der Temperatur, $M_s$ fällt beschleunigt bei Annäherung an die *Curie*-Temperatur. — Bei einem möglichen Wert $d=s/3$ wird zum Beispiel mit $p=2{,}7$:

$$K_{max} \approx \frac{2}{3} \frac{w_k}{M_s}. \tag{16.29a}$$

Spannungstheorie und Fremdkörpertheorie ergänzen einander. Bei geringen inneren Spannungen ($\frac{3}{2}\lambda_s \sigma_i \ll c w_k$) und merklichem Gehalt an heterogenen Einlagerungen wird die Fremdkörpertheorie besonders heranzuziehen sein, wenn nicht eben durch diese Einlagerungen erhebliche innere Spannungen hervorgerufen werden, wie das zum Beispiel bei der noch zu beschreibenden Ausscheidungshärtung der Fall ist. Bei starken inneren Spannungen und nicht erheblichem Fremdstoffanteil, in allen Fällen, in denen mit örtlichen Schwankungen der Wandenergie gerechnet werden muß, werden die Aussagen der Spannungstheorie bestimmend sein. Das behandelte Modell für die Fremdkörpertheorie hat im übrigen nicht berücksichtigt, daß die Größen und die Abstände der Fremdstoffteilchen in demselben Baustoff sehr unterschiedlich sein können, und daß diese sogar als grobe Zusammenballungen (als Körner) auftreten können. Man muß erwarten, daß dadurch die Koerzitivkraft gegenüber (16.28) vermindert wird.

## 17. Ergebnisse der mikrophysikalischen Theorie. Folgerungen und Vergleich mit der Erfahrung an Dauermagnetbaustoffen.

In den Beziehungen (16.15, 21, 24, 28)

$$K = \frac{3p}{2} \frac{\lambda_s \sigma_i}{M_s}, \tag{17.1}$$

$$\varkappa_a = \frac{2}{9} \frac{M_s^2}{\mu_0 \lambda_s \sigma_i} \tag{17.2}$$

$$K = \frac{3p\,\eta^{2/3}}{2} \frac{\frac{3}{2}\lambda_s \sigma_i + c\,w_k}{M_s} \tag{17.3}$$

gipfelt die in Abschnitt 16 mitgeteilte Theorie. Diese Beziehungen vermitteln Zusammenhänge zwischen mechanischen und magnetischen Eigenschaften, indem sie bestätigen, daß für die makrophysikalischen magnetischen Eigenschaften innere Spannungen und Anisotropien bestimmend sind. Wir fragen zunächst nach dem Nutzen dieser Beziehungen für die Beschreibung des magnetischen Verhaltens von Dauermagneten und für deren Berechnung, darauf vergleichen wir sie und aus ihnen gezogene Folgerungen mit der Erfahrung. Hierzu stützen wir uns auf die gemessenen Eigenschaften von Magnetlegierungen, die in Tabelle 18.I verzeichnet sind.

Zuvor sei bemerkt: Zur *Abschätzung der ganzen Hysteresisfläche* $w_h = \oint \mathfrak{H} \cdot d\mathfrak{B}$ gibt das Produkt $KM_s$ einen Anhalt, wie schon in (7.4) ausgeführt wurde: es gilt erfahrungsgemäß $w_h = c_h \cdot KM_s$ mit $c_h = 2 \ldots 5$. Wäre die Hysteresisschleife ein Rechteck von der Höhe $2\,M_s$ und der Breite $2\,K$, so wäre $c_h = 4$. Diese Anwendung des Produktes $KM_s$ ist dort von Bedeutung, wo ganze Zykeln durchlaufen werden.

Für die **Betrachtung der Dauermagnetbaustoffe** heben wir folgende vier Punkte hervor:

a) Wir bilden aus (17.1, 2)

$$\frac{M_s}{\mu_0 K} = \frac{2}{3p} \frac{M_s^2}{\mu_0 \lambda_s \sigma_i} = \frac{3}{p} \varkappa_a \tag{17.4}$$

$$M_s K = \frac{3p}{2} \lambda_s \sigma_i \,. \tag{17.5}$$

Nicht diese Größen werden jedoch für die Beschreibung von Dauermagneten gebraucht, sondern vornehmlich drei andere, jedoch ähnliche, nämlich $B_r/\mu_0 H_c = m$ (genauer $\mu_A$), $\gamma B_r H_c = (BH)_{max}$ und $\mu_r$ oder $\mu_P$. Wir vergleichen diese geforderten mit den von der Theorie dargebotenen Größen: Die Koerzitivkräfte $K$ und $H_c$ hängen miteinander durch die Scherung zusammen, wie in (7.16...25) gezeigt worden ist. Sie sind demnach um so verschiedener voneinander, je kleiner vergleichsweise die Remanenz ist. Durch (7.18)

$$H_c \approx K\left(1 - \frac{1}{m}\right) \tag{17.6}$$

wird der Unterschied etwas zu groß, jedoch für die hier beabsichtigte Abschätzung bei weitem genau genug dargestellt. Nach Tabelle 18.I, Spalte 8, kommen für 1/m Werte von 0,002 bis 0,2 vor. Daher liegt $H_c$ bei normalen Dauermagnetbaustoffen zwischen $K$ und 0,8 $K$[1]. Zwischen Remanenz und Sättigungsmagnetisierung besteht der Zusammenhang

$$M_s / q = B_r \,, \tag{17.7}$$

worin die Theorie nach (16.22) den Wert $q=2$, die Erfahrung $q=1{,}25...3{,}33$ lehrt. Allerdings liegen über die Sättigungsmagnetisierung von Dauermagnetlegierungen bis heute nur recht spärliche Meßergebnisse vor; im allgemeinen wird nur die Remanenz gemessen. Für den unmittelbaren Vergleich mit der Theorie wären die Werte $M_s$ jeder einzelnen Legierung nützlich. Bei stark ausladenden Hysteresiskurven liegt $q$ unter dem Wert 2. Mehrere der neueren Magnetlegierungen haben wenig ausgebauchte Kurven, wie Spalte 14 der Tabelle 18.I und die dazugehörigen Abbildungen in Abschnitt 18 zeigen. Wie man weiterhin dort abliest, liegt der Ausladungsfaktor $\gamma$ im allgemeinen und bei normalen Magnetbaustoffen zwischen 0,25 und 0,6 (bei Magneten mit magnetischer Vorzugsrichtung kommen auch größere Werte vor). Kleines $\gamma$ und großes $q$ treten also miteinander auf, und umgekehrt. Zwischen den erforderlichen und den dargebotenen Größen bestehen somit die Zusammenhänge

$$\frac{\mu_0 H_c}{B_r} = \frac{\mu_0 K}{M_s} \cdot C_1 \,; \qquad C_1 = q\left(1 - \frac{1}{m}\right), \tag{17.8}$$

$$\gamma B_r H_c = M_s K \cdot C_2 \,; \qquad C_2 = \frac{\gamma\left(1 - \frac{1}{m}\right)}{q} \,. \tag{17.9}$$

Wir wollen es für eine Abschätzung als gestattet ansehen, die dargebotenen mit den geforderten Größen zu verwechseln, wenn der gesamte Fehler dabei innerhalb einer Zehnerpotenz bleibt, die Größenordnung also getroffen wird. Für stark ausladende Kurven werden mit $\gamma=0{,}6$ und $q=1{,}25$, ferner $1/m=1...0{,}8$ die Faktoren $C_1=1{,}25...1$ und $C_2=0{,}48...0{,}38$. Für schwach ausladende Kurven wird mit $\gamma=0{,}25$ und $q=3{,}3$, ferner 1/m wie oben, erhalten $C_1=3{,}33...2{,}66$ und $C_2=0{,}075...0{,}060$. Die Grenzen von $C_1$ verhalten sich demnach zueinander wie

[1] Doch kommen auch viel größere Unterschiede vor, vergleiche das Beispiel $H_c=0{,}08\,K$ in Anmerkung 1 zu (7.22).

**3,33:1, die Grenzen von $C_2$ dagegen wie 0,48:0,06=8:1. Bei dem Quotienten (17.8) bleibt man also durchaus, bei dem Produkt (17.9) noch eben innerhalb einer Zehnerpotenz, wenn man die dargebotenen Größen an die Stelle der geforderten setzt.**

**Welche Werte von**

$$(BH)_{max} = \gamma B_r H_c = M_s K \cdot C_2 = \frac{3}{2} p \lambda_s \sigma_i \cdot C_2 \qquad (17.10)$$

**läßt die Theorie erwarten? Die obere Grenze wird offenbar erreicht, wenn zugleich $p$, $\lambda_s$ und $\sigma_i$ so groß werden wie möglich. Der Höchstwert von $p$ liegt bei eins. Die Sättigungsmagnetostriktion $\lambda_s$ ist noch nicht im einzelnen bei jeder Magnetlegierung bekannt geworden. Die größten bekannten Werte liegen bei (3...5) $10^{-5}$. Der größtmögliche Wert der inneren Spannungen ist die Zerreißspannung in der Größenordnung $\sigma_i \approx 200$ kg/mm² = $2 \cdot 10^4$ kg/cm². Mit diesen Werten wird**

$$M_s K = 1{,}5\, p \lambda_s \sigma_i = (0{,}9...1{,}5)\ \frac{\text{kg}}{\text{cm}^2} \approx (90...150)\ \frac{\text{mWs}}{\text{cm}^3}\,, \qquad (17.11)$$

und hieraus kommt

$$B_r H_c \approx (0{,}4...0{,}5)\ M_s K \approx (40...75)\ \frac{\text{mWs}}{\text{cm}^3}\,. \qquad (17.12)$$

Der Vergleich mit Spalte 7 der Tabelle 18.I lehrt, daß diese Größenordnung bei den neueren Magnetbaustoffen erreicht wird, etwa bei den Legierungen der Zeilen 9 bis 17 und den diesen ähnlichen in den Zeilen 21 bis 24 und 30 bis 34. Sie zeigen sich hierin höherwertig als die älteren Magnetbaustoffe, etwa denen in den Zeilen 1 bis 9.

An und über dieser oberen Grenze stehen einige Platinlegierungen: für die Legierung Pt—Co der Zeile 19 mit der außerordentlich hohen Koerzitivkraft $K \approx 3.7$ kÖ $= 2.95 \cdot 10^3$ A/cm und der Remanenz $M_r = 4.5$ kG ist $KM_r = 133\ \frac{\text{mWs}}{\text{cm}^3}$, woraus man mit $q \approx 2$ erhält $KM_s \approx 270\ \frac{\text{mWs}}{\text{cm}^3}$; dieser Wert würde eine innere Zugspannung von der Größe (360...600) kg/mm² voraussetzen, die wenig wahrscheinlich ist. Darum hat *Kersten* (a. a. O. S. 72) vorgeschlagen, zur Erklärung die Kristallenergie $w_k$ unter Vernachlässigung der Spannungsenergie heranzuziehen; in die entsprechende Beziehung (17.3) der Fremdkörpertheorie geht ja $w_k$ unmittelbar ein. Für Kobalt ist die Kristallenergiedichte $w_k = 500\ \frac{\text{mWs}}{\text{cm}^3}$. Mit diesem Wert neben $M_s = 2\,M_r = 2 \cdot 4{,}5$ kG $= 9$ kG wird zum Beispiel aus der Abschätzungsformel (16.29a) erhalten $K_{max} \approx \frac{2}{3}\frac{w_k}{M_s} = 3{,}7 \cdot 10^3\ \frac{\text{A}}{\text{cm}}$, was den tatsächlichen Wert $K \approx 3 \cdot 10^3$ A/cm nahe trifft[1].

Die Beziehungen (17.1, 3) zeigen schließlich: ist hinsichtlich der Spannungsenergie (und der Kristallenergie) das Mögliche erreicht, so ist eine Vergrößerung der Koerzitivkraft nur durch Verringerung der Sättigung, also auch der Remanenz möglich. Diese Tatsache kommt in den Zahlenwerten der Tabelle 18.I, besonders klar in den Magnetisierungskurven des Abschnittes 18, zum Ausdruck, vgl. zum Beispiel die Übersicht Abb. 18.23. Die neueren, höherwertigen Magnetbaustoffe haben häufig größere Koerzitivkraft, die älteren größere Remanenz und daher auch größeres $M_r/\mu_0 K = 3\,\varkappa_a\, pq$. Der Winkel $\varkappa_{r\,opt}$ zwischen der Arbeitsgeraden in günstigster Lage und der $B$-Achse ist daher bei den neueren Legierungen im allgemeinen größer als bei den älteren. Wie dieser Umstand Form und Bauweise remanenter Magnete beeinflußt, ist in Abschnitt 13 gezeigt worden.

[1] Es ist für die geglühten Stoffe: Eisen mit 0,1% Kohlenstoff: Nickel: Kobalt: $K = 0{,}8$; 0,4: 24 A/cm, ferner $M_s = 21{,}3$; 6,3; 17,6 kG, schließlich $w_k = 14$: 1,6; 500 mWs/cm³ (nach *Kersten* a. a. O. S. 71).

Die reversible Permeabilität $\mu_r$ in jedem Zustandspunkt ist für die Beschreibung der permanenten Magnete erforderlich. Die Theorie bietet den Wert (17.2) im Anfangspunkt der Neukurve, und die Aussage, daß dieser Wert bei starken inneren Spannungen mit dem Wert im Remanenzpunkt übereinstimme. Gerade in diesen beiden Punkten $\mu_r$ zu messen, dazu lag bis jetzt bei Dauermagnetlegierungen kein praktischer Anlaß vor. Indessen sind Meßwerte von $\mu_r$ und $\mu_P$ wenigstens in der Nachbarschaft des Remanenzpunktes bekannt, es sind die kleineren Zahlenwerte in jeder Zeile der Spalten 21 und 22 der Tabelle 18.I. Wir ziehen daher diese zum Vergleich mit den Aussagen der Theorie heran. Hierzu setzen wir die Suszeptibilität im Remanenzpunkt $\varkappa_{r,r}=\mu_{r,r}-1$ proportional zur Anfangssuszeptibilität:

$$\mu_{r,r}-1=r\cdot\varkappa_a\,. \tag{17.13}$$

b) Nach (17.2) ist $\varkappa_a$ proportional zu $M_s^2$, mit (17.7) und (17.13) ist daher $\mu_{r,r}-1$ proportional zu $B_r^2$:

$$\mu_{r,r}-1=\frac{2\,q^2 r}{9}\,\frac{B_r^2}{\mu_0\,\lambda_s\,\sigma_i}=c_r\,B_r^2\,. \tag{17.14}$$

Mit $q=2$, $r=1$ und den auch in (17.11, 12) benutzten Werten von $\lambda_s$ und $\sigma_i$ erhält man die Abschätzung

$$\mu_{r,r}-1=(0{,}12\ldots0{,}072)\left(\frac{B_r}{\mathrm{kG}}\right)^2\,. \tag{17.15}$$

In Spalte 27 der Tabelle 18.I ist der Faktor $c_r=(\mu_r-1)/B_r^2$ für die einzelnen Magnetlegierungen angegeben, wobei wiederum im Sinn einer Abschätzung $\varkappa_a+1=\mu_{r,r}$ durch den kleineren Wert $\mu_r$ jeder Zeile der Spalte 21 ersetzt worden ist. Die von der Theorie behauptete Größenordnung von $c_r$ stimmt somit im allgemeinen mit der durch die Erfahrung gegebenen überein, wiederum besonders gut bei den neueren, hochwertigen Magnetlegierungen etwa der Zeilen 9 bis 17 (die Baustoffe in den Zeilen 14 und 21...24 bleiben für den Vergleich außer Betracht). Die älteren Baustoffe in den ersten Zeilen liegen etwas weiter abseits; auffällig ist der aus der Reihe tretende Wert Zeile 3, der durch die besonders kleine Remanenz verursacht ist. Die Legierungen der Zeilen 18, 19, 20, die schon bezüglich des Produktes $KM_s$ eine besondere Stellung einnehmen, tun dies auch hinsichtlich des Faktors $c_r$, was darauf hinweist, daß für sie eine andere Erklärung auch von $\varkappa_a$ geboten erscheint.

c) Wir drücken die Anfangssuszeptibilität (17.2) mit (17.1) durch $K$ und mit (17.7) durch $B_r$ aus:

$$\varkappa_a=\frac{p}{3}\,\frac{M_s}{\mu_0\,K}=\frac{pq}{3}\,\frac{B_r}{\mu_0\,K}\,; \tag{17.16}$$

indem wir noch die Zusammenhänge (17.6) und (17.13) berücksichtigen, erhalten wir

$$\mu_{r,r}=1+\frac{p\,q\,r}{3}(m-1)\qquad\text{mit } m=\frac{B_r}{\mu_0\,H_c}\,. \tag{17.17}$$

Diese Beziehung kann in verschiedener Weise ausgedeutet werden:

1. Sind $\mu_{r,r}$ oder $\varkappa_a$, $B_r$, $H_c$ oder $K$ bekannte, gemessene Werte, so ist

$$\frac{p\,q\,r}{3}=\frac{\mu_{r,r}-1}{m-1}\,. \tag{17.18}$$

Hiernach kann zum Beispiel die Größe des Verteilungsfaktors $p$ geschätzt werden, wenn man für $q$ und $r$ Mittelwerte annimmt (oder Erfahrungswerte besitzt). In der Spalte 26 der Tabelle 18.I sind die Zahlenwerte für $pqr$ angegeben, die man mit (17.18) erhält, indem man an Stelle der (nicht genau bekannten) reversibeln

**Permeabilität im Remanenzpunkt den Permeabilitätswert in nächster Nachbarschaft einsetzt, das ist jeweils die kleinere Zahl in Spalte 21. Es ist bemerkenswert, daß mit den schätzungsweisen Annahmen $r=1$, $q=2$ ausnahmslos**

$$p < 0{,}5$$

**gefunden wird.**

**2. Die Zahlen $p$, $q$, $r$ können einzeln unabhängig voneinander makroskopisch gemessen werden (16.26, 17.7, 17.13). Setzt man sie als gegeben voraus, so wird durch (17.17) das Größenverhältnis $\mu_{r,r}/m \approx \mu_P/m$ bestimmt. Dieses ist, wie gezeigt wurde, für die Beschreibung des Verhaltens permanenter Magnete und für deren Bemessung von Bedeutung. Mit dem größtmöglichen Wert $pqr=1\cdot 2\cdot 1$ ergibt sich**

$$\mu_{r,r} = \frac{2m+1}{3}, \tag{17.19}$$

mit einem Durchschnittswert $pqr \approx 0{,}5\cdot 1{,}5\cdot 1$ hat man

$$\mu_{r,r} \approx \frac{m+3}{4}. \tag{17.20}$$

Nach der Erfahrung (Tabelle 18. I, Zeile 25) ist für die bisher bekannten Dauermagnetbaustoffe ausnahmslos

$$m < 1. \tag{17.21}$$

Damit folgt aus (17.19) und (17.20) einzeln und aus (17.17) allgemein für jeden Wert $pqr<3$ das Größenverhältnis

$$\mu_{r,r} < m, \tag{17.22}$$

daher auch

$$\mu_P < m, \tag{17.23}$$

denn nach den Feststellungen im 7. und im 14. Abschnitt ist die permanente Permeabilität stets etwas größer als die reversible. Das Größenverhältnis (17.22, 23) folgt also aus der Theorie, falls man (17.21) als Erfahrungstatsache voraussetzt, und umgekehrt: die Theorie stützt die allgemeine Beobachtung $m>1$, wenn man (17.22, 23) als Erfahrungstatsache voraussetzt.

d) In (10.9) war ferner im Sinne einer Abschätzung vermutet worden, daß das Produkt der Koerzitivkraft mit der permanenten Permeabilität, daher auch mit der reversibeln Permeabilität, näherungsweise eine allgemeine Konstante ist;

$$\mu_P H_c \approx \text{const}, \qquad \mu_r H_c \approx \text{const}, \qquad \mu_r K \approx \text{const}. \tag{17.24}$$

An Stelle davon lehrt (17.4, 13) die speziellere Beziehung

$$(\mu_{r,r} - 1)\, K = \frac{p\, r\, M_s}{3\mu_0}. \tag{17.25}$$

Hiernach ist das Produkt der reversibeln Suszeptibilität im Remanenzpunkt mit der Koerzitivkraft insoweit eine allgemeine Konstante, als $prM_s$ als solche angesehen werden kann. In Spalte 28 der Tabelle 18.I ist für jeden Magnetbaustoff der Wert $(\mu_r-1)\,\mu_0 K$ angegeben. Die Schwankungen sind im ganzen nicht so stark, daß man die Regel $(\mu_r-1)\,K=\text{const}$ verwerfen müßte, und sie sind innerhalb einzelner Gruppen von Magnetbaustoffen, innerhalb deren man größere Ähnlichkeit der Werte $prM_s$ untereinander erwarten darf, verhältnismäßig gering (zum Beispiel für die Tromalite Zeile 14 und 21...24, für die Al-Ni-Stähle Zeile 15, 16, 17, 34, für die Pt-Legierungen Zeile 18, 19, 20, die allerdings auch hinsichtlich dieser Konstanten eine Ausnahmestellung einnehmen; auffällig ist der Vergleich für denselben Baustoff im harten und im angelassenen Zustand Zeile 5, 6). Läßt man die Werte der Tromalite, der Pt-Legierungen und der magnetisch weichen Stoffe als nicht unmittelbar vergleichbar außer acht, so erhält man den Mittelwert

$$(\mu_{r,r}-1)\,\mu_0 K = f \approx \text{const} = 1{,}35\ \text{kG} \tag{17.26}$$

mit den größten Abweichungen 1,85 kG und 0,9 kG (in den Zeilen 1 und 16). Indem man durch $B_r$ dividiert und den Zusammenhang (17.6) beachtet:

$$\frac{f}{B_r} = \frac{\mu_{r,r} - 1}{m - 1} \tag{17.27}$$

kann man diese Regel auch in der Form

$$B_r > f = 1{,}35 \text{ kG} \tag{17.28}$$

ausdrücken (vgl. (10.10)).

Wenn man $\mu_{r,r} - 1 \approx \mu_{r,r}$ und $K \approx H_c$ setzen darf, was in manchen praktischen Fällen zulässig ist, so geht (17.26) über in (17.24) als etwas gröbere Regel mit etwas größerem Zahlenwert der Konstanten und größerer Streuung.

In den Beziehungen (17.25...28) kommt der praktisch bedeutungsvolle Zusammenhang zwischen äußerster Hysteresisschleife und reversibler Zustandskurve wenigstens in einem Punkt zum Ausdruck. Bisher hatte man sich entweder mit der Feststellung abgefunden, daß diese beiden Zustandskurven nicht miteinander

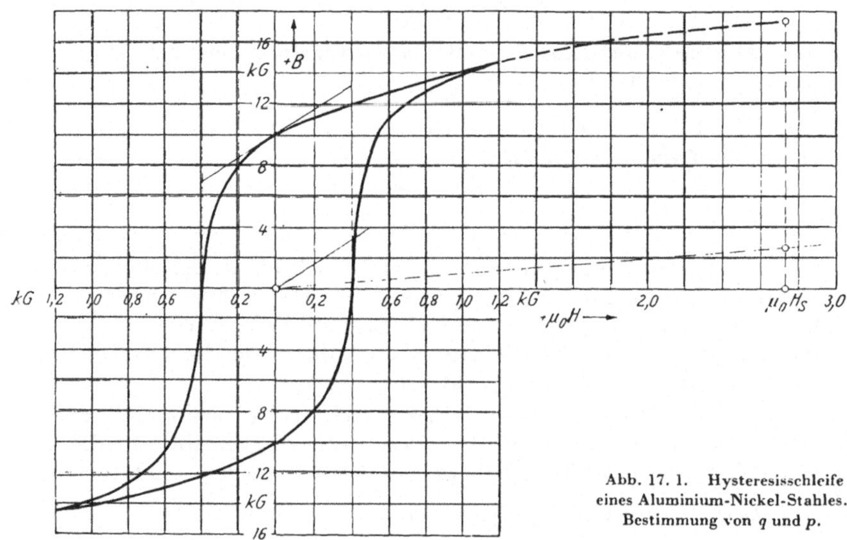

Abb. 17.1. Hysteresisschleife eines Aluminium-Nickel-Stahles. Bestimmung von $q$ und $p$.

verknüpft sind und daher unabhängig voneinander gemessen werden müssen, oder man hatte rein heuristisch Zusammenhänge zwischen $\mu_r$ und $\mu_0 H_c / B_r$ oder $B_r H_c$ aufzuspüren versucht, ohne indessen eine ausreichend streuungsarme, wenn auch nicht weiter deutbare Regel zu finden. Nach (17.26) ist der Zusammenhang nicht mit diesen Größen, sondern mit der Koerzitivkraft gegeben, der Proportionalitätsfaktor ist mit einem Mittelwert zahlenmäßig bekannt, und die Regel selbst ist in Beziehung zur Theorie gesetzt.

Als Beispiel ist in Abb. 17.1 die Hysteresisschleife eines Aluminium-Nickel-Stahles wiedergegeben[1] und bis ins Sättigungsgebiet extrapoliert. Nach (7.1) werden die Sättigungskoordinaten $B_s$, $\mu_0 H_s$ als die kleinsten Werte gefunden, für die $\frac{dB}{\mu_0\, dH} = 1$ ist. Die Ursprungsgerade mit der Neigung $B/\mu_0 H = 1$ ist gleichfalls eingetragen. Man liest ab $B_s = 17{,}5$ kG; $M_s = 14{,}8$ kG. Daher ist $q = M_s/M_r = 14{,}8 / 10 = 1{,}48$. Aus dem abgelesenen Wert $\mu_0 H_c = 400$ G folgt durch Scherung, etwa mit (17.6), die Größe $\mu_0 K = 415$ G. Wegen der großen inneren Spannungen

[1] Nach Arch. Techn. Mess. (1934) Z 912–2. Der Wert $B_r = 10$ kG ist für eine AlNi-Legierung auffallend hoch, vergleiche Abschnitt 18.

dieser magnetisch harten Legierung ist die Tangente an die Kurve im Remanenzpunkt ($\mu_{r,r}$) gleich der Tangente an die Neukurve im Ursprungspunkt ($\varkappa_a + 1$). Sie ist an beiden Stellen in der Abbildung eingetragen. Man liest ab $\mu_{r,r} = 8$, daher ist $\varkappa_a = 7$. Mit diesen Werten wird nach (16.26) oder (17.4) erhalten $p = \frac{3\varkappa_a \mu_0 K}{M_s} = \frac{3 \cdot 7 \cdot 0{,}415\, kG}{14{,}8\, kG} = 0{,}59$, daher ist auch $pq = 0{,}59 \cdot 1{,}48 = 0{,}87$. Ferner wird $\mu_0 (BH)_{max} = 1{,}76\,(\mathrm{kG})^2$ bei den Bestwertkoordinaten $B_1 = 6{,}3$ kG, $\mu_0 H_1 = 0{,}28$ kG; $\mu_0 B_r H_c = 4\,(\mathrm{kG})^2$, daher $\gamma = 1{,}76/4 = 0{,}44$; zum Vergleich gemäß (17.9): $\mu_0 M_s K = 6{,}15\,(\mathrm{kG})^2$. Schließlich $B_r/\mu_0 H_c = m = 25$, zum Vergleich gemäß (17.8): $M_s / \mu_0 K = 35{,}7$.

Mit diesen summarischen Aussagen sind die Ergebnisse der Theorie in ihrer heutigen Gestalt im wesentlichen ausgeschöpft. Sie trägt (17.1, 2, 3) heute noch keine individuellen Züge: Einzelheiten, also die besonderen Eigenschaften von bestimmten Legierungen und Legierungsgruppen und ihre wunschgemäße Beeinflussung können aus ihr gegenwärtig noch nicht ermittelt werden; es lassen sich zum Beispiel keinerlei Vorhersagen machen, wie man es einzurichten hat, damit $p$, $\sigma_i$ und $\lambda_s$ zugleich möglichst groß werden, oder welche Wechselwirkungen im einzelnen zwischen Zusammensetzung und Behandlung des Magnetbaustoffes und seinen inneren Eigenschaften ($p$, $\sigma_i$, $\lambda_s$, $w_k$) bestehen, und wie daher der Verlauf der Hysteresiskurve ($\gamma$, $B_r$, $H_c$), oder wie die permanente Zustandskurve und ihre Feinstruktur ($\mu_r$, $\mu_p$, $b$ als Funktionen der Induktion) beeinflußt oder in gewünschter Richtung gelenkt werden können.

Die inneren Spannungen können technisch hervorgerufen werden: durch plastisches Verformen, durch Gefügeänderungen (Umwandlungshärtung) und durch Ausscheidungsvorgänge (Ausscheidungshärtung), wie in Abschnitt 18 näher ausgeführt wird. Es läßt sich aber gegenwärtig nicht vorhersagen, bei welchen Legierungen Ausscheidungshärtung möglich ist, bei welchen und auf welche Weise durch Gitterumwandlungen wirklich große innere Spannungen erzeugt werden, oder bei welchen plastisches Verformen zu besonderen magnetischen Eigenschaften führt, und welche diese sind.

## 18. Eigenschaften der Dauermagnetbaustoffe, Zahlenwerte und Kurven.

Die heute bekannten Dauermagnetbaustoffe sind nicht auf Grund theoretischer Ableitungen und Vorhersagen gefunden worden, auch wenn diese neuerdings ein wertvolles Hilfsmittel geworden sind, sondern teils durch Entdeckung, teils durch planmäßigen Versuch, im wesentlichen durch Untersuchung von Legierungsreihen, ihrer Zusammensetzung, ihrer Struktur, ihrer thermischen und mechanischen Behandlung. Einen Bericht über die chemischen, chemotechnischen und kristallographischen Feststellungen und über Behandlungs- und Herstellungsvorschriften will und kann diese Schrift nicht geben. Hierzu muß auf die Spezialliteratur verwiesen werden[1]. Wir stellen in diesem Abschnitt zunächst die magnetischen Eigenschaften praktisch wichtiger und grundsätzlich bedeutungsvoller Dauermagnetbaustoffe zusammen. Zahlenwerte in Tabelle 18.I, Kurven in den Abb. 18.1 bis 27. Anschließend soll der Entwicklungsgang geschildert werden, die Eigenschaften sollen unter verschiedenen Gesichtspunkten miteinander verglichen und in Beziehung zueinander gesetzt werden. Die Zusammenhänge mit der heutigen mikrophysikalischen Theorie sind im vorangegangenen 17. Abschnitt behandelt worden.

---

[1] Vergleiche: *O. v. Auwers*, Magnetische und elektrische Eigenschaften des Eisens und seiner Legierungen, in *Gmelins* Handbuch der anorganischen Chemie. Berlin 1938; *W. S. Meßkin* und *A. Kußmann*, Die ferromagnetischen Legierungen. Berlin 1932.

In den Spalten 1 und 2 der Tabelle 18.I sind die Magnetbaustoffe kurz gekennzeichnet; das Verzeichnis erstrebt keinerlei Vollständigkeit und bringt daher typische Vertreter der einzelnen Arten von Legierungen. In Spalte 3 sind sämtliche Stellen dieser Schrift angegeben, in denen die Magnetisierungskurven des betreffenden Baustoffes wiedergegeben sind. Die in Spalte 4 angegebenen Quellen sind:

1. *H. Neumann*, Arch. Techn. Mess. (1937) Z 912—1 für die Spalten 5, 6, 9, 10, 11, 12, 14, 21.
2. *H. Dehler*, Elektrot. Z. 62 (1941) S. 601, für die Spalten 5, 6, 10, 11, 14, 21.
3. *K. Sixtus*, Feinmech. u. Präz. 49 (1941) S. 139, für die Spalten 5, 6, 10, 11, 14.
4. *W. Zumbusch*, Arch. f. d. Eisenh.wesen 16 (1942/3) S. 110.
5. *K. Sixtus*, Arch. f. Elektrot. 39 (1948) S. 260 (Nachtrag).

Die Meßgenauigkeit kann man durchschnittlich zu 2...3 % veranschlagen. Die Anwendung sehr verschiedenartiger Meßverfahren und sehr unterschiedlicher Größen und Formen der Probestücke kann natürlich zu größeren Unterschieden führen. Die Genauigkeit, mit der einzelne Magnetbaustoffe in der Zusammensetzung, Herstellung und Behandlung der Legierungen reproduziert werden können, hängt von dem technischen Aufwand ab, der den einzelnen Herstellern möglich ist. Nach Angabe der zitierten Verfasser handelt es sich um gesicherte und bestätigte Mittelwerte.

In den Spalten 5 bis 14 sind die Eigenschaften der äußersten Hysteresiskurven im II. Quadranten verzeichnet; im einzelnen: die Remanenz $B_r$, die beiden Koerzitivkräfte in der Form $\mu_0 K$ und $\mu_0 H_c$, das Produkt $B_r H_c$ und der Quotient $\mu_0 H_c / B_r = 1/\mathrm{m}$, der für die Rechteckkonstruktion die günstigste Neigung der Arbeitsgeraden gegen die $B$-Achse darstellt, ferner die Koordinaten $B_1$, $\mu_0 H_1$, bei denen das Produkt $BH$ den Höchstwert $B_1 H_1$ annimmt, dazu der Quotient $\mu_0 H_1 / B_1$, der die günstigste Neigung der Arbeitsgeraden gegen die $B$-Achse darstellt, schließlich der Ausladungsfaktor $\gamma = B_1 H_1 / B_r H_c$.

Die Spalten 15 bis 20 betreffen die in Abschnitt 11 behandelte Ermittlung der günstigsten Verhältnisse remanenter Magnete durch die Rechteckkonstruktion, nämlich die Koordinaten $B_A$, $\mu_0 H_A$, die durch den Schnittpunkt der Arbeitsgeraden von der Neigung $\mu_0 H_c / B_r$, Spalte 8, mit der Hysteresiskurve gegeben werden, ihr Produkt $B_A H_A$ zum Vergleich mit $B_1 H_1$, und der daraus errechnete Ausladungsfaktor $\gamma_A = B_A H_A / B_r H_c$. Spalte 19 enthält den relativen Unterschied zwischen dem wahren Ausladungsfaktor $\gamma$ nach Spalte 14 und $\gamma_A$ nach Spalte 18, also die Zahl $(B_A H_A - B_1 H_1)/B_1 H_1$; der Unterschied ist nirgends größer als 3 %. In Spalte 20 steht der relative Unterschied zwischen dem wahren günstigsten Neigungswert Spalte 13 und der Näherung Spalte 8, also die Zahl $\left(\frac{H_c}{B_r} - \frac{H_1}{B_1}\right) \Big/ \frac{H_1}{B_1}$.

Die Spalten 21 bis 25 enthalten die Eigenschaften der permanenten Zustandskurven, soweit diese in den Quellen genannt sind oder aus ihnen bestimmt werden konnten; im einzelnen: die reversible Permeabilität $\mu_r$, die permanente Permeabilität $\mu_P$, ferner den Faktor $b$, der nach Abschnitt 14 zusammen mit der Länge der Projektion der permanenten Zustandskurve den Unterschied $\mu_P - \mu_r$ festlegt und durch die Breite der permanentmagnetischen Lanzette bestimmt wird, ferner $1/\mu_P$ zum Vergleich mit den Neigungswerten der Spalten 8 und 13, schließlich $m = B_r / \mu_0 H_c$ für den Vergleich mit $\mu_P$ und $\mu_r$, wobei sich zeigt, daß $\mu_r$ und $\mu_P$ in jedem Falle kleiner sind, als $m$.

Die Spalten 26 und 27 enthalten Vergleichspunkte mit der Theorie, die in Abschnitt 17 behandelt sind, nämlich den Faktor $pqr$ in Spalte 26, schließlich den Vergleich der reversibeln Suszeptibilität mit dem Quadrat der Remanenz in

Spalte 27 und das Produkt der reversibeln Suszeptibilität mit der Koerzitivkraft in Spalte 28. Die Werte sind aus dem dort erwähnten Grund jeweils mit dem kleinsten Wert $\mu_r$ errechnet.

Die Abb. 1 bis 20 sind der Quelle 1 entnommen. Die zwischen einzelnen Punkten der äußersten Hysteresiskurve und Punkten der $B$-Achse verlaufenden, mit nach rechts weisenden Pfeilspitzen versehenen Kurven nennt *Neumann* „innere Magnetisierungslinien". An anderer Stelle (Arch. Techn. Mess. [1937] V 956–2 zu Bild 4) wird ausdrücklich gesagt, daß diese erst nach Beendung eines Stabilisierungsvorganges gemessen wurden. Damit ist sichergestellt, daß es sich um aufsteigende Äste echter permanenter Zustandskurven handelt, so daß die reversible Permeabilität $\mu_r$ aus der Tangente im äußersten Punkt, also auf der Hysteresiskurve, festgestellt werden kann. Diese Bestimmung wurde überall vorgenommen und aus ihr die angegebenen Kurven $\mu_r$ festgestellt, ferner wurde die permanente Permeabilität $\mu_P$ aus den beiden Endpunkten jeder permanenten Zustandskurve neu bestimmt. Aus der Differenz beider Permeabilitätswerte und der Projektion der Länge der Zustandskurve auf die $\mu_0 H$-Achse wurde jeweils $b$ errechnet. Für die Ablesung von $\mu_r$ und $\mu_P$ als Funktionen von $B$ aus den angegebenen Kurven ist zu beachten, daß jeweils zu einer gegebenen permanenten Zustandskurve der zugehörige Wert $\mu_r$ im unteren Endpunkt der Kurve, also bei der kleinsten Ordinate $B$ angegeben ist, wo er aus der Tangentenrichtung bestimmt wurde, der zugehörige Wert $\mu_P$ dagegen am oberen Endpunkt der gegebenen permanenten Zustandskurve, also bei der größten Ordinate $B$, um auf diese Weise $\mu_P$ in Abhängigkeit von der Permanenz $P$ unmittelbar ablesen zu können. In Abb. 1 gehört also zum Beispiel zu der zweituntersten permanenten Zustandskurve der Wert $\mu_r = 62$ und der Wert $\mu_P = 82$; die beiden Permeabilitäten sind also zum Beispiel in Abb. 18 nicht etwa deswegen nahezu gleich, weil sich die Kurven beinahe decken.

Wie zu erwarten ist, nimmt $\mu_r$ mit wachsender Induktion $B$, ebenso $\mu_P$ mit wachsender Permanenz $P$ monoton ab. Einige Stoffe zeigen andeutungsweise oder deutlich flache Höchstwerte für $\mu_r$ und $\mu_P$. Diese Erscheinung ist noch nicht gedeutet. Als ungefähre Regel kann man aufstellen, daß im allgemeinen $\mu_r$, $\mu_P$ und $b$ erst bei Induktionswerten $B > B_1$ entscheidend abnehmen. Bemerkenswert ist, daß $\mu_r$ und $\mu_P$ Werte innerhalb von zwei, $b$ aber innerhalb von vier Zehnerpotenzen aufweisen. Die Bestimmung von $b$ aus der Differenz $\mu_P - \mu_r$ ist natürlich vergleichsweise ungenau.

Als allgemeine Entwicklungsrichtung, die im folgenden näher erläutert wird, läßt sich aus den Zahlenwerten erkennen: die neueren Magnetbaustoffe haben, mit den älteren verglichen, größeres $H_c$, $K$, $B_r H_c$, $H_1$, $B_1 H_1$, $\mu_0 H_1 / B_1$ und kleineres $B_r$, $B_1$, $m$, $\mu_r$, $\mu_P$, $b$; $\gamma$ zeigt keine einheitliche Entwicklungsrichtung, wohl aber ist diese Größe kennzeichnend für einzelne Gruppen von Magnetbaustoffen.

Für die Umrechnung von Einheiten sei an die Beziehungen (4. 11, 12, 13) erinnert.

In Abb. 18.23 sind im Sinn einer Übersicht für einige der wichtigeren Magnetbaustoffe die äußersten Hysteresiskurven im II. Quadranten zusammengestellt.

Tabelle 18.I. *Eigenschaften*

| | Bezeichnung | Zusammensetzung in Gewichtsprozent | Abbildung | Quelle |
|---|---|---|---|---|
| 1 | Werkzeugstahl | 1, 1 C, 0,1 V | 18. 1 | 1 |
| 2 | Federstahl, federhart | bei 400° C angelassen | 18. 2, 23 | 1 |
| 3 | Gußeisen, gehärtet | 3,45 C, 2,3 Si | 18. 3, 15. 9b | 1 |
| 4 | Chromstahl | 0,9...1,2 C, 2...6 Cr, unter 2 W oder Mo | 18. 4, 23 15. 9h | 1 |
| 5 | Wolframstahl, gehärtet | 0,55...0,8 C, 5...6,5 W | 18. 5, 23 15. 9 g | 1 |
| 6 | Wolframstahl, angelassen | wie 5 | 18. 6, 15. 9 a | 1 |
| 7 | WH-Stahl, niedrig legiert | W, Co, Cr, C | 18. 7, 15. 9i | 1 |
| 8 | Co-Cr-Stahl 10% | 10 Co, 8...11 Cr, 1...1,5 Mo, 0,9...1,2 C | 18. 8 | 1 |
| 9 | Co-Cr-Stahl 15% | 15 Co, 9...11 Cr, 1...1,5 Mo, 0,9...1,2 C | 18. 9 | 1 |
| 10 | Co-Cr-Stahl 34% | 34 C, 1,5...5 Cr, 0...4,5 Mo, 0,8...1,1 C | 18. 10 18. 10 | 1 1 |
| 11 | Fe-Co-Mo-Legierung | 13 Mo, 12 Co, 75 Fe | 18. 11 | 1 |
| 12 | Fe-Co-Mo-Legierung | 15 Mo, 12 Co, 73 Fe | 18. 12, 23 | 1 |
| 13 | Al-Ni-Stahl (Oerstit 500) | 24...28 Ni, 12...16 Al | 18. 13, 23, 15. 9k | 1 |
| 14 | Al-Ni-Stahl wie 13 | Tromalit-Preßmagnet | 18. 14, 15. 9d | 1 |
| 15 | Al-Ni-Co-Stahl (Oerstit 700) | 24...30 Ni, 9...13 Al, 5...10 Co | 18. 15, 23 15. 9f | 1 |
| 16 | Ni-Co-Ti-Stahl (Oerstit 900) | 10...25 Ni, 15...30 Co, 8...25 Ti | 18. 16, 23 | 1 |
| 17 | Neuer Honda-Stahl | 27,2 Co, 17,7 Ni, 6,7 Ti, 3,7 Al | 18. 17, 23 | 1 |
| 18 | Pt-Fe-Legierung | 77,8 Pt, 22,2 Fe | 18. 18, 15. 9e | 1 |
| 19 | Pt-Co-Legierung, von 1200° C abgeschreckt | 76,7 Pt, 23,3 Co | 18. 19, 25 | 1 |
| 20 | Pt-Co-Legierung, Gußzustand | wie 19 | 18. 20, 15. 9c | 1 |
| 21 | Tromalit 600 | 28 Ni, 13 Al | 18. 21 | 2 |
| 22 | Tromalit 700 | 24 Ni, 12 Al, 10 Co, 4 Cu | 18. 21 | 2 |
| 23 | Tromalit 800 | 18 Ni, 9 Al, 19 Co, 4 Cu, 4 Ti | 18. 21 | 2 |
| 24 | Tromalit 800 s | 18 Ni, 9 Al, 19 Co, 4 Cu, 4 Ti | 18. 21 | 2 |
| 25 | Kohlenstoffstahl, vgl. 1 | 1 C | | 3 |
| 26 | Chromstahl, vgl. 4 | 1 C, 4 Cr, 1 Si oder 1 C, 6 Cr, 1 Mn | | 3 |
| 27 | Co-Cr-Stahl 2% | 1 C, 2 Co, Cr, W | | 3 |
| 28 | Co-Cr-Stahl 6 % | 1 C, 6 Co, Cr, Mo | 18. 23 | 3 |
| 29 | Co-Cr-Stahl 15%, vgl. 9 | 1 C, 15 Co, Cr, Mo | 18. 23 | 3 |
| 30 | Co-Cr-Stahl 30% | 1 C, 30 Co, Cr, W | 18. 23 | 3 |
| 31 | Cu-Ni-Fe-Legierung, gewalzt | 60 Cu, 20 Ni, 20 Fe | 18. 23 | 3 |
| 32 | Al-Ni-Co-Stahl, vgl. 15 | 20...24 Ni, 10...15 Co, 10 Al, Cu | | 3 |
| 33 | Al-Ni-Co-Stahl, nach Magnetfeldbehandlung | Ni, Co, Al (Ti), Cu | 18. 23 | 3 |
| 34 | Ebenso | 14...15,5 Ni, 21...23 Co, 8...9 Al, 3...4 Cu | 18. 22, 23, 25 | 4 |
| 35 | Co-V-Fe-Legierung | | | |
| | Vicalloy I gegossen | 52 Co, 10 V, 38 Fe | 18. 26 | 5 |
| 36 | Vicalloy II gewalzt | 52 Co, 13 V, 35 Fe | 18. 26 | 5 |
| 37 | Pulvermagnet | | | |
| | Néel | Fe | | 5 |
| 38 | Ebenso | Fe | | 5 |
| 39 | Indalloy | ? | 18. 26 | 5 |
| 40 | Néel | 30 Co, 70 Fe | | 5 |
| | 1 | 2 | 3 | 4 |

*von Magnetlegierungen.*

| $B_r$ in kG | $\mu_0 H_c$ in kG | $B_r H_c$ in Ws/dm³ | $\mu_0 H_c/B_r = 1/m$ | $\mu_0 K$ in kG | $B_1$ in kG | $\mu_0 H_1$ in kG | $B_1 H_1$ in Ws/dm³ | |
|---|---|---|---|---|---|---|---|---|
| 10,3 | 0,0228 | 1,868 | 0,0022 | 0,0228 | 6,8 | 0,0164 | 0,883 | 1 |
| 13,5 | 0,0213 | 2,28 | 0,00158 | 0,0213 | 9,6 | 0,0155 | 1,183 | 2 |
| 3,82 | 0,044 | 1,368 | 0,0115 | 0,044 | 2,3 | 0,023 | 0,422 | 3 |
| 10,4 | 0,064 | 5,29 | 0,00616 | 0,064 | 7,3 | 0,047 | 2,73 | 4 |
| 10,8 | 0,068 | 5,85 | 0,0063 | 0,068 | 7,5 | 0,048 | 2,86 | 5 |
| 13,9 | 0,023 | 2,51 | 0,00165 | 0,023 | 10,3 | 0,019 | 1,54 | 6 |
| 10,1 | 0,079 | 6,37 | 0,0078 | 0,079 | 7,0 | 0,0585 | 3,26 | 7 |
| 8,3 | 0,159 | 10,5 | 0,0192 | 0,160 | 5,2 | 0,108 | 4,45 | 8 |
| 7,7 | 0,184 | 11,3 | 0,0239 | 0,185 | 5,0 | 0,120 | 4,78 | 9 |
| 9,33 | 0,243 | 18,05 | 0,0260 | 0,244 | 5,9 | 0,170 | 7,96 | 10 |
| 12,2 | 0,168 | 16,3 | 0,0138 | 0,168 | 8,4 | 0,131 | 8,75 | 11 |
| 11,1 | 0,228 | 20,1 | 0,0206 | 0,228 | 7,5 | 0,167 | 9,95 | 12 |
| 6,0 | 0,448 | 21,4 | 0,075 | 0,455 | 3,8 | 0,305 | 9,11 | 13 |
| 3,55 | 0,508 | 14,3 | 0,143 | 0,562 | 1,94 | 0,280 | 4,33 | 14 |
| 6,1 | 0,750 | 36,6 | 0,123 | 0,800 | 3,5 | 0,440 | 12,2 | 15 |
| 5,5 | 0,835 | 36,6 | 0,152 | 0,930 | 3,1 | 0,470 | 11,5 | 16 |
| 7,15 | 0,785 | 44,5 | 0,110 | 0,820 | 4,15 | 0,490 | 16,12 | 17 |
| 5,83 | 1,570 | 56,5 | 0,270 | 1,750 | 3,3 | 0,930 | 24,4 | 18 |
| 4,53 | 2,650 | 95,5 | 0,585 | 3,680 | 2,5 | 1,500 | 30,0 | 19 |
| 6,4 | 1,560 | 79,6 | 0,244 | 1,830 | 4,0 | 0,890 | 28,2 | 20 |
| 3,5 | 0,6 | 17,5 | 0,171 | 0,71 | 1,9 | 0,30 | 5,0 | 21 |
| 3,8 | 0,7 | 21,5 | 0,184 | 0,83 | 2,0 | 0,38 | 6,04 | 22 |
| 4,2 | 0,8 | 27,1 | 0,191 | 0,96 | 2,3 | 0,42 | 7,72 | 23 |
| 5,0 | 0,8 | 31,8 | 0,160 | 0,93 | 2,76 | 0,44 | 9,55 | 24 |
| 10 | 0,05 | 4,0 | 0,005 | | 6,23 | 0,0316 | 1,59 | 25 |
| 10 | 0,07 | 5,58 | 0,007 | | 6,23 | 0,0443 | 2,23 | 26 |
| 10 | 0,08 | 6,36 | 0,008 | | 7,07 | 0,0566 | 3,19 | 27 |
| 9 | 0,12 | 10,8 | 0,013 | | 5,92 | 0,079 | 4,78 | 28 |
| 8,5 | 0,19 | 12,8 | 0,022 | | 5,6 | 0,125 | 5,58 | 29 |
| 9 | 0,25 | 17,9 | 0,028 | | 5,85 | 0,163 | 7,57 | 30 |
| 5 | 0,45 | 17,9 | 0,09 | | 3,16 | 0,285 | 7,17 | 31 |
| 7 | 0,65 | 36,2 | 0,09 | | 4,28 | 0,397 | 13,5 | 32 |
| 12 | 0,6 | 57,3 | 0,05 | | 9,50 | 0,475 | 35,9 | 33 |
| 11,75 | 0,625 | 58,5 | 0,053 | | 9,0 | 0,475 | 34,0 | 34 |
| 9 | 0,3 | 21,5 | 0,033 | | 5,4 | 0,195 | 8,35 | 35 |
| 10 | 0,5 | 39,0 | 0,050 | | 8,8 | 0,38 | 27,0 | 36 |
| 5,4 | 0,44 | 18,9 | 0,081 | | | | | 37 |
| 7,5 | 0,34 | 21,4 | 0,043 | | | | 9,2 | 38 |
| 9 | 0,25 | 17,9 | 0,028 | | 5,3 | 0,18 | 7,56 | 39 |
| 7,1 | 0,49 | 27,7 | 0,069 | | | | | 40 |
| 5 | 6 | 7 | 8 | 9 | 10 | 11 | 12 | |

Tabelle 18. I, Fortsetzung. *Eigenschaften*

| | Bezeichnung | $\frac{\mu_0 H_1}{B_1} = (\mathrm{tg}\,\alpha_r)_{opt}$ | $\gamma = \frac{B_1 H_1}{B_r H_c}$ | $B_A$ in kG | $\mu_0 H_A$ in kG | $B_A H_A$ in $\frac{\mathrm{Ws}}{\mathrm{dm}^3}$ | $\gamma_A = \frac{B_A H_A}{B_r H_c}$ | $\Delta\gamma$ in % | $\Delta(\mathrm{tg}\,\alpha)$ in % |
|---|---|---|---|---|---|---|---|---|---|
| 1 | Werkzeugstahl | 0,0024 | 0,472 | 7,17 | 0,015 | 0,883 | 0,472 | 0 | + 9 |
| 2 | Federstahl, federhart | 0,0016 | 0,519 | 9,60 | 0,015 | 1,17 | 0,512 | −1,3 | 0 |
| 3 | Gußeisen, gehärtet | 0,0010 | 0,315 | 2,09 | 0,025 | 0,416 | 0,311 | −1,2 | − 9 |
| 4 | Chromstahl | 0,0064 | 0,516 | 7,4 | 0,046 | 2,71 | 0,514 | −0,4 | + 4,9 |
| 5 | Wolframstahl, gehärtet | 0,0064 | 0,490 | 7,45 | 0,047 | 2,81 | 0,480 | −2,1 | + 1,6 |
| 6 | Wolframstahl, angelassen | 0,0018 | 0,596 | 10,61 | 0,018 | 1,52 | 0,590 | −1,5 | + 5,9 |
| 7 | WH-Stahl, niedrig legiert | 0,0084 | 0,512 | 7,08 | 0,057 | 3,20 | 0,502 | −2 | + 7,7 |
| 8 | Co-Cr-Stahl 10% | 0,0208 | 0,423 | 5,37 | 0,100 | 4,38 | 0,417 | −1,4 | + 8,3 |
| 9 | Co-Cr-Stahl 15% | 0,024 | 0,422 | 5,0 | 0,12 | 4,78 | 0,422 | 0 | 0 |
| 10 | Co-Cr-Stahl 34% | 0,028 | 0,442 | 6,25 | 0,16 | 8,07 | 0,448 | +1,3 | + 7,7 |
| 11 | Fe-Co-Mo-Legierung | 0,0156 | 0,537 | 8,92 | 0,12 | 8,53 | 0,522 | −2,8 | +11,4 |
| 12 | Fe-Co-Mo-Legierung | 0,0223 | 0,496 | 7,81 | 0,16 | 9,95 | 0,496 | 0 | + 6,2 |
| 13 | Al-Ni-Stahl (Oerstit 500) | 0,080 | 0,431 | 3,92 | 0,29 | 8,99 | 0,419 | −2,8 | + 6,7 |
| 14 | Al-Ni-Stahl wie 13 | 0,144 | 0,302 | 1,94 | 0,27 | 4,22 | 0,294 | −2,6 | + 0,7 |
| 15 | Al-Ni-Co-Stahl (Oerstit 700) | 0,126 | 0,336 | 3,50 | 0,43 | 1,211 | 0,332 | −1,2 | + 2,4 |
| 16 | Ni-Co-Ti-Stahl (Oerstit 900) | 0,152 | 0,318 | 3,10 | 0,47 | 1,15 | 0,317 | 0 | 0 |
| 17 | Neuer Honda-Stahl | 0,118 | 0,362 | 4,29 | 0,47 | 16,0 | 0,358 | −0,75 | + 7,2 |
| 18 | Pt-Fe-Legierung | 0,282 | 0,336 | 3,36 | 0,91 | 24,4 | 0,336 | 0 | + 4,5 |
| 19 | Pt-Co-Legierung, von 1200° C abgeschreckt | 0,600 | 0,314 | 2,50 | 1,50 | 30,0 | 0,314 | 0 | + 8,6 |
| 20 | Pt-Co-Legierung, Gußzustand | 0,222 | 0,355 | 3,85 | 0,91 | 27,85 | 0,350 | −1,3 | − 4,9 |
| 21 | Tromalit 600 | 0,16 | 0,286 | | | | | | |
| 22 | Tromalit 700 | 0,19 | 0,281 | | | | | | |
| 23 | Tromalit 800 | 0,18 | 0,285 | | | | | | |
| 24 | Tromalit 800 s | 0,16 | 0,30 | | | | | | |
| 25 | Kohlenstoffstahl, vgl. 2 | 0,0051 | 0,40 | | | | | | |
| 26 | Chromstahl, vgl. 4 | 0,0071 | 0,40 | | | | | | |
| 27 | Co-Cr-Stahl 2% | 0,008 | 0,50 | | | | | | |
| 28 | Co-Cr-Stahl 6% | 0,013 | 0,433 | | | | | | |
| 29 | Co-Cr-Stahl 15%, vgl. 9 | 0,022 | 0,434 | | | | | | |
| 30 | Co-Cr-Stahl 30% | 0,028 | 0,424 | | | | | | |
| 31 | Cu-Ni-Fe-Legierung | 0,090 | 0,40 | | | | | | |
| 32 | Al-Ni-Co-Stahl, vgl. 15 | 0,093 | 0,373 | | | | | | |
| 33 | Al-Ni-Co-Stahl, nach Magnetfeldbehandlung | 0,050 | 0,627 | | | | | | |
| 34 | Ebenso | 0,053 | 0,580 | | | | | | |
| 35 | Co-V-Fe-Legierung | | | | | | | | |
| | Vicalloy I | 0,036 | 0,389 | | | | | | |
| 36 | Vicalloy II | 0,043 | 0,692 | | | | | | |
| 37 | Pulvermagnet- | | | | | | | | |
| | Néel | | | | | | | | |
| 38 | Ebenso | | | | | | | | |
| 39 | Indalloy | 0,034 | 0,423 | | | | | | |
| 40 | Néel | | | | | | | | |
| | 1 | 13 | 14 | 15 | 16 | 17 | 18 | 19 | 20 |

*von Magnetlegierungen.*

| $\mu_r$ | $\mu_P$ | $b$ in 1/G | $1/\mu_P =$ $(\mathrm{tg}\ \alpha_P)_{opt}$ | $m$ $B_r\ \mu_0 H_c$ | $p\,q\,r$ $3\frac{\mu_r - 1}{m - 1}$ | $c_r = \frac{\mu_r - 1}{(B_r\ \mathrm{kG})^2}$ | $f = \mu_0 K\cdot(\mu_r - 1)$ in kG | |
|---|---|---|---|---|---|---|---|---|
| 60...40 | 80...50 | 1,2 | 0,02...0,0125 | 452 | 0,26 | 0,37 | 0,90 | 1 |
| 90...50 | 120...60 | 1,3...0 | 0,008...0,017 | 634 | 0,81 | 0,27 | 1,0 | 2 |
| 24...22 | 27...22 | 0,08...0 | 0,038...0,045 | 86,6 | 0,73 | 1,44 | 0,92 | 3 |
| 30...20 | 40...25 | 0,09...0 | 0,025...0,04 | 162,5 | 0,35 | 0,18 | 1,20 | 4 |
| 38...20 | 44...24 | 0,09...0 | 0,023...0,042 | 159 | 0,36 | 0,16 | 1,30 | 5 |
| 80...30 | 90...50 | 0,7...0 | 0,01...0,02 | 604 | 0,14 | 0,15 | 0,67 | 6 |
| 29...17 | 29...20 | ~ 0 | 0,035...0,05 | 128 | 0,38 | 0,16 | 1,25 | 7 |
| 14...22 | 14...12 | ~ 0 | 0,071...0,08 | 52,2 | 0,65 | 0,16 | 1,75 | 8 |
| 11...8 | 11...8 | ~ 0 | 0,09...0,125 | 41,8 | 0,52 | 0,12 | 1,25 | 9 |
| 11...7 | 13...8 | ~ 0 | 0,078...0,125 | 38,4 | 0,48 | 0,07 | 1,46 | 10 |
| 16...9 | 16...9 | 0,01...0 | 0,062...0,11 | 72,7 | 0,33 | 0,05 | 1,34 | 11 |
| 13...6 | 13...8 | ~ 0 | 0,077...0,125 | 48,7 | 0,31 | 0,04 | 1,18 | 12 |
| 5...4 | ~ 5 | $1\cdot10^{-3}$...0 | 0,2 | 13,4 | 0,73 | 0,08 | 1,36 | 13 |
| 4...3,8 | 4,2...3,8 | $0,2\cdot10^{-3}$...0 | 0,24...0,27 | 7,0 | 1,40 | 0,22 | 1,57 | 14 |
| 4...3 | 4,4...4 | 0,9...$0,4\cdot10^{-3}$ | 0,23...0,25 | 8,14 | 0,84 | 0,05 | 1,60 | 15 |
| 3,5...3 | 3,8...3,2 | 0,7...$0,5\cdot10^{-3}$ | 0,27...0,31 | 6,59 | 1,07 | 0,07 | 1,85 | 16 |
| 3,9...2,8 | 4,3...3,9 | $0,5\cdot10^{-3}$...0 | 0,23...0,26 | 9,12 | 0,66 | 0,04 | 1,50 | 17 |
| 1,4...1,3 | 1,5...1,3 | ~ $1\cdot10^{-4}$ | 0,67...0,77 | 3,71 | 0,37 | 0,0088 | 0,54 | 18 |
| 1,15 | 1,15 | $0,3\cdot10^{-4}$...0 | 0,87 | 1,71 | 0,63 | 0,0075 | 0,55 | 19 |
| 1,3 | 1,4 | 2...$1\cdot10^{-4}$ | 0,71 | 4,10 | 0,29 | 0,0073 | 0,55 | 20 |
| 3 | | | | 5,83 | 1,24 | 0,16 | 1,42 | 21 |
| 3 | | | | 5,44 | 1,35 | 0,14 | 1,66 | 22 |
| 3 | | | | 5,25 | 1,41 | 0,11 | 1,92 | 23 |
| 3 | | | | 6,25 | 1,14 | 0,08 | 1,86 | 24 |
| | | | | 200 | | | | 25 |
| | | | | 143 | | | | 26 |
| | | | | 125 | | | | 27 |
| | | | | 77 | | | | 28 |
| | | | | 45,5 | | | | 29 |
| | | | | 35,7 | | | | 30 |
| | | | | 11,1 | | | | 31 |
| | | | | 11,1 | | | | 32 |
| | | | | 20 | | | | 33 |
| 4,5...3,8 | | | 0,22...0,26 | 18,9 | 0,47 | 0,020 | 1,75 | 34 |
| | | | | | | | | 35 |
| | | | | | | | | 36 |
| | | | | | | | | 37 |
| | | | | | | | | 38 |
| | | | | | | | | 39 |
| | | | | | | | | 40 |
| 21 | 22 | 23 | 24 | 25 | 26 | 27 | 28 | |

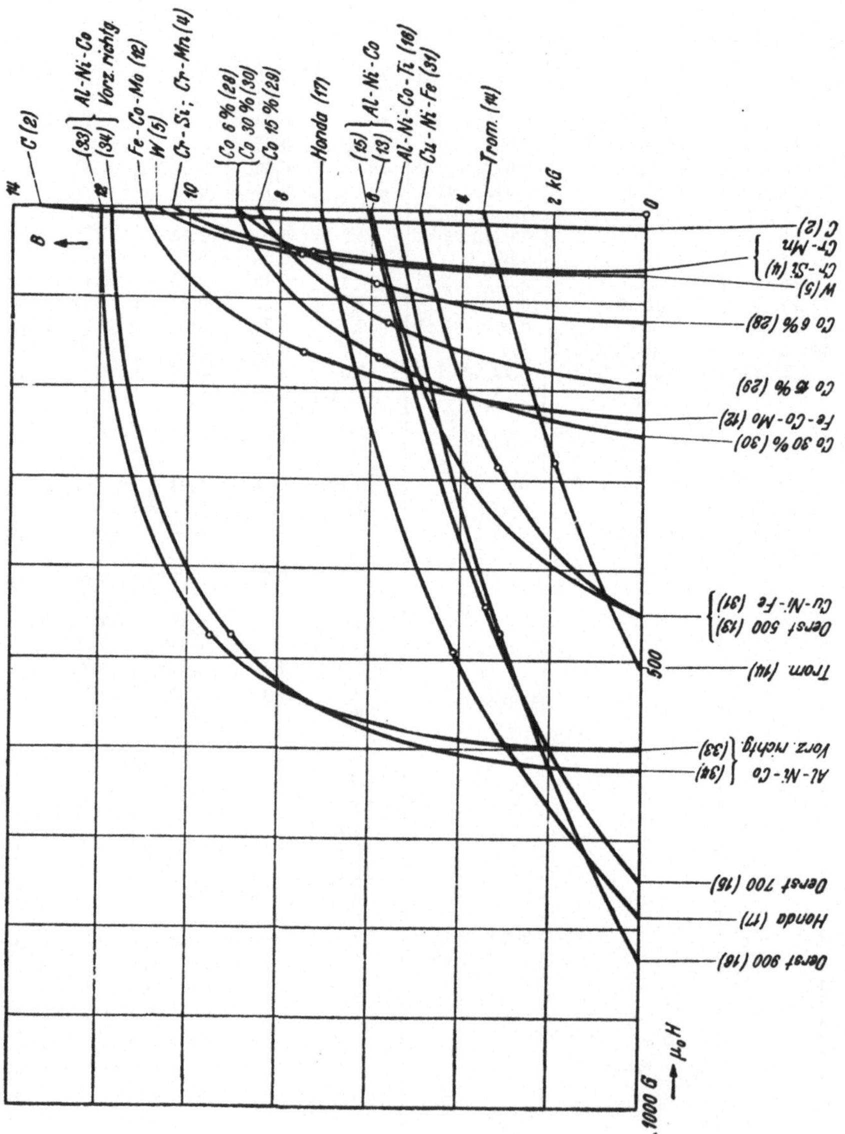


Abb. 18. 23. Magnetisierungskurven von Dauermagnetbaustoffen.

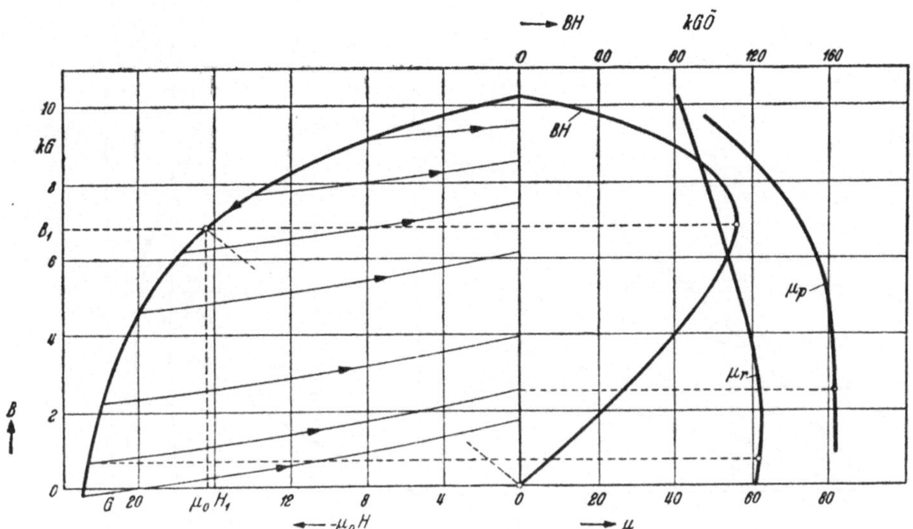


Abb. 18. 1. Werkzeugstahl, bei 800° C gehärtet, bei 400° C angelassen.

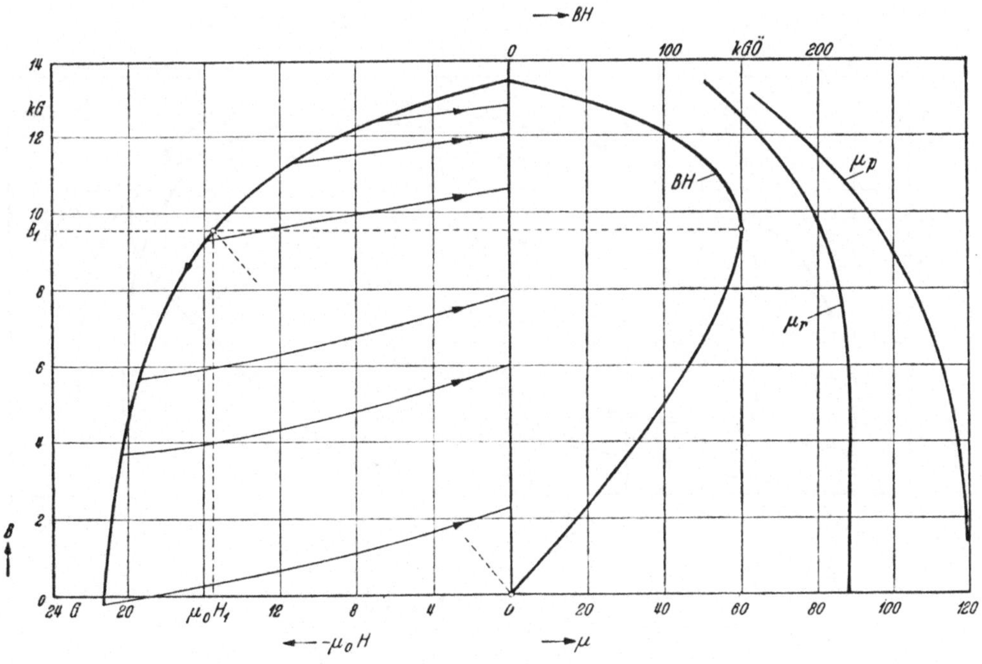


Abb. 18. 2. Federstahl, federhart, bei 400° C angelassen.

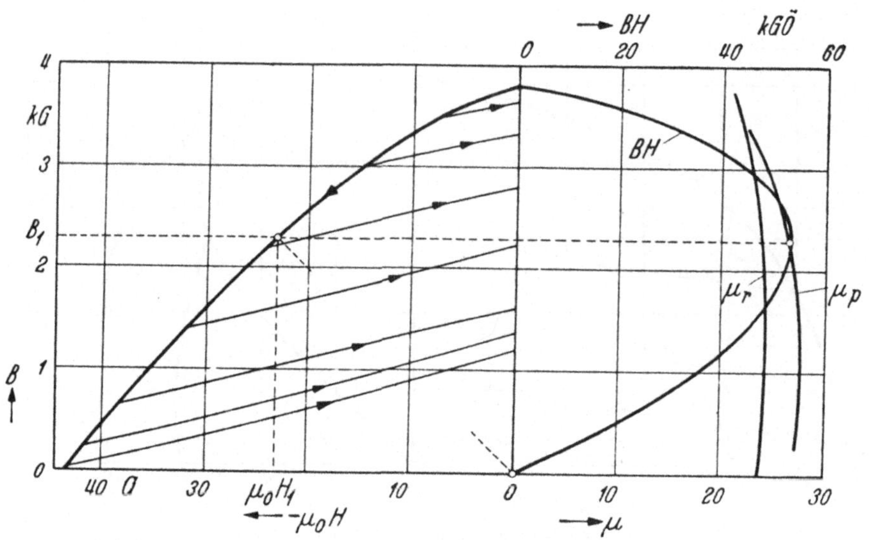


Abb. 18. 3. Gußeisen, gehärtet.

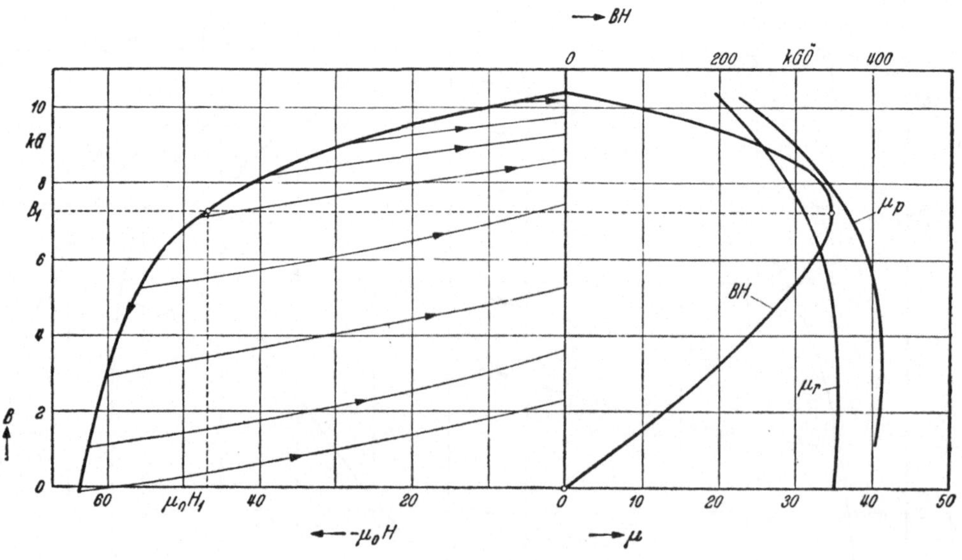


Abb. 18. 4. Chromstahl, gehärtet.

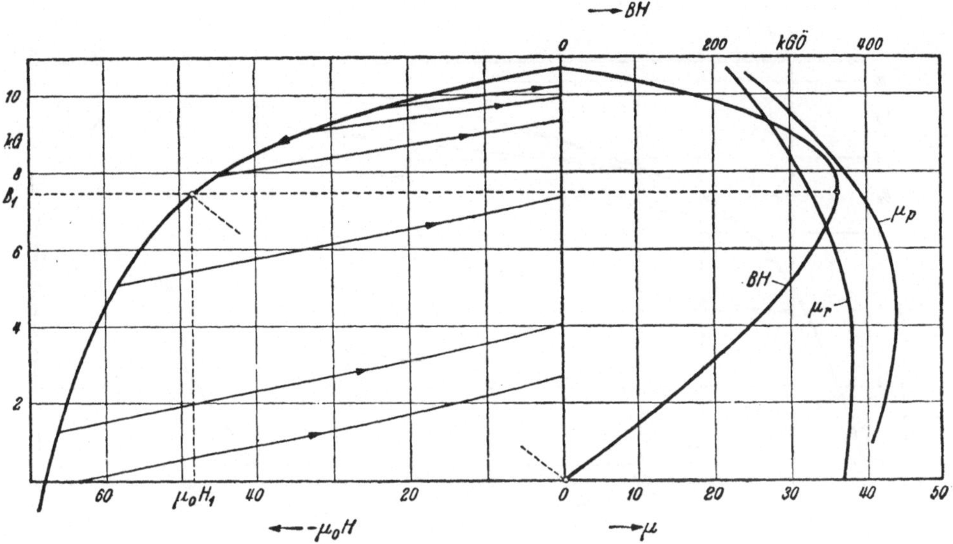


Abb. 18. 5. Wolframstahl, gehärtet.

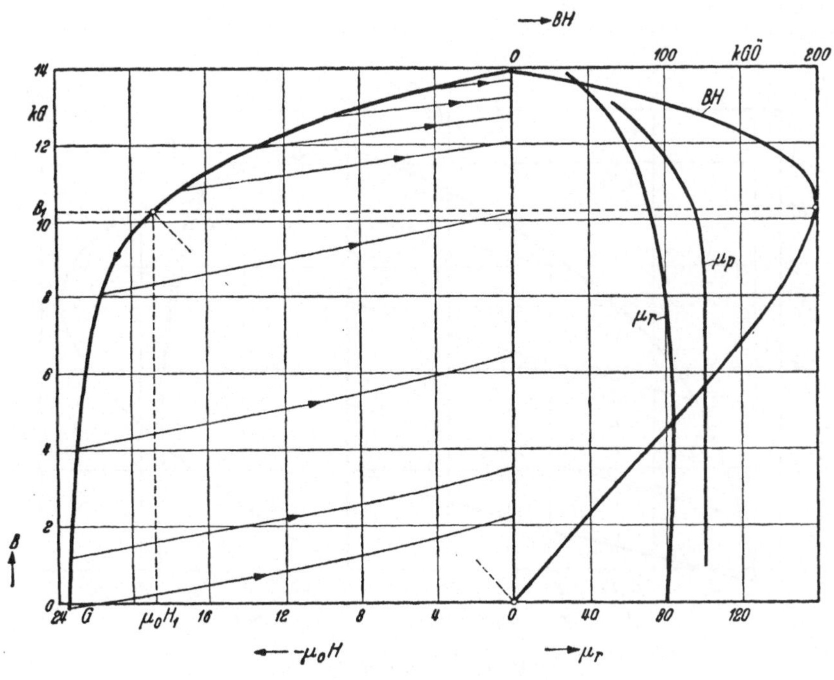


Abb. 18. 6. Wolframstahl, nach Härtung angelassen bei 300° C.

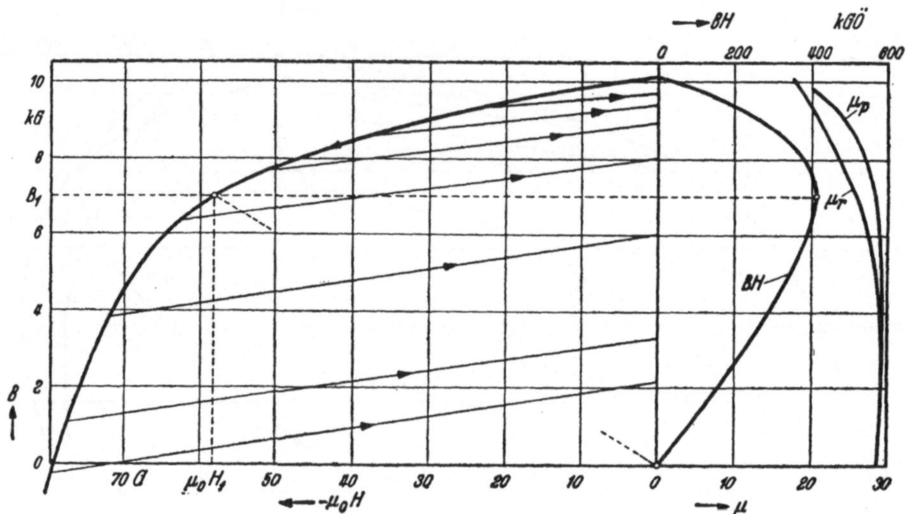


Abb. 18. 7. WH-Stahl, gehärtet.

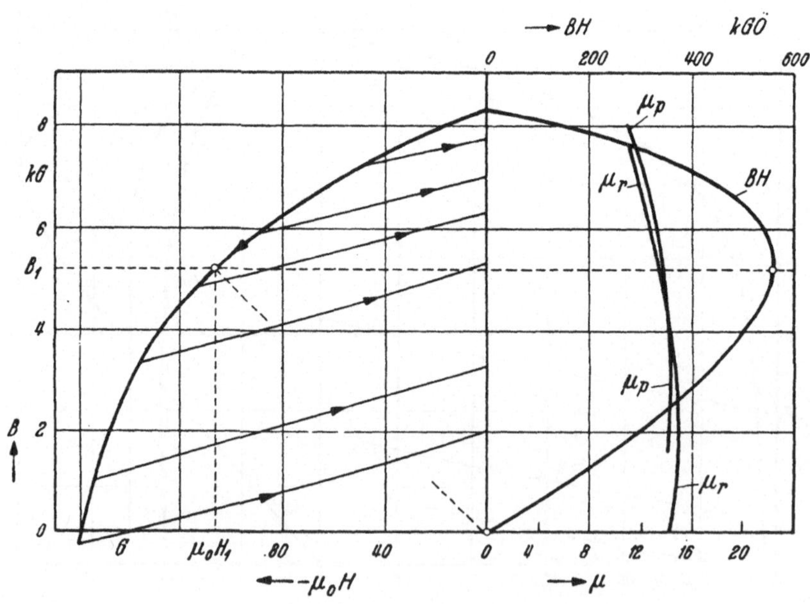


Abb. 18. 8. Kobalt-Chrom-Stahl 10% Co.

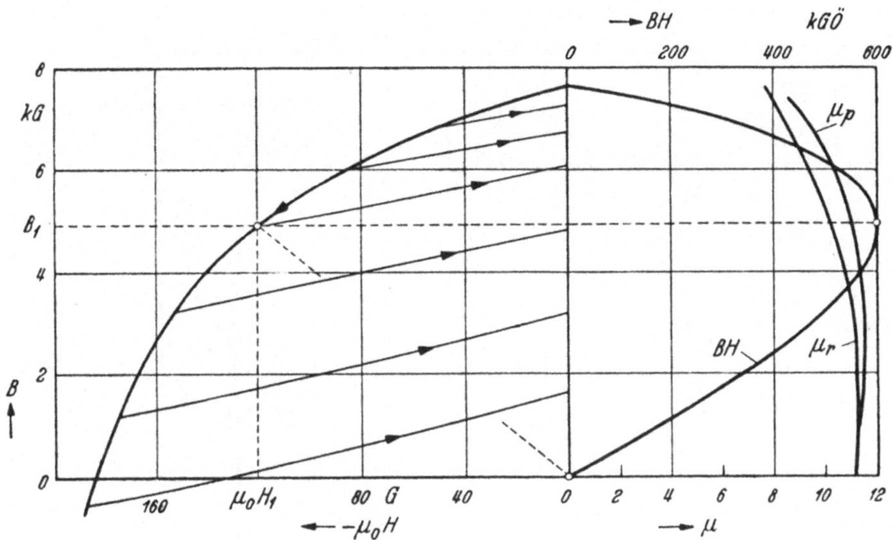


Abb. 18. 9. Kobalt-Chrom-Stahl 15 % Co.

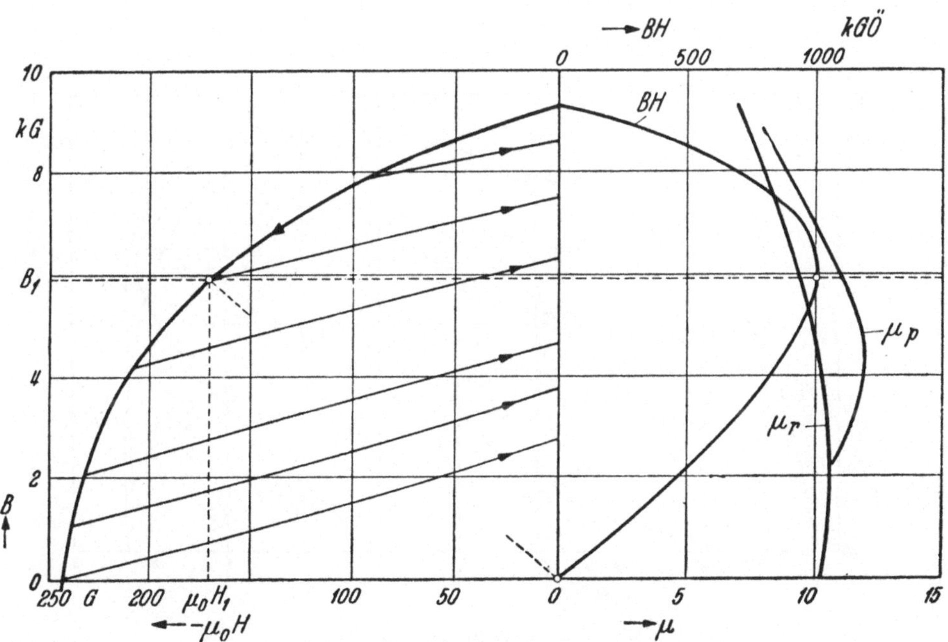


Abb. 18. 10. Kobalt-Chrom-Stahl 34 % Co.

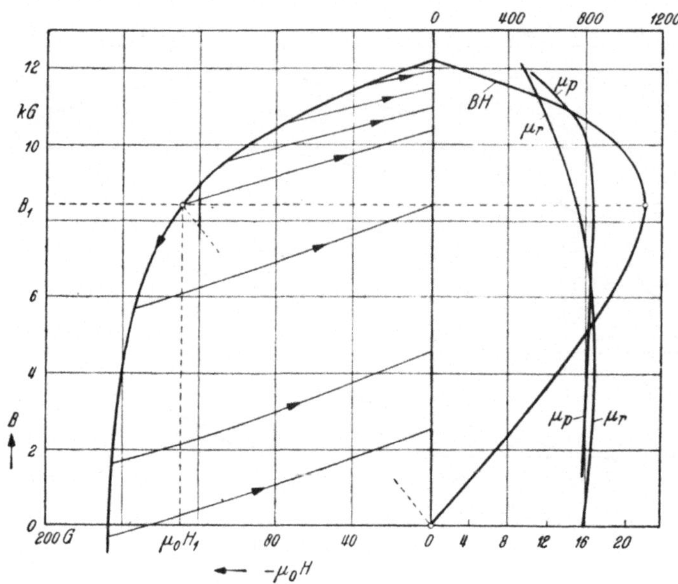


Abb. 18. 11. Fe-Co-Mo-Legierung 13% Mo.

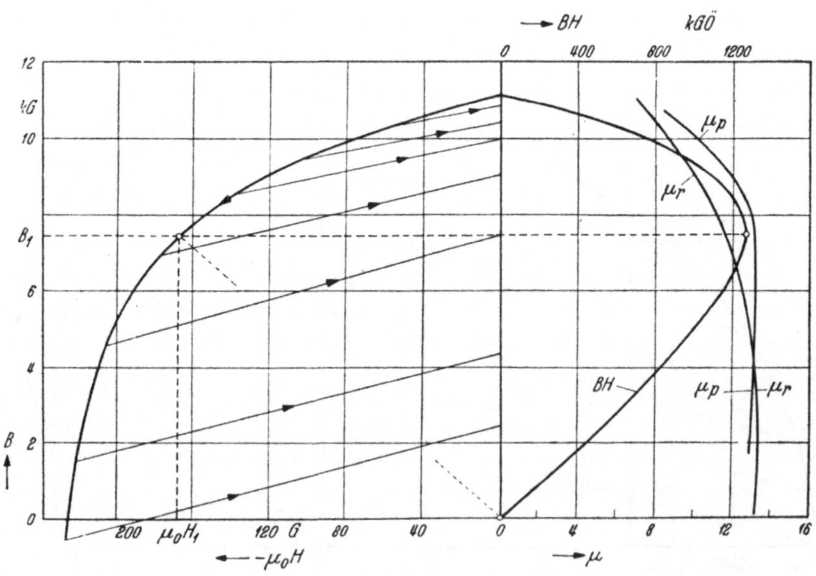


Abb. 18. 12. Fe-Co-Mo-Legierung 15% Mo.

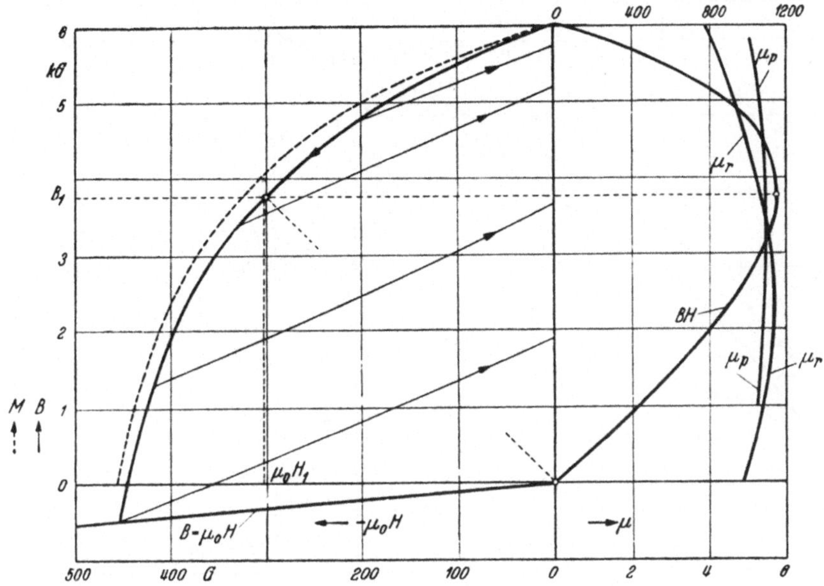


Abb. 18. 13. Oerstit 500.

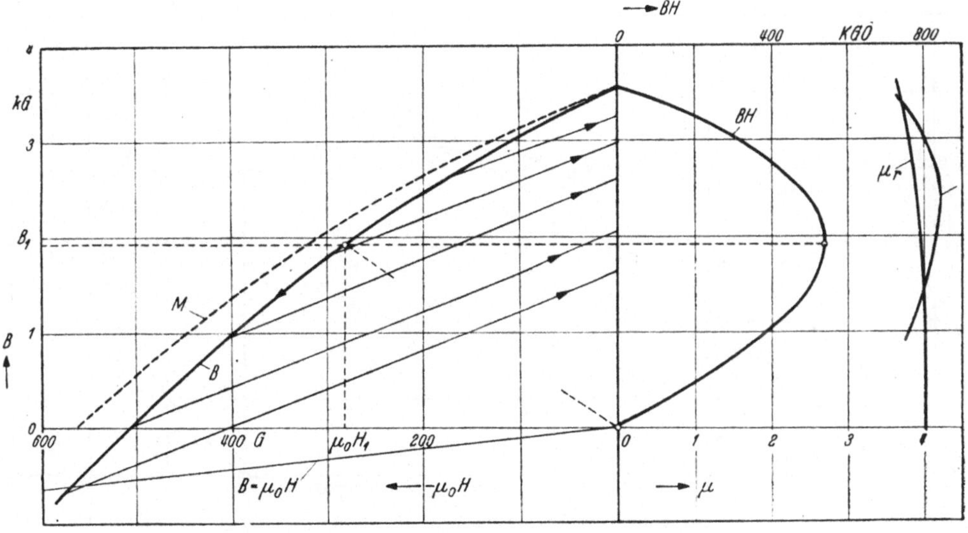


Abb. 18. 14. Oerstit 500 als Tromalit-Preßmagnet.

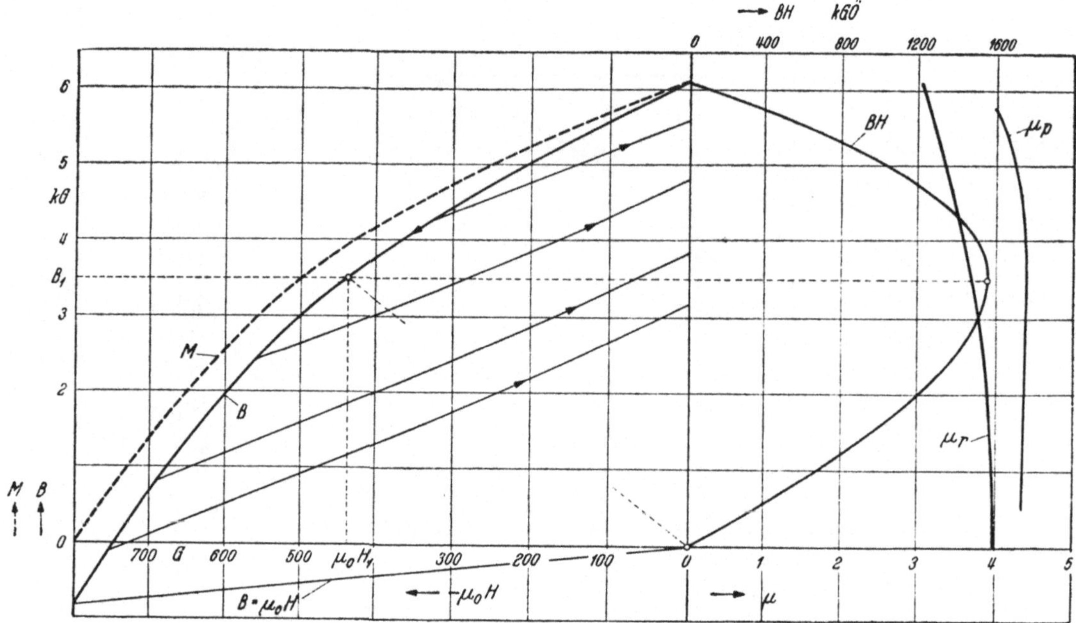


Abb. 18. 15. Oerstit 700.

Abb. 18. 16. Oerstit 900.

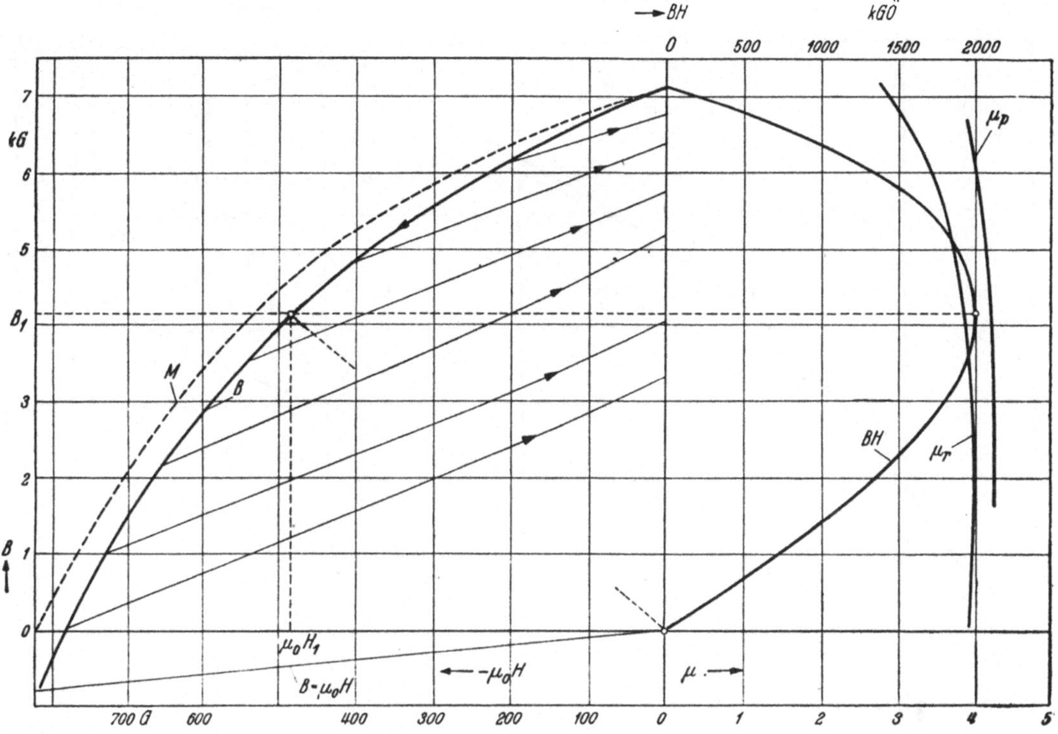


Abb. 18. 17. Neuer Honda-Stahl.

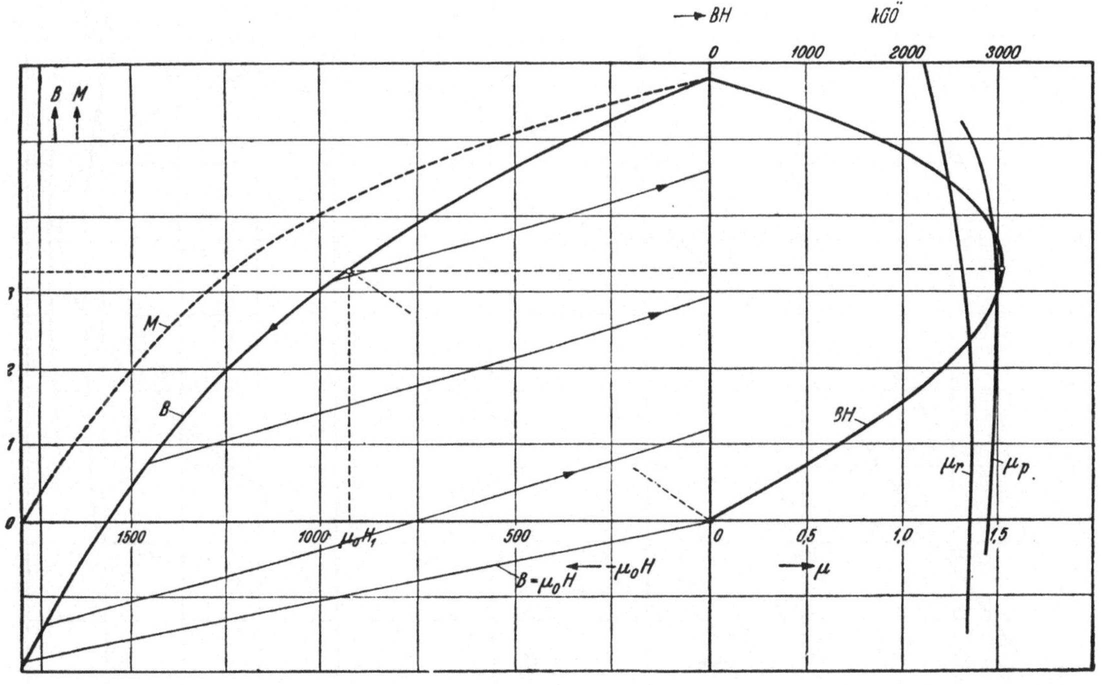


Abb. 18. 18. Pt-Fe-Legierung.

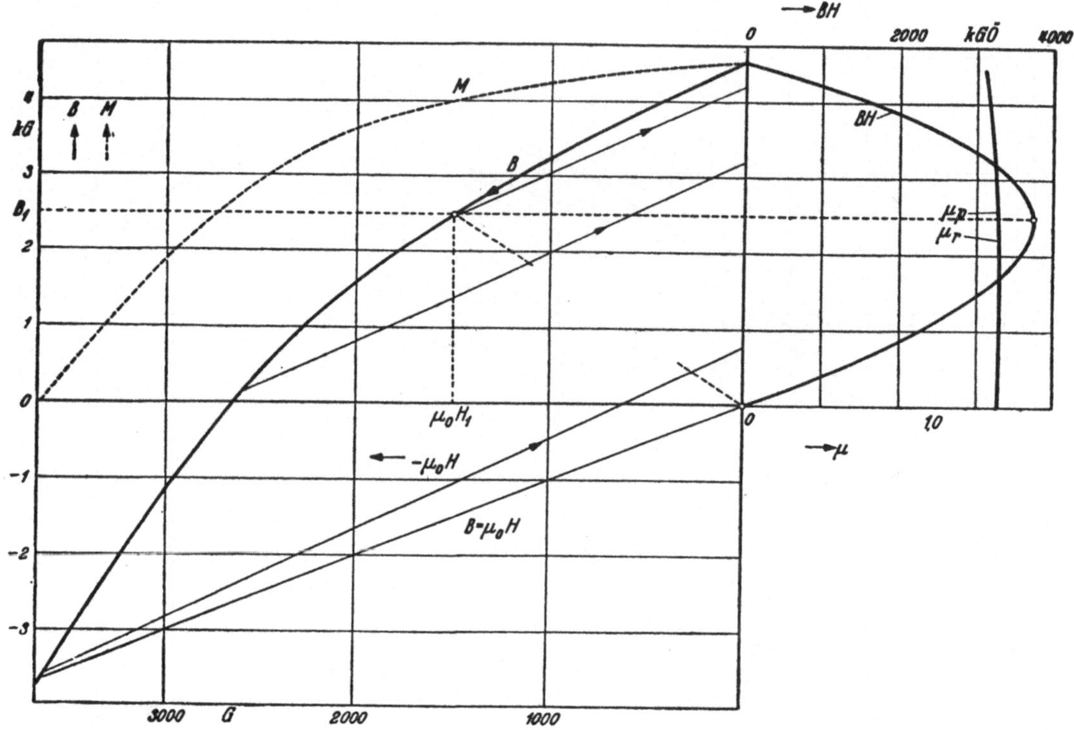


Abb. 18. 19. Pt-Co-Legierung, von 1200° C abgeschreckt.

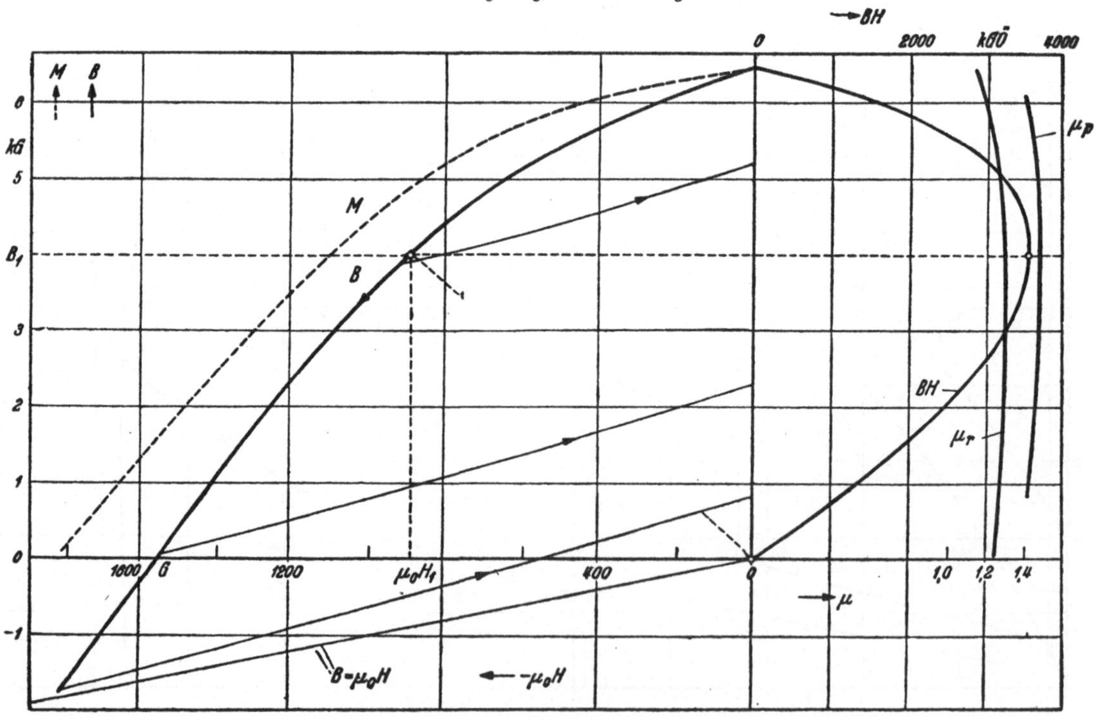


Abb. 18. 20. Pt-Co-Legierung, Gußzustand.

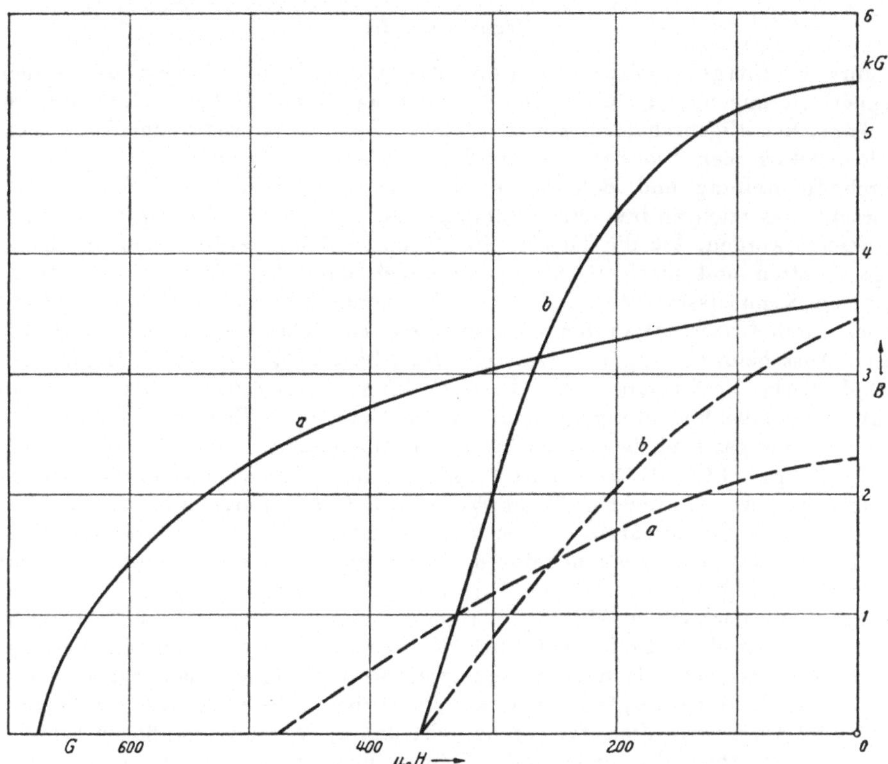


Abb. 18. 24 Einfluß des Walzens. a) Cu 68 %, Ni 20 %, Fe 12 %. b) Cu 60 %, Ni 20 %, Fe 20 %.
— — — isotrop, ——— anisotrop.

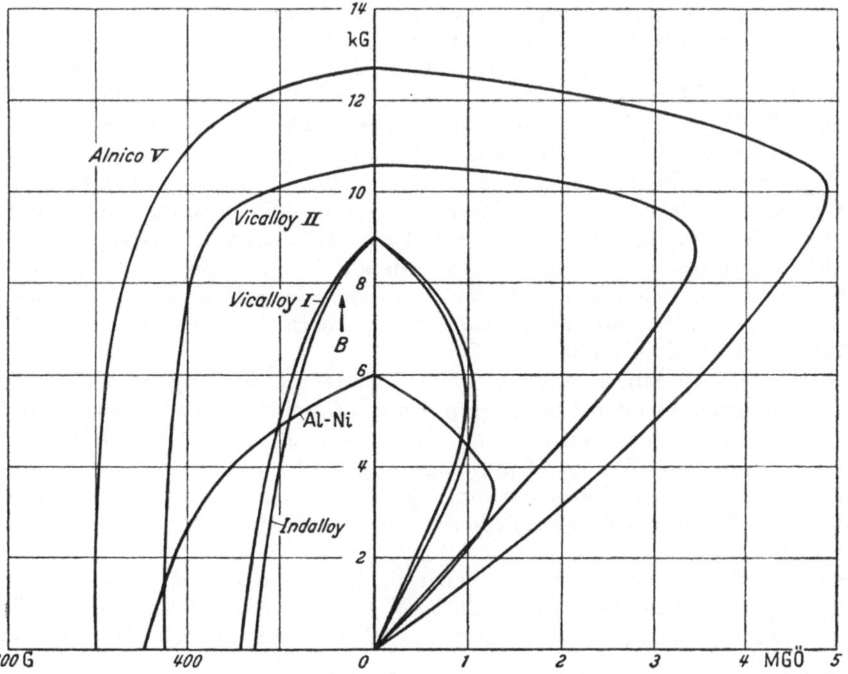


Abb. 18. 26. Aeusserste Hysteresiskurven und $BH$-Kurven einiger neuerer Dauermagnetlegierungen nach *K. Sixtus*.

Ihre günstigen magnetischen Eigenschaften erlangen die Dauermagnetlegierungen erst durch eine Wärmebehandlung. Dabei ändern sich die mechanischen Eigenschaften, vor allem die Härte, auch Änderungen des spezifischen elektrischen Widerstandes und der spezifischen Wärme werden beobachtet. Durch Herstellung und Behandlung der Legierung wird ein Gefüge hervorgebracht, das reich an inneren Spannungen ist. In den Abschnitten 16 und 17 ist gezeigt worden, wie die Theorie die Zusammenhänge zwischen magnetischen Eigenschaften und mechanischen Spannungen darstellt. Nach unseren gegenwärtigen Kenntnissen werden die großen inneren Spannungen im Gefüge entweder durch Gitterumwandlungen hervorgebracht (Umwandlungshärtung) oder durch Ausscheidungsvorgänge (Ausscheidungshärtung); eine dritte Möglichkeit, die plastische Verformung, zum Beispiel durch Recken oder Walzen, gewinnt heute gleichfalls Bedeutung. Je stabiler ein Gefüge im Benutzungszustand ist, desto beständiger sind die Eigenschaften des Magneten.

In der geschichtlichen Entwicklung der Magnetbaustoffe erkennt man das Streben, zu immer größeren Werten von $(BH)_{max}$ und zu immer kleineren Werten von $\mu_r$ fortzuschreiten. Man kann in ihr drei Abschnitte unterscheiden. Der früheste ist gekennzeichnet durch die Gruppe der Magnetstähle, deren gute magnetische Eigenschaften durch Gitterumwandlungen hervorgebracht werden, die daher erst nach einem Abschreckvorgang (einem plötzlichen Temperatursturz) auftreten. Alle diese Stähle enthalten Kohlenstoff. Bei den Magnetlegierungen der zweiten, zeitlich folgenden Gruppe werden die magnetischen Eigenschaften durch Ausscheidungsvorgänge bewirkt. Der dritte Abschnitt des Werdeganges zeigt eine veränderte Zielsetzung; sie geht dahin, Magnetbaustoffe zu schaffen, die gut bearbeitbar oder für besondere Formgebungen der Magnete geeignet sind. Der geschichtliche Verlauf ist etwa so:

### Kohlenstoffhaltige Stähle mit Umwandlungshärtung.

*Kohlenstoffstahl*, zum Beispiel *glasharter Federstahl*: Fe mit 1...1,5 % C[1]. Ältester Magnetbaustoff, etwa bis 1910 stark im Gebrauch. Eigenschaften: große Remanenz $B_r \approx 12$ kG, kleine Koerzitivkraft $H_c \approx 15...35$ A/cm, kleiner Höchstwert $(BH)_{max} \approx 1{,}2$ mWs/cm$^3$, große reversible (und permanente) Permeabilität $\mu_r \approx 90...40$. Magnetische Härtung durch Abschrecken von ungefähr 800° C in Wasser. Beispiel: Tabelle 18.I, Zeile 2, 25.

*Wolframstahl*: Fe mit 5...7 % W und 0,5...1 % C. Erste Entdeckung wohl nicht mehr mit Sicherheit feststellbar, seit etwa 1880 bekannt, seit etwa 1910 stärker verbreitet. $B_r \approx 10$ kG, $H_c \approx 50$ A/cm, $(BH)_{max} \approx 2{,}5$ mWs/cm$^3$, $\mu_r \approx 40$ bis 20. Gegenüber einfachem Kohlenstoffstahl ist also ungefähr $B_r$ auf den 0,8fachen, $H_c$ auf den 3fachen, $(BH)_{max}$ auf den doppelten, $\mu_r$ auf den halben Betrag gebracht. Magnetische Härtung durch Abschrecken von ungefähr 800° C in Wasser. Beispiel: Tabelle 18.I, Zeile 5.

*Chromstahl*: Fe mit 3...6 % Cr, 1 % C. Erste Entdeckung gleichfalls wohl nicht nachweisbar, seit den Untersuchungen von *Gumlich* etwa 1915 dem Wolframstahl magnetisch etwa gleichwertig. $B_r \approx 10$ kG, $H_c \approx 50$ A/cm, $(BH)_{max} \approx 2{,}2$ bis 2,7 mWs/cm$^3$, $\mu_r \approx 30...20$. Gute magnetische Eigenschaften durch geeignete, sorgfältig eingehaltene Wärmebehandlung (zum Beispiel Abschrecken von 780 bis 850° C in Öl), ferner durch Zulegieren von Si und Mn. Beispiel: Tabelle 18.I, Zeile 4, 26.

*Kobaltstahl*: Fe mit 1 % C (Kohlenstoffgehalt unerläßlich), 6...35 % Co und Zusätzen, vor allem bis 10 % Cr, bis 20 % W, bis 25 % Mo, daher auch als Kobalt-Chrom-Stahl bezeichnet. Entdeckung von *Honda* und *Takagi* 1917. Bei etwa

[1] % bedeutet hier und im folgenden stets Gewichtsprozente.

35% Co Bestwerte: $B_r \approx 8...10$ kG, $H_c \approx 170$ A/cm, $(BH)_{max} \approx 7...8$ mWs/cm³, $\mu_r \approx 12...8$. Gegenüber W-Stahl und Cr-Stahl ist $B_r$ etwas erniedrigt, $\mu_r$ auf etwa die Hälfte, jedoch $H_c$ und $(BH)_{max}$ auf den dreifachen Betrag gebracht. Wärmebehandlung nach besonderen Vorschriften (zum Beispiel Dreifachhärtung bei 1200° C und 700° C mit Abkühlung in Luft, darauf Abschrecken von 1000° C in Öl). Beispiele: Tabelle 18.I, Zeile 8, 9, 10, 27, 28, 29, 30.

Gemeinsame Eigenschaften dieser kohlenstoffhaltigen Stähle sind: sie werden im allgemeinen in gewalzten Stangen oder Blöcken, auch als Gußstücke, hergestellt und können vor der Härtung, jedoch unter Umständen nach einem Glühvorgang, durch Drehen, Bohren, Biegen, Stanzen, Schleifen bearbeitet werden. Die Kobaltstähle sind im Ausgangszustand die härteren, sie werden am besten nur durch Schleifen bearbeitet. Der Abschreckvorgang bewirkt eine Umwandlungshärtung: die Kristallgitter würden sich bei langsamem Abkühlen bei hohen Temperaturen von selbst in eine stabile Phase der Legierung umwandeln. Der Abschreckvorgang (Temperatursturz) verhindert diesen Ablauf und verursacht mit dem vorhandenen Kohlenstoff die Bildung von Martensit in der Legierung. Das Gefüge ist nicht stabil, es ändert sich von selbst bei Raumtemperatur, stärker bei höheren Wärmegraden, und ist außerdem empfindlich gegen Erschütterung. Die verhältnismäßig große reversible Permeabilität bewirkt auch eine vergleichsweise große Anfälligkeit gegen fremde magnetische Felder, vergleiche Abschnitt 10 und 14. Mit wachsender Temperatur und Dauer ihrer Einwirkung geht im allgemeinen $H_c$ zurück, $B_r$ steigt, so daß in erster Annäherung $B_r H_c$, daher auch $B_1 H_1 = \gamma\, B_r H_c$ erhalten bleibt, $\mu_0 H_c/B_r = \mu_0 H_1/B_1$ etwas kleiner wird: Abb. 18.27, 28. Den Ablauf der Gitterumwandlungen, soweit er unzulässig große magnetische Änderungen mit sich bringt, nimmt man durch einen Alterungsvorgang vorweg: erst nach längerem Erwärmen auf mittlere Wärmegrade wird der (erkaltete) Magnet endgültig magnetisiert, darauf mehrfach auf 100° C erwärmt und auf Benutzungstemperatur abgekühlt (kochendes und kaltes Wasser), außerdem Erschütterungen ausgesetzt (mit dem Holzhammer beklopft). Längeres Lagern der fertigen Magnete wurde früher bei höchsten Beständigkeitsansprüchen für unerläßlich gehalten. Durch mehrfaches Erwärmen und Abkühlen des Magneten in einem um rund 50° C größeren Temperaturintervall, als es im Gebrauch vorkommt, wird außerdem der Temperaturkoeffizient konstant gemacht. Der Temperaturkoeffizient der Remanenz ist bei den älteren und bei den neueren Magnetbaustoffen negativ und von der gleichen Größenordnung $-(2...5)\,10^{-4}/°$ C. Definierte und sehr beständige Eigenschaften der Magnete sind zum Beispiel erforderlich für Drehspulmeßgeräte der höheren Genauigkeitsklassen. Die Kobaltstähle sind weniger erschütterungsempfindlich, als die anderen. Alle diese Stähle sind der Gefahr ausgesetzt, sich beim Abschreckvorgang zu verziehen. Außerdem ist die Herstellung großer dicker Stücke von gleichmäßigen Eigenschaften sehr erschwert, weil man im Innern des Blockes die Vorschriften für die Wärmebehandlung, zum Beispiel die Abschreckgeschwindigkeit, nicht einhalten kann. Nach Abb. 18.27, 28 sind die Magnete aus Stählen mit Umwandlungshärtung durch Erwärmungen stark gefährdet, bei etwa 350...400° C sind ihre magnetischen Eigenschaften praktisch verdorben und können nur durch erneutes Härten wieder hergestellt werden.

Magnetlegierungen mit Ausscheidungshärtung.

*Aluminium-Nickel-Legierungen.* Fe mit 25...30% Ni und 12...15% Al. Entdeckung von *Mishima* 1931. $B_r \approx 6$ kG, $H_c \approx 400$ A/cm, $(BH)_{max} \approx 9{,}5$ mWs/cm³. $\mu_r \approx 5...4$. Gute magnetische Eigenschaften durch Abschrecken und Anlassen, häufig einfach durch (unter Umständen gesteuerten) Abkühlungsvorgang der Schmelze von geeigneter Größe. Beispiel: Tabelle 18.I, Zeile 13. Gegenüber dem Kobaltstahl ist $B_r$ auf den 0,6fachen, $H_c$ auf den 2,5fachen, $(BH)_{max}$ auf den 1,2fachen, $\mu_r$ auf den 0,5fachen Betrag verändert. Die Entdeckung dieses neuen Magnetbaustoffes war der Ausgangspunkt einer lebhaften Weiterentwicklung.

*Aluminium-Nickel-Legierungen mit Zusätzen:*

*Aluminium-Nickel-Kobalt-Legierungen:* Von *Mishima* gefundene Verbesserung. In verschiedenen Zusammensetzungen bekannt als „AlNiCo-Stähle" oder als „Oerstite". Fe mit 24...30 % Ni, 9...13 % Al, 5...15 % Co, genannt Oerstit 700, hat die Eigenschaften: $B_r \approx 6...7$ kG, $H_c \approx 500...600$ A/cm, $(BH)_{max} \approx 13$ mWs/cm³, $\mu_r \approx 4...3$. Weitere Zusätze: Cu nach *Horsburgh* und *Tetley* zur Verbesserung der gußtechnischen, Ti nach *Honda*, *Masumoto* und *Shirakawa* zur Verbesserung der magnetischen Eigenschaften, zum Teil im Austausch mit Al. Häufig werden beide Zusätze zusammen angewendet. Beispiele:

Ni-Co-Ti-Legierung: Fe mit 10...25 % Ni, 15...30 % Co, 8...25 % Ti, genannt Oerstit 900, hat $B_r \approx 5{,}5$ kG, $H_c \approx 700$ A/cm, $(BH)_{max} \approx 12$ mWs/cm³, $\mu_r \approx 4...3$. Tabelle 18.I, Zeile 16.

Neuer Honda-Stahl: Fe mit 18 % Ni, 27 % Co, 4 % Al, 7 % Ti hat $B_r \approx 7$ kG, $H_c \approx 630$ A/cm, $(BH)_{max} \approx 16$ mWs/cm³, $\mu_r \approx 4...3$. Tabelle 18.I, Zeile 17.

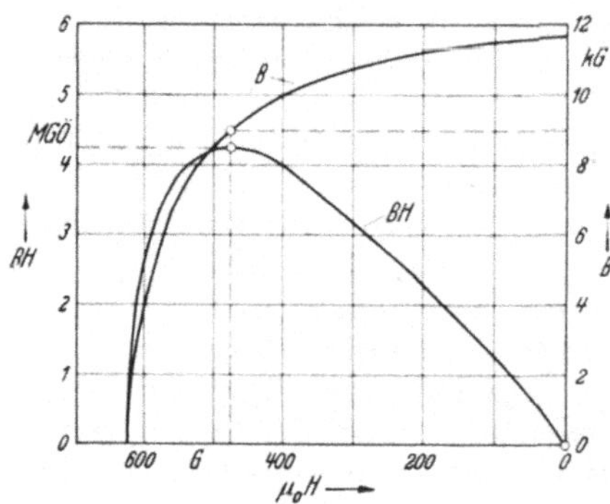


Abb. 18. 22. Al-Ni-Co-Cu-Fe, Vorzugsrichtung. (Tabelle 18. I, Zeile 34.)

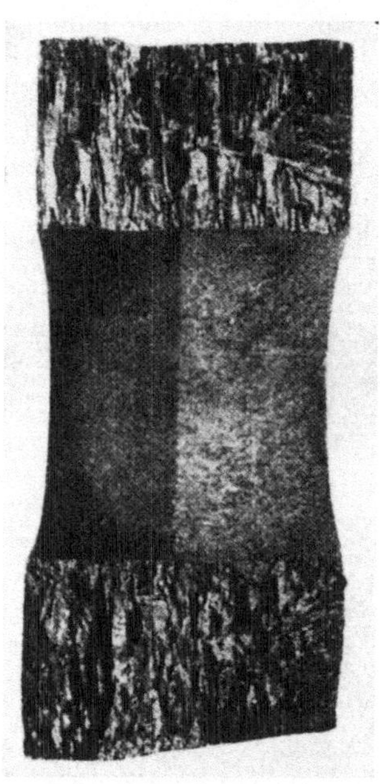

Abb. 18. 29. Bruch eines ringförmigen, gegossenen Al-Ni-Stahl-Magneten. Nach *E. Walter*, Elektrot. u. Masch.bau 61 (1943) S. 524.

Im Vergleich mit den besten Kobaltstählen ist durch die Al-Ni-Co-Legierungen mit Zusätzen erreicht: $B_r$ ist bis auf die Hälfte, $\mu_r$ bis auf ein Viertel erniedrigt. $H_c$ ist bis auf den vierfachen, $(BH)_{max}$ bis auf den 1,5...2fachen Betrag erhöht. Im Vergleich zu den W- und Cr-Stählen ist $B_r$ bis auf die Hälfte, $\mu_r$ bis auf den zwölften Teil erniedrigt, $H_c$ bis auf den 12...15fachen, $(BH)_{max}$ bis auf den 5...6-fachen Betrag erhöht.

*Aluminium-Nickel-Kobalt-Legierungen mit magnetischer Vorzugsrichtung.* Beobachtung von *Oliver* und *Shedden* 1938: Magnete, die aus dieser Legierung gegossen und während des Abkühlens einem magnetischen Feld ausgesetzt werden, zeigen nach dem Erstarren in Richtung dieses Feldes eine magnetische Vorzugsrichtung, in der $B_r$ und $(BH)_{max}$ wesentlich erhöht sind, während $H_c$ und $\mu_r$ etwa erhalten bleiben; quer zu dieser Richtung haben $B_r$ und $(BH)_{max}$ kleinere

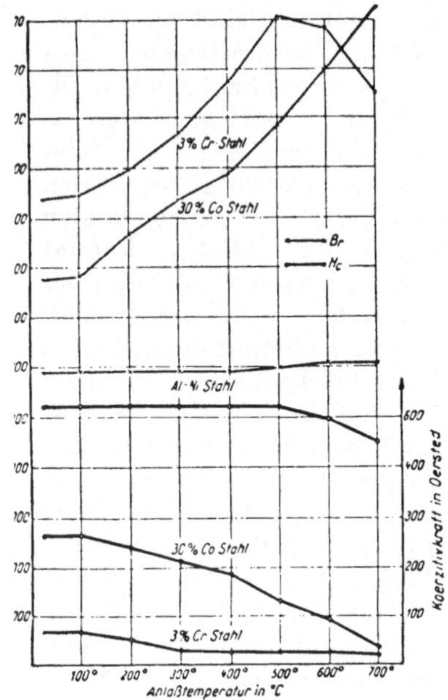


18. 27. Änderung von $B_r$ und $H_c$ nach jeweils tündigem Erhitzen auf 100 C, 200 C, ⋯ 700 C: 3% Cr-Stahl, b) 30% Co-Stahl, c) Al-Ni-Stahl. Nach *Sixtus* (2.).

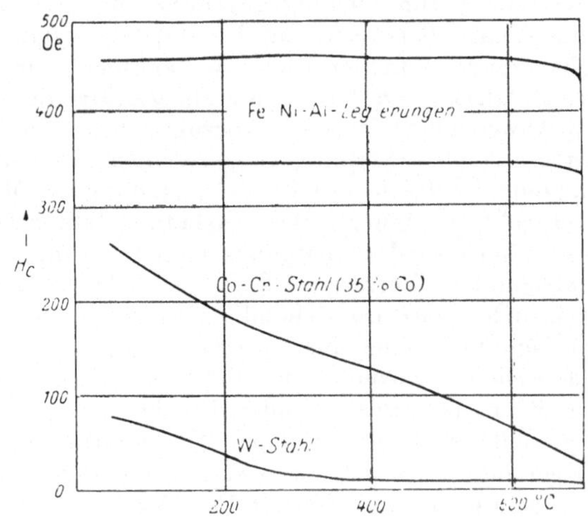


Abb. 18. 28. Die Koerzitivkraft $H_c$ nach halbstündigem Erhitzen und Abkühlen in Abhängigkeit von der Temperatur[1].

[1] Nach Arch. Techn. Mess. (1934) Z 912-2.

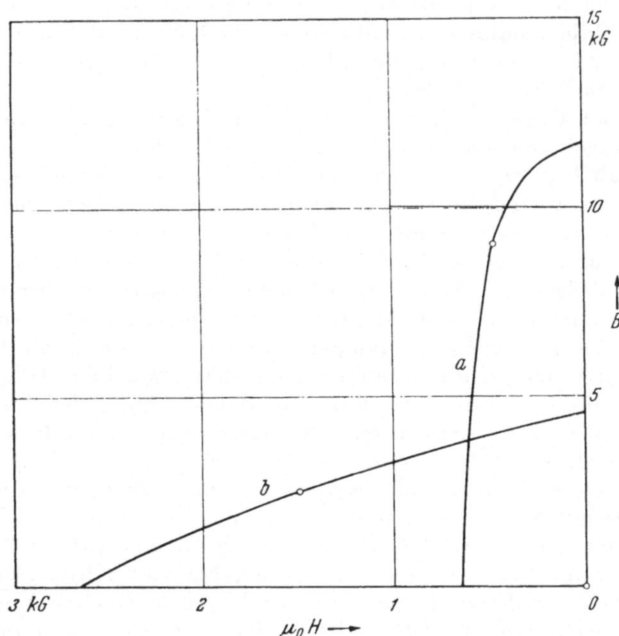


Abb. 18. 25 Magnetische Höchstleistungen: a) Al-Ni-Co-Cu-Legierung in der magnetischen Vorzugsrichtung. $(BH)_{max} \approx 34$ mWs/cm³, $\mu_r \approx 1$, $\mu_0 B_1/H_1 \approx 0{,}05$.

b) Pt-Co-Legierung. $(BH)_{max} \approx 30$ mWs/cm³, $\mu_r \approx 1{,}1$, $\mu_0 B_1/H_1 \approx 0{,}6$.

Die Kreise im Kurvenzug kennzeichnen jeweils die Bestwertkoordinaten für $(BH)_{max}$.

Werte, als ohne Magnetfeldbehandlung. In der Vorzugsrichtung sind die Eigenschaften: $B_r \approx 11...13$ kG, $H_c \approx 500$ A/cm, $\mu_r \approx 4$, $(BH)_{max} \approx 36$ mWs/cm$^3$, also etwa eine Verdreifachung gegenüber der gleichen Legierung ohne Magnetfeldbehandlung; $B_r$ ist etwa auf das Doppelte gestiegen, $H_c$ und $\mu_r$ sind nicht wesentlich verändert. In der Richtung senkrecht zur Vorzugsrichtung hat nach *Zumbusch*[1] $(BH)_{max}$ im Mittel nur ein Zehntel des Wertes in der Vorzugsrichtung. Bei Abweichungen von der Vorzugsrichtung muß man daher je nach Umständen mit erheblicher Verminderung rechnen. Der sehr große Wert $(BH)_{max}$ kommt zustande durch eine erhebliche Ausladung der Magnetisierungskurve, die sich der Rechteckform nähert. Der Ausladungsfaktor ist ungefähr $\gamma \approx 0{,}6$ und größer, das Verhältnis $q$ der Sättigungsmagnetisierung zur Remanenz nimmt die kleinsten beobachteten Werte $q \approx 1{,}2...1{,}1$ an. Die mikroskopische Erklärung ist heute noch nicht ganz feststehend. Man nimmt nicht an, daß die magnetische Vorzugslage durch eine Ausrichtung der Kristalle zustande kommt, wie das bei der plastischen Verformung der Fall sein kann, sondern man hält eine Ausrichtung der *Weiß*schen Bezirke oder Elementarmagnete für möglich. Die Vorstellung liegt nahe, daß die bei hoher Temperatur unter Einwirkung des Magnetfeldes ausgerichteten Bezirke in ihrer Lage bei der Abkühlung „einfrieren". Zusammensetzung zum Beispiel Fe mit 14...15,5 % Ni, 21...23 % Co, 8...9 % Al, 3...4 % Cu. Abb. 18.22[1]. Notwendig für eine wirkungsvolle Verbesserung durch die Magnetfeldbehandlung ist offenbar der Kobaltzusatz, und zwar mindestens von 8...10 %. Vorteilhaft für die Magnetfeldbehandlung im allgemeinen und bestimmend für die gerade bei diesen Legierungen erreichte wesentliche Verbesserung ist der verhältnismäßig hohe *Curie*-Punkt von ungefähr 910° C. Nach den bis heute mitgeteilten Beobachtungen ist die Einwirkung eines Magnetfeldes von wenigstens 800 A/cm mindestens 1 min lang auf die Schmelze erforderlich; die Erwärmung für die Magnetfeldbehandlung soll auf mindestens 1200° C oder höchstens 910° C, die Abkühlung mit einer Geschwindigkeit von 15...100° C/min erfolgen[1]. Beispiele: Tabelle 18.I, Zeile 33, 34.

Gemeinsame Eigenschaften. Bei diesen Legierungen werden die guten magnetischen Eigenschaften, also die großen inneren Spannungen, dadurch hervorgebracht, daß Legierungskomponenten, die bei hohen Temperaturen im Kristallgitter eingebaut sind, beim Abkühlen aus diesem ausgeschieden werden: Ausscheidungshärtung. Wird eine Legierung von einer Temperatur, oberhalb deren sie aus homogenen Mischkristallen besteht, durch einen Temperatursturz auf eine niedrigere Temperatur gebracht, so bleiben die Mischkristalle in übersättigtem Zustand zunächst erhalten, es setzt jedoch eine Entmischung ein. Dieser Entmischungsvorgang ist temperaturabhängig und kann bei Zimmertemperatur schon unmerklich langsam sein. Durch die Wahl der Anlaßtemperatur und die Dauer dieser Wärmebehandlung wird der Ablauf des Ausscheidungsvorganges in gewünschter Weise beeinflußt, und damit werden die magnetischen Eigenschaften gegebenenfalls verbessert. Diese Wärmebehandlung ist bei den Al-Ni-Legierungen wesentlich einfacher, als bei den Stählen mit Umwandlungshärtung; oft genügt freies oder gesteuertes Abkühlen der Schmelze. Ein entscheidender Vorteil ist ihre viel größere Beständigkeit, die aus Abb. 18.27, 28 hervorgeht: eine Erwärmung auf 350...400° C, die die kohlenstoffhaltigen Stähle magnetisch verdirbt, ist bei diesen Legierungen praktisch noch ohne Einfluß auf die magnetischen Eigenschaften. $(BH)_{max}$ ist größer, $\mu_r$ kleiner, die reinen Materialkosten sind geringer als bei den Kobaltstählen. Die Magnete werden nur durch Gießen hergestellt; magnetisch und mechanisch befriedigende größere Gußstücke herzustellen ist auch heute noch nicht einfach. Der Cu-Zusatz soll der besseren

[1] Zitiert auf S. 211.

Vergießbarkeit dienen. Störend ist die Neigung zur Bildung von Lunkern (Gußblasen), das grobe Gefüge (Abb. 18.29) und die große Sprödigkeit, daher die geringe Kantenfestigkeit. Die Magnete können ausschließlich durch Schleifen bearbeitet werden. Man bevorzugt daher einfache Formen (Blöcke, Quader, Säulen, Scheiben), die mit den übrigen Teilen des magnetischen Kreises durch Preß- oder Klemmvorrichtungen vereinigt werden.

Die Al-Ni-Stähle mit Zusätzen und ohne solche und die Magnetfeldbehandlung sind besonders von *Zumbusch* untersucht worden[1].

*Weitere Legierungen mit Ausscheidungshärtung* sind *Eisen-Kobalt-Wolfram-Legierungen* und *Eisen-Kobalt-Molybdän-Legierungen.* An ihnen hat, unabhängig von *Mishima*, und ungefähr gleichzeitig mit ihm *Köster* 1932 die Ausscheidungshärtung entdeckt. Zusammensetzung zum Beispiel Fe mit 12 % Co und 15 % Mo. Eigenschaften: $B_r \approx 11$ kG, $H_c \approx 180$ A/cm, $(BH)_{max} \approx 9...10$ mWs/cm³, $\mu_r \approx 12$ bis 6. Verglichen mit den Al-Ni-Co-Stählen ohne Magnetfeldbehandlung ist $B_r$ ungefähr auf den doppelten, $H_c$ bis auf den 0,3fachen Betrag gegangen, $\mu_r$ ist etwa das Vierfache, $(BH)_{max}$ das 0,8fache; mit diesem Wert stehen sie zwischen den Kobaltstählen und den Al-Ni-Stählen und sind wenig schlechter als diese. Beispiel: Tabelle 18.I, Zeile 11, 12. Sie haben bisher praktisch keine größere Bedeutung erlangt.

*Eisen-Nickel-Kupfer-Legierungen, Eisen-Kobalt-Kupfer-Legierungen, Kobalt-Nickel-Kupfer-Legierungen.* Die ersten wurden von *Dahl*, *Pfaffenberger* und *Schwarz* 1935, die zweiten von *Jellinghaus* 1936, die dritten von *Dannöhl* und *Neumann* 1938 gefunden und untersucht. Je nach Zusammensetzung kann man $B_r$ oder $H_c$ bevorzugen. Der größte Wert $(BH)_{max} \approx 8$ mWs/cm³ wurde bei der Zusammensetzung 41 % Co, 35 % Cu, 24 % Ni erreicht, er ist etwa das 0,8fache des Wertes der Al-Ni-Co-Legierungen. Eine Legierung aus 20 % Fe, 20 % Ni, 60 % Cu hat $B_r \approx 5$ kG, $H_c \approx 360$ A/cm, $(BH)_{max} \approx 7$ mWs/cm³. Diese stets kupferreichen Magnetbaustoffe zeichnen sich durch gute Bearbeitbarkeit und große mechanische Festigkeit auch in magnetisch hartem Zustand aus. Man kann sie durch Bohren, Drehen, Biegen bearbeiten, auch Gewinde einschneiden; aus ihnen hergestellte Magnete können deshalb als tragende Konstruktionsteile ausgebildet werden. Die Fe-Ni-Cu-Legierungen können außerdem durch Walzen verformt werden. Die günstigsten magnetischen Eigenschaften werden nach einer Wärmebehandlung bei 600...650° C erreicht. Beispiel: Tabelle 18.I, Zeile 31.

*Platin-Eisen-Legierungen* und *Platin-Kobalt-Legierungen.* Die ersten wurden von *Graf* und *Kußmann* 1936, die zweiten von *Jellinghaus* 1937 gefunden und untersucht. Sie zeigen nach Abschrecken von 1200° C die größten bisher beobachteten Koerzitivkräfte und die kleinsten reversibeln Permeabilitäten, ihr Wert $(BH)_{max}$ kommt mit dem überein, der bei den Al-Ni-Co-Cu-Legierungen bei Magnetfeldbehandlung in der Vorzugsrichtung auftritt. Die Legierung Tabelle 18.I, Zeile 19 aus 76,7 % Pt, 23,3 % Co hat, von 1200° C abgeschreckt, $B_r \approx 4{,}5$ kG, $\mu_0 H_c \approx 2100$ A/cm, $\mu_0 K \approx 3900$ A/cm, $(BH)_{max} \approx 30$ mWs/cm³, $\mu_r \approx 1{,}1$. Wegen der hohen Kosten kommen diese stets platinreichen Legierungen für eine praktische Verwendung kaum in Betracht, höchstens als kleinste Stäbchen oder Nadeln zum Beispiel für den schwingenden Teil von Vibrationsgalvanometern, wobei der sehr geringe Wert der reversibeln Permeabilität wegen der Beeinflussung durch äußere magnetische Felder von Vorteil ist.

Die beiden bis heute erreichten magnetischen Höchstleistungen: die Al-Ni-Co-Cu-Legierung mit Magnetfeldbehandlung und die Pt-Co-Legierung sind in Abb. 18.25 einander gegenübergestellt.

[1] *W. Zumbusch.* Arch. f. d. Eisenh.wesen 16 (1942 3) S. 101; Elektrot. u. Masch.bau 60 (1942) S. 533.

Magnetbaustoffe und Magnete mit besonderer Behandlung, Bearbeitbarkeit und Formgebung. Hierher gehören:

*Magnetlegierungen mit magnetischer Vorzugsrichtung.* Die Eigenschaften der Al-Ni-Co-Cu-Legierungen nach Behandlung im Magnetfeld wurden schon genannt.

*Magnetbaustoffe mit günstigen mechanischen Eigenschaften in magnetisch hartem Zustand.* Als solche wurden die kupferreichen Legierungen von Cu mit Fe und Ni, mit Fe und Co und mit Co und Ni genannt. Abb. 18.24 zeigt den *Einfluß des Walzens auf die magnetischen Eigenschaften* zweier kupferreicher Fe-Ni-Cu-Legierungen. Dies betrachten wir zugleich als Beispiel für die bisher noch nicht näher genannte Möglichkeit, die inneren Spannungen durch plastisches Verformen zu eeinflussen, wozu auch Recken und Ziehen in kaltem Zustand gehört. Bei der lastischen Verformung werden die magnetisch anisotropen Kristalle in eine betimmte gemeinsame Vorzugslage ausgerichtet.

*Preßstoffmagnete (Tromalitmagnete).* Fein gemahlener Oerstit und eine Bindemasse (Kunstharz) werden miteinander in Pulverform gemischt und das Pulver nter hohem Druck in der gewünschten Form verpreßt. $B_r$ und $(BH)_{max}$ haben twa den halben Wert des Ausgangsmaterials; wegen des unmagnetischen Bindemittels ist die Magnetisierungskurve geschert, daher bleibt $H_c$ ungefähr erhalten, ie Kurve wird verflacht und ladet wenig aus, der Faktor $\gamma \leq 0{,}3$ ist besonders lein. Es können auf diese Weise Magnete mit sehr viel weniger einfachen Formen ergestellt werden, als mit vielen anderen Magnetbaustoffen. Hierfür werden in Abschnitt 19 Beispiele gegeben werden. Man kann häufig den Magnetbaustoff unmittelbar an den Nutzraum anschließen lassen und so die magnetische Streuung sehr gering halten, was wiederum der Verkleinerung des Wertes $(BH)_{max}$ gegenüber dem Ausgangsmaterial vorteilhaft entgegenwirkt, diesen Nachteil unter Umständen sogar aufheben kann. Günstig ist die große erreichbare Gleichmäßigkeit. Sie ist größer als bei den gegossenen Magneten. Der besondere technische Aufwand für die Herstellung ist aber nur bei großen Stückzahlen lohnend. Beispiele: Tabelle 18.I, Zeile 14, 21, 22, 23, 24. Abb. 18.21.

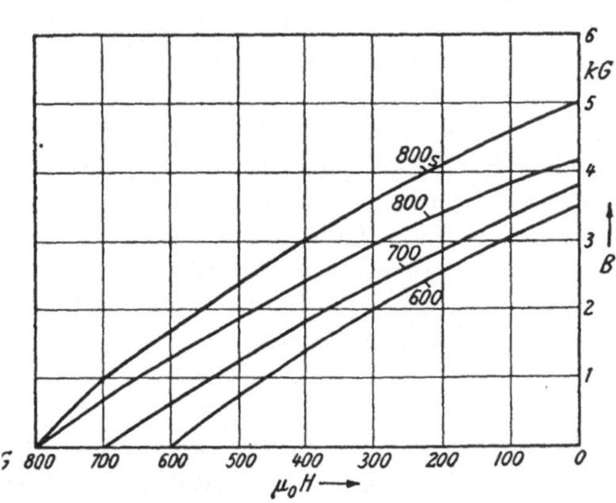


Abb. 18.21. Tromalite (Tabelle 18.I, Zeile 21...24) nach (3.).

*Sintermagnete.* Die Legierungskomponenten werden als möglichst feinkörnige Pulver im erforderlichen Verhältnis miteinander gemischt, das Gemisch wird unter starkem Druck zu der gewünschten Form verpreßt und der Preßling gesintert, wobei das Schwindmaß bekannt sein muß. Eine homogene Legierung erfordert für die vollständige Diffusion ihrer Bestandteile eine durch die Erfahrung bekannte Temperatur und Dauer der Sinterung. Das Verfahren wurde bis heute für Al-Ni-Fe-Legierungen mit Co-Zusatz und ohne solchen angewandt. Da das Aluminium nur schwer die Legierung mit den anderen Komponenten eingeht, wird eine etwa zu gleichen Teilen aus Al und Fe bestehende Vorlegierung erschmolzen, pulverisiert und mit den anderen gemahlenen Komponenten gemischt, das Gemisch mit einem Druck von 3...10 t/cm² in die gewünschte Form gepreßt und bei 1200...1350° C etwa 1,5...4 h in Wasserstoff als Schutzgas gesintert. Gegenüber gegossenen Magneten gleicher Zusammensetzung haben die gesinterten Magnete rund den 0,95fachen Betrag von $B_r$, gleiches $H_c$ und rund den 0,9...0,95fachen Betrag von $(BH)_{max}$. Tabelle 18.II gibt von *Hotorp* mitgeteilte Vergleichswerte wieder[1]. Das Gefüge der gesinterten Magnete ist im Vergleich mit gegossenen Magneten der gleichen Legierung sehr feinkörnig und gleichmäßig; Lunker, Risse und Ausbröckelungen können kaum vorkommen, zugleich sind sie weniger spröde, haben größere Bruchfestigkeit und gute Kantenfestigkeit. Wegen der hohen Anforderungen an die Preßformen sind bis heute gesinterte Magnete nur in besonders einfachen Gestalten und in begrenzten Größen herstellbar. Teile aus anderen Eisenlegierungen oder aus weichem Eisen, zum Beispiel Polschuhe oder Verbindungsstücke, können durch den Preß- und Sintervorgang fest mit dem Magneten selbst verbunden, „angesintert" werden. Die Gleichmäßigkeit (Maßhaltigkeit) der Herstellung ist im allgemeinen größer als bei den gegossenen Magneten. Die fertigen Stücke können in erster Linie durch Schleifen bearbeitet werden, doch ist mit Werkzeugen aus Hartmetall-Legierungen sogar eine spanabhebende Bearbeitung möglich. Diese kann auch an dem Preßling vor dem Sintern vorgenommen werden. Der besondere technische Aufwand bei der Herstellung gesinterter Magnete macht gleichfalls nur große Stückzahlen wirtschaftlich.

Tabelle 18.II. *Vergleich gesinterter und gegossener Magnete.*
*s*: Dichte. — Jeweils erste Zeile: Höchstwerte; zweite Zeile: Mittelwerte.

| Legierung | Herstellung | $B_r$ in kG | $H_c$ in kÖ | $(BH)_{max}$ in MGÖ | $\gamma$ | *s* in g/cm³ |
|---|---|---|---|---|---|---|
| 13...18% Al, 27...28% Ni, Rest Fe | gesintert | 6.48 | 0.560 | 1.3 | 0.357 | 6.8 |
| | | 6.10 | 0.515 | 1.15 | 0.365 | 6.77 |
| | gegossen | 7.00 | 0.560 | 1.35 | 0.40 | 7.0 |
| | | 6.50 | 0.515 | 1.25 | 0.38 | 6.9 |
| 12% Al, 21% Ni, 4% Co, Rest Fe | gesintert | 7.70 | 0.400 | 1.25 | 0.44 | 6.95 |
| | | 7.40 | 0.350 | 1.05 | 0.41 | 6.87 |
| | gegossen | 7.90 | 0.400 | 1.30 | 0.45 | 7.05 |
| | | 7.60 | 0.350 | 1.10 | 0.43 | 6.95 |

**Nachtrag.** Der eingangs unter 5. genannte Bericht von *K. Sixtus* über neue magnetische Legierungen, die seit 1946 bekannt geworden sind, enthält folgende Angaben:

Bei *magnetfeldbehandelten Al-Ni-Co-Stählen* wurde durch besondere Armut der Legierungen an Kohlenstoff der Wert $(BH)_{max} \approx (43...45)$ mWs/cm³ erreicht, während bis dahin die Größe 36 mWs/cm³ erzielt worden war (Tafel 18.I, Zeile 23). Wegen der beschriebenen Schwierigkeiten in der Verarbeitung aller mit Al und Ni legierten Stähle mit Ausscheidungshärtung bleiben die walzbaren Legierungen (Cu-Ni-Fe, Cu-Ni-Co, siehe oben) nach wie vor wichtig, sie werden besonders für magnetische Schallaufzeichnung verwendet.

*Kobalt-Vanadium-Eisen-Legierungen* (Bezeichnung: Vicalloy) wurden als kaltverformbare Dauermagnetbaustoffe besonders für die magnetische Schallaufzeichnung entwickelt (*E. A. Nesbitt*). Eine Legierung aus 52% Co, 10% V, 38% Fe ist dazu geeignet, nach dem Guß warm verarbeitet und darauf von etwa 1000° C abgeschreckt zu werden. In diesem Zustand läßt sie sich spanabhebend bearbeiten.

[1] *W. Hotorp*. Stahl und Eisen 61 (1941) S. 1108.

Nach darauffolgendem Anlassen (8 Stunden bei 600° C) erreicht man $B_r \approx 9$ kG. $H_c \approx 240$ A/cm, $(BH)_{max} \approx 8{,}3$ mWs/cm³, was etwa den besten Werten der Cu-Ni-Fe- und der Cu-Ni-Co-Legierungen entspricht. Eine Legierung aus 52% Co. 13% V, 35% Fe kann durch plastisches Verformen im kalten Zustand magnetisch verbessert werden: beim Kaltwalzen und Ziehen steigt die Remanenz in der Längsrichtung der Verformung mit wachsendem Verformungsgrad, die Koerzitivkraft wird wenig verändert. Die Herstellung dünner Drähte oder Bänder erfordert eine erhebliche Verminderung des Querschnittes durch Ziehen oder Walzen. Mit einem Kaltziehgrad von 98% wurde erhalten $B_r \approx 10$ kG, $H_c \approx 415$ A/cm, $(BH)_{max} \approx 28$ mWs/cm³. Diese Werte werden denen vergleichbar, die an magnetfeldbehandelten Al-Ni-Co-Stählen auftreten. Das gilt aber nur für die Walz- oder Ziehrichtung; quer zu ihr ist bei gleicher Koerzitivkraft die Remanenz wesentlich herabgesetzt. Die hohen Werte der Remanenz werden nur durch Drahtziehen oder durch Profilwalzen erhalten. Beim Kaltwalzen zwischen ebenen Walzen steigt $B_r$ auf etwa 8 kG. Tabelle 18.I, Zeile 35 und 36. In Abb. 18.26 sind außer den Magnetisierungskurven der beiden beschriebenen Legierungen zum Vergleich die Kurve eines Al-Ni-Co-Stahles mit Magnetfeldbehandlung und die eines gewöhnlichen Al-Ni-Stahles eingetragen. — Die magnetischen Eigenschaften dieser Legierungen erklärt man sich durch eine Umwandlungshärtung.

Die *Pulvermagnete* sind besonders durch *Néel* und seine Mitarbeiter so weit entwickelt worden, daß sie mit den Al-Ni-Stählen als Magnetbaustoffe in Wettbewerb treten können. Sie beruhen auf der an sich seit langem bekannten Tatsache, daß die Koerzitivkraft ferromagnetischer Substanzen mit fallender Teilchengröße zunimmt. Das feine Eisenpulver kann man zum Beispiel durch Reduktion von Eisensalzen wie Eisenformiat oder Eisenoxalat bei niedriger Temperatur gewinnen. Bei einem amerikanischen Verfahren wird aus einer zerkleinerten Legierung von 50% Al mit 50% Fe durch Natronlauge das Aluminium herausgelöst, wobei eine schwammige Masse zurückbleibt. In allen Fällen ist das Pulver pyrophor und muß vor der Entzündung an der atmosphärischen Luft geschützt werden, zum Beispiel durch Mischen mit Öl. Das Pulver wird mit einem Druck bis zu 6 t/cm² in die gewünschten Formen gepreßt und erreicht dann Höchstwerte $B_r \approx 7{,}5$ kG, $H_c \approx 280$ A/cm, $(BH)_{max} \approx 9{,}2$ mWs/cm³. Zusatz von Co erhöht die Werte, die im übrigen weitgehend vom Preßdruck abhängen. Die Dichte beträgt ungefähr 4 g/cm³, das Gewicht ist also kleiner als bei Anwendung von Al-Ni-Stahl, bei fast gleicher magnetischer Leistung. In den Vereinigten Staaten von Nordamerika sind Pulvermagnete unter der Bezeichnung Indalloy bekannt. — Die große Koerzitivkraft der Pulvermagnete wird gegenwärtig so gedeutet, daß die Teilchen der Substanz Elementargebiete sind, in denen die Ummagnetisierung nicht durch Wandverschiebungen geschieht, sondern allein durch Drehungen. — Tabelle 18.I. Zeile 37...40, Abb. 18.26.

## 19. Beispiele technischer Anwendungen und Gestaltungen.

Dieser Abschnitt soll und kann keinen abschließenden Bericht über die Gesamtheit des heute Erreichten darstellen, er bietet vielmehr eine beschränkte Auswahl von technischen Beispielen und Gesichtspunkten; diese stützt sich im wesentlichen auf deutsche Veröffentlichungen etwa bis zum Jahr 1945. Dabei ist gegenwärtig die Entwicklung keineswegs abgeschlossen, ihre Möglichkeiten sind noch nicht ausgeschöpft.

Die breiteste Anwendung finden die Dauermagnete in elektrischen Einrichtungen, Geräten und Maschinen, bei denen die Kraft zwischen magnetischem Feld und elektrischem Leitungsstrom benutzt oder durch Änderung des magnetischen Feldes elektrischer Leitungsstrom hervorgebracht wird. Diese Gebiete sind vornehmlich der Meßinstrumentenbau, ferner der Bau von Relais, Lautsprechern und anderen magnetisch polarisierten Geräten, wie zum Beispiel Telefone, schließlich der Bau von Motoren und Generatoren mit stehenden oder mit umlaufenden dauermagnetischen Teilen, und zwar nicht allein Kleinmotoren und Kleingeneratoren, wie Drehzahlgeber, Lichtmaschinen, sondern auch Stromerzeuger und Triebwerke mit nicht mehr kleinen Leistungen. Daneben werden die Kraftwirkungen zwischen Dauermagneten in mechanischen Geräten benutzt, zum Beispiel in magnetischen Kupplungen und Mitnehmereinrichtungen im allgemeinsten Sinne. Zu diesen kann man auch die Kompaßnadeln zählen. Zweifellos sind im Meßgerätebau die Anforderungen an eine rationelle Gestaltung des dauermagnetischen Kreises, an die geometrische Ausbildung des Feldes im Nutzraum, zum Beispiel seine Homogenität, an die Streuungsarmut der Herstellung von Serien und an die Beständigkeit der Dauermagnete am höchsten (Beispiel: Drehspulmeßgerät der höchsten Präzisionsklassen); auf diesem Gebiet besteht heute schon das Bedürfnis nach besseren Möglichkeiten der Beschreibung und Vorausberechnung, als wir sie gegenwärtig besitzen, während für viele anderen Anwendungen die heute vorhandenen Unterlagen im allgemeinen genügen. Die Berechnung dauermagnetischer Kreise wird, wie aus Abschnitt 8 hervorgeht, um so zuverlässiger, je mehr sich die Gestalt entweder dem magnetischen Kreis mit kleinem Luftspalt oder einem homogenen Rotationsellipsoid nähert. Zahlreiche technische Geräte stellen aber Zwischenformen dar, die von jedem dieser beiden Idealfälle recht weit entfernt sind, zum Beispiel die magnetisierten Polräder elektrischer Maschinen, oder die quermagnetisierten Scheiben und Walzen, die von einem konaxialen hochpermeablen Rohr umgeben sind, bei einigen elektrischen Meßgeräten. Für diese Zwischenfälle müßten die rechnerischen oder zeichnerischen oder kombinierten Verfahren zur Vorausbestimmung noch wesentlich vervollkommnet werden. — In allen Fällen wird die Frage nach genauer Beschreibung und damit genauer Vorausberechnung immer dann drängend, wenn einschränkende Bedingungen zum Beispiel hinsichtlich Beschaffung der Rohstoffe, Aufwand, Raum, Gewicht, Herstellung, oder wenn hohe Forderungen zum Beispiel an die Größe der Luftspaltinduktion gestellt werden.

Ziel und Aufgabe der Entwicklung sind Dauermagnetbaustoffe, die zugleich vorzügliche magnetische und mechanische Eigenschaften besitzen. Die mit Aluminium und Nickel legierten Stähle zum Beispiel haben viel bessere magnetische und viel schlechtere mechanische Eigenschaften als die kohlenstoffhaltigen Stähle mit Umwandlungshärtung. Die Verbesserung der magnetischen Eigenschaften hat man bis heute vielfach lediglich in einer Vergrößerung des Produktes $(BH)_{max}$ der äußersten Hysteresiskurve im II. Quadranten gesehen; mit ihr ist, wie sich in Abschnitt 18 gezeigt hat, eine Verkleinerung von $\mu_r$ verknüpft. Zusammen damit wird in vielen Fällen, wie zum Beispiel übersichtlich Abb. 18.23 zeigt, $B_r$ kleiner, $H_c$ größer. Folgen dieser Entwicklungsrichtung sind: Mit wachsendem $(BH)_{max}$ wird der Aufwand an Magnetbaustoff für einen remanenten Magneten bei geforderter magnetischer Energie im Luftspalt geringer, mit abnehmendem $B_r/\mu_0 H_c$ und abnehmendem $\mu_r$, daher $\mu_p$, wird für remanente und für permanente Magnete die günstigste Neigung der Arbeitsgeraden gegen die $B$-Achse $(\operatorname{tg}\alpha_r)_{opt} \approx \frac{\mu_0 H_c}{B_r}$ und $(\operatorname{tg}\alpha_p)_{opt} = \frac{1}{\mu_p}$ größer, daher wird für geschlitzte magnetische Kreise die Größe $\frac{\sigma l_a q}{l q_a}$, und für Magnete mit offenen Enden, die als Rotationsellipsoide angesehen werden können, der Gestaltsfaktor $N$ größer, die Magnete werden daher in beiden Fällen gedrungener, also kürzer und dicker. (Die erforderliche magnetische Spannung kann entlang einer kürzeren Strecke, der erforderliche eingeprägte magnetische Fluß muß mit Hilfe eines größeren Querschnittes hervorgebracht werden.) Diese Regel kann im übrigen, wie in einem Beispiel in Abschnitt 12, Abb. 2, gezeigt worden ist, dadurch durchbrochen werden, daß durch eine Änderung der Abmessungen der Faktor $\sigma$ entscheidend verändert wird. Die Dauermagnetbaustoffe mit magnetischer Vorzugsrichtung verbinden große Werte von $H_c$ mit großen Werten von $B_r$, liegen also nicht durchaus in dieser Entwicklungsrichtung. Mit abnehmendem $\mu_r$ schließlich wird der Einfluß von Feldänderungen geringer, mit wachsendem $H_c$ werden die permanenten Zustandskurven länger, die möglichen Stabilitätsintervalle größer, mit wachsendem $B_r$ werden die möglichen Werte der Permanenz $P$ größer.

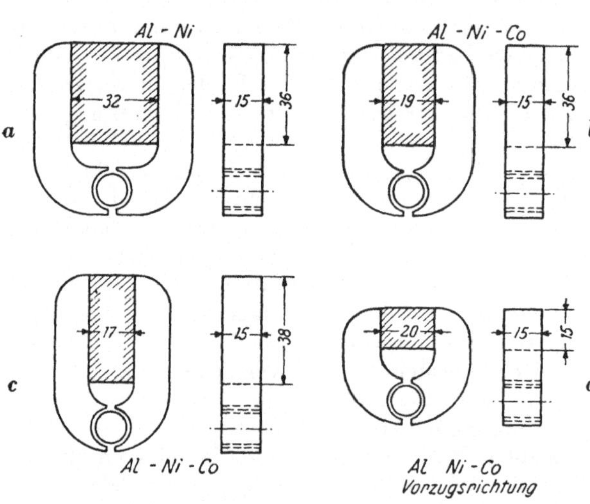


Abb. 19. 1. Drehspulmeßwerke, Aufwand an Magnetvolumen bei verschiedenen Dauermagnetbaustoffen für dieselbe Luftspaltinduktion.

Wir bringen im folgenden zunächst einige Beispiele aus dem Meßinstrumentenbau. Hier sind, wie erwähnt, bei rechnerisch erfaßbarem Aufbau des magnetischen Kreises die Forderungen am strengsten. Die an den Tag tretenden Gesichtspunkte wiederholen sich für den Bau anderer Geräte oder lassen sich auf diesen übertragen. In Abb. 19.1 ist der magnetische Kreis eines Drehspulmeßgerätes bei Anwendung verschiedener Dauermagnete nach Angaben von *W. Zumbusch* a.a.O. dargestellt. In dem rohrförmigen Luftraum vom Volumen $\tau = 0{,}37\ \text{cm}^2 \cdot 1{,}5\ \text{cm} = 0{,}56\ \text{cm}^3$ wird der Induktionswert $B_a = 3{,}5$ kG verlangt[1]. Die Abbildung veranschaulicht, wie diese Forderung von vier verschiedenen, in jedem Fall optimal bemessenen remanenten Magneten erfüllt wird. Die benutzten Legierungen sind (die Zahlen bedeuten Gewichtsprozente):

a) 28 Ni, 13 Al, 59 Fe (Oerstit 500),

b) 18 Ni, 19 Co, 7 Al, 4 Cu, 4 Ti, 48 Fe (Oerstit 800),

c) 18 Ni, 26 Co, 6 Al, 7 Ti, 45 Fe (Oerstit 1000),

d) 14 Ni, 23 Co, 8 Al, 4 Cu, 51 Fe, nach Magnetfeldbehandlung in der magnetischen Vorzugsrichtung benutzt. Die erforderlichen Magnetvolumina sind: a) 17,2 cm³, b) 10,3 cm³, c) 9,7 cm³, d) 4,6 cm³. Sie verhalten sich zueinander wie 3,7 : 2,2 : 2,1 : 1. Im umgekehrten Verhältnis stehen die Werte $(BH)_{max}$ der vier Baustoffe zueinander, nämlich wie 0,27 : 0,45 : 0,48 : 1. Man erkennt die erhebliche Ersparnis an Magnetaufwand bei Fortschreiten von a) bis d); sie ist im übrigen so groß, daß zum Beispiel der Magnet d) weniger Kobalt enthält als ein das Gleiche leistender Ringmagnet aus einem niedrig legierten Kobaltstahl etwa in der Form der Abb. 19. 2d. Dieser Vergleich lenkt die Aufmerksamkeit auf die völlig verschiedene Bearbeitbarkeit der Magnetlegierungen: alle kohlenstoffhaltigen Magnetstähle mit Umwandlungs-

[1] Daher ist $w_a = B_a^2/2\mu_0 = 50$ mWs/cm³ die Energiedichte, $W_a = w_a\tau = 28$ mWs $= 28$ mJoule die Energie im Luftraum.

härtung lassen sich vor der Härtung gut verarbeiten, die Legierungen mit Ausscheidungshärtung auf der Grundlage und nach dem inneren Aufbau der Aluminium-Nickel-Stähle können nur gegossen werden. Die kohlenstoffhaltigen Stähle stehen im allgemeinen in gewalzten Stangen zur Verfügung und können im Ausgangszustand verformt, also zum Beispiel in der Wärme gebogen, geschmiedet, gestanzt und auf jede Weise spanabhebend bearbeitet werden, durch Hobeln, Fräsen, Feilen, Bohren usw. Es kommt aber vor, daß sie sich beim Abschreckvorgang verziehen. Höher legierte Kobaltstähle werden auch vielfach gegossen und anschließend warm verarbeitet. Die gegossenen Magnete aus den Aluminium-Nickel-Legierungen und aus den aus diesen abgeleiteten und ihnen gleichwertigen, sind im Gußzustand grob kristallin und spröde bei sehr geringer Biege- und Stoßfestigkeit (Kantenfestigkeit), so daß sie nur durch Schleifen bearbeitet werden können. Da der Guß auf einfache Formen, zum Beispiel Blöcke, Stangen, Scheiben beschränkt ist, kann man im allgemeinen bei der Verwendung solcher Magnete Weicheisenstücke nicht entbehren, die den magnetischen Fluß dem Nutzraum zuleiten (Polschuhe) und die den magnetischen Kreis schließen. Der magnetische Kreis wird häufig durch Verschrauben der Weicheisenleitstücke untereinander zusammengehalten, da der Gußblock selbst kein Gewinde tragen kann. Für die Verbindungselemente müssen dann zylindrische Durchgangslöcher oder Nuten angeformt werden. Auch Verschweißen und Verlöten des Gußblockes mit anderen Teilen ist möglich, wenn auch meistens schwierig; bei unvorsichtiger Behandlung werden dabei die magnetischen Eigenschaften leicht verschlechtert oder verdorben, obwohl gerade bei diesen Legierungen, wie in Abschnitt 18, insbesondere Abb. 27 und 28 gezeigt worden ist, die Temperaturbeständigkeit viel besser ist, als bei den Stählen mit Umwandlungshärtung. Die Dauermagnetteile können auch durch Umspritzen mit einem Spritzmetall, unter Umständen auch durch Umpressen oder durch Einpressen eines Kunstharzes befestigt werden; die Spritzgußteile können dabei zugleich tragende Konstruktionsteile für die übrigen Bestandteile des dauermagnetischen Gerätes bilden. Wegen der schlechten Bearbeitbarkeit einerseits und der Gefahr der Bildung von Gußblasen und Rissen andererseits kann man bei höheren Ansprüchen an die mechanische und magnetische Genauigkeit auf Weicheisenpolschuhe zwischen dem dauermagnetischen Block und dem Luftspalt nicht verzichten (bei Drehspulgeräten schon deswegen nicht, um Gewähr für ein homogenes magnetisches Feld im Luftspalt zu haben), obwohl es günstig ist, wie schon in Abschnitt 12, Beispiel Abb. 3 betont wurde, den Dauermagneten möglichst nahe benachbart dem Luftspalt anzuordnen. Dieser Gesichtspunkt tritt im übrigen häufig in Widerstreit mit anderen Forderungen, wie am Beispiel Abb. 19.2 b und c gezeigt sei: dargestellt ist jedesmal der magnetische Kreis eines Drehspulmeßgerätes (der Kern ist weggelassen). In der Ausführung c ist der Magnetstahl günstiger angeordnet als in der Ausführung b; in dieser jedoch liegt der Luftspalt und damit die Achse der Drehspule an günstigerer Stelle, denn Zeiger und Skala können länger gemacht werden, wenn die Drehachse näher an den Rand des Gehäuses zu liegen

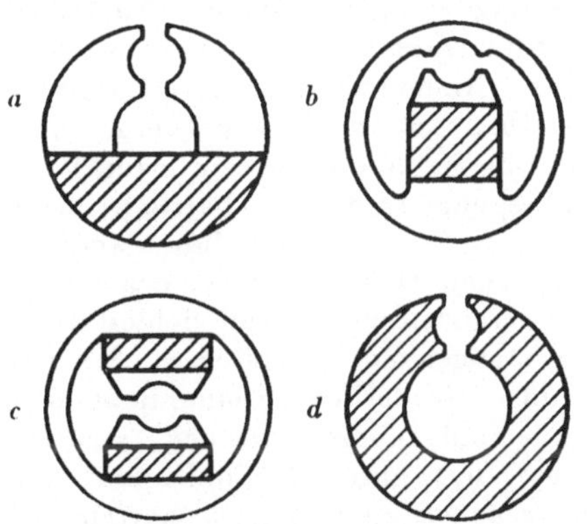

Abb. 19.2. Drehspulmeßwerke: a) Sintermagnet mit angesinterten Polschuhen, b) Gußmagnet bei guter Ausnutzung des Gehäuses, c) Gußmagnet bei guter Ausnutzung des Magneten, d) Ringmagnet. Die Abbildung zeigt Formen, keine Größenverhältnisse.

kommt. Der Streuungsfaktor beträgt für c ungefähr $\sigma \approx 0{,}35$, für b dagegen etwa $\sigma \approx 0{,}25$. Auf die wichtige Rolle von $\sigma$ gerade bei gedrungener Bauweise der Magnete wurde in Abschnitt 12 hingewiesen.

Die größeren Werte $(BH)_{max}$, $\mu_0 H_c/B_r$ und $1/\mu_r$ der neueren Legierungen machen auch verhältnismäßig kleine Dauermagnete von gedrungener Form möglich. Kleine quermagnetisierte Zylinder werden bei Drehspulinstrumenten als Kernmagnete, kleine quermagnetisierte Zylinder oder Scheiben als bewegliche Organe bei Drehmagnetmeßgeräten benutzt. Sie werden in beiden Fällen konaxial durch ein feststehendes rohrförmiges, hochpermeables Weicheisenstück umfaßt. Diese Bauart, insbesondere bei kleinen Instrumenten, wäre mit Cr-Stählen, selbst mit Co-Stählen kaum zu empfehlen, vielfach nicht möglich. Die Anwendung einer Legierung mit magnetischer Vorzugsrichtung liegt hier nahe.

Nach den Erfolgen der gegossenen Magnete geht das Streben der Entwicklung mehr nach der Richtung, Dauermagnetbaustoffe zu finden, die bei ausgezeichneten magnetischen Eigenschaften auch in der Verarbeitung und für die Herstellung von Dauermagneten besonders günstig sind. Eine besondere Stellung nehmen hier, wie schon in Abschnitt 18 erwähnt wurde, die kupferreichen Dauermagnetlegierungen ein, die mit spanabhebenden Werkzeugen gut bearbeitbar sind und ausreichende mechanische Festigkeit und Gleichmäßigkeit besitzen. Sie stehen vornehmlich als dünne magnetische Bleche zur Verfügung, vergleiche Abb. 18.24. Als besondere Anwendungen der Al-Ni- und der Al-Ni-Co-Legierungen wurden die Sintermagnete und die Preßstoffmagnete (Tromalite) und deren Herstellung in Abschnitt 18 schon genannt. Die Sintermagnete sind im Vergleich zu Gußmagneten gleicher Legierungszusammensetzung sehr feinkörnig und gleichmäßig, zäh und bruchfest, sie haben hohe Maßhaltigkeit und saubere Oberflächen; sie können mit Hartmetallwerkzeugen spanabhebend bearbeitet werden. Der Ausschuß bei der Herstellung ist gering. Nur größere Auflagen, einfachste Formen und kleine Stückgrößen (nach dem heutigen Entwicklungsstand bis etwa 30 cm$^3$, also etwa 0,2 kg) kommen gegenwärtig wirtschaftlich für die Herstellung in Betracht. Doch ist dies ausschließlich eine Frage des technischen Aufwandes. Abb. 19.3 zeigt einige Beispiele. Auch für die Anwendung der Sintermagnete muß der Konstrukteur das Umspritzen, allenfalls auch das Umpressen in Betracht ziehen. Andererseits können Eisenteile, wie erwähnt, „angesintert" werden. In Abb. 19.2a ist der Magnet eines Drehspulmeßgerätes gezeigt, der aus einem Sintermagneten mit angesinterten Weicheisenpolschuhen besteht. Auch die Preßstoffmagnete sind wirtschaftlich nur bei Herstellung größerer Auflagen gleichartiger Teile, die wegen ihrer wenig einfachen Form aus wirtschaftlichen oder technischen Gründen nicht gegossen werden können, oder die nach dem Guß zur Fertigstellung zu viel Schleifarbeit erfordern würden. Das Verfahren liefert sehr maßgenaue Formkörper, der Flächenzustand macht keine weitere Bearbeitung erforderlich. Spanabhebend bearbeitbare Konstruktionsteile, wie Polschuhe und andere Leitstücke aus weichem Eisen, Achsen, Buchsen, Klemmen, können mit guter Maßhaltigkeit eingepreßt werden. Wie die mechanischen und magnetischen Eigenschaften die Bauweise eines Gerätes beeinflussen, ist in einem Beispiel in Abb. 19.4 dargestellt. Sie zeigt einen Induktormagnet, der a) als Hufeisenmagnet aus Co-Stahl mit 15% Co hergestellt ist, b) als Gußblock aus Al-Ni-Stahl mit 14% Al, 28% Ni und Polschuhen (man beachte den Aufbau des magnetischen Kreises durch Verschraubung der Polschuhe und Halterung des Gußblocks), c) als Preßstoffmagnet aus Tromalit 600, wobei die Polschuhe selbst die Dauermagnete sind und ein Eisenrohr zugleich den äußeren magnetischen Schluß und den äußeren mechanischen Halt bildet. Ein Vorteil der Tromalite und in vielen Fällen auch der Sintermagnete besteht darin, daß sie wegen ihrer Maßhaltigkeit und ihrer Oberflächenbeschaffenheit unmittelbar, ohne Zwischenschaltung von Leitstücken (Polschuhen), an den Nutzraum angrenzen können. Dadurch wird sich häufig das dauermagnetische Gerät so konstruieren lassen, daß die Einbuße an magnetischer Güte, die die Tromalite

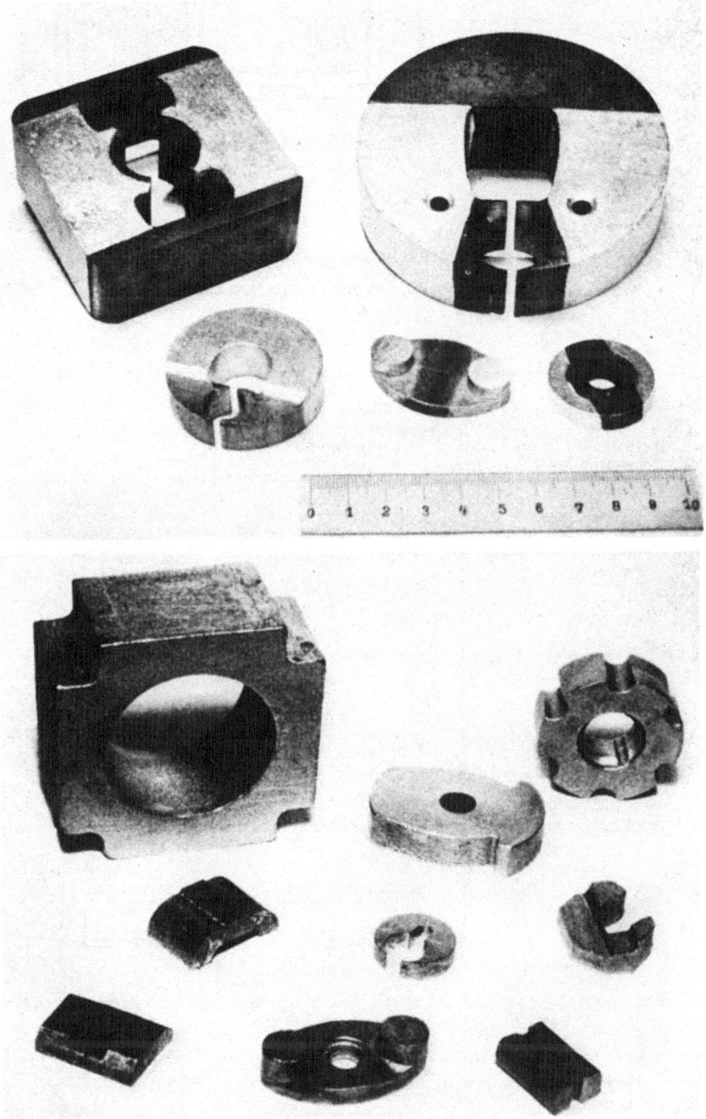


Abb. 19.3[1]. Beispiele von Sintermagneten.

im Verhältnis zu ihren Ausgangsstoffen aufweisen (vgl. Abschnitt 18), durch die Verkleinerung oder Vermeidung der magnetischen Streuung gemildert oder sogar aufgehoben wird. Abb. 19.5 zeigt in einigen Gegenüberstellungen, wie die Verwendung von Tromalit die Konstruktion beeinflußt.

[1] Nach *W. Hotorp*, Stahl und Eisen 61 (1941) S. 1109.

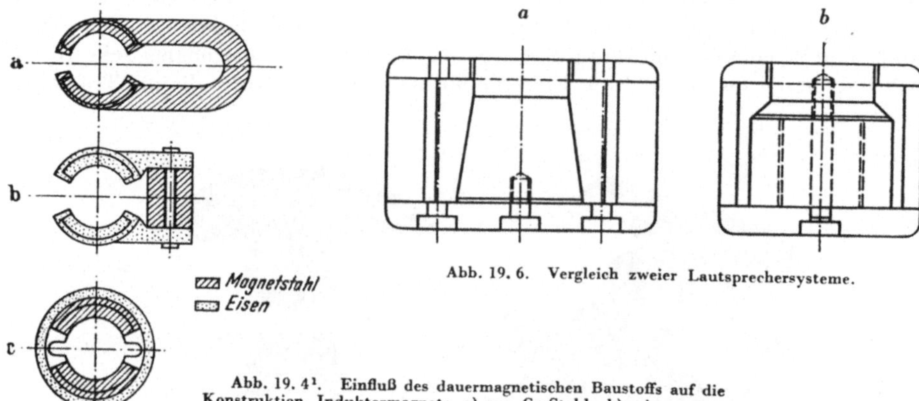


Abb. 19. 6. Vergleich zweier Lautsprechersysteme.

Abb. 19. 4[1]. Einfluß des dauermagnetischen Baustoffs auf die Konstruktion. Induktormagnet: a) aus Co-Stahl, b) mit gegossenem Al-Ni-Block, c) als Preßstoffmagnet. Schraffiert: Dauermagnetbaustoff.

| Magnetischer Kreis für | Dauermagnet gegossen, gestanzt, geschmiedet | Dauermagnet Preßstoff (Tromalit) |
|---|---|---|
| Drehspulinstrument Außenmagnet | | |
| Drehmagnet | N S | N S N S |
| Kleinmotor Außenmagnet | N S | N S |
| Magnetische Kupplung | N S S N | S N N S S N N S |

Abb. 19. 5[2]. Gegenüberstellung einiger Dauermagnetbauformen.

[1] Nach *H. Bumann*, Elektrot. u. Masch.bau 62 (1944) S. 449.
[2] Nach *H. Dehler*, Elektrot. Z. 65 (1944) S. 94.

In den gezeigten Beispielen ist die Forderung an den Tag getreten, daß die Bauweise, der Aufbau und die Abmessungen des dauermagnetischen Kreises an die physikalischen – nämlich die magnetischen und die mechanischen – Eigenschaften des Dauermagnetbaustoffes angepaßt werden sollen und daß die magnetische Streuung klein gemacht werden soll. Diese Forderung ist um so bestimmender, je schärfer die Bedingungen für den Aufwand an Magnetbaustoff, an dessen Ausnutzung und an den Raum, das Gewicht, sind. Als weiteres Beispiel hierfür sind in Abb. 19.6 (nach *W. Zumbusch* a. a. O.) zwei Lautsprecher mit Dauermagneten einander gegenübergestellt, die beide gleiche Abmessungen des Luftspaltes haben (Kern 40,0 mm, Bohrung 42,5 mm Durchmesser, Tiefe 8 mm), und bei denen die verhältnismäßig große Luftspaltinduktion $B_a = 12$ kG verlangt wird. Der Lautsprecher a) hat einen remanenten Magneten aus der Legierung a) des Beispieles Abb. 19.1, der Lautsprecher b) aus der Legierung d) des gleichen Beispieles unter Ausnutzung der magnetischen Vorzugsrichtung. Der magnetische Kreis ist in beiden Fällen optimal konstruiert, das Dauermagnetvolumen ist 378 cm³ für a) und 84 cm³ für b). Je nach Anforderung ist der Raumaufwand und das Gewicht der Ausführung a) unerträglich groß. Abb. 19.7 (nach *W. Zumbusch* a. a. O.) zeigt Dauermagnete als Teile elektrischer Maschinen (Drehzahl-

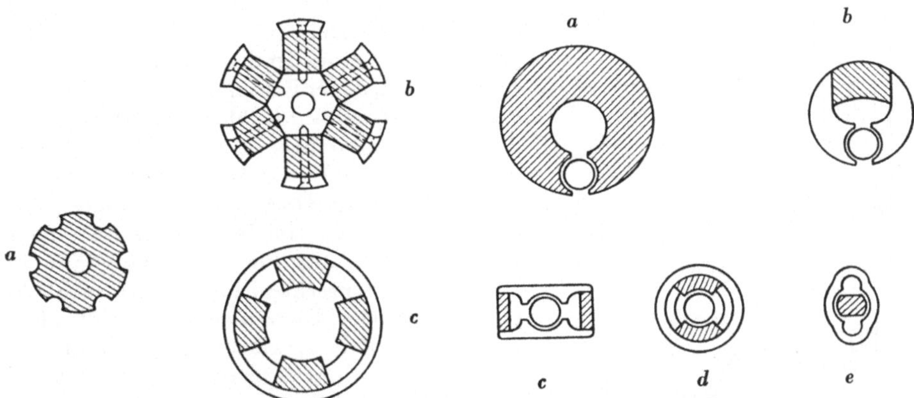


Abb. 19.7. a) Polrad als einheitlichem Dauermagnetbaustoff, b) Polrad mit sechs gegossenen Dauermagnetblöcken, c) Polgehäuse mit vier Dauermagnetstücken.

Abb. 19.8. Gestalten magnetischer Kreise für Drehspulinstrumente.

geber, Wechselstromerzeuger u. dgl.). Das Polrad a) kann aus einem gestanzten, auch aus einem gegossenen, gesinterten oder gepreßten Magneten hergestellt sein, bei dem Polrad b) sind sechs einfache, blockförmige Gußmagnete verwendet, die auf der achsenabgewandten Seite die unentbehrlichen Weicheisenpolschuhe tragen; mit ihrer Hilfe sind die Gußblöcke auf das Kernstück aufgeschraubt. In c) schließlich sind im Polgehäuse vier gegossene Magnete vorhanden, der Zwischenraum ist teilweise durch Spritzguß ausgefüllt. Abb. 19.8 (nach *W. Zumbusch* a. a. O.) schließlich stellt nochmals verschiedene Ausführungen für einen Drehspulgerätmagneten mit gleichen Luftspaltabmessungen einander gegenüber, um den Einfluß der mechanischen und magnetischen Eigenschaften zu zeigen: a) ist ein Ringmagnet, hergestellt aus Cr-Stahl oder Co-Stahl, etwa durch Stanzen oder Schmieden und Schleifen; b) enthält einen gesinterten Magneten etwa aus einer Al-Ni-Legierung mit angesinterten Polschuhen aus weichem Eisen; in c) wird der Dauermagnet durch zwei gegossene Säulen aus einer Al-Ni-Co-Legierung mit magnetischer Vorzugsrichtung gebildet; in den Formen d) und e) sind die Dauermagnete unmittelbar an den Luftspalt angeschlossen, dabei enthält d) zwei dauermagnetische Segmente, bei e) ist der Kern der Dauermagnet, der äußere Teil dient als magnetischer Rückschluß und Schirm von und nach außen. Die Ausführung b) und e) haben kleinere magnetische Streuverluste als die anderen.

Auch davon wird die Konstruktion bestimmt, auf welche Weise der Dauermagnet aufmagnetisiert werden soll, und ob ein remanenter oder ein permanenter magnetischer Zustand herbeigeführt werden soll. Die remanenten Magnete befinden sich in einem magnetisch instabilen Zustand und dürfen daher zu keinem Zeitpunkt, auch nicht vorübergehend, merklichen magnetischen oder geometrischen Veränderungen ausgesetzt werden. Man wird daher danach streben, sie erst aufzumagnetisieren, nachdem der magnetische Kreis endgültig und unveränderlich fertiggestellt ist. Hierauf aber muß die Konstruktion Rücksicht nehmen: der Magnetbaustoff muß im Gerät so angeordnet sein, daß eine möglichst einfache Aufmagnetisierung möglich ist, entweder mit Hilfe eines Elektromagneten (Joches) oder eines Stromstoßtransformators; man muß also entweder Polschuhe ansetzen oder eine Stromschiene durch den magnetischen Kreis hindurchführen können. Dabei ist es auch möglich, bei den neueren Magnetlegierungen durch besondere Ausbildung der Polschuhe des aufmagnetisierenden Elektromagneten den örtlichen Induktionsverlauf im Luftspalt des Dauermagneten zu beeinflussen. Als Beispiel ist in Abb. 19.9[1] die Magnetisierung eines Kreiszylinders quer zu seiner Längsachse (Kernmagnet eines Drehspulmeßgerätes) mit Hilfe verschiedener Polschuhe und der Verlauf der Luftspaltinduktion über der Abwicklung des Zylinderumfanges gezeigt. Homogenität des Feldes über einen gewissen Winkelbereich wird für normale Drehspulgeräte angestrebt, ein inhomogener, zum Beispiel sinusförmiger Feldverlauf kommt für Kreuzspulgeräte in Betracht. Entsprechend ist es auch möglich, ein Polrad aus Dauermagnetbaustoff ohne ausgeprägte Pole als glatte, kreiszylindrische Scheibe oder Walze herzustellen und den gewünschten Induktionsverlauf allein durch den Magnetisierungsvorgang zu bewirken. Beim Aufmagnetisieren fertig zusammengebauter magnetischer Kreise muß die Sättigungsmagnetisierung vorhandener Weicheisenteile wesentlich überschritten werden. Eine andere Möglichkeit, remanente Magnete herzustellen, besteht darin, daß das Dauermagnetstück vor dem endgültigen Zusammenbau mit den übrigen Teilen des magnetischen Kreises in einem Hilfsjoch aufmagnetisiert und aus diesem in die endgültige Anordnung geschoben wird, ohne daß dabei auch nur vorübergehend der Luftspalt größer gemacht wird, als er künftig endgültig ist. Ähnliche Rücksichten liegen bei der Herstellung permanenter Magnete nicht vor; nach dem Magnetisierungsvorgang kann die Stabilisierung entweder durch hinreichend häufiges Ändern des äußeren magnetischen Widerstandes um den gleichen Betrag oder durch Anlegen einer Wechselfeldstärke von konstanter Amplitude erfolgen; die Stabilisierung wird dagegen nur eingeleitet, jedoch nicht vollendet, wenn der Dauermagnet aus den Polschuhen der Magnetisierungsvorrichtung herausgenommen, hierauf in beliebiger, nicht weiter nachgeprüfter Weise ge-

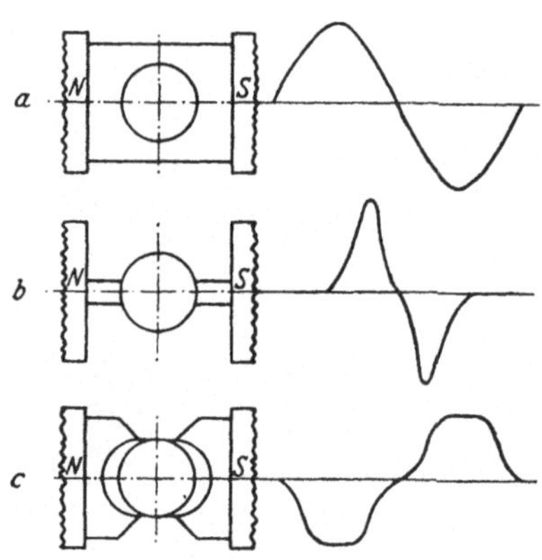

Abb. 19. 9[1]. Magnetisierung eines Zylinders quer zur Achse; Einfluß der Polschuhe beim Magnetisierungsvorgang auf die Verteilung der Induktion über den Zylinderumfang.

[1] Nach *W. Fischer*, Luftfahrtforschung 16 (1939) S. 398.

:hlossen oder in die endgültige Anordnung eingebaut wird. Abschnitt 14. c mit en Abb. 7, 8. 9 enthält hierzu nähere Angaben. Es ist jedoch leicht, in der be- :hriebenen Weise einen definierten. stabilen magnetischen Zustand zu schaffen.

Abb. 19. 10 veranschaulicht die Herstellung eines Tragmagneten höchster Lei- tung[1] nach dem in Abschnitt 11 d (Abb. 11. 12b) erörterten Aufbau mit Neben- chlußluftspalt. Hier wurde ausgegangen von zwei gleichen, quaderförmigen Stücken aus magnetisch weichem Eisen, die, durch eine dünne Kupferfolie von- inander getrennt, in einen Rahmen aus nichtmagnetischem Stahl geklemmt und nit diesem hart verlötet wurden: Abb. 19. 10a. Die beiden Weicheisenstücke ollen schließlich die Polschuhe, die Kupferfolie den erwähnten Nebenschluß ilden. In diesen Block wurde zur Aufnahme des würfelförmigen Dauermagnet- tücks ein Einschnitt nach Abb. 19. 10b gefräst, der nach unten keilförmig ver- äuft. Der obere Teil des Einschnittes wurde mit einem Schlußstück aus nicht- nagnetischem Stahl abgeschlossen, damit das Ganze ausgeglüht werden kann.

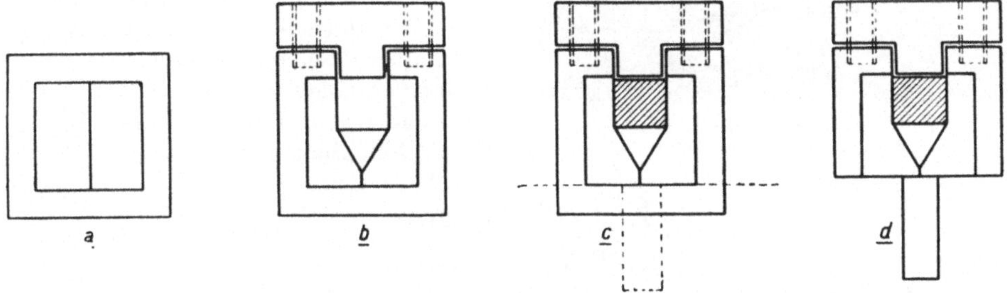


Abb. 19. 10. Herstellung eines Tragmagneten höchster Leistung.

ohne sich zu verziehen. Hiernach wird das Dauermagnetstück eingebracht: Abb. 19. 10c, und magnetisiert, indem der ganze Block zwischen die Polschuhe eines Elektromagneten gebracht wird. Danach wurde der untere Teil des unmagneti- schen Rahmens abgeschliffen, so daß der Anker nach Abb. 19. 10d die Polschuhe unmittelbar berühren kann. Nunmehr muß noch der Nebenschluß, der durch die übriggebliebene Kupferfolie unterhalb des keilförmigen Luftraumes gebildet wird. einen so großen magnetischen Widerstand erhalten, daß die Tragkraft des Magneten einen Höchstwert erreicht. Zu diesem Zweck wird der Querschnitt des Neben- schlußspaltes, dessen Länge durch die Dicke der Kupferfolie gegeben ist. durch Fortschleifen an der Unterseite der Polschuhe verringert; die richtige Höhe wird durch Versuch gefunden. Bei einer bekanntgewordenen Ausführung[1] bestehen die Polschuhe aus einer Legierung von 50% Fe mit 50% Co, die einen größeren Wert der Sättigungsinduktion hat. als reines Eisen. Der Dauermagnet besteht aus einer Al-Ni-Co-Fe-Legierung ($B_r \approx 12$ kG, $H_c \approx 550$ Ö). er ist ein Würfel von 0,4 cm Kantenlänge und wiegt 0.47 g. Die Berührungsfläche zwischen Anker und Polschuhen beträgt 0.1 cm². Der Magnet vermag ein Gewicht von 1.65 kg zu tragen, das ist das 3500fache des Gewichtes des Dauermagnetwürfels. Die Flächen- belastung der Berührungsfläche beträgt also 16.5 kg cm². Die ersten. von *Coulomb* gebauten Dauermagnete trugen höchstens das Vierfache ihres Gewichtes.

Auch Generatoren und Motoren für nicht ganz kleine Leistungen können mit den neueren Dauermagnetlegierungen gebaut werden. Abb. 19. 11 zeigt das Pol-

[1] Nach *J. L. Snoek*. Philips Techn. Rundschau 5 (1940) S. 196 ... 199.

Abb. 19. 11. Polrad einer Drehstrom-Synchron-Maschine mit Dauermagneten.

rad einer Drehstrom-Synchron-Maschine für 4,5 kVA Leistung, 360 V Sternspannung, 50 Hertz, 150 Umläufe in der Minute[1]. Die Dauermagnete sind aus der Al-Ni-Fe-Legierung Örstit 500 hergestellt, sie sind ringförmig und längsmagnetisiert. Die plattenförmigen Polschuhe und die Dauermagnetringe sind gemeinsam durch unmagnetische Bolzen auf dem Radkranz befestigt. Das Polrad hat aus konstruktiven Gründen einen Durchmesser von fast 2 m (es handelt sich um eine Zusatzmaschine zu einem Turbogenerator sehr großer Leistung; das Polrad sitzt auf der gemeinsamen, senkrecht angeordneten Welle). - Dauermagnete waren wesentliche Bestandteile der ersten elektrischen Maschinen mit umlaufenden Teilen im vergangenen Jahrhundert. Hier haben sie erneut Eingang in den Elektromaschinenbau gefunden.

# E. Ergänzungen.

## 20. Weiterentwicklung.

Der Überblick über die Dauermagnetkunde, dem die vorangegangenen Abschnitte gedient haben, hat gezeigt, daß an verschiedenen Stellen gegenwärtig unsere Kenntnisse und Hilfsmittel unvollkommener sind, als dies wünschenswert wäre. Wir stellen die wichtigsten dieser Punkte hier noch einmal kritisch zusammen:

Eine Weiterentwicklung der mikrophysikalischen Theorie des Ferromagnetismus könnte auch für das Gebiet der Dauermagnete in verschiedener Hinsicht höchst fruchtbar werden. Es ist kein Zweifel darüber möglich, daß die *Becker*sche Spannungstheorie ein ungeheuerer Fortschritt war. Bis dahin konnte die Hysteresiserscheinung kaum befriedigend, der Zusammenhang zwischen mechanischen Spannungen und ferromagnetischen Eigenschaften überhaupt nicht gedeutet werden; nun war mit einem Mal Ordnung und Zusammenhang in die Vielfalt der Erscheinungen gebracht. Sie ist deswegen sicherlich bis heute die bedeutendste Epoche im Gang der theoretischen Entwicklung. Zwei Beziehungen der Theorie des Ferromagnetismus sind für die Dauermagnetlehre unmittelbar wichtig; durch die eine wird die Größe der Koerzitivkraft $K$ (also der Feldstärke, bei der die Magnetisierung verschwindet), durch die andere der Wert der Anfangspermeabilität $\mu_a$ (also der Wert im völlig unmagnetischen Zustand) verknüpft mit der Sättigungsmagnetisierung $M_s$ und einigen magnetischen und mechanischen Anisotropiegrößen (Magnetostriktion, innere Spannungen, Kristallenergiedichte). Da $M_s$ und $\mu_a$ für die Anwendung der Dauermagnetbaustoffe keine unmittelbare praktische Bedeutung haben, ihre Größen daher meistens unbekannt sind, haben wir die Verbindung mit vorliegenden Meßwerten der Remanenz $B_r$ und der reversibeln Permeabilität im Remanenzpunkt $\mu_{r,r}$ durch $q = M_s/B_r$ und $r = (\mu_{r,r} - 1)/(\mu_a - 1)$ hergestellt und damit die Aussagen der Theorie mit Beobachtungswerten vergleichen können. Für diese Verhältniszahlen lehrt die Theorie die Mittelwerte

[1] Nach *E. Walter*, Elektrot. u. Masch.bau 61 (1943) S. 517...524.

$q=2$ und $r=1$. Indessen wären ergänzende Messungen der Sättigungsmagnetisierung, der reversibeln Permeabilität und der longitudinalen Sättigungs-Magnetostriktion der Dauermagnetbaustoffe notwendig, wenn man die Theorie noch stärker mit der Beobachtung in Zusammenhang setzen wollte, als wir dies tun konnten. Höchst nützlich wäre es, wenn theoretische Aussagen über die Größen von $M_s$ und von $B_r$ gelängen; bisher gehört die Sättigungsmagnetisierung zu den Voraussetzungen der Theorie, nicht zu ihren Ergebnissen. Für eine vollständige Beschreibung der permanentmagnetischen Zustände erforderlich und auch technisch wichtig wäre es ferner, den Verlauf der reversibeln Permeabilität in Abhängigkeit von der Induktion zu kennen. Die Spannungstheorie macht Aussagen über zwei Werte, nämlich im Anfangspunkt der Neukurve und im Remanenzpunkt. Die Untersuchungen von *R. Gans*, die mindestens zu der Vermutung eines recht universellen Zusammenhanges geführt haben, sind offenbar neuerdings nicht mehr weiter verfolgt oder durch Messungen weiter geprüft worden.

Kennzeichnend für den gegenwärtigen Stand der Theorie ist die Allgemeinheit ihrer Aussagen, wie zum Beispiel der Feststellung, daß ganz generell, ohne Bezug auf irgendeine besondere Magnetlegierung, größere Werte des Produktes $KM_s$ als ungefähr 100...150 mWs/cm³ nicht zu erwarten sind. Welche Wege die Theorie gehen wird, falls einmal dieser Wert überschritten werden sollte, läßt sich noch nicht übersehen. Eine Richtung hat *M. Kersten* gezeigt. Eine künftige Weiterentwicklung der Theorie des Ferromagnetismus wird über generelle Feststellungen dieser und ähnlicher Art hinausgehen müssen. Sie wird besonders befriedigen, wenn es ihr gelingt, ihren Aussagen individuelle Züge zu verleihen. Noch ist es nicht möglich, für einen einzelnen Dauermagnetbaustoff, oder wenigstens für eine Familie von Dauermagnetlegierungen mit gemeinsamen legierungstechnischen Eigenschaften, genaue Aussagen über $M_s$, über $H_c$ und $B_r$, über den Verlauf der Hysteresiskurve im II. Quadranten, über die Größe der reversiblen Permeabilität und deren Abhängigkeit von der magnetischen Induktion zu machen. Um zu diesem Erfolg zu kommen, müßte es der Theorie gelingen, die Integrationen, mit denen sie vom typischen mikrophysikalischen Vorgang (z. B. der Ausrichtung der *Weißschen* Bezirke) zu den makroskopischen Eigenschaften (z. B. $K$ und $\mu_a$) aufsteigt, individuell zu gestalten. Bis heute sind diese Integrationen nur summarisch gelungen, wenn man so sagen will, nur geometrisch, nicht physikalisch. Daß alle diese Wünsche zur Theorie ausschließlich bestehende Bedürfnisse aufzeigen, keineswegs aber die bisherigen Erfolge der Theorie bemängeln wollen, muß wohl nicht besonders betont werden.

Was die magnetischen Meßverfahren anbelangt, wären bequeme Methoden zur unmittelbaren punktweisen Bestimmung der Permeabilität, auch der reversibeln, erwünscht; ihre geometrische Bestimmung, hauptsächlich aus Kurventangenten, ist umständlich und oft ungenau.

An Meßwerten selbst ist vor allem eine Verbreiterung der zahlenmäßigen Unterlagen über reversible und permanente Permeabilitäten, über die permanenten Zustandskurven und ihre Eigenschaften dringend erforderlich. Selbst von vielen Dauermagnetbaustoffen, deren Hysteresiskurven seit langem bekannt sind, kennen wir die permanenten Zustandskurven entweder gar nicht oder nur mangelhaft. Die permanenten Zustandskurven gehören zur Kennzeichnung eines Magnetbaustoffes ebenso wie die Hysteresiskurve; die reversible Permeabilität ist ebenso ein eigentümlicher individueller Stoffwert wie Remanenz, Koerzitivkraft und Ausladung der Hysteresiskurve; zur vollständigen Beschreibung der Verhältnisse bei Dauermagneten ist keines dieser Stücke entbehrlich.

Die stets vergleichsweise geringe Permeabilität der Dauermagnete bedeutet eine stets sehr große Streuung der magnetischen Felder. In diesem Punkt unterscheidet sich die Dauermagnetlehre stark vom Elektromaschinenbau und von den Lehren zur Gestaltung aller anderen elektrischen Geräte. Die Beherrschung der magnetischen Streuung ist darum, mit der einzigen Ausnahme der homogen in einer Hauptachsenrichtung magnetisierten Rotationsellipsoide, entscheidend für die Beschreibung, daher für die Vorausbestimmung dauermagnetischer Kreise. Ihre zeichnerische Bestimmung ist nur für den Fall ebener Felder genügend einfach; das sonst bei manchen einfachen Feld- und Feldbegrenzungsformen erfolgreiche mathematische Verfahren, das die Permeabilität des Eisens als unendlich groß im Verhältnis zu der des Luftraumes setzt, versagt hier aus dem erwähnten Grunde, so daß wir für die Vorausbestimmung der Streuung bei Dauermagneten heute noch in den ersten Anfängen stecken. Auch die Meßverfahren zur Bestimmung der Streuung gerade an Dauermagneten sind noch wenig entwickelt, die Berechtigung von Messungen an Modellen ist überhaupt noch nicht untersucht. Es wäre daher ein dringendes Bedürfnis und ein lohnendes Unternehmen, wenn für die Bestimmung der Streuung neue Wege ausfindig gemacht würden, einerlei, ob durch exakte Methoden oder durch rechnerische oder zeichnerische oder kombinierte Näherungsverfahren.

In zwei Fällen beherrscht man gegenwärtig, wie schon erwähnt wurde, die Berechnung vom Dauermagneten zuverlässig: wenn der magnetische Kreis beinahe geschlossen ist, und wenn der Magnet einem homogenen Rotationsellipsoid gleichgesetzt werden kann. Damit erfaßt man zwar zweifellos eine große Anzahl technischer Gestaltungen, es gibt aber auch Zwischenformen, die sich von beiden Idealformen recht weit entfernen, zum Beispiel Polräder mit mehreren dauermagnetischen Polpaaren als umlaufende Anker elektrischer Maschinen, oder die quermagnetisierten Walzen und Scheiben von kleiner Permeabilität, die von einem konaxialen Rohrstück aus hochpermeablem Eisen umgeben sind, bei einigen Arten elektrischer Meßinstrumente. Auch hier ist es möglich, daß diese und ähnliche Aufgaben nur mit besonderen, vielleicht neuen, jedenfalls heute noch nicht benutzten Methoden der exakten oder der angewandten Mathematik erfolgreich in Angriff genommen werden können.

## 21. Hysteresis- und Wirbelstromerscheinungen bei Wechselmagnetisierung.

Es gibt praktische Anwendungen von Dauermagneten, bei denen dem dauermagnetischen Feld ein vergleichsweise kleines Wechselfeld überlagert wird, das im allgemeinen von Wechselströmen erregt wird. Wir geben daher hier einen Überblick über die Wirkungen der Hysteresis einerseits, der Wirbelstrombildung andererseits.

**1) Die Hysteresiserscheinungen bei schwacher sinusförmiger Wechselmagnetisierung.**

Da die Amplitude der Wechselmagnetisierung klein vorausgesetzt wird, ist die Hysteresisschleife eine schräg liegende Lanzette. Wir stellen ihre Kurvenäste nach *Rayleigh* durch zwei Parabelbögen dar. Dann gelten die in (14.19...34) entwickelten geometrischen Grundlagen, von denen hier folgendes wiederholt sei:

Es seien $(-B_1, -\mu_0 H_1)$ die Koordinaten des untersten Punktes $P'$ und $(B_1, \mu_0 H_1)$ die Koordinaten des obersten Punktes $P$ der Hysteresisschleife. Abb. 21.1. Die beiden Kurvenäste seien durch

$$B = \mu_0(\mu_a + 2b\,\mu_0 H_1)\,H \pm b\,\mu_0^2(H_1^2 - H^2) \qquad (21.1)$$

wiedergegeben; das obere Zeichen gilt für den oberen, absteigend durchlaufenen Ast, das untere für den unteren, aufsteigend durchlaufenen Ast. Dann kann die Anfangspermeabilität $\mu_a$ jeweils durch die kleinere der beiden Tangentenneigungen in $P$ oder in $P'$ abgelesen werden:

$$\mu_a = \operatorname{tg} \beta \; ; \tag{21.2}$$

die Neigung des Geradenstückes $\overline{P'P}$ ist

$$\operatorname{tg} \varepsilon = \frac{B_1}{\mu_0 H_1} = \mu_a + 2\, b\, \mu_0\, H_1 = \mu_m \; ; \tag{21.3}$$

wir können diese Größe als mittlere wirksame Permeabilität auffassen. Die größere Tangentenneigung in $P$ und in $P'$ hat den Wert $\mu_a + 4\, b\, \mu_0 H_1$. Daher schwankt die Permeabilität $\frac{d\,B}{\mu_0\, d\,H}$ insgesamt um den Mittelwert $\mu_m$ zwischen dem größten und dem kleinsten Wert $\mu_m \pm 2\, b\, \mu_0 H_1$; Abweichungen und Mittelwert werden mit zunehmender aussteuernder Feldstärke $H_1$ größer. Ferner bezeichnen wir als Remanenz $B_r$, wie üblich, die Größe der Induktion bei verschwindender Feldstärke und erhalten

$$B = B_r = b\, \mu_0^2 H_1^2 \quad \text{für } H = 0\,. \tag{21.4}$$

Für die *Rayleigh*-Konstante $b$ gilt daher

$$b = \frac{B_r}{\mu_0^2 H_1^2}\,. \tag{21.5}$$

Der Flächeninhalt der Lanzette ist

$$w_h = \frac{8}{3}\, H_1 B_r = \frac{8}{3}\, b\, \mu_0^2\, H_1^3 \tag{21.6}$$

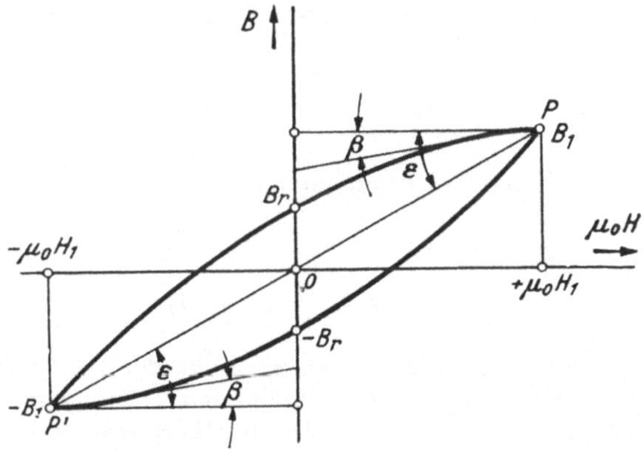

Abb. 21. 1. Bezeichnungen an der *Rayleigh*-Schleife. $\operatorname{tg}\beta = \mu_a$, $\operatorname{tg}\varepsilon = \mu_m$.

proportional zur dritten Potenz der Aussteuerung $H_1$ und zur Konstanten $b$, unabhängig von $\mu_a$ und $\mu_m$. Sowohl $b$ als auch $w_h$ werden daher wohl am einfachsten durch Ablesen der Größen $B_r$ und $H_1$ an der aufgenommenen Hysteresisschleife bestimmt, und die Anfangspermeabilität kann, statt aus der Kurvenneigung $\operatorname{tg} \beta$, mittelbar nach (21.3) und (21.5) gewonnen werden als

$$\mu_a = \operatorname{tg} \varepsilon - \frac{2\, B_r}{\mu_0\, H_1} = \frac{B_1 - 2\, B_r}{\mu_0\, H_1}\,. \tag{21.7}$$

Verläuft nun die magnetische Erregung rein cosinusförmig mit der Periode $T = \frac{2\pi}{\omega}$:

$$H(t) = H_1 \cos \omega t\,, \tag{21.8}$$

so ist nach (21.1) jedesmal in der ersten Halbperiode $0 \leqq t \leqq T/2$

$$B(t) = \mu_0 (\mu_a + 2\, b\, \mu_0 H_1)\, H_1 \cos \omega t + b\, \mu_0^2 H_1^2 \sin^2 \omega t, \tag{21.9a}$$

und in jeder zweiten Halbperiode $T/2 \leqq t \leqq T$ ist

$$B(t) = \mu_0 (\mu_a + 2\, b\, \mu_0 H_1)\, H_1 \cos \omega t - b\, \mu_0^2 H_1^2 \sin^2 \omega t. \tag{21.9b}$$

Den zeitlichen Verlauf der Induktion während der ganzen Periodendauer kann man hieraus mit den Hilfsmitteln der *Fourier*-Analyse durch die folgende trigonometrische Reihe darstellen

$$\left.\begin{aligned} B(t) &= \mu_0 (\mu_a + 2\, b\, \mu_0 H_1)\, H_1 \cos \omega t \\ &+ \frac{8}{3\pi}\, b\, \mu_0^2\, H_1^2 \left\{ \sin \omega t - \frac{1}{5} \sin 3\, \omega t - \frac{1}{5.7} \sin 5\, \omega t - \ldots \right\}. \end{aligned}\right\} \tag{21.10}$$

Hieraus:

A) Bei cosinusförmig verlaufender Feldstärke bewirkt also die Hysteresis einerseits das Auftreten von höheren Teilschwingungen der Induktion von ungeradzahliger Ordnung, andererseits beeinflußt sie die Grundschwingung der Induktion nach Betrag und Phase:

a) Die mit $\mu_0 H_1 \cos \omega t$ phasengleiche Komponente der Grundschwingung hat nicht die Amplitude $\mu_a \mu_0 H_1$, sondern $\mu_m \mu_0 H_1$. Dazu tritt noch eine um $\pi/2$ phasenverschobene Komponente. Gegen die Feldstärke (21.8) ist die Grundschwingung der Induktion

$$B_{(1)}(t) = \mu_0 \mu_m H_1 \cos \omega t + \frac{8}{3\pi} \mu_0{}^2 b H_1{}^2 \sin \omega t \tag{21.11}$$

verzögert um einen Phasenwinkel $\delta$, für den gilt

$$\operatorname{tg} \delta = \frac{8}{3\pi} \frac{\dfrac{b}{\mu_a} \cdot \mu_0 H_1}{1 + \dfrac{b}{\mu_a} \cdot 2 \mu_0 H_1} . \tag{21.12}$$

Da praktisch stets erfüllt ist

$$\frac{b}{\mu_a} \cdot 2 \mu_0 H_1 \ll 1 , \tag{21.13}$$

gilt nahe

$$\operatorname{tg} \delta \approx \frac{8}{3\pi} \frac{b}{\mu_a} \mu_0 H_1 = \frac{8}{3\pi} \frac{B_r}{\mu_a \mu_0 H_1} \approx \delta \ll 1 . \tag{21.14}$$

Bestimmend ist allein das Produkt der Stoffkonstanten $b/\mu_a$ mit der Amplitude $\mu_0 H_1$ der Aussteuerung. $8/3\pi = 0{,}85$. Die geometrischen Abmessungen des Eisenkörpers spielen keine Rolle. Der Hysteresisverlust während einer Periode, bezogen auf die Raumeinheit, steht nach (21.6) also zu $\delta$ in der Beziehung

$$w_h = \delta \cdot \pi \mu_0 H_1{}^2 , \tag{21.15}$$

er ist durch das Produkt des Nacheilungswinkels mit dem Quadrat der Aussteuerung bestimmt und verschwindet daher mit dieser.

Die Amplitude der Grundschwingung der Induktion ist

$$B_{(1)} = \mu_0 H_1 \cdot \mu_m \sqrt{1 + \operatorname{tg}^2 \delta} , \tag{21.16}$$

also mit (21.13) auch

$$B_{(1)} \approx \mu_0 H_1 \cdot \mu_m \frac{1 + \delta^2}{2} , \tag{21.17}$$

sie ist demnach gegenüber $\mu_a \mu_0 H_1$ nicht erheblich vergrößert.

Schreiben wir in der Ausdrucksweise der Darstellung von Schwingungsvorgängen durch komplexe Zahlen

$$H(t) = H_1 \operatorname{Re} e^{j\omega t} , \tag{21.18}$$

worin Re den reellen Teil der nachfolgenden Funktion bedeutet und $j = \sqrt{-1}$ ist, so wird

$$B_{(1)}(t) = \mu_0 H_1 \cdot \mu_m \operatorname{Re} \left\{ (1 - j \operatorname{tg} \delta) e^{j\omega t} \right\} , \tag{21.19}$$

man kann also das Nacheilen von $B_{(1)}(t)$ hinter $H(t)$ infolge der Hysteresis zum Ausdruck bringen durch eine komplexe Permeabilität $\hat{\mu}$:

$$\mu_m (1 - j \operatorname{tg} \delta) = \hat{\mu} = |\hat{\mu}| \, e^{-j\delta} , \tag{21.20}$$

wobei $\delta$ durch (21.12) bestimmt ist. Daher ist offenbar $|\hat{\mu}| = \mu_m / \cos \delta$. Wegen der Kleinheit von $\delta$ nach (21.13) ist aber einfach

$$|\hat{\mu}| = \frac{\mu_m}{\cos \delta} \approx \mu_m . \tag{21.20a}$$

b) Die höheren Teilschwingungen der Induktion sind nur von ungeradzahliger Ordnung. Die Amplituden wachsen mit der Aussteuerung $H_1$ quadratisch an und nehmen mit größer werdender Ordnungszahl ab. Ist $B_{(3)}$ die Amplitude der Teilschwingung mit der Frequenz $3\,\omega$, so nennen wir „Klirrfaktor" das Amplitudenverhältnis $3B_{(3)}/B_{(1)}=k_3$ und finden mit (21.10,14) nahe

$$k_3 = \frac{3\,B_{(3)}}{B_{(1)}} \approx \frac{8}{5\,\pi}\,\frac{b}{\mu_a}\,\mu_0\,H_1 = \frac{3}{5}\,\delta\ ; \tag{21.21}$$

der Nacheilungswinkel ist zu dem Klirrfaktor proportional.

B) Wir nehmen an, daß das cosinusförmig veränderliche Wechselfeld durch eine von Wechselstrom durchflossene Spule hervorgebracht wird, und untersuchen nunmehr als zweites, welchen Einfluß die Hysteresis auf die Eigenschaften der Spule: Widerstand und Selbstinduktionskoeffizient nimmt. Diese Bestimmungsstücke können unmittelbar und genau elektrisch gemessen werden, und dadurch können die Aussagen der Theorie an der Erfahrung geprüft werden. Wir erhalten physikalisch und rechnerisch einfache Beziehungen nur im Fall der gleichmäßig und dicht bewickelten Ringspule mit nicht unterbrochenem Eisenkern. Ist der Eisenring durch einen kurzen Luftschlitz unterbrochen, so bleiben die elektrischen und magnetischen Verhältnisse noch immer in bekannter Weise überblickbar, doch tritt in einem solchen Kreis der Einfluß der magnetischen Eigenschaften des Eisens, wie bekannt, zurück. — Es sei $q$ der Querschnitt und $l$ die mittlere Länge des ungeschlitzten Eisenkernes, $\tau=ql$ daher sein Volumen, $z$ die Gesamtzahl der, Spulendrahtwindungen, $n=z/l$ die Windungsdichte, $L_a=\mu_a\mu_0 n^2\tau$ der Selbstinduktionskoeffizient der Spule für $H\to 0$, mit Gleichstrom gemessen, und $R_0$ sei ihr dem mittleren Stromwärmeverlust in den Drähten proportionaler Wirkwiderstand. Der durchfließende Wechselstrom

$$I = I_1\cos\omega t \tag{21.22}$$

erregt in dem geschlossenen Eisenkern die magnetische Feldstärke

$$H = n\,I_1\cos\omega t = H_1\cos\omega t\ , \tag{21.33}$$

und an den Spulenenden ist die elektrische Wechselspannung

$$U(t) = I\,R_0 + n\,\tau\,\frac{d\,B}{d\,t}\ . \tag{21.14}$$

Diese ist nach (21.22) und (21.10)

$$\left.\begin{aligned} U\,(t) &= I_1\cos\omega t\left\{R_0 + \frac{8}{3\,\pi}\cdot\frac{b\,\mu_0 H_1}{\mu_a}\cdot\omega L_a\right\}\\ &\quad - I_1\sin\omega t\cdot\omega L_a\left(1+2\,\frac{b\,\mu_0 H_1}{\mu_a}\right)\\ &\quad -\frac{8}{3\,\pi}\,\frac{b\,\mu_0 H_1}{\mu_a}\cdot I_1\,\omega L_a\left\{\frac{3}{5}\cos 3\,\omega t + \frac{1}{7}\cos 5\,\omega t + \frac{1}{9}\cos 7\,\omega t + \ldots\right\}.\end{aligned}\right\} \tag{21.25}$$

Es treten hiernach drei Wirkungen der Hysteresis auf:

a) Die mit dem erregenden cosinusförmigen Wechselstrom gleichphasige (*Ohm*sche) Komponente der Klemmenspannung ist nicht allein zum Wirkwiderstand $R_0$ der Spulendrahtwindungen proportional. sondern es tritt eine mit der Frequenz wachsende Vergrößerung auf. Die Größe dieses Anteiles. der Hysteresisverlustwiderstand genannt wird. ist

$$R_h = \frac{8}{3\,\pi}\cdot\frac{b\,\mu_0 H_1}{\mu_a}\cdot\omega L_a = \delta\cdot\omega L_a = \frac{8}{3\,\pi}\,\mu_0^2\,n^2\,\tau\,\omega\,b\,H_1\ . \tag{21.26}$$

er ist bestimmt durch das Produkt $\omega L_a\delta$. daher ist er proportional zu der Konstanten $b$ des Eisens, unabhängig von $\mu_a$. ferner proportional zur Frequenz $\omega$ der cosinusförmigen Erregung, zum magnetisierten Volumen $\tau$ und zur Amplitude $H_1 = n I_1$ der Aussteuerung (denn der zu $R_h I_1^2$ proportionale Hysteresisverlust ist nach (21.6) proportional zu $H_1^3$).

b) Die Selbstinduktivität ist nicht gleich dem bei verschwindend kleiner Erregung gemessenen Wert $L_a$, sondern sie ist

$$L_a \left(1 + 2 \frac{b \mu_0 H_1}{\mu_a}\right) = L_a \frac{\mu_m}{\mu_a}, \tag{21.27}$$

sie ist also in demselben Verhältnis vergrößert, in welchem die mit $H(t)$ gleichphasige Komponente von $B_{(1)}(t)$ gegenüber $\mu_a \mu_0 H(t)$ vergrößert ist. Der Zuwachs ist proportional zur Aussteuerung $H_1 = n I_1$ und zur Stoffkonstanten $b/\mu_a$.

c) Die Amplituden der höheren Teilschwingungen der Klemmenspannung sind proportional zu

$$\frac{8}{3\pi} \frac{b \mu_0 H_1}{\mu_a} \cdot \omega L_a I_1 = \delta \, \omega \, L_a I_1, \tag{21.27a}$$

sie nehmen mit der Stromamplitude $I_1$ quadratisch zu und mit größer werdender Ordnungszahl ab. Nach (21.21) wird der Klirrfaktor $k_3 = \frac{3}{5} \delta$ der (relativ größten) höheren Teilschwingung mit der Frequenz $3\omega$ auch erhalten, indem man zwei Spannungsamplituden miteinander vergleicht, nämlich die Amplitude der Teilschwingung mit der Frequenz $3\omega$ mit der Amplitude der induktiven Komponente der Grundschwingung (nach (21.27, 27a) ist das Verhältnis $\frac{3}{5} \delta \frac{\mu_a}{\mu_m}$) .

**2. Wirbelströmung und magnetische Feldverdrängung bei tangentialem äußeren Wechselfeld.**

Die elektromagnetischen Vorgänge im Innern metallisch leitender Körper, an deren Oberfläche ein tangentiales magnetisches Wechselfeld von fester Amplitude

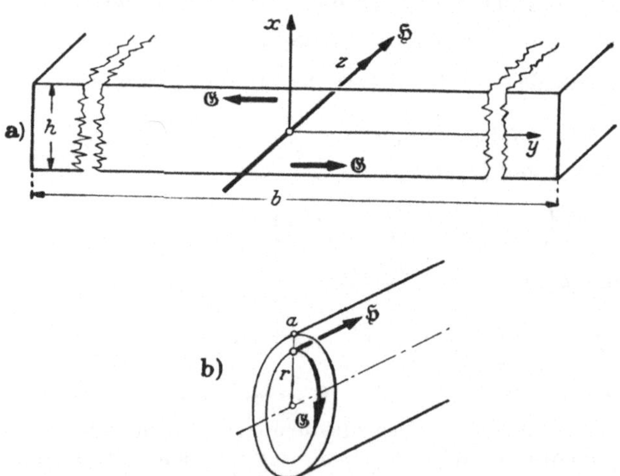


Abb. 21. 2a. Magnetisches Wechselfeld und elektrische Wirbelströmung in einer ebenen Metallplatte ($b \gg h$).

Abb. 21. 2b. Magnetisches Wechselfeld und elektrische Wirbelströmung in einem leitenden Kreiszylinder.

und Frequenz aufrechterhalten wird, können in geometrisch einfachen Fällen mit den beiden Hauptgleichungen der Elektrodynamik (mit den beiden *Maxwell*schen Gleichungen) berechnet werden, wenn der spezifische elektrische Widerstand $\varrho$ und die Permeabilität $\mu$ des Leiters als Konstante eingesetzt werden. Diese Annahme kann bei gewöhnlichen Metallen hinsichtlich $\varrho$ im allgemeinen, hinsichtlich $\mu$ immer gemacht werden. Bei den ferromagnetischen Leitern ist aber der Zusammenhang zwischen magnetischer Flußdichte und Feldstärke im allgemeinen weder linear, noch auch, wegen der Hysteresis, eindeutig. Indem man der Verknüpfung zwischen $B$ und $H$ einen analytischen Ausdruck gibt, kommt man zur Aufstellung rechnerischer Ansätze für die Vorgänge, etwa in Form von Differentialgleichungen. Aber schon bei vergleichsweise einfachen Annahmen, so etwa lanzettförmiger Hysteresisschleife nach (21.1) bei kleiner Aussteuerung und Berücksichtigung allein der Grundschwingung der Induktion bei sinusförmiger Feldstärke, reichen die gegenwärtig verfügbaren Hilfsmittel der Mathematik nicht aus, um andere Lösungen, als Näherungen von eingeschränktem Geltungsbereich zu gewinnen. Berechnungen, die mit einem konstanten Wert der Permeabilität

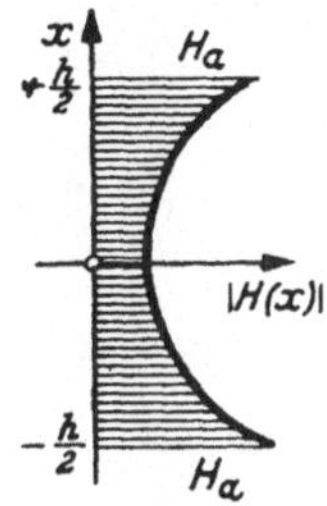


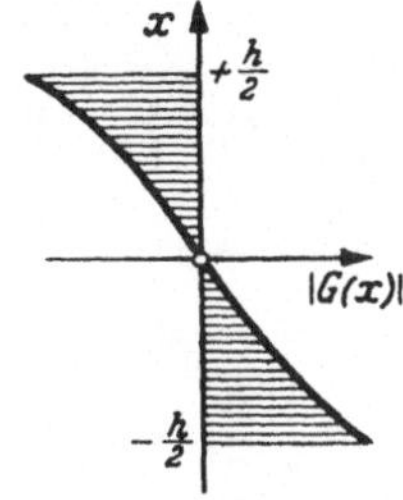


Abb. 21. 3. Ebene Metallplatte im tangentialen magnetischen Wechselfeld. Amplituden des magnetischen Feldes $H$ und der Wirbelströmung $G$ im Innern.

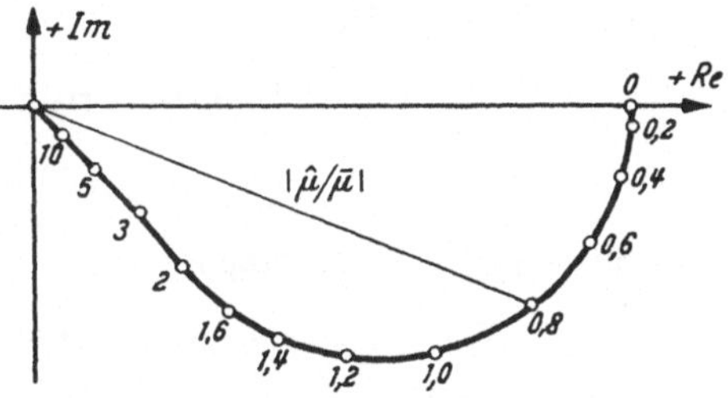


Abb. 21. 4. Verlauf der wirksamen komplexen Permeabilität der ebenen Metallplatte in der komplexen Zahlenebene. Dargestellt ist $|\hat{\mu}/\bar{\mu}| = \mathfrak{Tg}\, v/v$, Parameter der Kurvenpunkte $mh/2$.

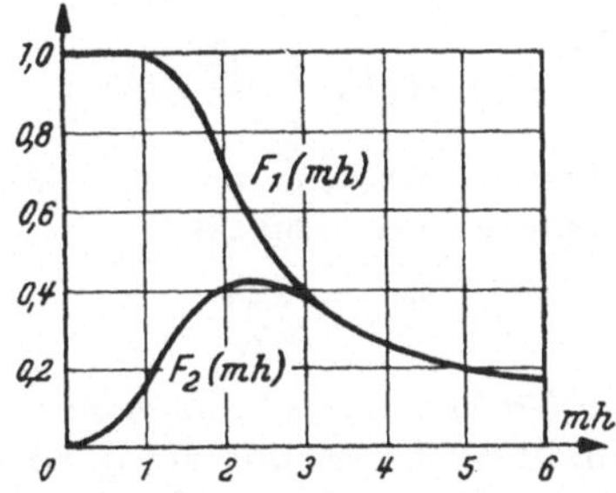


Abb. 21. 5. Die Funktionen $F_1(mh) = \mathrm{Re}(\mathfrak{Tg}\, v/v) = L/L_0$ und $F_2(mh) = \mathrm{Im}\,(\mathfrak{Tg}\, v/v) = R_w/\omega L_0$. Spule mit Kern aus ebenen Blechen.

angestellt werden, beschreiben die Erscheinungen um so genauer, je kleiner die aussteuernde Feldstärke ist; bei einer lanzettförmigen Hysteresisschleife nach (21.1) zum Beispiel schwankt die Permeabilität nach (21.3, 3a) um einen Mittelwert $\mu_m$, dessen Größe von der Aussteuerung mitbestimmt wird, zwischen dem größten und dem kleinsten Wert $\mu_m \pm 2\, b\, \mu_0 H_1$.

Wir geben daher hier einen Überblick über die elektromagnetischen Vorgänge, die sich unter der Annahme konstanter Werte der Permeabilität $\bar{\mu} = \mu_0 \mu$ und des spezifischen elektrischen Widerstandes $\varrho$ für das Innere einer ebenen Metallplatte (Blechtafel) von der Dicke $h$ und eines geraden Kreiszylinders vom Radius $a$ berechnen lassen. Abb. 21.2a und b. Für die Breite der Metallplatte $b$ gelte $b \gg h$. An beiden Oberflächen $x = \pm\, h/2$ der Platte werde ein tangentiales, parallel zur $z$-Achse gerichtetes magnetisches Wechselfeld von der Amplitude $H_a$, und ebenso werde an der Zylinderoberfläche $r=a$ ein zur Zylinderachse parallel gerichtetes Wechselfeld von der Amplitude $H_a$ aufrechterhalten. $\omega=2\pi/T$ sei die Kreisfrequenz der sinusförmigen Zeitfunktionen, ferner bedeutet im folgenden $j=\sqrt{-1}$, schließlich Re und Im den reellen und den imaginären Teil des nachfolgenden komplexen Ausdrucks. In den Abb. 21.2a und b ist durch Pfeile die Richtung der Wirbelstromdichte $\mathfrak{G}$ angegeben, die eine Folge des Wechselfeldes $\mathfrak{H}$ im Innern des leitenden Körpers ist. In beiden Fällen bewirkt die Wechselbeziehung zwischen $\mathfrak{H}$ und $\mathfrak{G}$, daß die Amplituden des magnetischen Wechselfeldes im Innern vom Ort $(x; r)$ abhängen und stets kleiner sind als $H_a$. Die magnetische Energie und der magnetische Fluß im Leiterinnern sind daher gegenüber dem Gleichstromfall verkleinert. Die Wirbelströmung selbst hat Stromwärmeverluste zur Folge.

a) Für die *ebene Platte* gilt im Fall $b \gg h$ (nur in diesem Fall) unter Ausschluß der Randgebiete $y \approx b$:

$$\left.\begin{aligned} H(x,t) &= H_a \operatorname{Re}\left\{\frac{\operatorname{Cof} k x}{\operatorname{Cof} v} e^{j\omega t}\right\}, \\ G(x,t) &= -\frac{\partial H}{\partial x} \end{aligned}\right\} \tag{21.28}$$

bei Gebrauch der Abkürzungen

$$k^2 = j\frac{\omega\bar{\mu}}{\varrho}, \quad k = (1+j)\,m, \quad m = \sqrt{\frac{\omega\bar{\mu}}{2\varrho}}, \quad v = k\frac{h}{2}\,. \tag{21.29}$$

Die Verteilung der Beträge über den Querschnitt $|H(x)|$ und $|G(x)|$ in einem Beispielfalle zeigt Abb. 21.3. Der magnetische Induktionsfluß ist

$$\begin{aligned} \Phi(t) &= \bar{\mu}\, H_a \operatorname{Re}\left\{e^{j\omega t}\int_{-h/2}^{+h/2}\frac{\operatorname{Cof} k x}{\operatorname{Cof} v}\, b\, dx\right\} \\ &= b\, h\, \mu\, H_a \operatorname{Re}\left\{\frac{\operatorname{Tg} v}{v} e^{j\omega t}\right\}. \end{aligned} \tag{21.30}$$

Indem man mit den Gleichstromverhältnissen: $\Phi_0 = b h \bar{\mu} H_a$ vergleicht, kann man daher eine „wirksame komplexe Permeabilität"

$$\hat{\mu} = \bar{\mu}\,\frac{\operatorname{Tg} v}{v} \tag{21.31}$$ [1]

definieren. Ihren Verlauf in der komplexen Zahlenebene in Abhängigkeit von dem Parameter $mh/2$ zeigt Abb. 21.4. Es sei nun ein quaderförmiger Spulenkern aus einer Anzahl $n$ voneinander isolierter Blechtafeln aufgeschichtet. Die Spule bestehe aus $z$ Drahtwindungen, $l$ sei die mittlere Länge, $nbh$ der Querschnitt, $I$ die Amplitude des magnetisierenden Wechselstromes. Dann ist $\Psi = nz\Phi$ der Spulenfluß, wenn man von der gegenseitigen Schirmwirkung der Bleche aufeinander absehen kann, und es ist $H_a = I\cdot z/l$, falls die Spule hinreichend lang oder ihr Kern geschlossen ist. Der Selbstinduktionskoeffizient bei Gleichstrom ist $L_0 = \bar{\mu} n b h z^2/l$. Bei Wechselstrom erhalten wir mit (21.30) einen komplexen Selbstinduktionskoeffizienten

$$\frac{n z \Phi}{I} = \hat{L} = L_0\frac{\operatorname{Tg} v}{v} = L_0\left\{F_1(mh) - j\,F_2(mh)\right\} \tag{21.32}$$ [1]

[1] Die Funktion $\frac{tg\, x\sqrt{j}}{x\sqrt{j}}$ ist ausführlich behandelt und tabelliert in: *F. Emde*, Tafeln elementarer Funktionen. B. G. Teubner, Leipzig und Berlin 1940, S. 146...155. Sie ist zu der hier auftretenden Funktion $\frac{\operatorname{Tg} x\sqrt{j}}{x\sqrt{j}}$ konjugiert komplex.

mit den Funktionen

$$F_1(mh) = \mathrm{Re}\,\frac{\mathfrak{Tg}\,v}{v} = \frac{1}{mh}\,\frac{\mathfrak{Sin}\,mh + \sin mh}{\mathfrak{Cof}\,mh + \cos mh},$$

$$F_2(mh) = \mathrm{Im}\,\frac{\mathfrak{Tg}\,v}{v} = \frac{1}{mh}\,\frac{\mathfrak{Sin}\,mh - \sin mh}{\mathfrak{Cof}\,mh + \cos mh}\,. \tag{21.33}$$

Das bedeutet: die wirksame Selbstinduktivität ist nicht $L_0$, sondern

$$L = L_0 \cdot F_1(mh)\,, \tag{21.34}$$

ferner tritt zu dem Widerstand der Spule, der durch die mittleren Stromwärmeverluste in der Wicklung gegeben ist, ein zusätzlicher Anteil, der durch die Wirbelstromverluste im Kern verursacht wird. Seine Größe ist

$$R_w = \omega L_0 \cdot F_2(mh)\,. \tag{21.35}$$

Die Funktionen $F_1(mh)$ und $F_2(mh)$ sind in Abb. 21.5 wiedergegeben. Man sieht aus dieser Darstellung: mit wachsendem $mh = h\sqrt{\omega\bar{\mu}/2\varrho}$ tritt ungefähr bis zum Betrag $mh = 1$ noch keine beträchtliche Schwächung des magnetischen Feldes im Kern ein; bei diesem Wert ist noch $L \approx 0{,}96\,L_0$ und $\omega = 2\,\varrho/\bar{\mu}h^2 = \omega_1$. Zum Beispiel ist für ein Eisenblech mit $\varrho = 8{,}6 \cdot 10^{-6}$ Vcm/A, $\mu = 100$, $h = 0{,}4$ mm diese Frequenz $\omega_1/2\pi = 1370$ Hertz. Für große Argumentwerte, etwa für $mh > 4$, ist

$$R_w = \omega L = \frac{\omega L_0}{mh} = L_0 \cdot \frac{1}{h}\sqrt{\frac{2\,\omega\varrho}{\bar{\mu}}}\;; \tag{21.36}$$

für kleine Argumentwerte, etwa für $mh < 0{,}5$, gilt mit guter Annäherung

$$\left.\begin{aligned} L &\approx L_0\,,\\ R_w &\approx \omega L_0 \cdot \frac{m^2h^2}{6} = \frac{h^2\mu\mu_0}{12\,\varrho}\cdot\omega^2 L_0 = \vartheta_w \cdot \omega^2 L_0\,. \end{aligned}\right\} \tag{21.37}$$

Dieser Fall, in dem $\omega < \omega_1$ ist, kann im allgemeinen als der wichtigere betrachtet werden. Hierbei ist also die Selbstinduktivität noch nicht erheblich erniedrigt, der Wirkwiderstand infolge Wirbelströmung im Kern steigt quadratisch mit der Frequenz. Er wird verkleinert, indem man die Blechdicke $h$ verkleinert, und indem man eine Eisensorte mit kleinerem $\mu/\varrho$ benutzt.

b) Für den *Kreiszylinder* vom Radius $a$ gilt entsprechend

$$\left.\begin{aligned} H(r,t) &= H_a\,\mathrm{Re}\left\{\frac{J_0(kr)}{J_0(ka)}\,e^{j\omega t}\right\},\\ G(r,t) &= -\frac{\partial H}{\partial r}\,. \end{aligned}\right\} \tag{21.38}$$[2]

Hier bezeichnet $J_p(x)$ die Zylinderfunktion erster Art (die *Bessel*sche Funktion) von der Ordnung $p$ und dem Argument $x$, ferner ist

$$k^2 = -j\,\frac{\omega\bar{\mu}}{\varrho}\,,\quad k = (1-j)\,m\,,\quad m = \sqrt{\frac{\omega\bar{\mu}}{2\varrho}}\,. \tag{21.39}$$

Der magnetische Induktionsfluß wird

$$\left.\begin{aligned} \Phi(t) &= \bar{\mu}\,H_a\,\mathrm{Re}\left\{e^{j\omega t}\int_0^a \frac{J_0(kr)}{J_0(ka)}\,2\pi r\,dr\right\}\\ &= \pi a^2\bar{\mu}\,H_a\,\mathrm{Re}\left\{\frac{2}{ka}\cdot\frac{J_1(ka)}{J_0(ka)}\,e^{j\omega t}\right\}. \end{aligned}\right\} \tag{21.40}$$

---

[2] Zahlentafeln und graphische Darstellungen der komplexen Funktionen $J_0(x\sqrt{j})$ und $J_1(x\sqrt{j})$ in: *E. Jahnke* und *F. Emde*, Funktionentafeln. B. G. Teubner. Leipzig und Berlin, z. B. 3. Auflage 1938, besonders S. 244...251 und 260...267.

Hier ist die „wirksame komplexe Permeabilität" die Funktion

$$\hat{\mu} = \bar{\mu} \cdot \frac{2}{k\,a} \cdot \frac{J_1(k\,a)}{J_0(k\,a)} = \bar{\mu} \cdot \Omega(k\,a)\,. \tag{21.41}$$

Der lange oder zu einem Ring gebogene Kreiszylinder sei der Kern einer Spule mit $z$ Drahtwindungen, der mittleren Länge $l$ und dem Querschnitt $\pi a^2$, es sei $I$ die Amplitude des magnetisierenden sinusförmigen Wechselstromes, $L_0$ die Gleichstrominduktivität der Spule. Dann ist wiederum $H_a = I \cdot z/l$ und $\Psi = z\,\Phi = L\,I$. Aus (21.40) wird erhalten

$$\hat{L} = \frac{z^2 \Phi}{l\,H_a} = L_0 \cdot \Omega\,(k\,a) = L_0 \left\{ \Omega_1\,(m\,a) - j\,\Omega_2\,(m\,a) \right\}. \tag{21.42}$$

Die Auslegung entspricht der oben zu (21.32...37) gegebenen. Die Funktion $\Omega_1 - j\Omega_2$ verläuft ähnlich wie $F_1 - jF_2$. Auch hier tritt zu dem Wirkwiderstand der Drahtwicklung ein Anteil $R_w = \omega L_0 \cdot \Omega_2(ma) > 0$ hinzu, der eine Folge der Wirbelstromverluste im Spulenkern ist, und die wirksame Selbstinduktivität $L = L_0 \cdot \Omega_1(ma)$ ist kleiner als $L_0$. Für $ma \gg 1$ wird

$$R_w = \omega L = \frac{\omega\,L_a}{m\,\frac{a}{2}} = L_0 \cdot \frac{2}{a} \sqrt{\frac{2\,\omega\,\varrho}{\bar{\mu}}}\,, \tag{21.43}$$

dagegen gilt für hinreichend kleines $ma$

$$L \approx L_0\,,$$

$$R_w \approx \omega\,L_0 \cdot \frac{m^2\,a^2}{4} = \frac{a^2\,\mu\,\mu_0}{8\,\varrho} \cdot \omega^2\,L_0 = \vartheta_w' \cdot \omega^2\,L_0 \tag{21.44}$$

mit derselben Auslegung wie (21.37).

Nach (21.37) und (21.44) wird der Wirbelstromverlustwiderstand, der mit $\omega^2$ wächst, durch die Stoffkonstante $\mu/\varrho$ unmittelbar bestimmt; um ihn durch eine Unterteilung des Gesamtquerschnittes zu verringern, muß man die Leiterausdehnung verkleinern, die sich senkrecht zur Wirbelströmung $G$ und zum magnetischen Feld $\mathfrak{H}$ erstreckt. Von einem „Abschneiden" der Wirbelstrombahnen ist also nicht die Rede, wohl aber von einem Verkleinern der elektrischen Wirbelspannung.

Während die Hysteresiserscheinungen unabhängig von der Gestalt und den Abmessungen des Eisenkörpers allein durch zwei Stoffwerte und die aussteuernde magnetische Feldstärke vollständig beschrieben werden, spielt für die Darstellung der Wirbelstromvorgänge neben den Stoffkonstanten Permeabilität und spezifischer elektrischer Widerstand sowohl die Körperform selbst eine Rolle — dies zeigt der Vergleich zum Beispiel von (21.31) mit (21.41) oder von (21.37) mit (21.42) — als auch die absolute Größe einer kennzeichnenden Ausdehnung (der Dicke der Platte, des Halbmessers des Kreiszylinders).

# Zeichen und häufige Abkürzungen.

(m bedeutet hier: magnetisch, el.: elektrisch.)

A Ampere
$A$ Arbeit
$a$ Bahnradius eines Elektrons
$a$ Parameter
$a$ als Index: im Außenraum (Luftraum, Nutzraum)

$\mathfrak{B}$ m. Induktion, m. Flußdichte
$B$ $=|\mathfrak{B}|$
$B_r$ Remanenz $= M_r$
$B$ $= B(\mu_0 H)$ Magnetisierungskurve
$(BH)_{max} = B_1 H_1$ größter Wert des Produktes $BH$ entlang der remanenten Zustandskurve
$b$ $= B/B_r$
$b$ Konstante des quadratischen Gliedes bei Darstellung der reversiblen und der permanenten Zustandskurven und der *Rayleigh*-Schleifen durch Parabelbögen

$C$ Konstante
$c$ Konstante
cm Zentimeter

$\mathfrak{D}$ Drehmoment
$D$ $=|\mathfrak{D}|$
$D$ Direktionskraft
$d\mathfrak{r}$ Linienelement als Vektor
$ds$ Linienelement als Skalar

$\mathfrak{E}$ el. Feldstärke
$e$ Ladung des Elektrons
$e$ Exzentrizität
$e$ als Index: Eisen

$F$ Oberfläche
$\mathfrak{f}$ Fläche als Vektor
$f$ Fläche als Skalar
$f(B) = \mu$ Permeabilität als Funktion der Induktion
$F(B) = H$ Feldstärke als Funktion der Induktion

G Gauß
$\mathfrak{g}$ Strombelag (Flächenstrom)
$g$ $=|\mathfrak{g}|$

$\mathfrak{H}$ m. Feldstärke, m. Erregung
$H$ $=|\mathfrak{H}|$
$H_c$ Koerzitivkraft für die Induktion
$\mathfrak{H}^e$ eingeprägte m. Feldstärke
$H_0$ Grenzfeldstärke
$H_{st}$ Stabilisierungsfeldstärke
$h$ Plancksches Wirkungsquantum
$h$ $= H/H_c$
$h$ als Index: Hysteresis betreffend
$h$ $= mH/kT$

$i, I$ el. Leitungsstrom
$i$ als Index: im Innern von Materie
$\mathfrak{J}$ Magnetisierung $= \mathfrak{M}/\mu_0$
$J$ $=|\mathfrak{J}|$
J Joule = Ws
$\mathfrak{j}$ m. Moment $= \mathfrak{m}/\mu_0$
$j$ $=|\mathfrak{j}|$
$\mathfrak{j}$ mechanischer Drehimpuls

$K$ Koerzitivkraft für die Magnetisierung
$\mathfrak{K}$ Kraft
$K$ $=|\mathfrak{K}|$
$k$ Boltzmannsche Konstante
kG Kilogauß

$L(h)$ Langevinsche Funktion der Veränderlichen $h$
$L$ Koeffizient der Selbstinduktion
$l$ Länge

$\mathfrak{M}$ Magnetisierung $= \mu_0 \mathfrak{J}$
$M$ $=|\mathfrak{M}|$
$M$ $= M(\mu_0 H)$ Magnetisierungskurve
$M_r$ Remanenz $= B_r$
$M_r'$ scheinbare Remanenz
$M_s$ Sättigungsmagnetisierung $= m\,n$
MGÖ Megagaußörsted
$\mathfrak{m}$ m. Moment $= \mu_0 \mathfrak{j}$
$m$ $=|\mathfrak{m}|$
$m$ als Index: magnetisch
m Meter
$m$ $= B_r/\mu_0 H_c$ häufig auftretende kennzeichnende Konstante der Magnetisierungskurve $B = B(\mu_0 H)$ im II. Quadranten
$m_k$ $= M_r/\mu_0 K$ kennzeichnende Konstante der Magnetisierungskurve $M = M(\mu_0 H)$ im II. Quadranten
mW Milliwatt

$N$ Entmagnetisierungsfaktor oder Gestaltsfaktor
$n$ Anzahl der Dipole in der Raumeinheit
$\mathfrak{n}$ Normalenvektor, $|\mathfrak{n}| = 1$
$n$ als Index: normal
$n$ $= z/l$ Windungsdichte einer Spule

$o$ als Index: ohne Materie
$opt$ als Index: Bestwert, oder: aus Bestwerten gebildet
Ö Örsted

$\Delta P$ el. Spannungsstoß (Zeitintegral der el. Spannung)
$\mathfrak{P}$ Permanenz
$P$ $=|\mathfrak{P}|$
$p$ als Index: permanente Magnete betreffend

## Zeichen und häufige Abkürzungen.

$p$ Achsenverhältnis beim Rotationsellipsoid
$p$ Dämpfungsfaktor
$p$ Parameter
$p$ m. Polstärke
$p$ Verhältniszahl des int. Ohm zum abs. Ohm
$p$ $= P/B_r$
$p$ Verteilungsfaktor der inneren Spannungen

$Q$ el. Stromstoß (Zeitintegral des elektr. Stromes)
$q$ $= M_s/M_r$
$q$ Parameter
$q$ Querschnitt
$q$ Verhältniszahl des int. Ampere zum abs. Ampere

$R$ el. Widerstand
$R$ m. Widerstand
$r$ Radius
$\mathfrak{r}$ Strecke (Weg, Abstand) als Vektor
$r$ als Index: remanente Magnete betreffend

$S$ Länge der permanenten Zustandsgeraden
s Sekunde
$s$ Weg (Länge, Abstand)

$T$ Periodendauer einer harmonischen Bewegung $= 2\pi/\omega$
$T$ absolute Temperatur
$t$ als Index: tangential
$t$ träge Masse des Elektrons
$t$ Zeit

$u$, $U$ el. Spannung
$u^e$ eingeprägte el. Spannung
$u$ Geschwindigkeit
$u$ Umfang

V Volt
$V$ m. Spannung
$V^e$ eingeprägte m. Spannung
$v$ Verhältniszahl

$W$ Energie
$W_m$ m. Feldenergie
W Watt
$w$ Feldenergiedichte
$w_m$ m. Feldenergiedichte
$w_h$ Hysteresisfläche
$w$ als Index: Wirbelströme betreffend
$w_a$ Dichte der Austauschenergie
$w_k$ Dichte der Kristallenergie
$w_\sigma$ Dichte der Spannungsenergie

$x$ Koordinate

$y$ Koordinate

$z$ Windungszahl

$\alpha$ Winkel
tg $\alpha_r = \mu_0 H_1/B_1 \approx \mu_0 H_c/B_r = 1/m$
tg $\alpha_P = 1/\mu_P = 1/\text{tg}\,\varepsilon$

$\beta$ Winkel
tg $\beta = -\mu_0 H/M = N$

$\gamma$ Ausladungsfaktor der remanenten Zustandskurve $= B_1 H_1/B_r H_c$
$\gamma$ Flächendichte der Energie der Blochschen Wand

$\delta$ kleine Änderung
$\delta$ Abstand
$\delta$ Dicke der Blochschen Wand
$\delta$ Hysteresis-Verlustwinkel

$\varepsilon$ Proportionalitätsfaktor
tg $\varepsilon = \mu_P$

$\eta$ Koordinate

$\Theta$ Trägheitsmoment
$\vartheta$ Winkel

$\varkappa$ Suszeptibilität $= \mu - 1$ stets
$\varkappa_a$ Anfangssuszeptibilität
$\varkappa_d$ differentielle Suszeptibilität
$\varkappa_p$ permanente Suszeptibilität
$\varkappa_r$ reversible Suszeptibilität
$\varkappa_t$ gewöhnliche oder totale Suszeptibilität

$\Lambda$ m. Leitwert $= 1/R$
$\lambda$ Parameter
$\lambda_s$ longitudinale Sättigungsmagnetostriktion

$\mu$ Permeabilität, relative $= \varkappa + 1$ stets
$\bar{\mu}$ Permeabilität, absolute $= \mu\mu_0$
$\mu_A$ $= B_1/\mu_0 H_1 \approx B_r/\mu_0 H_c = m$
$\mu_a$ Anfangspermeabilität
$\mu_d$ differentielle Permeabilität
$\mu_P$ permanente Permeabilität
$\mu_r$ reversible Permeabilität
$\mu_t$ gewöhnliche oder totale Permeabilität
$\mu_0$ magnetische Konstante oder Induktionskonstante

$\nu$ als Index: Laufzahl

$\varrho$ Mittelpunktsabstand
$\underline{\varrho}$ spezifischer elektrischer Widerstand

$\sigma$ m. Flächenladung
$\sigma$ Streuungsfaktor
$\sigma$ Zugspannung

$\tau$ Raum (Volumen)

$\Phi$ m. Fluß
$\Psi$ m. Spulenfluß

$\xi$ Koordinate

$\Omega$ Ohm
$\omega$ Kreisfrequenz $= 2\pi/T$
$\omega$ Winkelgeschwindigkeit

# Namen- und Sachverzeichnis.

Die Zahlen bedeuten die Seitenzahlen.